EARLY-AGE DEFORMATION AND
SHRINKAGE CRACK CONTROL OF
MODERN CONCRETE

现代混凝土早期变形
与收缩裂缝控制

刘加平　田倩　著

科学出版社

北京

内 容 简 介

本书针对现代混凝土材料组成和土木工程结构的特点，采用水化-温度-湿度-约束多场耦合作用的理论模型和分析方法，从混凝土原材料分析、配合比设计、生产控制，以及施工的环境、工艺、现场质量控制和验收的各个环节，阐释施工期裂缝产生的机理和风险预测模型，介绍施工期裂缝控制的新材料、新技术；结合数值计算和计算机技术的发展，论述了相关研究领域的最新进展；提出了集材料、设计、施工、检测于一体的现代混凝土结构早期变形与收缩裂缝控制方法，并结合我国轨道交通、桥梁、水利等重大工程的具体应用案例，验证了理论和方法的适用效果。

本书可供工民建、铁路、公路、桥梁、水利等土建工程设计、施工和监理部门工程技术人员以及混凝土及相关专业科研、教学人员使用、参考。

图书在版编目（CIP）数据

现代混凝土早期变形与收缩裂缝控制 / 刘加平，田倩著. —北京：科学出版社，2020.2
ISBN 978-7-03-060739-3

Ⅰ. 现… Ⅱ. ①刘… ②田… Ⅲ. ①混凝土-变形-控制 ②混凝土-收缩-控制 ③混凝土-裂缝-控制 Ⅳ. ①TU528

中国版本图书馆 CIP 数据核字（2019）第 043209 号

责任编辑：梁广平 赵敬伟/ 责任校对：郑金红
责任印制：赵 博 / 封面设计：耕者设计工作室

科 学 出 版 社 出版

北京东黄城根北街 16 号
邮政编码：100717
http://www.sciencep.com

三河市春园印刷有限公司印刷
科学出版社发行 各地新华书店经销

*

2020 年 2 月第 一 版 开本：787×1092 1/16
2025 年 1 月第五次印刷 印张：23 1/4
字数：540 000

定价：168.00 元
（如有印装质量问题，我社负责调换）

序　一

进入 21 世纪以来，城市地下空间的开发利用已经成为解决城市人口、环境、资源三大危机的重要措施和实现城市可持续发展的重要途径，也是世界性的发展趋势。地铁、隧道、城市综合管廊、大型城市地下综合体、地下交通枢纽等大型地下基础设施的建设在全国范围内比比皆是，成为城市现代化的重要标志。城市地下基础设施的建设离不开混凝土材料，并对混凝土提出了高强度、高流动性、高耐久性等新的要求。更为重要的是，地下工程结构所处的环境特点对混凝土材料的自防水功能提出了很高的要求，避免混凝土的有害裂缝和由此而引起的渗漏就变得尤为关键。已建和在建的工程实践表明，采用现代混凝土浇筑的这些地下基础工程结构早期开裂现象比较普遍，有许多新建的地下工程还未投入运营就产生了贯穿性裂缝并引起渗漏，严重损害了地下结构工程的使用功能和服役寿命，是长期困扰地下基础设施工程建设领域的重大技术难题。

混凝土开裂问题极其复杂，受到设计、材料、施工诸多环节的影响，在结构尺度定量分析这些影响，并开发切实有效的减缩抗裂技术措施，是该领域研究和应用中长期未能突破的瓶颈。作者团队长期坚持基础研究，在表征方法和理论模型上取得了很大的突破，特别是考虑了实际工程多因素耦合作用的特点，基于孔隙负压和水化度内部状态变量建立模型，解决了材料研究和结构分析之间脱节的难题，实现了工程结构尺度收缩开裂风险系数的量化计算。在理论研究的基础之上，又创新开发了多种减缩抗裂的新材料和新方法，并在地铁、隧道等大型地下工程中成功应用，取得了很好的效果。研究成果对于提升我国地下基础设施工程的质量和寿命具有非常重要的意义。

这本书是作者团队 20 余年创新工作的系统总结，分章节从现代混凝土收缩开裂的表征方法、演变规律、理论模型，到分析软件、新材料开发，最后到工程，逐一介绍，层次清楚、内容丰富、系统、完整，并注重多学科交叉，是一本理论性和实用性都较强的高水平书籍。我非常乐见这本书的出版，相信会给广大工程技术人员在实践中解决现代混凝土材料收缩开裂难题，以及提升地下空间开发的质量和水平提供新的思路和有效的指导，愿为之序。

（中国工程院院士　钱七虎）

2019 年 1 月

序 二

　　混凝土收缩开裂是困扰土木工程领域的重大技术难题，尤其是采用现代混凝土的结构，由于胶材用量高，混凝土温升高、收缩大，早期开裂问题尤为突出。研究和实践的结果均已表明，早期的收缩裂缝虽然不一定在短时间内影响结构的安全，但是加速了水和有害介质的侵入，危害了结构的使用功能，并从长期来看严重危及结构的耐久性和使用寿命。发达国家为此已经付出了代价，每年投巨资用于维修加固，我国正处于基础设施建设高速发展时期，如果不能很好地加以解决，将会给后人留下巨大的维修负担。

　　针对这一长期困扰国内外工程界的难题，刘加平教授和他所带领的团队，历时 20余年，以理论研究为支撑，以工程实践为方向，勇于创新，取得了多项创新成果。从测试和表征方法源头着手，发明了测试早期收缩、开裂和孔隙负压的新方法和新装置，突破测试技术的瓶颈；研究现代混凝土早期收缩开裂的规律和耦合作用机制，建立了收缩开裂和混凝土内部孔隙负压、水化度的定量关系，发展和完善了现代混凝土收缩开裂的理论体系；从新材料和新方法的角度，研发了塑性阶段水分蒸发抑制材料及技术、水泥水化放热速率调控材料及混凝土温峰抑制技术、化学减缩材料、钙镁膨胀材料及补偿收缩技术，为现代混凝土收缩开裂的抑制提供了切实有效的途径。研究成果在现代混凝土早期收缩裂缝控制方面取得突破，成功应用于水利、核电、高铁、桥梁、地铁、隧道等重大工程建设，满足了实际工程的重大需求，保障了建筑工程的质量，提升了混凝土工程结构的耐久性和服役寿命，推动了土木建筑工程行业的技术进步。

　　这本书是作者及其团队在现代混凝土变形与裂缝控制方面研究成果的系统总结，理论联系实际，内容丰富，自成体系，既可为高校师生学习参考用，更可指导广大工程技术人员在实践中解决工程技术难题，是一本不可多得的高水平专业书籍，相信能够对土木工程结构与材料领域的相关研究和应用提供理论和技术的指导。非常高兴看到此书的出版，特为之序。

（中国工程院院士　缪昌文）

2019 年 1 月

前　言

　　自 20 世纪 80 年代以来，化学外加剂和矿物掺合料的普遍应用，标志着混凝土已进入到现代发展的新阶段。现代混凝土具有水胶比低、孔隙致密、抗压强度和流动性大等突出优点，实验室测试的各项耐久性指标较传统混凝土也有很大提升，一经面世便很快得到工程界的广泛重视和推广应用，其中典型的代表就是预拌混凝土、自密实混凝土、高性能混凝土与超高性能混凝土。

　　然而，在现代混凝土的应用实践中，广大工程技术人员深受早期开裂问题的困扰。20 年前笔者在使用自密实混凝土浇筑工业厂房时，屋面混凝土在抹面之前即发现了大面积的开裂；在参与地铁车站和地下室结构混凝土配合比设计时，使用了高效减水剂、矿物外掺料，还掺用了钙矾石类的膨胀剂，侧墙混凝土拆模之后不久就发现了多条裂缝。这种在施工期出现的裂缝通常宽度和深度都较大，甚至是贯穿性的，极易引起渗漏、钢筋腐蚀等耐久性问题，危害到构筑物的服役功能和使用寿命。采用现代混凝土技术建造的新结构，出现比以往高得多的劣化速率，违背了我们当初发展现代混凝土技术的初衷，值得当代混凝土材料工程师和研究人员深刻反思。经历了大规模基础设施兴建的发达国家，已经总结了大量的经验教训，每年投入巨资用于维修。我国依然处于基础设施高速兴建的阶段，如果不能很好地解决这一问题，将会给子孙后代埋下巨大的隐患。

　　在此背景下，笔者在唐明述院士、孙伟院士和缪昌文院士指导博士学习期间，就决定以此为研究方向；后进一步在丹麦技术大学 Ole Mejlhede Jensen 院士和美国普渡大学 Jason Weiss 教授这两个研究早期开裂的国际顶尖团队进行了访问研究，吸收了新的理念和方法。先后在国家自然科学基金面上项目、国家杰出青年科学基金、国家自然科学基金重点项目、国家重点基础研究发展计划（973 计划）、国家重点研发计划项目（2017 YFB0310100）的支持下，从基础研究开始，突破测试方法的瓶颈，从宏观和微观的层面掌握了现代混凝土早期收缩和开裂的规律和机制。结合水电站、地铁、隧道、桥梁等 100 多项重大工程，在团队中引进了专门从事力学分析的科研人员，实现了材料-结构一体化分析。在材料与结构相结合、有机与无机相结合、理论研究与工程实践相结合基础之上，历经 20 年的研发，从理论与方法、核心材料和关键应用技术上开展研究，实现了混凝土收缩开裂风险可计算、抗裂性能可设计、收缩开裂可控制。发明了早期自收缩和孔隙负压测试装置，解决了高湿阶段收缩驱动力测试难题，实现了收缩及其驱动力的全过程量化表征；建立了塑性开裂模型和硬化阶段"水化-温度-湿度-约束"耦合开裂模型，实现了多种收缩的耦合计算，在结构尺度构建了开裂风险量化评估方法，提出了混凝土塑性和硬化两阶段的开裂风险控制阈值；开发了塑性阶段水分蒸发抑制、硬化阶段水化热调控、化学减缩、补偿收缩等多种核心功能材料，有针对性地高效降低各种收缩；开发了基于多因素耦合作用的抗裂性仿真计算软件与系统平台，可全过程计算各种典型结构的温度、湿度、应变和应力分布，确定开裂的时间与空间风险控制关键点，并设计抗裂混凝土材料性能指标，优选抗裂功能材料和施工工艺参数，全过程控制开裂风险系数小于临界阈值，将混凝土不开裂保证率提升到95%以上。成果在超大预制沉管、高强混凝土桥塔墩和强约束地铁现浇车站等重大工程中成功应用，未发现宏观裂缝或渗漏，为解决收缩开裂难题提供了科学方法和有效途径。

关于混凝土裂缝控制已有不少经典著作，如王铁梦先生的《工程结构裂缝控制》等。笔者写这本书，更多地是在学习吸收这些优秀成果的基础之上，从混凝土材料科学研究人员的角度，深入思考现代混凝土收缩开裂的本质，准确把握其早期性能的快速变化和耦合影响机制，力求在材料层次建立宏观的收缩开裂和微观的孔隙负压、水化度等内部状态变量的定量关系，从而为结构层次开裂风险的量化计算和有效控制提供更加科学、可靠的依据。本书第1章简要介绍了现代混凝土收缩开裂的特点、原因及危害；第2章和第3章分别从塑性和硬化两个阶段，介绍了早期收缩变形与收缩驱动力的测试方法、机理和模型；第4章和第5章介绍了硬化混凝土基于水化度的多场耦合收缩开裂机制、模型、数值模拟软件；第6章重点介绍了分阶段、全过程收缩开裂抑制的新方法与新材料；第7章介绍了现场监测的方法；第8章是典型工程的应用情况。

本书是笔者与团队多年研究的成果总结，分享给有兴趣的读者，希望可以有助于大家在实践中更好地应用现代混凝土建造耐久的结构。鉴于这一问题的复杂性和笔者认知水平的局限性，书中的认识难免有失偏颇，内容恐有疏漏，恳请读者多加批评指正。

本书的内容跨越了材料与结构、有机和无机学科，涵盖理论研究和工程实践。感谢江苏省土木建筑学会城市轨道交通专业委员会、常州市轨道交通发展有限公司、徐州市轨道交通发展有限公司、隧道股份上海公路桥梁（集团）有限公司、上海城建物资有限公司、江苏省交通工程建设管理局、沪苏通长江大桥建设指挥部、广西路桥工程集团有限公司、中国长江三峡集团公司、国电大渡河流域水电开发有限公司等多家单位对我们工作的大力支持，在此不一一列举。研究成果是团队成员多年来共同努力的结果，感谢李华、王育江、徐文、姚婷、张守治、李磊、王瑞、王文彬、陆安群、李明、张建亮、高南箫等团队成员的艰辛付出。

著 者

2018 年夏

目　　录

第1章 绪　　论

21世纪以来，我国基本建设进入到高速发展阶段，重大基础工程规模空前，城镇化高速推进。2017年我国水泥产量达23.16亿吨，商品混凝土（不完全统计）总产量为22.98亿立方米。高速公路总里程在2018年突破14万千米。水电工程建设到2049年将达到24个三峡工程的装机总量。跨越大江、大河、深谷的大跨与超大跨桥梁工程建设正遍及全国。铁路建设也加快了步伐，规划截至2020年全国铁路营业里程达到15万千米，其中高速铁路3万千米。在国防防护工程建设方面，近代高科技武器发展迅猛，这要求建造的防护工程必须具有超高防护能力，同时在备用期间还必须具有性能经久不衰的特点。这些超大型工程的发展无一不与混凝土材料息息相关，并对混凝土提出了高强度、高流动性、高耐久性等新的更高的要求。

自20世纪80年代以来，化学外加剂和矿物掺合料普遍应用，混凝土材料强度和流动性大幅度提高，标志着混凝土已进入到现代发展的新阶段。现代混凝土具有孔隙结构致密、抗压强度高、流动性大、环境友好等突出优点。日本早在20世纪80年代就对现代混凝土材料进行开发，发展了免振捣、自密实混凝土（Okamura，2003）。加拿大于20世纪90年代成立了CONCRETE CANADA研究中心，并与法国共同建造了世界上第一座超高强混凝土步行桥梁（Bennett，2002）。美国于1989年建立先进水泥基材料研究中心，对混凝土材料进行了系统的研究。欧盟于2003年启动了NANOCEM项目，由37家研究单位及公司共同从机理上对混凝土材料进行全方位的科学研究。我国也于2008年资助了973项目"环境友好现代混凝土的基础研究"，从微结构形成机理、复杂应力下的本构关系、化学-力学耦合作用下的损伤失效机理、复杂环境下的服役寿命设计理论、服役性能的提升技术五个方面对现代混凝土开展了深入系统的研究。在我国工程界，30~40MPa的混凝土已大量应用，50~60MPa的高强混凝土已广泛推广，80~150MPa的超高强混凝土也逐步开始应用。预拌混凝土和超高层泵送技术在我国也得到了高速发展，一次性泵送高度不断刷新世界纪录。这些都标志着我国混凝土技术也进入了现代混凝土发展阶段。

由水泥、砂、石等材料组成的混凝土，是多相、多组分的非均匀脆性材料，抗压强度较高，但抗拉强度很低，拉压比不到1/10。因此，在结构设计规范里，混凝土只需承受压应力，拉应力由钢筋来承担，且未能充分考虑混凝土在施工期由于材料收缩产生的拉应力。现代混凝土由于胶凝材料用量大、水胶比小，虽然抗压强度大幅度提高，但是抗拉强度增长有限，拉压比较传统混凝土更低，并且水化热高、收缩大，易在施工期就发生收缩开裂。许多新建结构的施工操作与以往保持一致，却出现比以往高得多的劣化速率，刚刚兴建的混凝土结构甚至在未拆模时即出现贯穿性裂缝，为建筑物的安全和可持续发展带来了极大的隐患。

1.1 现代混凝土收缩裂缝的主要形式和特征

尽管对于混凝土结构来说开裂问题并不少见，但与传统混凝土结构相比，现代混凝土结构的收缩裂缝有着比较鲜明的形式和特征。ECS（Engineered Concrete Solutions）总结的典型的收缩裂缝形式与特征如图 1.1.1 所示。总结起来，根据裂缝出现的时间，现代混凝土结构的收缩裂缝可以分为塑性收缩裂缝和硬化阶段收缩裂缝两大类。

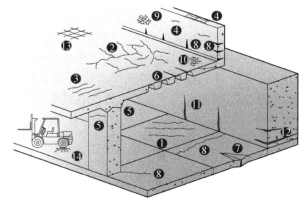

图中序号	裂缝类型	位置或方向	发生部位	主要原因	次要原因	出现时间
1	塑性收缩开裂	斜向	板	快速蒸发	低泌水率	30 分钟至 6 小时
2		乱向	钢筋板			
3		钢筋上部	钢筋板			
4	塑性沉降开裂	钢筋上部	位置较深的部位	泌水	/	10 分钟至 3 小时
5		柱顶拱处	柱顶			
6		深度变化处	悬桥面			
8	干燥收缩	表层	板和墙	缝设置不当	/	周，月，年
9	龟裂	表面	清水混凝土	表面富浆	养护、振捣不良	硬化后任意时刻
10		表层	板	过度抹面		
11	早期温度收缩开裂	整个截面	墙或板	约束下的温度变形	快速冷却	1 天至 2~3 周
12		表面或内部	大体积结构	过高的温度梯度		
13		钢筋下部	钢筋上部	约束下的温度变形		

注：① 序号为 7 和 14 的裂缝分别为结构位移裂缝和意外过载裂缝，二者非收缩裂缝；
　　② 序号为 1~6 的裂缝为塑性收缩裂缝，序号为 8~13 的裂缝为硬化阶段收缩裂缝。

图 1.1.1　混凝土收缩裂缝的主要形式和特征（ECS 报告）

1.1.1　塑性收缩裂缝

现代混凝土由于采用了细度高的水泥等原材料，胶凝材料用量高、流动度大，所浇筑的结构混凝土常常在还没有凝结硬化的塑性阶段，即浇筑之后半个小时到几个小时的时间段，便因塑性收缩和塑性沉降而产生塑性开裂。特别是对于暴露面积较大的板式结构，如地下现浇结构的底板、中板、顶板，高层建筑的楼板，桥面板以及路面混凝土等，这种开裂尤为明显，如图 1.1.2 和图 1.1.3 所示。

图 1.1.2　某混凝土面板塑性收缩开裂

图 1.1.3　某混凝土楼板塑性沉降开裂

塑性收缩裂缝是指混凝土在浇筑之后凝结之前，暴露在高温、大风、暴晒等气候条件下，由于表面水分蒸发速率大于混凝土泌水速率，在混凝土内部与表面平行的方向上形成收缩应力而引起的表面开裂。裂缝通常呈乱向分布，长度不一，宽度和深度也有所差异。多数裂缝的宽度不大（<0.2mm），深度局限于混凝土表层较浅的区域；也有的裂缝宽度较大（>0.2mm，甚至>0.5mm），深度可能贯穿整个薄板（壁）结构。

塑性沉降裂缝是由塑性沉降差导致的开裂。新浇混凝土由于砂石骨料下沉、水分上移，在竖直方向产生沉降收缩，当沉降收缩在钢筋表面受到钢筋的限制，或者由于结构厚度或高度变化而产生不一致，就会诱导混凝土在凝结以前发生塑性沉降开裂。塑性沉降裂缝通常顺着钢筋的方向，或在构件竖向变截面处（如 T 梁、箱梁腹板与顶底板交接处）顺腹板方向。

1.1.2　硬化混凝土收缩裂缝

现代混凝土在凝结之后的硬化早期，由于内部和外部的温度、湿度的变化而产生体积变形，这些变形受到内部或外部的约束时产生应力，当产生的拉应力超过其抗拉强度时，则引起硬化阶段的收缩裂缝。

水泥作为混凝土强度形成和发展的主要来源，其水化反应属于放热反应，1kg 水泥 28d 放热约为 300 ~ 400kJ。混凝土结构形成以后,传热很慢,其导热系数只有 1.11 ~ 1.50W/（m·K）。因此，当浇筑以后的混凝土结构厚度较大，或者表面带模散热条件较差时，混凝土一旦凝结即进入水泥加速水化阶段，产生的大量水化热聚积在混凝土内部不易散发，导致内部温度急剧上升；之后，随着水化反应变慢，温度快速下降，产生温降收缩，温降收缩受到外部约束时就可能在结构内部产生收缩拉应力。

水化热除了引起温降收缩外，还会形成内外温差。对于大体积混凝土结构，浇筑后，水泥水化放热导致混凝土内部温度急剧上升，形成内外温差；此外，施工过程受寒潮袭击时，也将导致混凝土表面温度急剧下降，形成内外温差。内部与外部热胀冷缩的程度不同，使混凝土表面产生拉应力。当拉应力超过混凝土的抗拉强度极限时，混凝土表面就会产生裂缝。

除了水化放热外，水泥水化还有一个本质特征就是固相体积减小：水泥水化的化学收缩约为 0.07 ~ 0.09mL/g。水泥凝结以前，化学收缩只会引起宏观体积的减小，不会产生收缩应力；水泥凝结以后，化学收缩则会造成表观体积的减小，也就是自收缩，进而在约束条件下产生自收缩应力。自收缩裂缝是由自身水化导致内部相对湿度下降所引起，与外界湿度变化无关，因此产生的收缩应力贯穿于整个混凝土结构内；一旦形成裂缝，也不像传统混凝土干缩裂缝那样沿浅层分布，而通常是贯穿性开裂。自收缩的大小主要取决于混凝土孔隙率和水化程度。现代混凝土，特别是水胶比低的高强和超高强混凝土，使用了高效减水剂，水胶比大幅度降低，导致其早期自干燥效应和自收缩也显著加大。

硬化以后的现代混凝土与传统混凝土一样属于多孔介质，当外部环境湿度低于其内部相对湿度时，孔隙内的水分蒸发引起干燥收缩。水分的蒸发通常是由表及里进行，表面和内部相对湿度之间的差异造成内部与外部的变形不同，使混凝土表面产生拉应力。

在实际工程中，早期的收缩裂缝通常是几种收缩叠加的结果。譬如，早期温降收缩和自收缩叠加产生墙体裂缝（图 1.1.4 和图 1.1.5）；早期温降收缩和自收缩耦合形成自上而下的贯穿性裂缝。这样的裂缝通常在拆模前后即可发现。由于裂缝贯穿，给修补造成了很大的困难，处于地下的结构就会发生严重的渗漏水，地上的混凝土结构也会形成耐久性方面的重大隐患。由于内外温差和湿度差叠加形成的大体积构件收缩裂缝如图 1.1.6 所示，这种裂缝通常从混凝土表面开始发生，逐步向中心扩展，走向通常无一定规律，宽度大小不一，受温度变化影响较为明显，冬季较宽，夏季较窄。

图 1.1.4 某轨道交通车站侧墙裂缝   图 1.1.5 某隧道衬砌混凝土裂缝

（a）立柱顶部拐角 2~3m 处的裂缝　　　　　（b）立柱表面从上到下的裂缝

图 1.1.6　某大体积预制桥梁立柱内外温差裂缝

1.2　现代混凝土早期开裂加剧的主要因素

混凝土的收缩开裂涉及材料、设计、施工等一系列的环节和因素，影响因素极其复杂。总结起来，导致现代混凝土收缩开裂加剧的主要因素有以下几个方面。

1.2.1　材　料　因　素

混凝土材料是各种性能之间存在矛盾的统一体。现代混凝土在强度和施工性得到极大改善的同时，也带来了易开裂等负面影响。工程界在推广应用现代混凝土的过程中逐渐认识到这些负面影响，由此也付出了不小的代价。经历了经济高速增长和大规模快速兴建过程的发达国家对已有的混凝土结构工程的调查研究结果表明，一味追求快速施工易导致建筑物过早开裂，并由此总结了许多经验教训。以美国为例，对 20 世纪建造的一系列工程的大量现场调查结果显示：

（1）20 世纪 30 年代后水泥和混凝土的强度提高了，材料力学性能改善了，但混凝土结构物破坏现象加剧。

（2）硅酸盐水泥的 C_3S 含量和细度逐渐提高，致使其早期强度发展迅速，加大水泥用量配制的高早强混凝土与以前的混凝土相比，由于徐变小、温度收缩大、干缩大以及弹性模量高，更容易出现裂缝。

（3）暴露在恶劣环境下的混凝土结构物开裂与破坏失效之间关系非常密切。

（4）即使施工水平很高，混凝土在未成熟时就发生早期破坏也再所难免，说明混凝土规范中关于耐久性的种种规定可能不合理。

（5）考虑实际工程结构物的使用寿命，应慎用试验室关于混凝土耐久性的试验结论，这是因为混凝土的开裂行为在很大程度上取决于试件尺寸、养护制度和环境条件。试验室试件较小并且可以不考虑尺寸改变的问题，试验室用水化反应快的水泥精心制备的混凝土抗渗性很好，而同样的混凝土用于实际工程，暴露在频繁的干湿和冷热甚至冻融循环条件下，不一定具备相同的寿命。在同等条件下，大掺量粉煤灰或矿渣的混凝土由于工地养护不足，也会出现开裂和破坏现象，而养护充分的试件在试验室中进行测试时则显示出优良的抗渗性。

1.2.1.1 水泥

与传统混凝土一样，水泥依然是现代混凝土强度的核心来源。然而，由于工业界对快速施工和混凝土高强度的需求，导致现代混凝土所用的水泥的组成和性能发生了很大的变化。

1. 水泥细度

据 Burrows（1998）统计，为了满足更高的早期强度，在美国，波特兰水泥细度已经从 1910 年的 200m²/kg 增加到 2000 年的 400m²/kg（图 1.2.1）。我国随着水泥粉磨技术的发展，水泥的细度和标号也显著增长。自 1999 年强度检验方法与国际接轨后，水泥细度进一步提高。以 42.5 级水泥为例，水泥比表面积由过去的 300～350m²/kg 提高到 350～380m²/kg，个别厂家甚至达到了 400m²/kg 以上。比表面积的增大，大大提高了水泥的 28d 强度，尤其是 3d 强度提高幅度最大，使得混凝土强度也得到提高，强度的增长速度进一步加快。这给施工企业提前拆模、缩短工期都带来了便利，也给工程界配制更高强度等级的混凝土创造了条件。但同时，水泥细度增加也带来了不利因素：早期水化速率明显加快，使得混凝土自收缩和早期放热的比率急剧增加。如图 1.2.2 所示，自收缩与水泥的细度几乎呈线性关系。如图 1.2.3 所示，早期的放热速率也随水泥细度增加而明

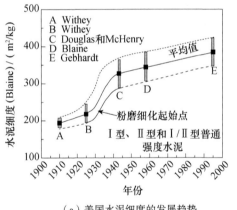

（a）美国水泥细度的发展趋势

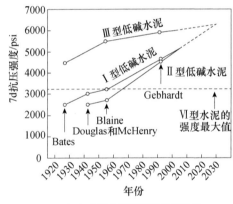

（b）美国水泥强度的发展趋势

图 1.2.1　美国水泥细度和强度的变化（Burrows，1998）

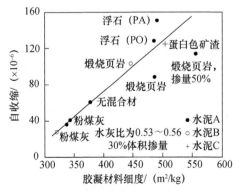

图 1.2.2　水泥细度对自收缩的影响
（Houk 等，1969）

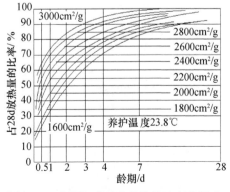

图 1.2.3　水泥细度对水化放热速率的影响
（ACI 207.2R-07）

显加快，当水泥细度从 160m²/kg 增加到 300m²/kg 时，0.5d 的放热比率（占 28d 放热量）从近 30%增加到近 70%；1d 的放热比率从近 40%增加到近 75%。集中的早期放热使得混凝土结构的温升大幅度提高，夏季墙板混凝土结构实际监测的最高温度达到了 70~80℃，早期开裂的风险急剧增大。

2. 水泥的组成

同样，水泥的化学组成和矿物组成，尤其是碱含量、C_3S 和 C_3A 的含量，也发生了很大的改变。根据 Burrows 等的总结，水泥组成的演变及其对收缩开裂的影响如图 1.2.4~图 1.2.6 所示。

水泥中的碱大部分为氧化钠和氧化钾。适量的可溶性碱有利于促进水泥水化，更有利于混凝土早期强度发展，但过多的碱会与集料中的活性物质（活性硅组分、碳酸盐组分）发生碱-骨料反应，导致工程结构破坏。水泥中的碱对混凝土的开裂也有很显著的影响。如图 1.2.6 所示，碱会加速混凝土的水化，提高温度上升的速度，导致较高的 7d 强

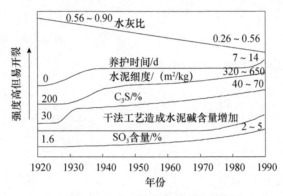

图 1.2.4　美国水泥组成的变化

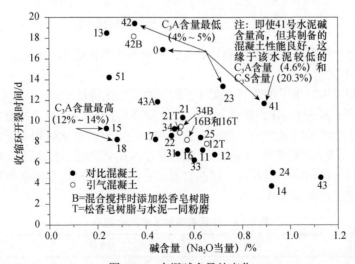

图 1.2.5　水泥碱含量的变化

（两位数字的混凝土序号，第一位数字表示 ASTM C150 中水泥类型，即 1、2、3、4 分别对应Ⅰ、Ⅱ、Ⅲ、Ⅳ型水泥；0 号混凝土为采用工程当地生产水泥）

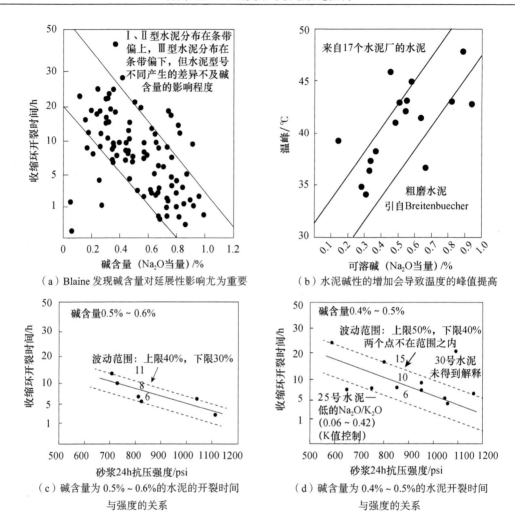

图 1.2.6　水泥碱含量对收缩开裂的影响

度。碱含量的增加降低了水泥自身的延展性，加剧了因塑性收缩、自收缩、温度收缩和干燥收缩产生的裂缝。

　　水泥矿物组成也发生了的改变（图 1.2.7）。由于水化特性不同，C_3S 和 C_3A 的水化速度要明显高于 C_2S 和 C_4AF，现代水泥的发展使得 C_3S 和 C_3A 的含量增加，由此而使得水泥早期强度的增长明显加快。然而，这两种矿物组分的水化热和化学收缩也是最大的，如图 1.2.8 和表 1.2.1 所示，C_3S 的水化热是 C_2S 的近两倍，C_3A 不仅水化热更高，化学收缩也是其他矿物的 3 倍左右。这些自身组成的变化都从根本上使得现代水泥的收缩和放热较传统水泥明显增大。

表 1.2.1　水泥各主要矿物的收缩率

水泥矿物名称	收缩率	水泥矿物名称	收缩率
C_3A	0.00234±0.000100	C_2S	0.00077±0.000036
C_3S	0.00079±0.000036	C_4AF	0.00049±0.000114

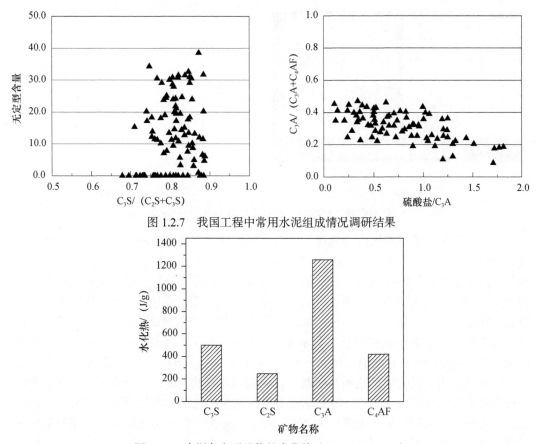

图 1.2.7　我国工程中常用水泥组成情况调研结果

图 1.2.8　水泥各主要矿物的水化热（Bensted，2002）

1.2.1.2　矿物掺合料

矿物掺合料的使用改善了现代混凝土的诸多性能，但必须注意的是，其中一部分矿物掺合料的细度比水泥还细，由此也增大了现代混凝土收缩开裂的风险，这比较突出地表现在硅粉和磨细矿粉的使用中。

硅粉（SF）是一种非常细的粉末，比表面积约为 $1.5×10^4 \sim 2.0×10^4 m^2/kg$，它的平均粒径比水泥小 100 倍。硅粉颗粒可以填充相对较大的水泥颗粒的孔隙，并且具有较高的火山灰活性，可以细化孔结构，改善混凝土界面，对于混凝土的力学性能和耐久性能特别有利，在高强混凝土和海工混凝土中使用较为广泛。但是硅粉混凝土显著减少泌水量，增加了塑性收缩开裂的风险，特别是在蒸发速度比较高的情况下（例如高风速、低湿度和高温度情况下）（图 1.2.9（a））。硅粉的掺入也使得混凝土自干燥的程度明显增加，增大了高强混凝土的自收缩和开裂的趋势（图 1.2.9（b））。

在传统的磨细矿渣硅酸盐水泥的生产过程中，水泥熟料与矿渣是在一起混磨的，由于矿渣的易磨性比熟料差，当熟料的粉磨细度达到规定要求时，磨细矿渣的细度通常要较熟料低 $60 \sim 80 m^2/kg$，因此此过去矿渣水泥中磨细矿渣的活性较差、泌水大，在工程使用中普遍反映为干缩大、容易开裂。近年来，水泥熟料与磨细矿渣粉磨的技术得到推广，

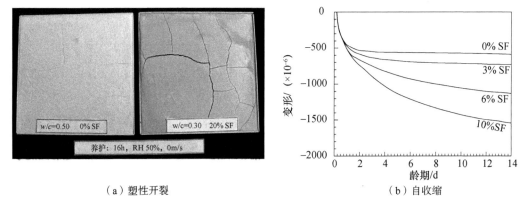

（a）塑性开裂　　　　　　　　　　　（b）自收缩

图 1.2.9　硅粉的掺入对混凝土收缩开裂的影响（Hammer，2000）

工程中大量应用的矿粉的细度均超过了 400m²/kg，比水泥还细。高小建（2003）研究发现，当水胶比等于 0.40 时，比表面积为 568m²/kg 的矿粉掺入后，混凝土的自收缩发展较早，掺量越大，长龄期的自收缩也越大。Tazawa（1992）的研究结果显示，对于比表面积超过 400m²/kg 的矿粉，混凝土的自收缩随其掺量的增加而增大，直至掺量超过 75% 以后，混凝土的自收缩才开始减小。Tazawa（1995）的研究结果显示，当水胶比等于 0.30 时，比表面积为 439m²/kg 的矿粉替代水泥后，明显增加了浆体的自收缩。随着矿粉掺量的增加，不同龄期的自收缩值均增大，70% 的矿粉掺入后 180d 的自收缩值较基准水泥浆提高了 60%，当矿粉的掺量达到 90% 时，自收缩值才开始下降，但所测到的 14d 自收缩值依然比基准水泥浆大。图 1.2.10 显示随着矿粉细度的增加自收缩应变明显增大。国内工程实际中普遍采用的是比表面积为 400~500m²/kg 的矿粉，由此增加自收缩所带来的开裂风险的增大应引起重视。

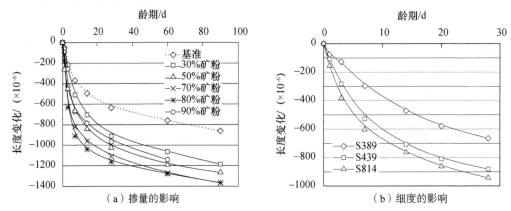

（a）掺量的影响　　　　　　　　　　（b）细度的影响

图 1.2.10　矿粉的掺入对混凝土收缩开裂的影响

1.2.1.3　高效减水剂

混凝土外加剂在混凝土中的广泛应用，已使其成为现代混凝土中必不可少的第五组分。多功能的外加剂已经成为现代混凝土技术的核心之一。经过近半个世纪的发展，减水剂经历了由木质磺酸盐系、糖蜜减水剂到萘磺酸盐甲醛缩合物减水剂、磺化三聚氰胺甲醛减水剂、氨基磺酸盐高效减水剂再到聚羧酸高效减水剂的几代产品的发展，其性能表现出由低减水率（10%左右）到高减水率（20%左右）再到高性能（兼具高减水和高保坍等功能）发展的趋势。常用的减水剂的结构列于图 1.2.11。

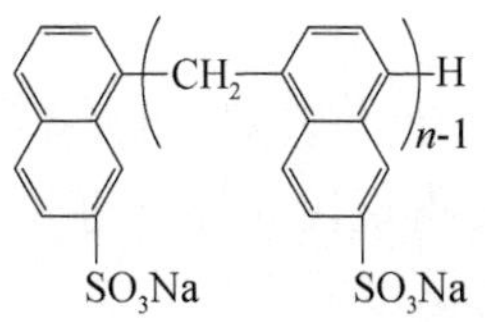

（a）萘系高效减水剂

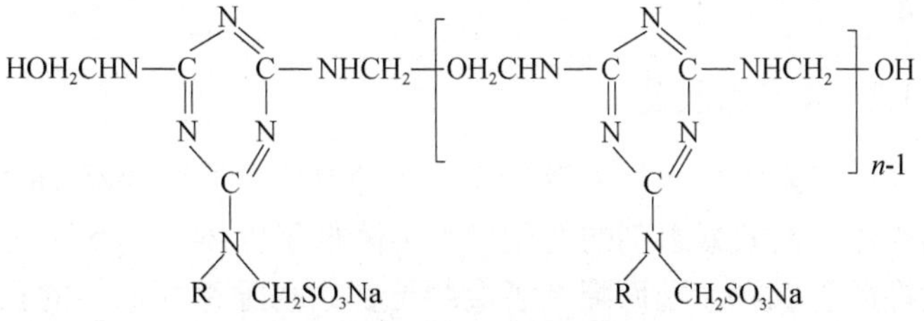

R=$-CH_2OH$ 或$-CH_2SO_3Na$

（b）三聚氰胺高效减水剂

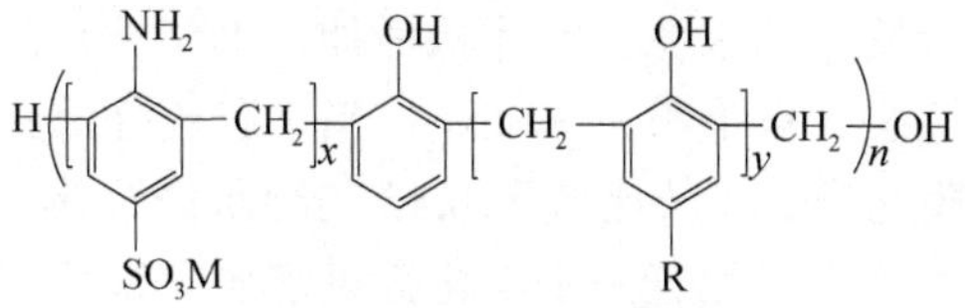

R=—H或—CH_2OH

（c）氨基磺酸盐系高效减水剂

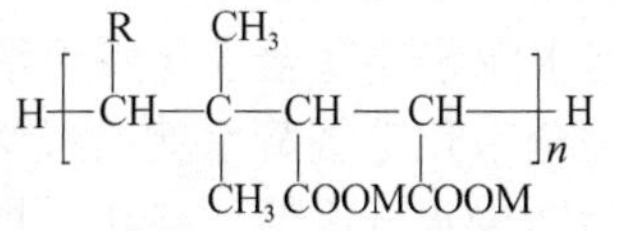

（d）聚羧酸系减水剂（烯烃-马来酸盐共聚物）

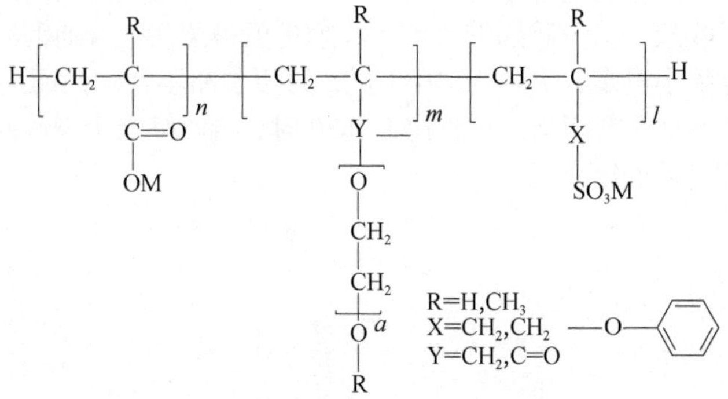

（e）聚羧酸系减水剂（多元共聚物）

图 1.2.11 混凝土减水剂的种类与分子结构

高效减水剂对于收缩和开裂的影响主要通过改变现代混凝土的水胶比和流动性体现出来。减水剂分子静电排斥作用、空间位阻作用促使水泥颗粒相互分散，絮凝结构解体，释放出被包裹部分水参与流动，从而有效地增加了混凝土拌合物的流动性，使得现代混凝土仅用少量的水就可以获得较高的坍落度和流动性。用水量的大幅下降，使得水胶比可以非常容易地降下来，大大增加了早期自收缩的速度和比率。同时，高效减水剂的作用使得现代混凝土的坍落度一般都在 180mm 以上，甚至达到自流平，流动度的大幅提升也使得相同蒸发速率下现代混凝土的塑性收缩和塑性沉降明显加大，发生塑性开裂的风险大大增加。

不同的减水剂对于混凝土收缩开裂的影响也不同。常用的木钙、糖蜜以及萘系高效减水剂虽然可以降低混凝土用水量，但是通常并不会降低混凝土的干燥收缩，其中萘系高效减水剂增加收缩相对其他几种减水剂最为明显，其次是木钙和糖蜜类减水剂。

而新一代的聚羧酸高效减水剂，其碱含量和表面张力明显低于其他几种高效减水剂，在常规的掺量范围内不仅可以起到减水增强的效果，而且也未增加收缩，甚至还有降低收缩的作用。因此，重大工程混凝土使用的高效减水剂，一般都会优选收缩率低的聚羧酸减水剂。

1.2.1.4 水胶比

现代混凝土的原材料发生了很大的变化，导致混凝土的组成和微观结构也发生了很大的变化。高效减水剂的使用极大地降低了混凝土的水胶比，使得现代混凝土的水胶比一般都低于 0.40，继而降低了混凝土初始孔隙率和最终的孔隙率。

根据 Powers 和 Brownyard（1948）的硬化水泥浆各相组成与分布的经验模型可计算出水胶比（w/c）分别为 0.30 和 0.50 的水泥浆各相组成与水化程度的关系如图 1.2.12 所示。随着水胶比的降低，刚开始水化时，未反应的水泥相对体积增加，毛细孔水的相对体积减小，水化过程中毛细孔水消耗速率加快，自干燥速率加快。当水胶比降低到 0.42 时，纯水泥浆体完全水化后毛细管水也消耗完毕。水灰比低于 0.42 的纯水泥浆体，水泥还未完全水化毛细管水就已经消耗殆尽，无法为水泥进一步水化提供水源，水化作用就会因为缺少水分供给而终止，即自干燥作用终止。虽然实际工程中水泥水化的程度还相当有限，但是从理论上而言，低水胶比的水泥石长龄期的自干燥收缩的发展应当较高水胶比的水泥石更早收敛，其早龄期的自干燥收缩更值得关注。普通混凝土中，自收缩比干燥收缩和温度收缩小得多，大约为 50×10^{-6}，可以忽略不计。然而当水胶比小于 0.45 时，自收缩变成了一个重要因素。水胶比为 0.30 时，自收缩与干燥收缩相当。大约一半的自收缩发生在成型后的第一天。

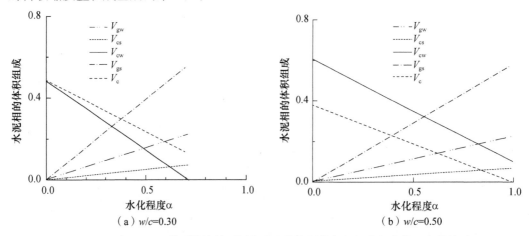

图 1.2.12　由 Powers 模型计算的不同水胶比的水泥浆各相组成与水化程度的关系
（V_c 表示未水化水泥，V_{gs} 表示水泥凝胶，V_{cs} 表示化学收缩，V_{gw} 表示凝胶水，V_{cw} 表示毛细管水）

1.2.2　结　构　因　素

为了适应日益复杂的建筑功能需求，现代混凝土的结构形式变得更加丰富多样化，其尺度不断向超高、超长、超大、地下空间开发等方向发展（图 1.2.13～图 1.2.18）。高层建筑不仅越建越多、越建越高，而且其结构体系及布置形式也日趋多样化。框架-剪力墙结构、框架-筒体结构、巨型结构、转换层结构、悬挑结构等新的结构体系不断涌现。随着超高层建筑高度的不断增加，地下室愈做愈深，底板也愈来愈厚。由于超高层建筑的基础底板是主要的受力结构，整体性要求高，一般一次性整体浇筑。这些结构的变化带来了密集配筋、大体积等的特点，给现代混凝土的体积稳定性和抗裂性提出了更高的要求。同时，向地下探寻空间、加快地下空间的开发已经成为城市建设的大趋势。地铁、地下综合体、地下综合管廊、地下交通设施等工程比比皆是（洪开荣，2017）。对于地下结构工程来说，避免混凝土的有害裂缝和由此而引起的渗漏变得尤为重要。对某轨道交通地铁车站已运行的线路调研的结果显示，渗漏主要由混凝土早期收缩开裂引起，占总量的 85%，其余为由施工缝处理不到位引起。我国交通行业基础设施建设也得到了迅猛的发展，高速公路和高速铁路已在全国范围内大规模兴建并将持续相当长的时间，大跨桥梁和（湖底、江底、地下、山体）隧道的建造也与日俱增。在这些大型交通基础设施的某些关键结构部位，存在着大体积、高强度、强约束条件下的控裂难题，在施工期极易发生早期开裂。近年来，为满足低能耗、低污染和高生产率的要求，响应国家可持续发展的政策，预制混凝土构件和装配式建筑得到了大量的研究和推广应用，其中大体积预制混凝土构件占了相当的比率，譬如桥梁和隧道的预制混凝土构件。这些预制构件虽然是在工厂内生产，浇筑时环境条件可控，有利于温控，但其混凝土通常强度要求高、胶凝材料用量多、水化放热量大，内部温升难以抑制，存在着大体积混凝土内外温差开裂的风险。

图 1.2.13　高层建筑核心筒

图 1.2.14　地铁车站

图 1.2.15　桥梁重力式大体积锚锭

图 1.2.16　桥梁超高索塔

图 1.2.17　隧道预制管节

图 1.2.18　桥梁预制节段梁

导致现代混凝土收缩开裂加剧的结构因素主要有以下几个方面：

1.2.2.1　约束增强

对于很多现浇的混凝土结构，由于结构自身的尺寸和施工条件所限制，只能采取分部位浇筑的方式进行，譬如，地下现浇结构的侧墙浇筑在底板之上，隧道的二衬浇筑在一衬混凝土或基岩上，坝体底部浇筑在基岩上，桥梁塔座浇筑在承台上，桥梁塔柱滑模施工分层浇筑，等等。这些结构都有以下共同特点：混凝土浇筑在温度和变形都已经基本趋于稳定的结构上，如基岩、先浇的底板、一衬等，其对后浇筑部分混凝土的收缩变形形成强约束。

根据《大体积混凝土施工标准》，混凝土外约束拉应力与约束系数之间的关系可按下式计算：

$$\sigma_x(t) = \frac{\alpha}{1-\mu}\sum_{i=1}^{n}\Delta T_{2i}(t) \times E_i(t) \times H_i(t,\tau) \times R_i(t) \tag{1.2.1}$$

式中，$\sigma_x(t)$——龄期为 t 时，因综合降温差，在外约束条件下产生的拉应力，MPa；

　　　α——混凝土的线膨胀系数，K^{-1}；

　　　μ——混凝土的泊松比，取 0.15；

　　　$\Delta T_{2i}(t)$——龄期为 t 时，在第 i 计算区段内，混凝土浇筑体综合降温差的增量，K；

　　　$E_i(t)$——龄期为 t 时，在第 i 计算区段，混凝土的弹性模量，N/mm²；

　　　$H_i(t,\tau)$——龄期为 τ 时，在第 i 计算区段产生的约束应力延续至 t 时的松弛系数；

　　　$R_i(t)$——龄期为 t 时，在第 i 计算区段，外约束的约束系数，可按下式计算：

$$R_i(t) = 1 - \frac{1}{\cosh\left(\sqrt{\dfrac{C_x}{HE(t)}} \cdot \dfrac{L}{2}\right)} \tag{1.2.2}$$

其中，L——混凝土浇筑体的长度，mm；

　　　H——混凝土浇筑体的厚度，该厚度为块体实际厚度与保温层换算混凝土虚拟厚度之和，mm；

　　　C_x——外约束介质的水平变形刚度，N/mm³；

　　　$E(t)$——与最大里表温差相对应龄期 t 时，混凝土的弹性模量，N/mm²。

根据式（1.2.2），当水平变形刚度 C_x 取 0.6N/mm³，弹性模量取 3×10^4N/mm²，结构高度分别取 1m、2m、3m、4m 和 5m 时，约束系数随结构长度变化如图 1.2.19 所示。从图中可以看出：在一定长度范围内，长度对约束系数影响较大，长度增加，则约束系数增加，但不是线性关系；超过一定长度后，约束系数逐渐趋于常数。根据式（1.2.1）可知，其他条件不变时，外约束拉应力随着长度的增加而增大。

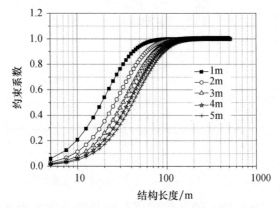

图 1.2.19　根据《大体积混凝土施工标准》计算出的约束系数随结构长度变化

1.2.2.2　厚度加大

随着现代混凝土结构尺寸尤其是厚度的增大，混凝土的热量散失愈加困难，温升和温度收缩开裂问题也更为突出。图 1.2.20 所示为不同厚度的底板混凝土中心及表面温度随龄期的发展曲线。由图可见，随着混凝土厚度的增加，中心部位温升随厚度的增加显著增大，而表面混凝土由于散热性好，温升随厚度的变化较小，因此内外温差也随着厚度的增加而显著增大。

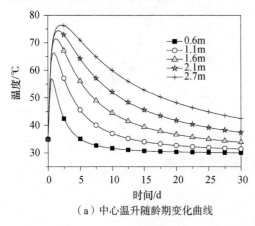

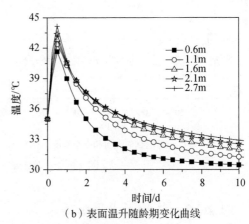

（a）中心温升随龄期变化曲线　　　　　　（b）表面温升随龄期变化曲线

图 1.2.20　不同厚度底板温升随龄期变化曲线

图 1.2.21 为某地下室侧墙混凝土（与顶板一起浇筑）夏季施工时实体监测的温度发展历程。由图可见，虽然侧墙厚度只有 70cm，但是由于模板的影响，内部混凝土温升接近 40℃，而且在浇筑 1d 左右即达到温峰，随后就开始了急剧降温，温降速率达到了 8℃/d，这将导致产生很大的温降收缩。

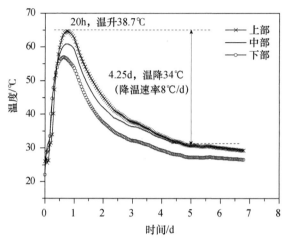

图 1.2.21　某地下室 0.7m 厚侧墙温升监测结果

　　图 1.2.22 为 2m×2m×10m 的某桥梁预制构件的温度发展历程。由于水泥用量（316kg/m³）和胶材用量（486kg/m³）均较高，实际监测结果表明：中心温度 34h 左右达到 80℃，温升达 50℃；混凝土中心和表层温度在浇筑后 46h 的温度差最高达到 28℃；中心和角落在浇筑后 46h 的温度差达到 45℃左右；在浇筑 4d 后，内外温差仍然超过 20℃。

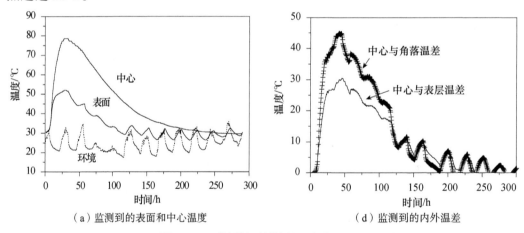

（a）监测到的表面和中心温度　　　　　　（d）监测到的内外温差

图 1.2.22　某桥梁预制构件温度发展历程

1.2.2.3　结构形式更加复杂

　　随着建筑设计的不断创新，为满足各类建筑物功能、环保、美观等实际需求，出现了很多新型的混凝土结构形式（图 1.2.23），例如各种具有复杂形状的薄壳和薄壁结构。同时，构筑物的配筋也愈来愈密集，对于混凝土施工性能的要求也越来越高，许多部位难以通过常规的振捣方式浇筑成型，需要采用大流动度甚至是免振捣、自密实的混凝土（图 1.2.24）。与此伴随而来的是，胶凝材料用量大幅增加、水化热加大，混凝土收缩开裂风险也因此而显著增大。

图 1.2.23　核电站安全壳

图 1.2.24　采用自密实混凝土的高铁Ⅲ型板

1.2.3　施工环境因素

随着我国西部大开发、海洋强国等战略以及"一带一路"倡议的不断推进，现代混凝土结构面临的施工环境也日趋严苛。在我国中西部地区，存在低湿度、高风速、高温度、强太阳辐射等极端干燥环境，最大风力 10 级以上，最高温度 40℃以上，昼夜温差 50℃以上。表 1.2.2 是我国西部地区某水电站气象资料统计。在这种极端干燥环境条件下，新浇混凝土的水分蒸发速率很高，混凝土结构的内外温差也很大，收缩开裂问题会更加突出。

表 1.2.2　某水电站坝区气象资料统计表（2012.1.1—2014.12.31）

湿度	多年平均湿度	湿度<80%天数（多年平均）	湿度<60%天数（多年平均）	湿度<40%天数（多年平均）
	53%	336d	243d	79d
降雨	年降雨总量		最大日降雨量	
	727.7mm		78.3mm	
温度	多年平均气温		大于 35℃天数（多年平均）	
	20.1℃		30d	
大风	每年大于 7 级以上大风天数		7 级以上大风总时长	
	239d		2281h	

1.3　早期收缩裂缝对结构耐久性的影响

虽然存在少数可见裂缝的混凝土结构在荷载作用下通常仍能继续运行，但是，多项研究成果和工程跟踪调查结果均表明，混凝土开裂是加剧混凝土劣化并最终导致失效的重要因素。混凝土一旦出现裂缝，其抗渗性就大大降低，进而加剧钢筋锈蚀和混凝土的冻融破坏程度，裂缝宽度相应地扩展，抗渗性也就进一步降低，混凝土的破坏程度也累积加剧，从而对混凝土的耐久性产生严重损害，进而危害到结构的安全性。半个世纪以来，水泥基建筑材料构筑物因材质劣化而造成破坏、失效以致塌崩的事故时有发生，尤其是道路、桥梁、港口等重大工程以及高层建筑物等，未达设计年限就发生破坏的事故很多。世界上许多国家包括发达国家，每年拨出巨资对重大工程进行修补甚至重建，例如，美国每年混凝土基建工程总价值达 6 万亿美元，而每年用于维修和重建的费用高达 3000 亿美元。美国有 253 万座混凝土桥梁，很多桥面板使用不到 20 年就开始破坏。美国土木工程学会在其 2005 基建工程状态报告中估计，"（美国）需花费 1.6 万亿美元在 5 年间将基建工程恢复到正常使用状态"。根据 1988 年资料，英国全部建筑和土木工程维修费为 150 亿英镑，其中混凝土工程维修费为 5 亿英镑。2000 年亚洲地区调查结果显示，用于混凝土工程修补和重建的费用已达 1.8 万亿美元。我国正处于建设高潮，由于种种原因混凝土工程过早开裂、远远达不到设计寿命的事故也常有发生，有的公路桥梁甚至仅使用 3~5 年就出现破损，个别的建成后尚未投入使用已需要维修，甚至边建边修，大大缩短了混凝土结构的服役寿命。这不仅造成了重大的经济损失，更造成了能源与资源的极大浪费及大量废弃物的排放。因此，从本质上提高混凝土的服役年限，是对我国现代混凝土的发展提出的迫切要求。

关于混凝土耐久性的研究已经引起了研究人员和工程界的足够重视，针对耐久性的研究在国内外如火如荼地进行。现代混凝土技术的核心就是混凝土的高耐久性，重大工程的设计寿命被提高到了 100 年甚至是 500 年。然而，令研究人员困惑的重要问题就是，实验室精心设计且经过耐久性试验验证的高性能混凝土，在交付工程使用后却因收缩问题导致了较普通混凝土更早的破坏，早期变形裂缝的产生对混凝土的耐久性造成了巨大的威胁。

在材料内部，存在着拉应力和强度随时间发展的矛盾过程。混凝土的早期破坏来源于一系列迅速又复杂的体积变形过程，这些体积变形在混凝土还处于强度相对较低的时候产生了拉应力。产生的应力可能马上引起开裂，也可能残留在混凝土内部而影响其服役性能，早期的收缩开裂行为将会影响混凝土结构的完整性、耐久性和使用寿命。提高混凝土的耐久性，要求必须从一开始就对混凝土的性能进行实时监控。

采用整体论的研究模式来阐释混凝土的劣化机理开始得到更多的认同。Mehta（2002）提出了如图 1.3.1 所示的混凝土受外界环境作用而劣化的整体模型，其认为环境

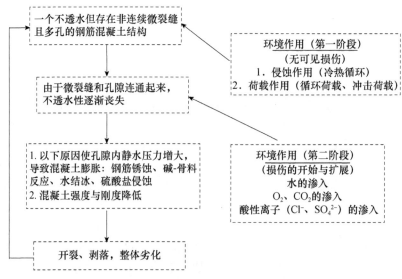

图 1.3.1　混凝土受外界环境作用而劣化的整体模型（Mehta，2002）

因素的影响分两个阶段：第一阶段，荷载和大气侵蚀作用促使微裂缝扩展直到它们连通，连通一旦发生，混凝土抗渗性即显著降低；第二阶段，水、氧气、二氧化碳和酸性离子能容易地渗入混凝土，这些介质的存在又促使各种物理化学反应易于进行，结果一方面是使孔隙水压增大，另一方面是使混凝土强度和刚度部分丧失。微裂缝的存在为气相、液相和可溶性离子的侵入提供了便捷的通道，直接影响到混凝土的抗渗性和耐久性。

在考虑建筑物的耐久性与寿命时，世界各国的有关规范规定了一个允许裂缝宽度值，旨在使结构在预期的服役期内满足适用性和耐久性的要求。在使用荷载下，只要裂缝宽度小于或等于规范规定的允许裂缝宽度或最大裂缝宽度限值，结构就具有所要求具备的耐久性和适用性。世界各国混凝土结构设计里所规定的允许裂缝宽度如表 1.3.1 ~ 表 1.3.3 所示。

表 1.3.1　ACI 224R-01 规定的钢筋混凝土在使用荷载下合理裂缝宽度

使用环境	裂缝宽度/mm	使用环境	裂缝宽度/mm
干燥环境下或有保护膜的结构	0.41	海水或海水浪溅区、干湿交替	0.15
潮湿环境或土中	0.30		
除冰盐	0.18	挡水建筑物	0.10

表 1.3.2　中国混凝土结构设计规范规定的结构构件裂缝控制等级和最大裂缝宽度限值

环境条件	钢筋混凝土结构		预应力混凝土结构	
	裂缝控制等级	最大裂缝宽度限值/mm	裂缝控制等级	最大裂缝宽度限值/mm
室内干燥环境；无侵蚀性静水浸没环境	三级	0.30/0.40	三级	0.20
室内潮湿环境；非严寒和非寒冷地区的露天环境；非严寒和非寒冷地区与无侵蚀性的水或土壤直接接触的环境；严寒和寒冷地区的冰冻线以下与无侵蚀性的水或土壤直接接触的环境		0.20		0.10
干湿交替环境；水位频繁变动环境；严寒和寒冷地区的露天环境；严寒和寒冷地区冰冻线以上与无侵蚀性的水或土壤直接接触的环境			二级	/
严寒和寒冷地区冬季水位变动区环境；受除冰盐影响环境；受除冰盐作用环境；海风环境；盐渍土环境；海岸环境			一级	/

表 1.3.3　日本土木工程协会规定的钢筋混凝土可容许表面裂缝宽度

混凝土种类		容易使钢筋产生腐蚀的周围环境条件		
		一般	腐蚀性	严重腐蚀性
加筋混凝土	螺纹钢筋或圆钢	$0.005c$	$0.0040c$	$0.0035c$
预应力混凝土	螺纹钢筋	$0.005c$	$0.0040c$	$0.0035c$
	预应力钢筋	$0.004c$	$0.0035c$	$0.0035c$

注：c 是钢筋保护层厚度，通常大约为 20~30mm。

由于混凝土裂缝处钢筋锈蚀问题的复杂性和人们对其认识的局限性，采用限制最大裂缝宽度来保证结构的耐久性，实质上带有一定的主观性。从表 1.3.1 ~ 表 1.3.3 所反映出的各规范在最大裂缝宽度限值取值上的不同，也在很大程度上说明业界对这个问题的认识具有模糊性。在实际结构中，裂缝宽度大于允许值时，结构的耐久性不一定失效，而实际裂缝宽度小于允许值时，也不能保证结构耐久性是可靠的。规范制订的差异性也反映出，关于裂缝对混凝土耐久性的影响的研究仍然缺乏足够的理论指导。

与荷载裂缝不同的是，收缩裂缝可能在更早期就已产生，并且裂缝在数量和空间上分布的范围更广，这就使得研究的难度更大，相关的研究还非常缺乏。Qi（2004）研究了早期塑性裂缝对于钢筋锈蚀的影响，试件的制作如图 1.3.2 所示。其对于水灰比为 0.50 的混凝土设计了不同纤维种类、纤维掺量以及保护层厚度的板式混凝土试件（内嵌 3 根 5 号钢筋）；试件成型后在 35±2℃，相对湿度 40%±2% 的环境试验箱中首先干燥 6h，1d 以后拆模，之后再潮湿养护 21d；在进行裂缝图像分析处理之前，用卤灯照 7d；采用半自动的图像处理程序和改进后的 Weibull 分布对表面塑性收缩裂缝进行定量分析，沿裂缝方向每隔 0.8mm 进行一次数据采集与分析，每条裂缝通过 180 个数据点确定平均裂缝宽度、开裂面积以及裂缝宽度分布，然后对试件进行加速腐蚀试验。试验结果图 1.3.3 ~ 图 1.3.5 所示。试验结果表明，腐蚀开始时间随裂缝宽度的减小而延长，这种延长的效果随保护层的增加而更加显著。微细有机纤维的掺入能够有效抑制早期裂缝，从而有效地延缓钢筋开始腐蚀时间，并进一步延缓腐蚀的速度。

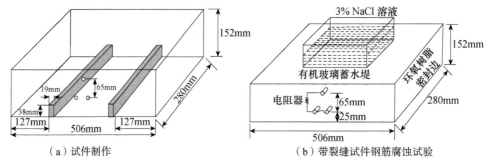

（a）试件制作　　　　　　　　　　（b）带裂缝试件钢筋腐蚀试验

图 1.3.2　塑性收缩裂缝对于钢筋腐蚀的影响试验装置（Qi，2004）

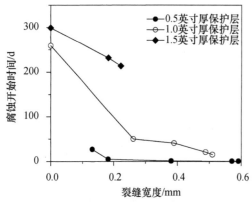

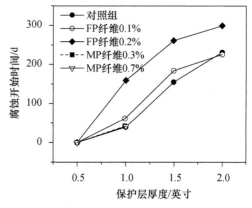

图 1.3.3　裂缝宽度和保护层厚度对腐蚀开始时间的影响（Qi，2004）

图 1.3.4　纤维对腐蚀初始时间的影响（Qi，2004）

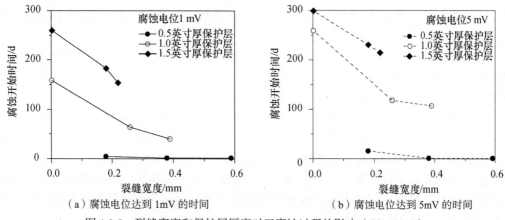

（a）腐蚀电位达到 1mV 的时间　　　　　（b）腐蚀电位达到 5mV 的时间

图 1.3.5　裂缝宽度和保护层厚度对于腐蚀过程的影响（Qi，2004）

　　在对抗渗性的研究里大多提到了收缩裂缝的影响，但是专门的研究还很有限。Nataliya（1999）研究了荷载裂缝和收缩裂缝对抗渗性的影响，试验方法为：对于养护 90～120d 的圆柱体试件，一部分试件在 105℃炉干至恒重，剩余试件浸水饱和，施加的单轴压应力比为 0、0.30、0.50、0.70 和 0.80。研究结果表明，裂缝可以使混凝土的传输性能呈数量级的增加，增加的程度取决于裂缝的形态。当施加压应力时，由于在一定荷载范围内裂缝并不连通，且卸荷后的裂缝可能部分闭合，因此对抗渗性的影响并不大。而干缩裂缝则对抗渗性表现出显著的相关，其原因被归结为乱向分布的收缩裂缝增加了内部孔隙的连通性。

　　巴恒静等（2000）从宏观和微观的角度（扫描电镜、能谱分析、孔结构）得出的结论认为，高性能混凝土内部微裂缝的产生是混凝土耐久性降低的主要因素，中等强度高性能混凝土裂缝出现的部位是在水泥石中、孔内和骨料界面区，微裂缝尺寸在几微米至 15 微米范围。

　　裂缝对于耐久性影响的关键在于加快了有害介质的传输。Boulfiza 等（2003）采用数学模型的方法对氯离子对带裂缝混凝土的渗透进行了预测。传输机制包括浓度梯度下的扩散以及压力梯度下的对流，后者又分为饱和条件和非饱和条件。对于饱和条件下未开裂的混凝土，传输机制以扩散为主；对于非饱和的混凝土或者是开裂的混凝土（尤其是处于干湿循环条件下的混凝土），氯离子可能由于孔隙负压的作用而通过基体或裂缝侵入。不管是哪一种传输机制，都必须有水分存在。因此，对水分迁移的准确模拟在很大程度上决定了对氯离子传输性能的准确描述。Gérard 等（2000）采用模型的办法研究了贯通裂缝对饱和混凝土介质传输性能的影响，认为裂缝的存在可以使得扩散系数增加 2～10 倍。

　　张士萍（2010）通过研究带裂缝试件的毛细吸附作用、抗渗性、碳化以及氯离子扩散等性能，分析了裂缝对水分、CO_2 以及氯离子三种有害介质传输的影响以及对混凝土材料耐久性的影响。采用预埋插片、施加劈裂荷载以及约束收缩三种方法诱导表面裂缝，混凝土完全硬化后采用图像分析技术测量表面裂缝的平均宽度。研究结果表明：

　　（1）裂缝的存在及其宽度并不影响水分的毛细吸附传输机制，但裂缝会促进扩散，且 $d=123\mu m$ 的裂缝对扩散影响较大；裂缝试件的单位面积吸水率均显著大于无裂缝试件；裂缝宽度 d=123μm 的时候，混凝土试件抗渗性最差，推断 d=123μm（0.1mm 左右）可能是裂缝对水泥基材料水分传输影响的一个阀值。

（2）当裂缝宽度在 0～57μm 范围时，碳化深度随着裂缝宽度的增加而缓慢增长；当裂缝宽度在 57～92μm 范围时，碳化深度随着裂缝宽度的增加而急剧增加；当裂缝宽度超过 92μm 时，碳化深度随着裂缝宽度的增加又呈现平稳增长。

（3）裂缝的存在加大了氯离子在混凝土中的传输，并且当裂缝宽度 d≥123μm 时，氯离子迁移系数随着裂缝宽度的增加显著增加。对于表面带裂缝的混凝土试件，氯离子从暴露面和裂缝断面同时侵入混凝土，并且氯离子渗入裂缝的过程存在一定阻力。收缩裂缝也会加剧氯离子在混凝土中的传输。在接近表层区域，氯离子浓度相差不大，但随着距离表面越来越深，裂缝宽度较大的试样的氯离子浓度高于裂缝宽度较窄的试样，并且裂缝越宽，氯离子浓度越大。

上述研究的结果已经充分表明，早期的收缩裂缝虽然不一定在短时间内影响结构的安全，但是加速了水和有害介质的侵入，危害了结构的使用功能，从长期来看严重危及结构的耐久性和使用寿命。

21 世纪以来，资源不足、环境污染、生态破坏等问题更加突出，成为全球性的重大问题，严重阻碍了全球经济的发展和人民生活质量的提高。在这种严峻的形势下，全球专家一致呼吁寻求一条人口、经济、社会、环境和资源相互协调的，既能满足当代人的需求而又不对满足后代人需求的能力构成危害的可持续发展的道路。就混凝土工程的基本建设而言，关键的任务是提高耐久性和使用寿命。延长混凝土工程的使用年限，减少巨额维修费用，就是巨大的节能节材。正如 Mehta 和 Burrows（2001）在 *Building Durable Structures in the 21st Century* 一文中所讲述，为建造在环境中可持久的混凝土结构，21 世纪的混凝土工程必须靠耐久性而不是强度来驱动。要想在工程实际中真正提高混凝土结构的耐久性，实现可持续发展的宏观经济战略，从根本上解决早期收缩裂缝问题的意义重大。

第 2 章　混凝土塑性阶段的收缩与开裂

塑性收缩开裂是指水泥基材料在凝结硬化以前收缩受限而产生裂缝的现象。现代混凝土由于使用了细度较高的原材料并掺用了高效减水剂，混凝土的流动度增加，塑性开裂的几率和程度较传统混凝土明显加大，造成实际工程中很多新浇筑的混凝土楼面、路面、桥面等大面积混凝土结构过早开裂。由于该阶段混凝土没有足够的强度来抵御内部拉应力的发展，裂缝的数量和宽度常常较硬化阶段的混凝土裂缝还要严重，危害到混凝土结构的耐久性和服役寿命。

塑性阶段的混凝土由于还未凝结成型，与硬化阶段的混凝土相比，各项性能的测试表征非常困难，相关的机理研究大多停留在宏观唯像的层面，由此而建立的模型容易受到原材料、环境参数变化的影响，难以有效地指导工程实践。本章从驱动力和抗力两方面，系统介绍塑性收缩开裂的测试方法、机理、模型方面的最新研究进展，提出基于孔隙负压（PWP）的塑性收缩和塑性开裂模型，为深入阐释这一类收缩开裂的机制、预测开裂风险，并从源头上开发相应的抑制措施提供依据。

2.1　塑性阶段收缩的主要类型

塑性阶段收缩根据方向可以分为水平方向的塑性收缩和竖直方向的塑性沉降两类。塑性阶段体系主要发生以下变化：

（1）由塑性介质（流体）向弹塑性介质（固体）转变；

（2）内部的水分蒸发由平面水（自由水）向曲面水（毛细水）转变。

该阶段体系中并存两种形式的水分运动（示意图见图 2.1.1）：由于泌水使得内部水分向表层迁移；由于干燥引起的表层水分的蒸发。当泌水速率大于等于蒸发速率（图 2.1.1

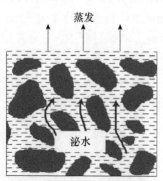
（a）泌水速率≥蒸发速率

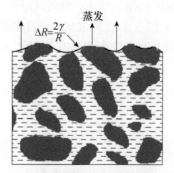
（b）泌水速率＜蒸发速率

图 2.1.1　塑性阶段水分运动形式

（a）所示），表层的水分仍然处于平面水的状态，就像水池中的水，这样的水蒸发不会在表层引起孔隙负压，收缩以塑性沉降为主。一旦泌水速率小于蒸发速率（图 2.1.1（b）所示），表层的泌水消失，表面变干，进一步的水分蒸发将导致孔隙负压增加，塑性收缩开始产生。

2.2　塑性阶段收缩开裂的测试方法

2.2.1　塑性阶段收缩的测试方法

水泥基材料塑性阶段收缩的测试方法有接触式和非接触式两种。Hammer 等（2006）采用两块直径为 50mm 的圆形塑料网片测试，塑料网片能透过泌水层，塑性沉降的大小通过位移传感器测试，并传递到电子数据采集器中，数据采集器每两分钟采集一次数据。为了尽量减少测试设备作为外加荷载产生的影响，塑料网片和网片上的传动部件都非常轻。非接触法一般采取电涡流测试仪和激光位移传感器两种方式。电涡流测试仪的主要测试原理是高频电涡流效应，通过金属导体的磁通量发生变化时，在导体中产生感生电流，并在金属体内自行闭合形成涡电流，涡电流消耗磁场能量，从而引起磁场线圈阻抗的变化。利用涡电流将距离的变化转化为电量的变化。该方法避免了接触式测量带来的外力误差，而且精度高，能自动采集数据。但长期应用的结果表明，电涡流传感器如果连续监控时间较长，则会有较大的漂移。高精度激光位移传感器基于三角量测技术，由光源发射的光束经聚焦透镜聚焦，成为一极细小的光点投射到被测物体的表面，物体表面的光点通过折射回到成像透镜，从而计算出传感器到被测物体表面的距离。该技术不仅非接触、精度高、便于自动数据采集，而且与电涡流传感器相比，具有稳定性好、数据采集速度快、直接测试物体表面、无需另设感光片等特点。此外，还有学者设计制作了可移动的激光位移传感器，用于测试有钢筋约束的混凝土塑性沉降，该方法可以监测垂直于钢筋方向的塑性沉降变化，从而研究预埋钢筋限制混凝土塑性沉降对塑性开裂的影响。

笔者团队采取的方法如图 2.2.1 所示，模具截面为正方形（边长 150mm）。为了更好地表征浆体薄层的体积变化，模具的厚度仅为 15mm。陶瓷头的外径为 6mm（孔隙负压测试装置详见节 2.2.3），以测试浆体内孔隙负压的变化。测试过程中，每分钟记录一次数据。对浆体的横向及竖向变形采取非接触激光位移传感器进行测试，其中激光位移传感器测

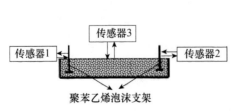
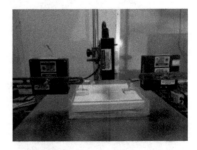

图 2.2.1　测试模具示意图及实物图

试精度为 0.1μm，数据记录频率设置为每分钟一次。竖向变形以直接将激光照射测试浆体的方式获得，横向变形则以在浆体内部埋入 T 形聚苯乙烯泡沫支架并测试支架位移的方式间接测得。测试装置（包括其内浆体）放置在电子天平上，电子天平通过数据线和电脑相连，每分钟自动记录一次装置的质量变化，以此测试水分蒸发。电子天平测试范围为 0 ~ 30kg，测试精度为 0.1g。

2.2.2　塑性开裂的测试方法

在塑性开裂的研究方面，不同尺寸和不同约束程度的平板法应用广泛。1985 年，Kraai 提出有约束的平板法，在平板的四周铺设弯成直角的金属网带，以约束混凝土，诱导裂缝产生。通过对混凝土浇注成型 4 ~ 5h 内因塑性收缩引起的裂缝进行观测，提出了评估开裂程度的权重值计算方法。Shaeles 等（1988）、Cohen 等（1990）、Padron 等（1990）、Ramakrishnan 等（2001）和 Wang 等（2001）相继对 Kraai 的平板法做了改进，其中 Padron 等设计了一种将平板与圆环相结合的模具，用于研究人造纤维对水泥砂浆和混凝土体积稳定性的影响。中心圆可以提供沿环径方向的均匀约束，将砂浆或混凝土连同模具放到风箱中干燥，1 ~ 2h 后发现自圆环外周向四边辐射的多条裂缝。Banthia 等（1996）提出将混凝土直接浇筑到有外露集料的粗糙混凝土基板上，从而接近混凝土约束的真实情况，但是复杂的应力和无规则的裂缝分布使得分析和计算十分困难。

Naani 等（1991）、Berke 等（1994）、Mora 等（2000）和 Qi 等（2003）提出和改进了底板带约束肋的平板试验方法，其示意见图 2.2.2。在试模底部设置三条三角形的约束肋，其中中间肋的高度最高，用来减小混凝土板的厚度，诱导裂缝沿着肋的方向产生和扩展。该方法被作为 ASTM C1579 关于测试塑性收缩开裂的推荐方法。

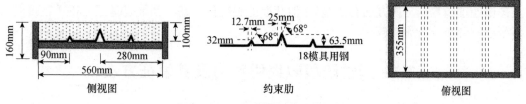

图 2.2.2　设置约束肋的平板示意图

国内开展塑性开裂试验基本都采用平板法，但在试件尺寸、约束方式及尺寸上差异较大。马一平等（2003）采用 ACI 544 推荐的大板法，试件尺寸为 914mm × 610mm × 19mm，模具为木模，只有底模的约束。耿飞等（2003）设计采用塑性收缩的圆环开裂模具，属于集中约束。杨长辉、吴芳及其学术团队（2002），在 ACI 推荐的集中约束平板的基础上进行了尺寸的改进。在标准或规范方面，中国工程建设标准协会标准《纤维混凝土结构技术规程》（CECS38：2004）、《混凝土结构耐久性设计与施工指南》（CCES 01-2004）采取"周边约束"试验方法，二者在方法上近似。前者试件尺寸为 600mm × 600mm × 63mm，边框内设 $\phi6$、间距 60mm 的双排栓钉，长度分别为 50mm 和 100mm 的两种栓钉间隔分布，后者参考日本笠井芳夫教授提出的测试方法，都属于周边约束，试件尺寸为 600mm × 600mm × 63mm，每条边框内设两排共 14 个 $\phi10 × 100mm$ 的栓钉，两排栓钉等距离交错排列，其示意见图 2.2.3。《普通混凝土长期性能和耐久性能试验方法标准》（GB/T 50082-2009）采用尺寸为 800mm×600mm×100mm 平面薄板型试件，模内设有 7 根裂缝诱导器，其示意见图 2.2.4。

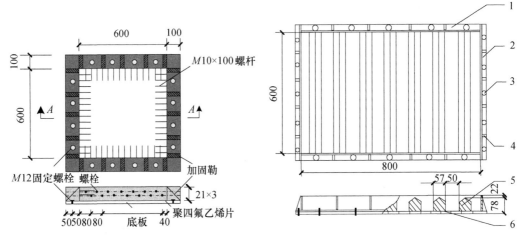

图 2.2.3　四边约束的正方平板示意图（单位：mm）　　图 2.2.4　混凝土早期抗裂示意图（单位：mm）
1-长侧板；2-短侧板；3-螺栓；4-加强肋；
5-裂缝诱导器；6-底板

裂缝的测试以直尺或读数显微镜为主，读数显微镜的精度可以达到 0.01mm。人工测试不仅精度差，而且测点有限、人为因素影响大。ACI 224R-01 发现，对同一条裂缝的测试，人工测试的变异系数可以高达 40%。近年来，图像的成像与分析处理技术开始在混凝土裂缝的研究中得到应用。Qi 等（2003）、耿飞等（2003）、杨长辉等（2005）、Lura 等（2007）和 Sivakumara 等（2007）相继采用数码图像技术对裂缝进行研究，虽然在图像处理和数据分析方面有所差异，但获取的裂缝信息基本都是裂缝宽度和开裂面积，对裂缝的分布分析研究较少。

2.2.3　塑性阶段收缩驱动力及其表征方法

2.2.3.1　水分蒸发

水分的快速蒸发是水泥基材料产生塑性收缩和开裂的原始驱动力，大量的研究表明，水分蒸发越快，塑性收缩越严重。最早提出的通过研究水分蒸发来阐释塑性开裂机理进而控制塑性开裂的学说，至今仍然占有重要地位。1998 年 Paul 提出了如式（2.2.1）所示的改进计算公式。为了简化计算，Paul 还提出了"单独运算方程"，见式（2.2.2），不需要先算出气压，特别适合于现场快速估算。

$$E = 0.313(e_{so} - r \cdot e_{sa})(0.253 + 0.06V) \tag{2.2.1}$$

式中，E—蒸发速率，kg/（$m^2 \cdot h$）；

e_{so}—混凝土表面蒸汽压，kPa；

e_{sa}—空气蒸汽压，kPa；

V—风速，km/h；

r—相对湿度，%。

$$E = 5[(T_c + 18)^{2.5} - r \cdot (T_a + 18)^{2.5}](V + 4) \times 10^{-6} \qquad (2.2.2)$$

式中，T_c—混凝土（水表面）温度，℃；

T_a—空气温度，℃；

V—风速，km/h；

r—相对湿度，%。

美国混凝土协会 ACI 305R 指南给出了水分蒸发诺模图，综合考虑了混凝土表面状况（温度，气压）和环境气候条件（大气的温度、湿度、风速和光照），建立了这些影响因素和水分蒸发速率之间的关系。

2.2.3.2　孔隙负压

建立在表面物理化学经典理论基础之上的毛细管张力理论，最早由 Wittmann 提出，长期以来在解释塑性开裂的机理研究上占据着重要地位，该理论认为孔隙负压是引起塑性阶段收缩开裂的直接驱动力。为了证实这一理论假说，学者们开展了大量的试验研究。Wittmann（1976）首次实现了对水泥混凝土孔隙负压的测试，并将孔隙负压用于研究早期收缩的机理；Radocea（1992）进一步提高了孔隙负压测试传感器的精度，提出了塑性收缩的理论模型；Holt（2001）、Hammer（2006）和 Mora-Ruacho（2009）采用相似的装置研究了新拌水泥混凝土孔隙负压的发展规律，并在解释早期塑性收缩的机理上取得了一定的进展；Johansen（1994）和 Sellevold 等（1994）的研究结果也强调了表层孔隙负压的增长是引起塑性开裂的重要机制。

需要指出的是，上述研究均采用了相似的装置，即在充水细管的上端连接一个压力传感器来测试。通常孔隙负压在水泥浆体（混凝土）拌合后的初始阶段基本不变，随着水泥水化或水分蒸发的进行出现一突变点，在此之后孔隙负压迅速增加，但是超过某一点后，开始下降。由于采取充水细管作为传感器，其进气值较低，应用过程中探头存在漏气的弊端，影响了实际测量的量程，测试结果一般不超过 50kPa。

针对已有孔隙负压测试技术存在的问题，借助于土壤物理学的研究方法，笔者团队引进了土壤研究中的张力计测试原理，可实现水泥浆体（混凝土）孔隙负压自动测试。

1.　基本原理

土壤孔隙中的水分在毛细管引力和土粒的分子引力的共同作用下处于负压（吸力）状态。土壤含水量愈低，土壤孔隙中的水分也就愈少，则土壤吸力愈大；反之，土壤含水量愈高，土壤孔隙中的水分愈多，则土壤吸力愈小。所以，土壤湿度计指示的数据就能大致反映出土壤的含水量状况，负压式土壤湿度计（也称张力计）就是测定这种土壤吸力（或称土壤基质势）的仪器。

在等温和没有溶质的条件下，土壤的水势：

$$\psi_{ws} = \psi_{ms} + \psi_{ps} \qquad (2.2.3)$$

式中，$\psi_{ws}, \psi_{ms}, \psi_{ps}$—土壤的水势、基质势和压力势。

另一方面，在一个充水的张力计中的水势为

$$\psi_{wD} = \psi_{mD} + \psi_{pD} \tag{2.2.4}$$

式中，ψ_{wD}, ψ_{mD}, ψ_{pD}——张力计的水势、基质势和压力势。

当土壤与张力计的多孔陶土管相接后，它们的水势趋于平衡，达到平衡时有

$$\psi_{wD} = \psi_{ws} \tag{2.2.5}$$

因为非饱和土壤的压力势为 0，张力计中无基质，基质势为 0，故有

$$\psi_{pD} = \psi_{ms} = V_w \Delta P_D \tag{2.2.6}$$

式中，V_w——水的比容；

ΔP_D——仪器水分压力与大气压力（参考压力）之差，即真空表的读数。

水泥基材料的硬化过程与土壤一样存在由完全饱水状态向非饱水状态的转变。当充满水且密封的张力计插入混凝土时，水膜就与混凝土内部水分连接起来，产生水力上的联系。忽略了重力势、温度势、溶质势后，水泥浆体（混凝土）中水的基质势便可由仪器所示的压力（差）来量度。刚刚拌合的水泥基材料属于完全饱水材料，处于悬浮态，此时如果忽略重力势、温度势、溶质势后，基质势为零，故反映出来的张力为零。一旦水泥浆内部结构形成，水泥的进一步水化将在较大的孔内部形成弯液面，跨过弯液面的两边产生压力差，水泥浆体（混凝土）孔隙水的基质势低于仪器里水的压力势，水泥浆体（混凝土）就透过陶瓷头向仪器吸水，直到平衡为止。密封的仪器中产生真空度或吸力（低于大气参照压力的压力）就是孔隙负压。

随着胶凝材料的不断水化或者是由于水分蒸发，水分消耗逐渐由大孔向小孔进行，负压也不断增大，再根据 Laplace 方程和 Kelvin 定律，可以计算出相应的毛细孔半径和内部相对湿度。这就是张力计应用于水泥浆体（混凝土）的测试原理。采用张力计可以敏感地测试出加水拌合后水泥浆体（混凝土）在硬化过程中内部孔隙的负压、临界半径以及相对湿度的变化。但张力计一般量程较小，超过一定限度时，仪器因陶瓷管壁的水膜破裂而漏气，失去作用，因此只能测试初期水化及干燥早期水泥浆体（混凝土）的变化，但也是完全可以反映出直到终凝之后几个小时内水分的消耗规律。

2. 测试系统及使用方法简介

水泥浆体（混凝土）孔隙负压自动测试系统，如图 2.2.5 所示，由置于测筒中的传感器、水势探头（陶瓷头）以及自动采集系统部分组成。仪器量程为 0～100kPa，精度为±1kPa。

使用前需要开启集气管（图中塑料管）的盖子和橡皮塞，并将仪器倾斜，向塑料管徐徐注入无气水（将自来水煮沸 20 分钟后，放置冷却），直到加满为止，仪器直立 10～20 分钟（不要加塞子），让水把陶瓷头湿润，并见水从陶瓷头表面滴出。使用前陶瓷头应在无气水中浸泡 3 个小时以上。

陶瓷头是仪器的感应部件，具有许多微小的孔隙，陶瓷管可以视为一片没有弹性的多孔膜，陶瓷头被水浸润后，在孔隙中形成一层水膜。当陶瓷头中的孔隙全部充水后，孔隙中的水就具有张力，这种张力能保证水在一定压力下通过陶瓷头，但阻止空气通过。当充满水且密封的陶瓷头插入新拌水泥浆（混凝土）时，水膜就与水泥浆（混凝土）内

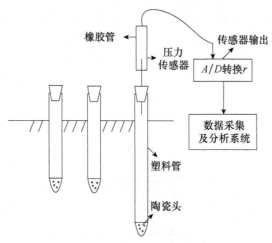

图 2.2.5　孔隙负压测试系统示意图

水分连接起来，产生水力上的联系，达到最初的平衡。随着水泥等胶凝材料的进一步水化或水分的蒸发，一旦水泥浆（混凝土）水分出现不饱和（即自干燥或干燥现象开始），与仪器的水势不相等时，水便由水势高处通过陶瓷头向水势低处流动，直至两个系统的水势平衡为止。当忽略了重力势、温度势、溶质势后，系统的水势即为压力势和基质势之和，水泥浆体（混凝土）的压力势（以大气压力参考）为零，仪器的基质势也为零，水泥浆体（混凝土）中水的基质势便可由仪器所示的压力（差）来量度。自干燥或干燥的水泥浆体（混凝土）的基质势低于仪器里水的压力势，水泥浆体（混凝土）就透过陶瓷头向仪器吸水，直到平衡为止。因为仪器是密封的，仪器中就产生真空度或吸力（低于大气参照压力）。这样仪器内的负压便由计量器或传感器测得，仪器所显示的压力就是水泥浆体（混凝土）的负压，也就是水泥浆体（混凝土）的水分的基质势，在数值上是相等的，只是符号相反。

　　与密封条件不同的是，由于蒸发作用，在不同层面上存在着负压梯度，因而探头的位置和尺寸对于测试结果有着很大的影响。为了测试不同层面的负压梯度，设计制造了微型的水势探头（图 2.2.6），通过微型陶瓷头埋设不同深度，可实现不同层面的孔隙负压的测试。

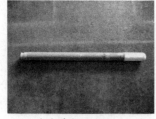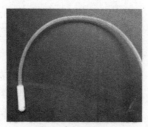

（a）直径=20mm　　　　　（b）直径=2mm　　　　　（c）埋设照片

图 2.2.6　不同尺寸的陶瓷探头及应用

2.2.4　塑性阶段力学性能表征方法

　　塑性开裂是驱动力（孔隙负压）和抗力（抗拉强度）综合作用的结果。在抗拉强度测试方面，Dao VTN 等（2009）研究了混凝土塑性阶段拉伸性能随时间的变化规律；马一平等（2003）采用八字模及收缩传力架等装置，研究了水泥基材料的塑性抗拉强度及收缩应力。在上述研究基础上，笔者团队采取八字钢模测试水泥浆体塑性抗拉强度，模具由图 2.2.7 中 A、B 两部分拼合组成（不包含 C）。模具间以圆弧过渡，以减小应力集中。

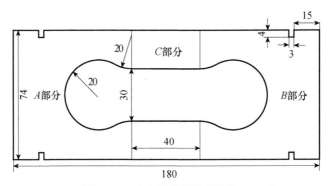

图 2.2.7　八字模示意图（单位：mm）

选定了测试模具的外形之后，下一个所面临的问题则为模具厚度的选取，该问题存在以下矛盾：从表征表层水泥基材料性能而言，模具应尽可能的薄；从减小测试误差的角度而言，模具应尽可能做得厚一些。上节研究结果表明，在塑性阶段，液相处于连续状态，在此情况下，当模具厚度为 10mm 时，理论上，表层和底层的孔隙负压差值很大程度上为重力引起，差值理论值为 0.2kPa，若抗拉强度从孔隙负压为 5kPa 开始测试，则底层孔隙负压值相对于表层的误差为 0.3%~4.0%。考虑到探头的直径为 6mm，所以实

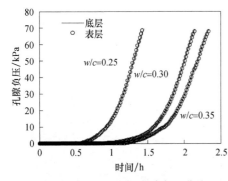

图 2.2.8　表层和底层孔隙负压曲线
（20mm 厚浆体）

验中选取的测试浆体厚度为 20mm。水灰比为 0.25、0.30 和 0.35 的水泥浆体的实验结果如图 2.2.8 所示。从图中可以看出，水灰比为 0.25、0.30 和 0.35 的水泥浆体在 20mm 厚度范围内，孔隙负压发展曲线基本一致。此外，孔隙负压达到最高点时，水灰比为 0.25、0.30 和 0.35 的浆体的表层和底层孔隙负压差值分别为 2.4%、1.2% 和 1.3%。结果表明，在 20mm 厚度条件下，表层和底层的孔隙负压差值非常小，若采取 10mm 的厚度，上述差值将进一步降低，因此采取厚度为 10mm 的模具（图 2.2.7）成型的浆体可以忽略孔隙负压沿深度不均匀分布对试验造成的影响。

如图 2.2.9 所示，抗拉强度测试装置主要由两个小车、带凹槽的钢制导轨、固定端和测试端组成。小车位于导轨之上以固定小车行进路线，并减少摩擦阻力。试验中，首先将八字模两部分分别通过卡槽固定于两个小车之上，其后在小车两端放置遮挡物对紧小车和八字模，最后在八字模中装入水泥浆体，并放置孔隙负压探头。当孔隙负压达到设定值时，取下固定小车的遮挡物，进行抗拉强度测试。测试时，左面的小车固定，

在右端悬吊塑料水杯，通过软管向水杯加水，加水速率为（8.0±2.0）g/s，试件拉断后记录此时水杯和水总重。为了扣除测试装置本身摩擦力对测试结果的影响，每次拉断试件后，将小车连同八字模具及断裂的试件再次对紧，并再次测试小车分开时所对应的重力，由于该力较小，所以测试时加水速率为 2.0 ~ 3.0g/s。

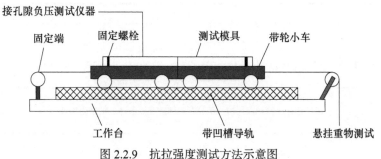

图 2.2.9　抗拉强度测试方法示意图

塑性阶段抗拉强度计算如下：

$$P = F / (H \cdot W) \tag{2.2.7}$$

式中，P—试件抗拉强度；

　　　F—最大荷载；

　　　H—试件中间横断面厚度；

　　　W—试件中间宽度。

此外，对水泥基材料塑性阶段弹性模量进行测试的方法如下：模具由图 2.2.7 中 A、B 和 C 三部分拼合组成；当浆体孔隙负压产生（有一定力学性能）后移除模具中的 C 部分；当孔隙负压达到设定值后，在浆体表面放置位移测试支架，并用塑料薄膜盖住浆体阻止水分蒸发；在图 2.2.9 "悬挂重物测试"端，采取重量为 30.0g 的砝码逐级加载，并记录该过程中浆体的位移；最终，通过应力和应变的关系曲线，计算试件在不同孔隙负压条件下的弹性模量。

2.3　塑性阶段收缩的机理及模型

2.3.1　水泥基材料塑性阶段体系演变

2.3.1.1　颗粒间隙液分布

新拌混凝土是由水泥、砂、石等固相材料和水组成的悬浮体系，在干燥过程中，液相不断减少，固相颗粒不断靠近。这一过程中收缩驱动力及结构抗力形成的本质，即为固、液、气三相间的演变及相之间的作用力，而作用力主要是由固相颗粒间的液相桥接作用产生。

如表 2.3.1 所示，干燥过程中，湿颗粒体系的体系饱和度（液相占孔隙的百分比）不断降低，液桥形态主要有如下几种：浆液状、毛细管状、环索状、钟摆状、无液桥。由于水泥基材料内一般不会出现饱和度为 0 的情况，干燥过程即为体系从浆液状向钟摆状过渡的过程。在浆液状时，气相可以以封闭气泡形式存在。随着蒸发的进行，浆体表面出现弯液面，并产生孔隙负压。在孔隙负压达到浆体的进气值之前，液相是连续的；当孔隙负压达到进气值之后，气相将进入浆体内部，液相饱和度将不断降低，气相由不连续向连续状态转变，液相由连续向不连续状态转变。

表 2.3.1　湿颗粒体系液桥形态

液桥形态	物理机制	示意图
浆液状	液体压力等于或大于空气压力，颗粒间没有粘结力	
毛细管状	颗粒间隙几乎充满液体，气体压力大于液体压力，使得液体表面凹陷，颗粒间产生吸力	
环索状	液桥存在于接触点周边，部分颗粒间隙充满液体，粘结力增加	
钟摆状	颗粒间通过接触点上的液桥发生粘结，液桥纤细	
无液桥	颗粒间无液桥力	

注：本表参考了孙其诚等（2008）、Iveson 等（2001）相关研究工作。

2.3.1.2　蒸发过程

如图 2.3.1 所示，在一定的蒸发环境下（图中测试温度为 35±2℃，相对湿度为 32%±2%，本章下文如无特殊说明，所有试验环境均为该温湿度条件），水泥浆体和石英砂（非水化相）浆体蒸发过程类似，大致可分为以下 3 个阶段：

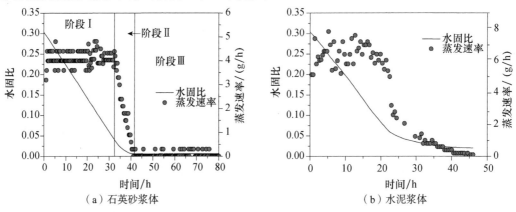

（a）石英砂浆体　　　　　　（b）水泥浆体

图 2.3.1　水泥和石英砂浆体蒸发过程测试结果
（石英砂细度为 400 目；水泥为基准水泥；初始水固比为 0.3）

阶段Ⅰ：蒸发速率恒定的稳定蒸发阶段，蒸发量和时间基本呈线性关系；
阶段Ⅱ：减速阶段，蒸发速率起初随时间增加，而后迅速降低；
阶段Ⅲ：蒸发速率趋近于 0。

蒸发过程中，孔隙负压发展曲线如图 2.3.2 所示。从图中可以看出，在孔隙负压达到峰值前（峰值受体系组成、环境及仪器量程影响），水分蒸发量和时间之间具有很明显的

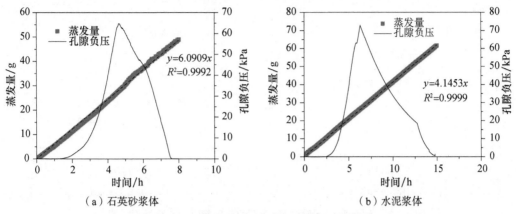

（a）石英砂浆体 　　　　　　　　（b）水泥浆体

图 2.3.2 蒸发过程和孔隙负压增长过程关系

线性相关性，即体系处于蒸发速率恒定的稳定蒸发阶段（阶段Ⅰ）。

2.3.1.3 体系饱和度及液相的连续性

非水化相（如粉煤灰、硅灰）的失水体积和塑性收缩的差值即为塑性收缩过程中产生的孔隙的体积，由此可计算该过程中的饱和度：

$$饱和度 = \frac{蒸发水体积 - 浆体塑性收缩}{浆体初始水的体积 - 浆体塑性收缩} \times 100\% \qquad (2.3.1)$$

水泥浆体由于在塑性干燥条件下既存在水分蒸发也存在水化引起的水分消耗，此条件下，以孔隙负压向非 0 转化时间点作为饱和度开始降低的时间点（此之前，可以认为化学收缩等于自收缩，且饱和度为 100%），饱和度计算方法按下式进行：

$$饱和度 = \frac{蒸发水体积 + 化学收缩 - 浆体塑性收缩}{浆体初始水的体积 - 浆体塑性收缩} \times 100\% \qquad (2.3.2)$$

试验中选取了粉煤灰浆体、硅灰浆体和水泥浆体用于测试，塑性收缩的试验结果如图 2.3.3 所示。

根据图 2.3.3 测试结果，计算出的浆体饱和度和孔隙负压关系如图 2.3.4 所示。

从图 2.3.4 可以很明显看出，塑性阶段下的非水化体系及水化体系，在 70kPa 范围内，

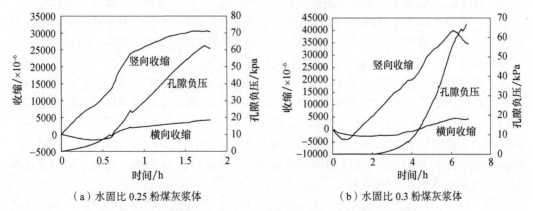

（a）水固比 0.25 粉煤灰浆体 　　　　（b）水固比 0.3 粉煤灰浆体

图 2.3.3 不同浆体的塑性收缩及孔隙负压随时间变化过程

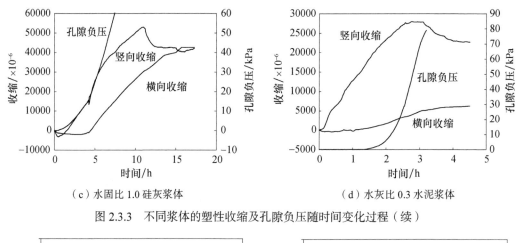

（c）水固比 1.0 硅灰浆体　　　　　（d）水灰比 0.3 水泥浆体

图 2.3.3　不同浆体的塑性收缩及孔隙负压随时间变化过程（续）

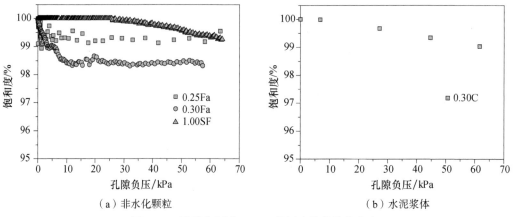

（a）非水化颗粒　　　　　　　　（b）水泥浆体

图 2.3.4　孔隙负压在 70kPa 范围内的浆体饱和度

浆体饱和度均在 98%以上，接近饱和态。在如此高的饱和度下，可以认为液相是连续的。为了验证上述推测，进行了如下两种验证测试：①对塑性收缩和孔隙负压的全过程进行分析；②不同深度处的孔隙负压对比测试。从图 2.3.5 结果可以看出：竖向和横向收缩在早期随着水分的蒸发而增加，至一定值后，收缩出现拐点，并表现出膨胀；横向起初出现一定膨胀，其后随着孔隙负压的出现而出现收缩，之后出现拐点。此外，从图中也可以看出，孔隙负压开始下降的点和收缩的拐点有很强的对应关系。对于孔隙负压测试探头而言，其进气值大于 100kPa，而之所以在试验中最大测试值在 70.0~80.0kPa 之间，主要是由于"气蚀"作用（孔隙负压接近大气压，液体很容易变为气体）。对于水泥浆体而言，根据理论计算，其进气值应不小于仪器所测试出的孔隙负压峰值，但由于气蚀作用，气相的产生导致浆体出现膨胀。从上述分析可以推测，在孔隙负压测试值开始下降（或收缩曲线出现拐点）之前，浆体内液相应处于连续状态。与此同时，厚度为 40mm 的浆体的实验结果（图 2.3.6）也证明了上述推测。从图中可以看出，在快速蒸发条件下，40mm 厚的浆体表层及底层负压曲线基本重叠，最大差异仅为 3.0%，这表明液相是连续的，可以在浆体内部"传递力"。

综上可知，在孔隙负压达到 70kPa 以前，体系内液相接近饱和（饱和度＞98%）且连续。

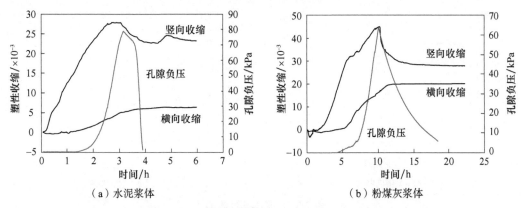

（a）水泥浆体　　　　　　　　　　（b）粉煤灰浆体

图 2.3.5　浆体孔隙负压测试值的峰值和塑性收缩拐点之间对应关系

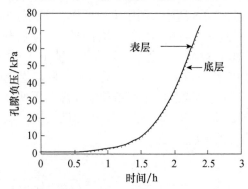

图 2.3.6　表层和底层孔隙负压测试结果（水灰比 0.3 水泥浆体体系）

2.3.2　塑性收缩模型

2.3.2.1　塑性收缩与水分蒸发及孔隙负压关系

选取水泥、粉煤灰、硅灰和碳酸钙四种体系对塑性收缩进行测试。浆体的水固比如表 2.3.2 所示，表中水固比设计的依据是保证浆体有一定的流动性，进而保证浆体的成型密实性。

表 2.3.2　四种浆体配比

浆体种类	水泥（C）	粉煤灰（Fa）	硅灰（SF）	碳酸钙（Ca）
水固比	0.35	0.31	0.85	0.43

四种浆体的横向收缩和竖向收缩如图 2.3.7 所示。从图中可以看出，四种浆体在两个方向上的塑性收缩的差异较大。竖向收缩在一定时间之前基本是线性的，在此期间横向则出现轻微的膨胀；其后，浆体在横向迅速收缩，在竖向则出现一定膨胀变形。在横向，硅灰浆体最先发生收缩；水泥浆体的收缩速率及最终的收缩值均最小；碳酸钙粉虽然开始收缩的时间最晚，但一旦开始收缩，则其收缩速率均大于其他浆体。

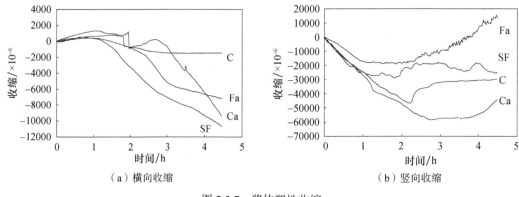

（a）横向收缩　　　　　　　　　　　　（b）竖向收缩

图 2.3.7　浆体塑性收缩

孔隙负压增长曲线如图 2.3.8 所示。图中可以看出，孔隙负压在早期存在诱导期（负压维持初始值基本不变），其后开始快速增长，增长至一定值后开始下降。试验结果还表明，硅灰浆体的孔隙负压增长最早，其他三种浆体的孔隙负压开始快速增长的时间近似。这主要由于，孔隙负压的增长不仅受蒸发速率的影响，同时也受体系形貌的影响。体系颗粒越小，体系越致密，则在相同蒸发速率条件下孔隙负压增长越早。

水分蒸发测试结果如图 2.3.9 所示，与节 2.3.1 测试结果一致，蒸发速率基本恒定，在 $0.30 \sim 0.35$（$kg/m^2 \cdot h$）范围内。

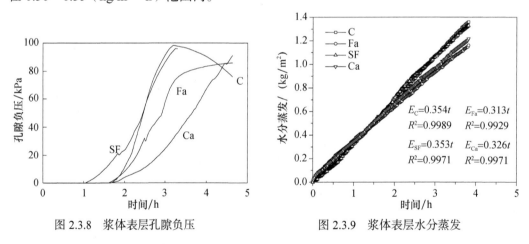

图 2.3.8　浆体表层孔隙负压　　　　　　　图 2.3.9　浆体表层水分蒸发

在图 2.3.9 中标注的拟合式：
$E_C = 0.354t$，$R^2 = 0.9989$；$E_{Fa} = 0.313t$，$R^2 = 0.9929$；$E_{SF} = 0.353t$，$R^2 = 0.9971$；$E_{Ca} = 0.326t$，$R^2 = 0.9971$。

水分蒸发和竖向收缩及横向收缩间的关系分别如图 2.3.10 和图 2.3.11 所示。从图 2.3.10 可以看出，在一定时刻之前（转折点，图中以圆圈标注），竖向收缩和水分蒸发成线性关系，且线性相关性较高。就四种浆体的线性拟合斜率绝对值而言，硅灰浆体最高（为水泥浆体的 156 倍左右），接下来分别为碳酸钙浆体和粉煤灰浆体，水泥浆体最小。在实际工程中，控制水分蒸发速率是抑制塑性开裂的重要措施。从本实验结果中可以推断，不同体系浆体的临界蒸发速率值应有较大差异。当混凝土中掺加了硅灰、碳酸钙粉等超细掺合料，若仍以相同的临界蒸发速率进行控制，则混凝土塑性开裂可能无法避免。在图 2.3.10 中的转折点之后，四种浆体随着水分蒸发的进行均表现出一定的膨胀，且二者间无明显的线性关系。

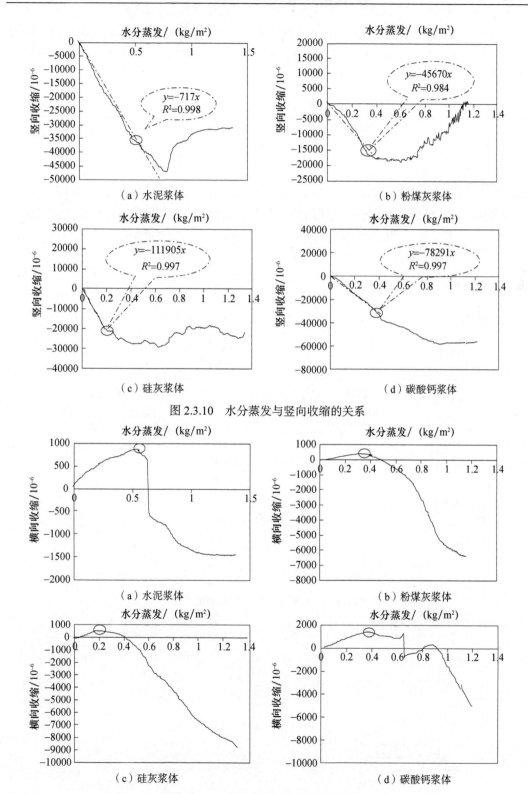

图 2.3.10　水分蒸发与竖向收缩的关系

图 2.3.11　水分蒸发与横向收缩的关系

此外，如表 2.3.3 所示，图 2.3.10 中的转折点基本对应孔隙负压开始增长的点。从表中也可以看出，转折点出现的时间和浆体的类型相关，硅灰浆体转折点出现时间最早，而水泥浆体则最晚。

表 2.3.3　转折点所对应的时间及孔隙负压

项目	水泥浆体	粉煤灰浆体	硅灰浆体	碳酸钙浆体
时间/h	1.77	1.03	0.70	1.23
蒸发量/（kg/m²）	0.60	0.36	0.20	0.41
孔隙负压/kPa	5.9	1.50	1.3	3.4

孔隙负压和竖向收缩及横向收缩间的关系曲线如图 2.3.12 和图 2.3.13 所示。从图 2.3.12

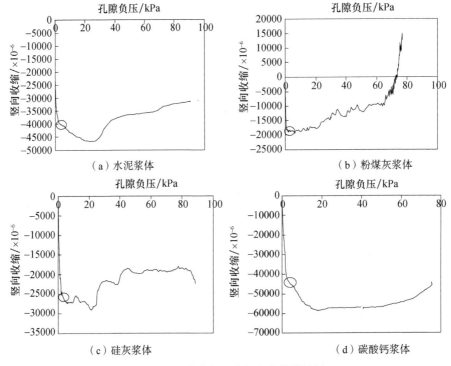

图 2.3.12　孔隙负压和竖向收缩的关系

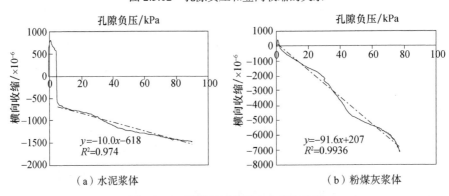

图 2.3.13　孔隙负压和横向收缩的关系

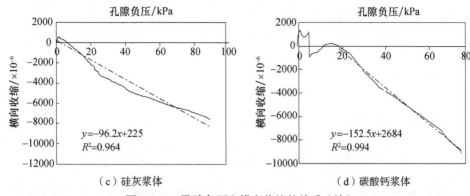

（c）硅灰浆体　　　　　　　　　（d）碳酸钙浆体

图 2.3.13　孔隙负压和横向收缩的关系（续）

可以看出，在蒸发初期，孔隙负压基本维持不变，但竖向收缩增加很快，这表明早期的竖向收缩并非由孔隙负压引起。从图 2.3.13 可以很明显看出，横向收缩基本在孔隙负压产生时开始，且早期横向收缩和孔隙负压间存在近似线性关系。

2.3.2.2　塑性收缩两阶段模型

从前面的试验结果及讨论可知，塑性收缩和孔隙负压之间的关系可以总结为以下两个阶段：

（1）在孔隙负压较小的情况（或基本为 0）下，以竖向收缩为主，横向收缩可忽略；

（2）孔隙负压开始增长后，横向收缩随孔隙负压增长而增大，近似呈线性关系。

上述关系可以用图 2.3.14 表示。

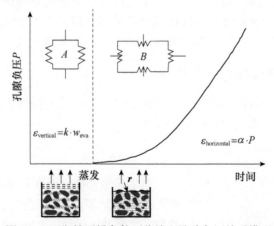

图 2.3.14　塑性干燥条件下收缩和孔隙负压关系模型

阶段 I（图 2.3.14 中示意图 "A"）：无孔隙负压产生，收缩以竖向收缩为主，竖向收缩可表示为

$$\varepsilon_{\text{vertical}} = k \cdot w_{\text{eva}} , \quad \text{当} \frac{\mathrm{d}P}{\mathrm{d}t} \approx 0 \qquad (2.3.3)$$

式中，P—孔隙负压；

　　　w_{eva}—蒸发量；

　　　t—时间；

k—和浆体性质相关的系数。

阶段 Ⅱ（图 2.3.14 中示意图"B"）：孔隙负压上升，浆体出现横向收缩，横向收缩可表示为

$$\varepsilon_{\text{horizontal}} = \alpha \cdot P, \ 当 \frac{\mathrm{d}P}{\mathrm{d}t} > 0 \tag{2.3.4}$$

式中，α—和浆体性质相关的系数。

2.4　塑性开裂的机理及模型

水分蒸发是引起塑性收缩的根本原因，控制塑性开裂主要是基于水分蒸发控制，其中具有代表性的研究成果是 ACI 给出了以 1.0kg/（m²·h）的蒸发速率临界值作为控制塑性开裂的依据。然而实际过程中，临界蒸发速率并不固定，一般随着混凝土组成材料的变化而变化，如 ACI 305R-99 指出，掺加硅灰后的混凝土临界蒸发速率仅为 0.0251kg/（m²·h）。孔隙负压的快速增长是塑性收缩的直接驱动力，而开裂行为还取决于自身抵抗收缩应力的能力（抗力）的发展，需要从驱动力和抗力两方面综合研究塑性开裂的机理。

2.4.1　塑性干燥条件下结构抗力增长机制

水泥基材料塑性阶段的抗拉强度与硬化阶段相比要低得多，研究也相对困难。研究人员设计了多种试验方法研究了塑性抗拉强度随时间的变化规律。但这种规律易受水泥基材料配比和环境条件的影响，如材料的细度增加、蒸发速率较快，则塑性抗拉强度增长一般较快，而掺加外加剂时塑性抗拉强度一般增长较慢。本节从理论上分析塑性抗拉强度产生的原因，阐明不依赖于时间和环境的塑性抗拉强度增长机制。

2.4.1.1　塑性阶段颗粒间作用力

水泥基材料在塑性阶段固-液-气三相组成的悬浮体系主要存在以下三种作用力：范德华力，静电作用力，固-液-气界面作用力。

1. 范德华力

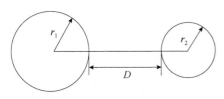
图 2.4.1　两颗粒互相作用模型

范德华力常被称为分子间的作用力，但研究也发现，范德华力除了在微观态粒子间出现外，还在亚微观粒子之间及宏观物体之间出现。对于如图 2.4.1 所示的两个宏观粒子而言，范德华力表达式如下：
当 $r_1 = r_2 = r$，且颗粒表面最短距离 D 很小时，则范德华力可简化为

$$U = -\frac{Ar}{12D} \tag{2.4.1}$$

式中，A—不同物质的哈梅克常数。

当颗粒表面最短距离 D 很大时，此时出现电磁滞后现象，范德华力近似为

$$U = -\frac{16Ar^6}{9D^6} \qquad (2.4.2)$$

2. 静电作用力

静电作用力是颗粒吸附层重叠时产生的力，这种力可能是吸引力，也可能是排斥力。当颗粒吸附电解质形成双电层发生重叠时，将产生静电排斥力，如图 2.4.1 所示的颗粒，当 $r_1=r_2=r$，双电层重叠时的排斥力可表示为

$$U_R = -\frac{64\pi r n_0 kT\gamma_0^2}{\kappa^2}\exp(-\kappa D) \qquad (2.4.3)$$

式中，n_0—溶液中单位体积的粒子数目；

　　　k—Boltzmann 常数；

　　　κ—Debye-Hückel（德拜-休克尔）参数；

　　　T—温度；

　　　γ_0—电解质电子电量、电位等相关参数。

3. 界面作用力

液-气分界面（收缩膜）具有一种特性，从微观上看，水体内部水分子承受各向同值的力的作用，而表层收缩膜内的水分子有一指向水体内部的不平衡的作用力（图 2.4.2），为了保持平衡，收缩膜内产生张力，该张力称为表面张力（γ），其单位为 N/m。

对图 2.4.3 所示的三维收缩膜所产生的压力差可表示为

$$P = \gamma\left(\frac{1}{R_1}+\frac{1}{R_2}\right) \qquad (2.4.4)$$

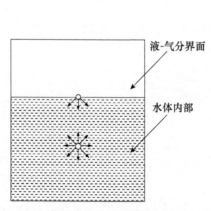

图 2.4.2　液-气界面和水体中分子间的作用力

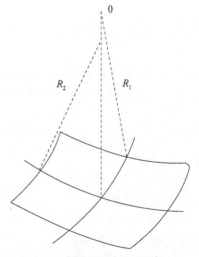

图 2.4.3　翘曲薄膜上的表面张力

当曲率半径是各向等值（$R_1=R_2$）时，则式（2.4.4）可写成

$$P = \frac{2\gamma}{R} \qquad (2.4.5)$$

此即为著名的 Laplace 方程。

对于图 2.4.4 所示液体处于毛细管内的情况，式（2.4.5）也可写成

$$P = \frac{2\gamma\cos\theta}{r}\qquad\qquad（2.4.6）$$

式中，θ—液-固接触角。

式（2.4.6）将压力差与毛细管半径、表面张力与接触角建立起了联系。在水泥基材料体系中，由于孔溶液并非纯水，含有大量离子，在吸力测试及吸力分析中还需要区分总吸力、基质吸力和渗透吸力间的关系。在土力学领域，上述吸力基本定义如下（示意图如图 2.4.5 所示）：

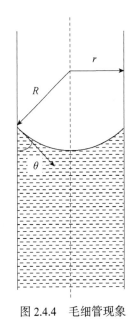

图 2.4.4　毛细管现象

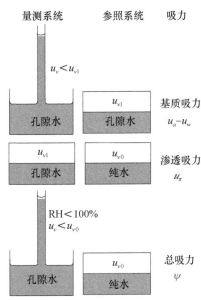

图 2.4.5　总吸力、基质吸力及渗透吸力
（Fredlund 等，1997）

总吸力为图中水的自由能，通过测量与图中水处于平衡的部分蒸汽压（相对于与自由纯水处于平衡的部分蒸汽压）而确定的吸力，可以表示为

$$\psi = -\frac{RT}{v_{w0}\omega_v}\ln\left(\frac{u_v}{u_{v0}}\right)\qquad\qquad（2.4.7）$$

式中，ψ—总吸力；

　　　　R—通用气体常数；

　　　　T—绝对温度；

　　　　v_{w0}—水的密度的倒数；

　　　　ω_v—水的摩尔质量；

　　　　u_v—孔隙水部分蒸汽压；

　　　　u_{v0}—同一温度下，纯水上方的饱和蒸汽压。

总吸力一般通过湿度计进行测试。

基质吸力为土孔隙中水自由能的毛细部分，通过与孔隙水处于平衡的部分蒸汽压（相

对于与溶液处于平衡的部分蒸汽压）而确定，一般以（u_a-u_w）表示，u_a 为孔隙气压力，u_w 为孔隙水压力。因而，基质吸力即为式（2.4.5）或式（2.4.6）所示的毛细作用力。在水泥基材料领域，在早期塑性阶段基质吸力主要采取张力计法进行测试（见节 2.2.3）。

渗透吸力为图 2.4.5 中溶液自由能的溶质部分，通过测量与溶液处于平衡的部分蒸汽压而确定，一般用 u_π 表示。

上述三种吸力的关系如下：

$$\psi = (u_a - u_w) + u_\pi \qquad （2.4.8）$$

2.4.1.2　抗拉强度理论计算

从上述分析可知，水泥基材料体系在塑性阶段所受的作用力主要有范德华力、静电作用力和固液气界面作用力。已有研究表明，当体系颗粒尺寸大于 10μm 时，静电作用力和范德华力的影响相对较小，因而在接下来的理论分析中，将不考虑上述两种作用力，而主要考虑毛细作用力。计算方法思路如下：重点针对"毛细管状"、"环索状"和"钟摆状"三个体系，先从理论角度实现"毛细管状"和"钟摆状"两种体系下抗拉强度的计算，然后在此基础上基于"环索状"为"毛细管状"和"钟摆状"两种状态的叠加，实现该状态下抗拉强度的计算，并在此基础上分析润湿角、接触角和颗粒间距对抗拉强度的影响规律。

1. 钟摆状

处于钟摆状的体系示意如图 2.4.6 所示。其中颗粒间距为 a，接触角为 δ，润湿角为 θ，液桥曲率半径为 r。

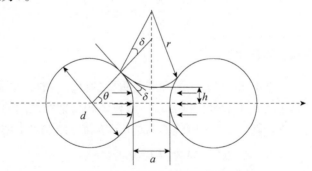

图 2.4.6　颗粒间的液桥示意图

固液接触面由液体表面张力作用而引起的量纲一的桥接力如下：

$$\frac{F_s}{\gamma d} = \pi \sin\theta \sin(\theta + \delta) \qquad （2.4.9）$$

由弯液面压力差而引起的量纲一吸力作用如下：

$$\frac{F_c}{\gamma d} = \pi \left(\frac{\sin\theta}{2}\right)^2 \left(\frac{1}{r^*} - \frac{1}{h^*}\right) \qquad （2.4.10）$$

其中

$$h^* = \frac{h}{d} = \frac{\sin\theta}{2} + [\sin(\theta + \delta) - 1]$$

$$r^* = \frac{r}{d} = \frac{(1 - \cos\theta) + a/d}{2\cos(\theta + \delta)}$$

大部分的理论认为颗粒间的作用力是上述作用之和，量纲一的合力如下：

$$\frac{F_t}{\gamma d} = \pi \sin\theta \left[\sin(\theta + \delta) + \frac{\sin\theta}{4} \left(\frac{1}{r^*} - \frac{1}{h^*} \right) \right] \quad (2.4.11)$$

关于抗拉强度的表述，应用最多的是如下模型：

$$\sigma_t = \frac{1-n}{n} \frac{F_t}{d^2} \quad (2.4.12)$$

在该状态下，抗拉强度为

$$\sigma_P = \frac{1-n}{n} \frac{\pi\gamma}{d} \sin\theta \left[\sin(\theta + \delta) + \frac{\sin\theta}{4} \left(\frac{1}{r^*} - \frac{1}{h^*} \right) \right] \quad (2.4.13)$$

从上式可以看出，未知的参数有 θ、δ 及 a/d。

2. 毛细管状

毛细管下的抗拉强度 σ_C 为饱和度和体系所对应的基质吸力（孔隙负压）的乘积：

$$\sigma_C = SP_C \quad (2.4.14)$$

3. 环索状

环索状为毛细管状向钟摆状的过渡阶段，而该状态也可以认为是两种状态的叠加，即毛细管状和钟摆状的叠加。在体系演变中，环索状所对应的最大饱和度为 S_c、最低饱和度为 S_f，此时抗拉强度可写成：

$$\sigma_f = \sigma_P \frac{S_c - S}{S_c - S_f} + \sigma_c \frac{S - S_f}{S_c - S_f} \quad (2.4.15)$$

4. 湿含量和饱和度的转化

从式（2.4.9）～式（2.4.15）可知，饱和度是重要的计算参数，而试验中通常测定湿含量（液相体积）。基于此，本节分析湿含量、液桥体积与饱和度间的关系。

参照文献（David 等，2009）绘制图 2.4.7 所示的液桥，液相纵坐标函数为

$$y_L(x) = (\rho + L) - \sqrt{\rho^2 - x^2} \quad (2.4.16)$$

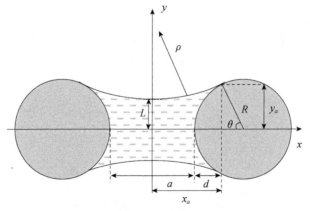

图 2.4.7　颗粒-液桥体系示意图（David 等，2009）

固相纵坐标函数为

$$y_s(x) = \sqrt{R^2 - (x - a/2 - R)^2} \qquad (2.4.17)$$

液体润湿角为

$$\theta = \arccos\left(\frac{a/2 + R - x_a}{R}\right) \qquad (2.4.18)$$

由三角函数关系知：

$$\rho = \frac{x_a}{(a/2 + R - x_a)\cos\delta - \sqrt{R^2 - (x_a - a/2 - R)^2}\sin\delta} \qquad (2.4.19)$$

$$L = \sqrt{R^2 - (x_a - a/2 - R)^2} +$$
$$x_a \frac{\sqrt{R^2 - (x_a - a/2 - R)^2}\cos\theta + (a/2 + R - x_a)\sin\delta - R}{(a/2 + R - x_a)\cos\delta - \sqrt{R^2 - (x_a - a/2 - R)^2}\sin\delta} \qquad (2.4.20)$$

液桥的体积计算如下：

$$V = 2\pi \int_0^{x_a} [y_L(x)]^2 dx - 2\pi \int_{a/2}^{x_a} [y_s(x)]^2 dx \qquad (2.4.21)$$

$$\frac{V}{2\pi} = [(\rho + L)^2 + \rho^2]x_a - \frac{x_a^3}{3} - (\rho + L)\left(x_a\sqrt{\rho^2 + x_a^2} + \rho^2 \arcsin\frac{x_a}{\rho}\right) -$$
$$\frac{(x_a - a/2)^2}{3}[3R(x_a - a/2)] \qquad (2.4.22)$$

从式（2.4.22）可知，在已知液相体积（湿含量）的条件下，即可确定 x_a，进而确定润湿角、液桥曲率等一系列值。同时，通过式（2.4.22）求出的液相体积除以体系总孔隙率则可得到饱和度。

5. 塑性抗拉强度增长过程

依据上述理论基础,对塑性抗拉强度的曲线规律进行分析,计算结果如图 2.4.8 所示。图中所选取的体系饱和度和孔隙负压的关系表达式为

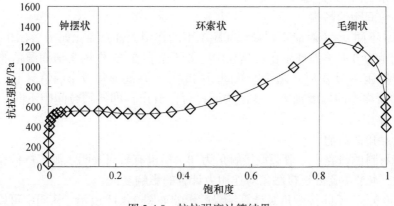

图 2.4.8　抗拉强度计算结果

$$S = \left[\frac{1}{1+(0.5P)^5} \right]^{0.8}$$　　　　　　　（2.4.23）

从图 2.4.8 抗拉强度计算结果可以看出，若体系不水化，体系的抗拉强度并不会一直增长（吸力在不断增长），随着干燥过程的进行，饱和度逐渐降低，抗拉强度从早期的快速增长进入相对稳定期，进入环索状态后，抗拉强度则随着饱和度的降低而降低，进入钟摆状后，抗拉强度在很大范围内保持不变。

6. 影响作用力因素分析

（1）张力吸力-基质吸力

取 $a/d = 0.025$，接触角 $\delta = 0$，由表面张力引起的张力吸力及由液面弯曲所引起的基质吸力如图 2.4.9 所示。

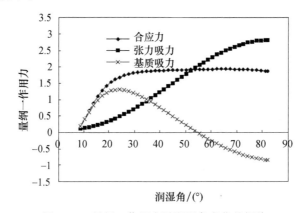

图 2.4.9　量纲一作用力随润湿角变化的规律

从图中可以看出，液桥在钟摆状态下，若保持颗粒间距不变，张力吸力随润湿角的增加而增加；基质吸力所引起作用力先增加后减小，即表现为排斥作用力，这主要是由于润湿角的增加，图 2.4.6 中所示的 r 增大，相对而言 h 的变化则较小，故此时液面弯曲所造成的力转为排斥。从图中也可以看出，虽然张力吸力和基质吸力变化规律不一致，但一定润湿角之后总的合力趋于稳定。

（2）颗粒间距的影响

取 $\delta = 0$，不同 a/d（对应不同颗粒间距）下的作用力合力变化如图 2.4.10 所示。

颗粒间距为 0 时（该现象在自然界中一般不会存在），作用力随润湿角的增加而减小，当颗粒间距不为 0 时，随着颗粒间距的减小，在润湿角较小的情况下，作用力随润湿角增加而增加的幅度加大。从图中同样可以看出，即便颗粒间距不同，在一定润湿角之后，作用力趋于一致。

（3）接触角的影响

水泥基材料的研究中一般假设接触角为 0，但也有研究表明水泥基材料和水的接触角并不为 0，本节主要分析接触角对作用力计算的影响。

取 $a/d = 0.025$，不同接触角对计算结果的影响如图 2.4.11 所示。从图中可以看出，计算结果随接触角的增大而减小。

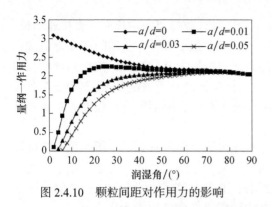

图 2.4.10　颗粒间距对作用力的影响

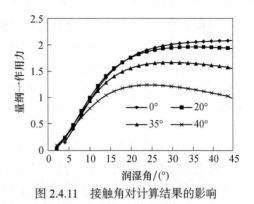

图 2.4.11　接触角对计算结果的影响

2.4.2　塑性抗拉强度测试结果

2.4.2.1　水泥浆体的塑性抗拉强度

不同水灰比水泥浆体的塑性抗拉强度和孔隙负压间的关系如图 2.4.12 所示（图中实心点）。为了便于分析，图中也给出了抗拉强度（σ_t）和孔隙负压（P）相等时的参照线。

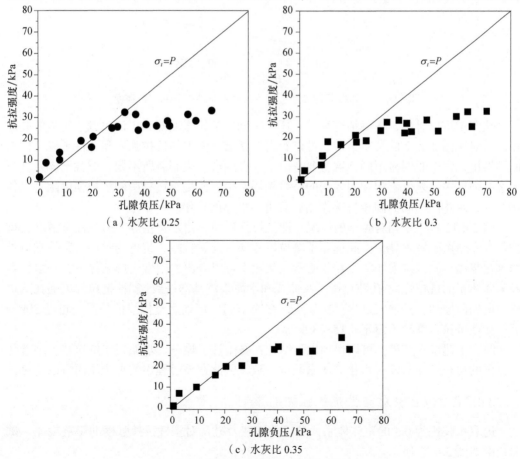

（a）水灰比 0.25　　　　　　　　　　　　　　（b）水灰比 0.3

（c）水灰比 0.35

图 2.4.12　水泥浆体的塑性抗拉强度实验结果（续）

　　从图 2.4.12 中可以看出,塑性抗拉强度并不会随着孔隙负压的增长而一直快速增长,其增长过程存在拐点,在孔隙负压较小的情况下,抗拉强度和孔隙负压间存在近似线性关系,且抗拉强度略大于孔隙负压。随着孔隙负压继续增大至 20kPa,抗拉强度增长明显滞后于孔隙负压的增长,在 20 ~ 70kPa 范围内,抗拉强度趋于恒定(15 ~ 30kPa 左右)。此外,从图中还可以看出,对于不同水灰比的水泥浆体,孔隙负压-抗拉强度关系规律基本一致。

　　水泥浆体内的水泥颗粒不可避免地要发生水化作用,因而有必要分析水化对塑性抗拉强度测试结果的影响。基于此,对水化作用下(无水分蒸发条件下的正常凝结过程)的抗拉强度进行测试,测试结果如图 2.4.13 所示。由于水泥浆体的水化同样会引起体系饱和度降低和孔隙负压增长,因而在结果分析中同样以孔隙负压作为横坐标。

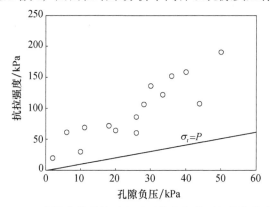

图 2.4.13　水泥浆体凝结过程(无蒸发条件下)的抗拉强度

　　从图中可以看出,在凝结过程中,任一时刻的抗拉强度都大于该时刻所对应的孔隙负压。对比图 2.4.12 的实验结果,可以看出,凝结过程中的抗拉强度和塑性干燥条件下的塑性抗拉强度有明显不同,这主要是由于二者的产生机制有所不同,塑性干燥条件下的抗拉强度主要是由液相和固相间的桥接作用产生,而凝结过程中的抗拉强度除了该作用之外,水化产物间的固相桥接作用起着更为重要的作用。

　　图 2.4.13 是一个相对极端的情况,即抗拉强度完全由水化主导。另一极端情况是抗拉强度完全由蒸发主导,由此选取了颗粒尺寸和水泥颗粒较为接近的粉煤灰浆体和石英非水化浆体,测试结果如图 2.4.14 所示。从图中可以看出,塑性干燥条件下,非水化颗粒浆体体系的抗拉强度-孔隙负压关系曲线和水泥浆体基本一致:塑性抗拉强度随孔隙负压的增加而增加,其增大过程存在拐点,在约 20kPa 以前呈近似线性关系,超过 20kPa 后,塑性抗拉强度趋于恒定(15 ~ 30kPa)。

　　综合上述试验结果,可以得到以下结论:在塑性干燥下,水泥浆体抗拉强度随着孔隙负压的增长规律与没有水化的体系基本一致,因此在该过程中的水化作用可以忽略。

2.4.2.2　掺合料对塑性抗拉强度的影响

　　选取水胶比为 0.3 的浆体体系,分析粉煤灰及硅灰对塑性抗拉强度的影响规律,试验结果如图 2.4.15 所示。

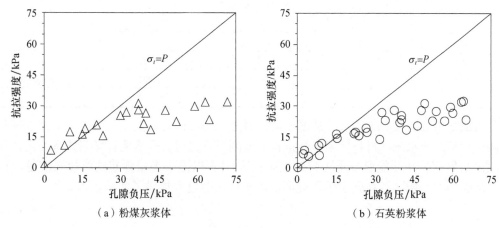

图 2.4.14　非水化颗粒浆体的塑性抗拉强度实验结果

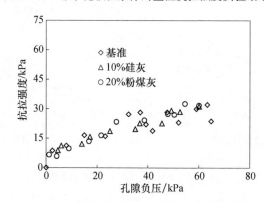

图 2.4.15　掺合料对塑性抗拉强度的影响规律

从图 2.4.15 可以看出，与水泥浆体测试结果类似，掺合料的掺入并不改变水泥基材料体系塑性抗拉强度的增长趋势。这其中需要特别说明的是硅灰，由于硅灰颗粒尺寸较小，掺加硅灰的浆体体系泌水较小、孔隙负压增长较快。根据试验测试结果，尽管硅灰的加入显著影响了孔隙负压的增长过程，但并不改变抗拉强度和孔隙负压间的关系趋势。

2.4.2.3　减水剂和胶砂比对塑性抗拉强度的影响

现代混凝土几乎都要掺加减水剂以提高和易性，此外混凝土的塑性开裂以表层的砂浆层开裂为主，因而要对混凝土的塑性开裂进行分析，就需要分析减水剂和胶砂比对塑性抗拉强度的影响规律。选取水胶比为 0.3 的浆体体系，分析三种典型的减水剂（萘系减水剂（JM-B）、聚羧酸系减水剂（PCA）和氨基磺酸盐系减水剂（ASP））和胶砂比（1∶1 和 1∶1.5）对水泥基材料抗拉强度的影响规律。其中，不同减水剂的掺量依据浆体的流动性进行确定，浆体的流动性依据 GB 8076-2008《混凝土外加剂》进行测试，其详细配合比如表 2.4.1 所示。

表 2.4.1　掺加减水剂的水泥浆体配合比

减水剂种类	原材料质量比例			流动度/mm
	水泥	水	减水剂	
基准	1	0.3	/	80
JM-B	1	0.3	0.0035	215
ASP	1	0.3	0.0021	220
PCA	1	0.3	0.0013	220

　　测试结果如图 2.4.16 所示。从图中可以看出，和前面几节测试结果类似，减水剂和胶砂比并不改变水泥基材料体系塑性抗拉强度的增长趋势。这表明以净浆体系的抗拉强度测试结果评价高性能混凝土（胶砂比多在 1：1.5 以上）表层砂浆的抗拉强度是可行的，从而为净浆层次抗拉强度的研究向混凝土层次的过渡提供了实验依据。

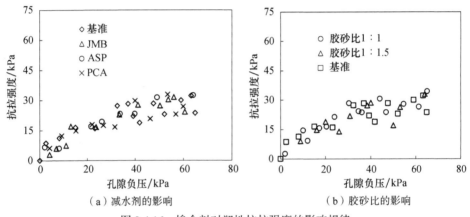

（a）减水剂的影响　　　　　　　　（b）胶砂比的影响

图 2.4.16　掺合料对塑性抗拉强度的影响规律

2.4.2.4　塑性抗拉强度增长规律分析

　　前面通过实验研究了水泥基材料的塑性抗拉强度的增长规律和影响因素，在开裂风险计算中，需要对塑性抗拉强度的增长规律进行相对定量的描述，因此本节对塑性抗拉强度的增长规律进行进一步分析。

　　试验结果表明，塑性抗拉强度并不会随着孔隙负压的增长而一直快速增长，其增长过程存在拐点。而从图 2.4.8 理论计算结果可以看出，若体系不水化，随着干燥的进行，饱和度逐渐降低，抗拉强度从早期的快速增长进入相对稳定期，进入环索状态后抗拉强度则随着饱和度的降低而降低，进入钟摆状后抗拉强度在很大范围内保持不变，因而理论计算可以从定性的角度较好地预测抗拉强度的增长过程。如节 2.3 所述，在 70kPa 范围内，水泥基材料处于液相连续的毛细管状，按照式（2.4.14），抗拉强度等于饱和度和孔隙负压的乘积。由于该阶段饱和度在 0.98 以上，因而在 70kPa 时的塑性抗拉强度理论值应为 69kPa，远大于试验值。

　　上述问题主要是由于颗粒体系在干燥过程中并不以无缺陷的堆积体系存在，Snyder等（1985）从 Griffith 断裂理论出发阐述了带缺陷体系（如图 2.4.17 所示）的抗力增长过程。

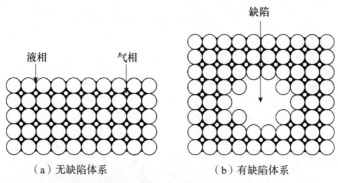

图 2.4.17　无缺陷及有缺陷的非饱和体系（Snyder 等，1985）

对于无缺陷体系，颗粒间体系的总应力及有效应力表达式如下：

$$\sigma' = \sigma + P^w I = \sigma + P^s I \tag{2.4.24}$$

式中，σ'—有效应力；

　　　σ—总应力；

　　　P^w—孔隙水压力；

　　　I—单位矩阵；

　　　P^s—固相压力。

对液相饱和体系，有效应力与总应力的关系为

$$\sigma' = \sigma - \mu_w \tag{2.4.25}$$

对非饱和体系，有效应力与总应力的关系为

$$\sigma' = (\sigma - u_a) + \chi(u_a - u_w) \tag{2.4.26}$$

式中，χ—和饱和度相关的系数，但一般并不等于饱和度，其与抗拉强度的关系如下：

$$\chi = \frac{\sigma_t - u_a}{S} \tag{2.4.27}$$

对于如图 2.4.17 所示的带缺陷体系，若体系为理想的弹性体，缺陷相关的系数则可定义为无缺陷体系强度（$\sigma_t - u_a$）与缺陷处的临界强度（$\sigma_{t\max} - u_a$）的比值：

$$f_{\text{flaw}} = \frac{\sigma_t - u_a}{\sigma_{t\max} - u_a} \tag{2.4.28}$$

此时，体系的抗拉强度如下：

$$\sigma_t = \left[\frac{\chi}{f_{\text{flaw}}} \right] P \tag{2.4.29}$$

式中，χ/f_{flwa} 的值依赖于饱和度。

对于完全饱和态体系，$\sigma_t = P$。

对于无缺陷体系，$f_{\text{flaw}} = 1$，$\sigma_t = \chi P$，且在 $\chi = S$ 的理想体系下，$u_a = 0$，无外界压力，抗拉强度由毛细作用产生，则式（2.4.29）与式（2.4.14）一致。

上述分析解释了塑性抗拉强度低于理论值的原因，即便如此，对于塑性抗拉强度和吸力方面的机理还是知之甚少。采取式（2.4.30）分析孔隙负压与塑性抗拉强度之间的关系，采取最小二乘法，拟合结果如图 2.4.18 所示。结果表明可以较好地拟合孔隙负压与塑性抗拉强度之间的关系：

$$\sigma_t = \sigma_0 \left\{1 - \exp[-(kP_C)^n]\right\} \tag{2.4.30}$$

式中，σ_0——抗拉强度终值，kPa；

   k——孔隙负压相关参数，kPa^{-1}；

   n——形状因子。

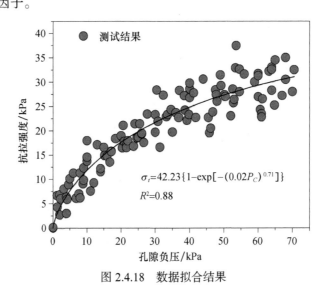

图 2.4.18 数据拟合结果

2.4.3 基于应力准则的塑性开裂模型

2.4.3.1 基于临界孔隙负压的塑性开裂机理

处于塑性阶段的水泥基材料体系可以看成是由固相颗粒、颗粒间隙的液相及气相组成的三相复合体，而体系早期塑性收缩过程则是固相颗粒不断靠近的过程。在此过程中，随着蒸发的不断进行，浆体初始结构开始形成，孔隙负压开始产生，浆体失去流动性并开始产生抗拉强度。塑性抗拉强度产生后，浆体在拉伸过程中表现出"准脆性"特性，且在达到荷载峰值之前，应力和变形基本呈线性关系。依据 Griffith 断裂理论，颗粒间的孔隙可以看作是一种微裂隙，肉眼可见的宏观裂隙是由这些微裂隙在荷载作用下开裂扩展产生。基于线弹性理论，参照非饱和土力学领域研究结果，非饱和态体系主应变为

$$\begin{cases} \varepsilon_x = \dfrac{\sigma_x - u_\alpha}{E} - \dfrac{\mu}{E}(\sigma_y + \sigma_z - 2u_a) + \dfrac{u_a - u_w}{H} \\[2mm] \varepsilon_y = \dfrac{\sigma_y - u_\alpha}{E} - \dfrac{\mu}{E}(\sigma_z + \sigma_x - 2u_a) + \dfrac{u_a - u_w}{H} \\[2mm] \varepsilon_z = \dfrac{\sigma_z - u_\alpha}{E} - \dfrac{\mu}{E}(\sigma_x + \sigma_y - 2u_a) + \dfrac{u_a - u_w}{H} \end{cases} \tag{2.4.31}$$

式中，$\varepsilon_x, \varepsilon_y, \varepsilon_z$——$x, y, z$ 轴方向应变；

   $\sigma_x, \sigma_x, \sigma_z$——$x, y, z$ 轴方向应力；

   u_a——孔隙气压力；

u_w—孔隙水压力；

（u_a-u_w）—通常意义上的孔隙负压；

E—与（u_a-u_w）变化有关的弹性模量；

μ—泊松比；

H—与（u_a-u_w）有关的弹性常数。

当体系处于静止状态时，在裂缝的底端（示意图见图 2.4.19）有 $\varepsilon_x=\varepsilon_y=0$，则有

$$\sigma_x - u_\alpha = \frac{\mu}{1-\mu}(\sigma_v - \sigma_\alpha) - \frac{E}{(1-\mu)H}(u_a - u_w) = -\sigma_t \qquad （2.4.32）$$

式中，σ_t—抗拉强度；

σ_v—竖直方向的总法向应力。

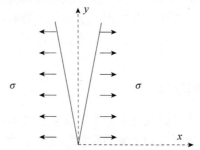

图 2.4.19　裂缝尖端应力示意图

若不考虑孔隙气压力，可假定（σ_v-u_a）=0，在表层开裂处，式（2.4.32）可写成

$$-\frac{E}{(1-\mu)H}(u_a - u_w) = -\sigma_t \qquad （2.4.33）$$

对于各向同性弹性体系发生一维变形的情况，$E/H=$（$1-2\mu$），则发生开裂时所对应的临界孔隙负压为

$$P_{cr} = \frac{(1-\mu)}{(1-2\mu)}\sigma_t \qquad （2.4.34）$$

取抗拉强度 σ_t=15kPa，泊松比 μ=0.30，则初始塑性开裂所对应的临界孔隙负压 P_{cr}=26kPa。计算出的临界孔隙负压值一般大于抗拉强度值（图 2.4.20），这主要是由于孔

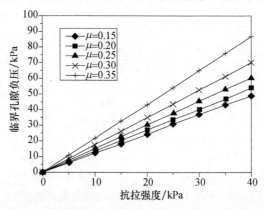

图 2.4.20　不同抗拉强度下初始开裂所对应的临界孔隙负压

隙负压虽然是塑性收缩的直接驱动力，但并不是塑性收缩的有效作用力（有效作用力通常小于孔隙负压值）。若塑性收缩有效应力与孔隙负压相等，即（$\sigma_x - u_a$）=（$u_w - u_a$），则开裂所对应的临界孔隙负压值等于抗拉强度值。需要指出的是，上述分析过程中将塑性阶段的水泥浆体作为脆性材料进行研究，而实际浆体在该阶段还存在一定的黏塑性。考虑到本研究的目的是为基于孔隙负压的塑性开裂控制提供依据，本书采取脆性断裂理论不失为一种保守的方法，与此同时，直接以抗拉强度值作为孔隙负压的控制阈值则更为保险。

2.4.3.2　基于收缩应力的塑性开裂机理

前面的模型主要考虑水泥基材料的塑性抗拉强度及其所对应的临界孔隙负压，在水泥基材料塑性开裂的研究中，塑性收缩过程也是非常重要的指标。本节则从收缩过程出发，根据塑性阶段体系的弹性模量的变化，计算收缩过程中的收缩应力，并以此分析塑性开裂过程。

1. 塑性阶段弹性模量测试结果

选取粉煤灰和水泥浆体作为研究对象，粉煤灰浆体在不同孔隙负压下，加载过程中的变形曲线和通过变形及荷载拟合的试验结果如图 2.4.21 所示。

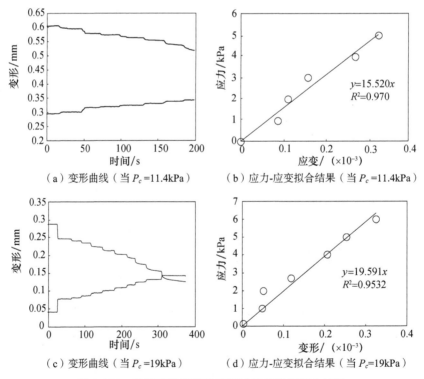

（a）变形曲线（当 P_c=11.4kPa）　　　（b）应力-应变拟合结果（当 P_c=11.4kPa）

（c）变形曲线（当 P_c=19kPa）　　　（d）应力-应变拟合结果（当 P_c=19kPa）

图 2.4.21　粉煤灰浆体荷载-变形曲线及数据拟合结果

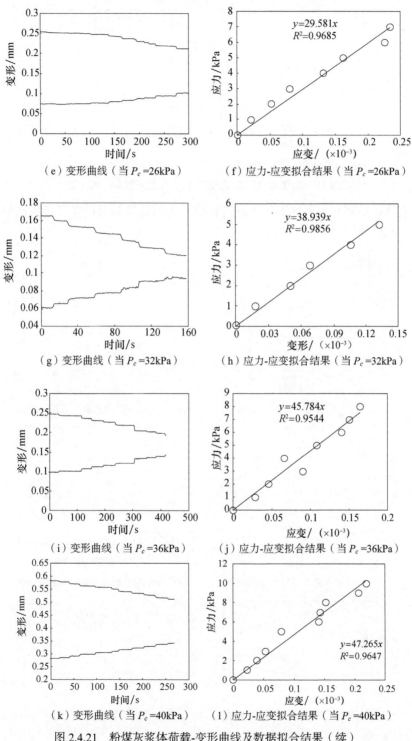

图 2.4.21　粉煤灰浆体荷载-变形曲线及数据拟合结果（续）

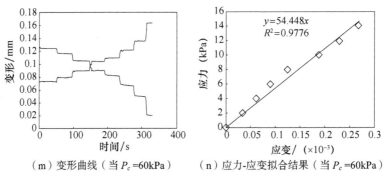

（m）变形曲线（当 P_c =60kPa）　　　　（n）应力-应变拟合结果（当 P_c =60kPa）

图 2.4.21　粉煤灰浆体荷载-变形曲线及数据拟合结果（续）

　　水泥浆体在不同孔隙负压下，加载过程中的变形曲线和通过变形及荷载拟合的试验结果如图 2.4.22 所示。

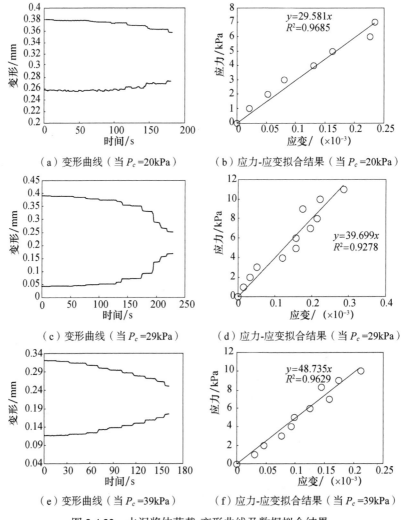

（a）变形曲线（当 P_c =20kPa）　　　　（b）应力-应变拟合结果（当 P_c =20kPa）

（c）变形曲线（当 P_c =29kPa）　　　　（d）应力-应变拟合结果（当 P_c =29kPa）

（e）变形曲线（当 P_c =39kPa）　　　　（f）应力-应变拟合结果（当 P_c =39kPa）

图 2.4.22　水泥浆体荷载-变形曲线及数据拟合结果

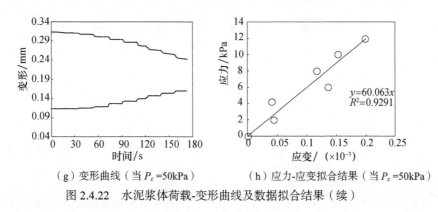

（g）变形曲线（当 P_c =50kPa）　　　（h）应力-应变拟合结果（当 P_c =50kPa）

图 2.4.22　水泥浆体荷载-变形曲线及数据拟合结果（续）

从试验结果可以看出，在不同孔隙负压下，浆体应力-应变数据点的线性拟合相关性较好，R^2 值基本都在 0.95 以上，具有较强的统计学意义。基于上述不同孔隙负压下拟合得出的弹性模量，获得粉煤灰浆体和水泥浆体弹性模量随孔隙负压变化的曲线分别如图 2.4.23 和图 2.4.24 所示，对试验结果采取线性拟合，其结果如表 2.4.2 所示。

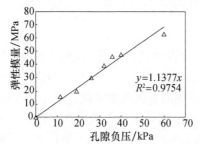
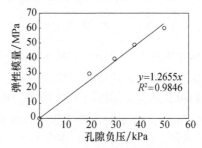

图 2.4.23　粉煤灰浆体弹性模量和孔隙负压　　　图 2.4.24　水泥浆体弹性模量和孔隙负压
　　　　　关系曲线　　　　　　　　　　　　　　　　关系曲线

表 2.4.2　弹性模量-孔隙负压线性拟合结果

浆体	弹性模量（y）-孔隙负压（x）关系曲线	R^2
粉煤灰浆体	$y=1.1377x$	0.9754
水泥浆体	$y=1.2655x$	0.9846

从表 2.4.2 可以看出，弹性模量与孔隙负压近似成正比关系，且孔隙负压（kPa）与该孔隙负压下所对应的弹性模量（MPa）数值相近。通过上述试验结果，可以得出水泥基材料在塑性阶段弹性模量和孔隙负压的关系式：

$$E = \alpha P \tag{2.4.35}$$

式中，E—塑性阶段弹性模量；

　　　P—孔隙负压。

2. 基于收缩应力的塑性开裂风险预测

节 2.3 研究表明，孔隙负压产生后，横向塑性收缩与孔隙负压成正比，而上文研究发现，弹性模量与孔隙负压也成正比关系，因而得到收缩应力为孔隙负压的 2 次方的函数。基于拟合结果和节 2.4.2 塑性抗拉强度的测试结果，对全约束状态下塑性收缩应力和结构抗力之间的关系进行分析，结果如图 2.4.25 和图 2.4.26 所示。

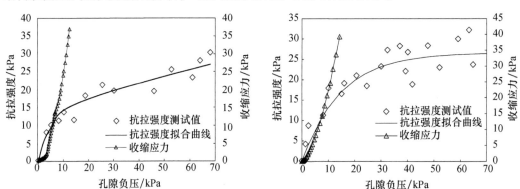

图 2.4.25 粉煤灰浆体收缩过程中应力和抗力关系   图 2.4.26 水泥浆体收缩过程中应力和抗力关系

从收缩应力角度可知，水泥浆体和粉煤灰浆体初始开裂所对应的孔隙负压为 6 ~ 10kPa。

2.4.3.3 塑性开裂模型验证及分析

分别采取净浆及混凝土两种体系对塑性开裂试验结果进行分析，混凝土塑性开裂试验按《混凝土结构耐久性设计与施工指南》（CCES 01-2004）平板法进行。净浆塑性开裂试验采取的模具示意图如图 2.4.27 所示，模具采用透明的有机玻璃制成，尺寸为 500mm × 40mm × 10mm，内部设有宽度为 10mm 高度为 3mm 的约束片，约束片间距为 20mm，以此提供近似全约束的条件。在模具中间底部放置孔隙负压测试探头（平行于模具宽度方向），装入水泥浆体后，振实并抹平浆体，开启风扇，进行数据采集。其后，人工实时观测试件初始开裂情况，并记录初始开裂时所对应的孔隙负压值。测试内容：记录浆体出现第一条裂缝时的孔隙负压；对同一条裂缝在塑性干燥过程中的扩展过程进行拍照和分析。

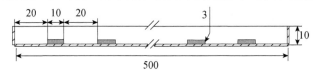

图 2.4.27 塑性开裂模具示意图（单位：mm）

混凝土配合比如表 2.4.3 所示，配合比考虑了强度等级（水胶比）及掺合料（硅灰）的影响。

表 2.4.3 混凝土配合比

编号	水胶比	配合比/（kg/m³）				
		水泥	硅灰	细骨料	粗骨料	水
SF	0.32	468	52	651	1062	166.4
C0.32	0.32	520	0	651	1062	166.4
C0.35	0.35	450	0	681	1111	157.5
C0.45	0.45	380	0	732	1134	171.0

在塑性开裂实验中混凝土表层和底层孔隙负压发展曲线及初裂时间如图 2.4.28 所示。从图中可以看出，混凝土的初始开裂所对应的孔隙负压在 16～25kPa 之间。

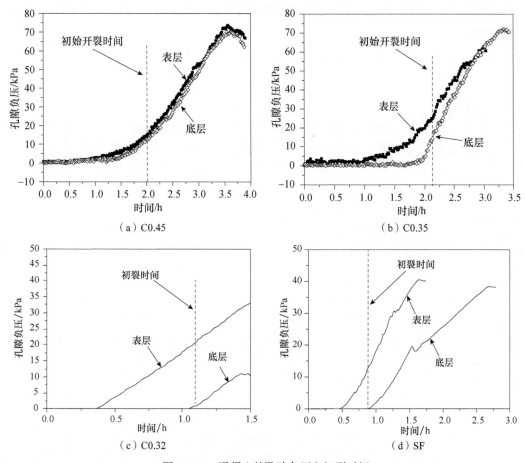

（a）C0.45　　　　　　　　　　　（b）C0.35

（c）C0.32　　　　　　　　　　　（d）SF

图 2.4.28　混凝土的孔隙负压和初裂时间

净浆塑性开裂试验中的测试浆体为：水泥浆体、粉煤灰浆体和石英砂浆体，且水固比均为 0.3。上述三种浆体在塑性开裂试验结束时开裂情况如图 2.4.29 所示。可以看出，浆体的塑性开裂裂缝条数为 6～7 条，表明所采取的试验方法可以提供较好的约束条件，可以为浆体初裂时间的分析提供较好的实验依据。

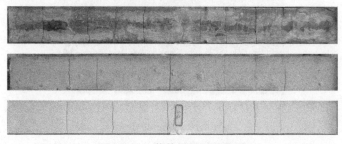

图 2.4.29　浆体塑性开裂照片
（从上至下分别为水泥浆体、粉煤灰浆体和石英砂浆体）

　　上述三种浆体在塑性干燥条件下的孔隙负压变化如图 2.4.30 所示。从图中可以看出，尽管三种浆体孔隙负压增长曲线有所差异，但三种浆体初裂时所对应的孔隙负压较为接近（水泥浆体、粉煤灰浆体和石英砂浆体初裂时的临界孔隙负压分别为 21kPa、24kPa 和 20.5kPa）。

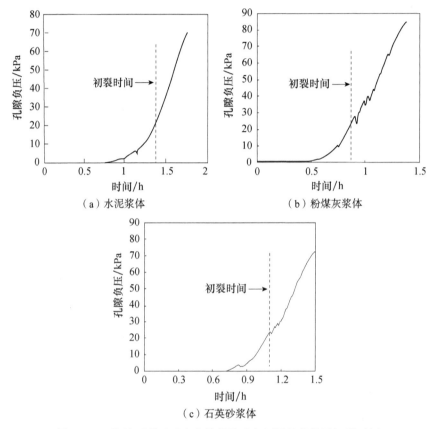

（a）水泥浆体　　　　　　　　　（b）粉煤灰浆体

（c）石英砂浆体

图 2.4.30　塑性开裂试验中浆体的孔隙负压增长曲线及初裂时间

　　浆体发生塑性开裂后，对同一条裂缝在不同孔隙负压下的扩展过程进行分析，结果如图 2.4.31～图 2.4.33 所示。

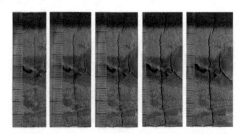

（a）水泥浆体裂缝扩展图片（从左到右分别为在 24kPa、30kPa、40kPa、
50kPa 和 60kPa 拍摄的图片）

图 2.4.31　水泥浆体裂缝扩展图片及裂缝信息处理结果

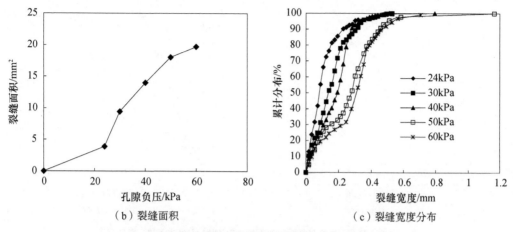

（b）裂缝面积　　　　　　　　　（c）裂缝宽度分布

图 2.4.31　水泥浆体裂缝扩展图片及裂缝信息处理结果（续）

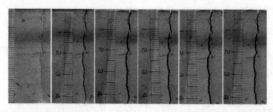

（a）粉煤灰浆体裂缝扩展图片（从左到右分别为在 24kPa、34kPa、40kPa、50kPa、60kPa 和 70kPa 拍摄的图片）

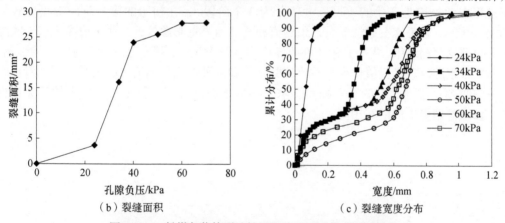

（b）裂缝面积　　　　　　　　　（c）裂缝宽度分布

图 2.4.32　粉煤灰浆体裂缝扩展图片及裂缝信息处理结果

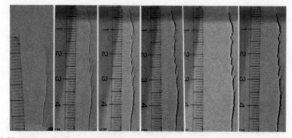

（a）石英砂浆体裂缝扩展图片（从左到右分别为在 26kPa、30kPa、35kPa、40kPa、50kPa
和 60kPa 拍摄的图片）

图 2.4.33　石英砂浆体裂缝扩展图片及裂缝信息处理结果

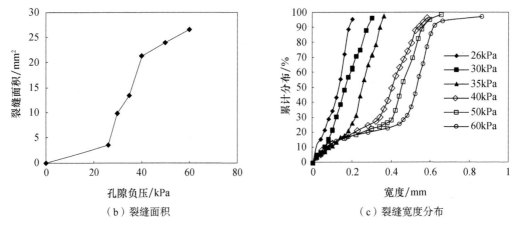

（b）裂缝面积　　　　　　　　　　　（c）裂缝宽度分布

图 2.4.33　石英砂浆体裂缝扩展图片及裂缝信息处理结果（续）

　　从裂缝面积及裂缝宽度分布可以看出，浆体初裂后，裂缝在孔隙负压达到 40kPa 过程中迅速扩展，其后裂缝扩展趋于稳定。

　　综合上述试验结果和模型预测结果比较可以发现，塑性开裂所对应的临界孔隙负压测试值略低于"基于临界孔隙负压的塑性开裂模型"的预测值，但高于基于收缩应力的理论预测值。测试值低于基于临界孔隙负压的塑性开裂预测值的结果的产生，主要是由于采取的约束试验不可避免地容易引起应力集中，且土力学方面也已有研究表明，在加荷过程中泊松比是变化的（可以大体分为 3 个阶段），在初始的第一阶段泊松比较低（0.15 ~ 0.2），若考虑上述情况后，预测值和测试结果将非常接近。测试值高于基于收缩应力的理论预测结果，主要是由于在收缩应力计算过程中，并未考虑徐变对应力的影响，从而导致预测值较试验值偏小。对比试验结果和两种理论预测值间的关系，可以看出，不考虑收缩过程而建立的基于临界孔隙负压的塑性开裂模型与试验结果间的相关性更强，且该模型更为简便实用。

第 3 章　混凝土硬化阶段的收缩变形

混凝土凝结以后，胶凝材料的持续水化、外部干燥等会使混凝土进一步产生自收缩、温度收缩和干燥收缩。约束条件下各种收缩的叠加，在结构内部引起收缩拉应力，拉应力一旦超过抗拉强度就会发生硬化混凝土收缩开裂。虽然与塑性阶段混凝土相比，硬化阶段的混凝土结构已经形成，研究和表征方法相对比较成熟，然而现代混凝土由于其自身组成和结构的特点，早期收缩，尤其是早期自收缩和温度收缩占的比率较大，同时，凝结以后的初始阶段，各项性能发展迅速。从宏观变形和微观驱动力的层面及时准确地表征这一阶段的性能演变规律并建立相应的数学模型，已经成为现代混凝土科学研究的难点和热点。本章系统介绍现代混凝土硬化阶段几种主要收缩的定义，重点阐述早期收缩测试方法、机理和模型的最新研究进展，为进一步研究各种收缩的影响规律，准确预测硬化阶段结构混凝土收缩开裂风险提供可靠的参数。

3.1　硬化阶段收缩变形的主要类型

3.1.1　化 学 收 缩

水泥水化反应中，反应生成物即水化产物的绝对体积要小于反应物即水泥和水的总体积，由此产生的体积减小称为化学收缩（如图 3.1.1 所示），可用下式来表示：

$$S_{hy} = \frac{(V_{ch} + V_{wh}) - V_{hy}}{V_c + V_w} \times 100 \qquad (3.1.1)$$

式中，S_{hy}—化学收缩率，%；
V_c—搅拌前水泥的体积；
V_w—搅拌前水的体积；
V_{ch}—发生水化的水泥的体积；
V_{wh}—参加反应的水的体积；
V_{hy}—水化产物的体积。

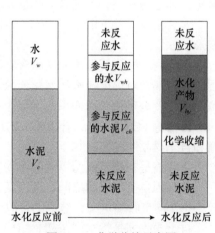

图 3.1.1　化学收缩示意图

3.1.2　自收缩与自干燥收缩

混凝土的自收缩和自干燥收缩是较为容易混淆的两个概念。最早提出的自收缩概念可以追溯到 20 世纪初。Le Chatelier 对硬化水泥浆体的绝对体积变化和表观体积的变化进行了区分，并且提出了自干燥的概念。Lynam 也许是最早对自收缩作出明确的定义的人，其定义自收缩为不因热或水分蒸发而引起的收缩。

日本混凝土协会（JCI）关于自收缩的定义是在初凝以后水泥水化时产生的表观体积减小，它不包括因自身物质的增减、温度变化、外部荷载或约束引起的体积变化。自收缩可以表达为体积减小的百分数即"自收缩率"，或一维长度变化即"自收缩应变"。与之相对应的是自膨胀，二者统称为自生体积变形。该定义明确"自生"的概念，并且对测试开始的时间进行了明确的划分，为工程实际应用提供了很好的依据。

美国材料与试验协会（ASTM）在水泥浆体和砂浆自生体积变形的标准试验方法中定义自生体积变形为密封水泥浆体或砂浆试件在恒温、不受外力作用条件下自终凝起至规定龄期的体积变形。与 JCI 主要区别在于测试开始时间的不同。

在国际材料与结构研究实验联合会（RILEM）专门针对早期开裂而设的技术委员会（TC 181-EAS）以及专门针对混凝土的内养护而设的技术委员会（TC 196-ICC）的报告里，自收缩则涵盖了更为广泛的内容，且进一步明确了自收缩与自干燥收缩的区别：

（1）自收缩是指水泥基材料在密封养护、等温、无约束的条件下表观体积或长度的减小。化学收缩是引起自收缩的原因，在塑性阶段二者近似相等，当浆体初始结构形成以后（粗略地划分为初凝时），自收缩小于化学收缩。

（2）自干燥收缩则是指在密封的条件下水泥浆初始结构形成以后，由于水泥进一步水化在体系内部形成空孔，引起内部相对湿度的下降所产生的收缩，是自收缩的一部分，也是最重要的一部分。由于对混凝土的初始结构形成尚很难给出明确的判断，因此在他们的自收缩研究里也是从初凝开始。

（3）与自干燥收缩相对应的是初始结构形成以前由于化学收缩而导致的表观体积的减小，称之为凝缩，也是自收缩的一部分。

（4）密封条件下由于自收缩、自膨胀变形所引起的表观体积的变化统称为自生体积变形。

在国内一些公开发表的文献资料里，将自收缩等同于自干燥收缩，认为由于密封的混凝土内部相对湿度随水泥水化而减小，所引起的自干燥造成毛细孔中的水分不饱和而产生压力差为负值，因而引起混凝土的自收缩。

田倩等（2005）在综合 JCI、ASTM、RILEM TC 等文献资料的基础上，给出的自收缩和自干燥收缩的定义如下：

自收缩是指浇筑成型以后的水泥基材料由于水化引起的表观体积（长度）的减小，它不包括因自身物质的增减、温度变化、外部荷载或约束引起的体积（长度）变化。相较于 JCI 的自收缩定义，这里的自收缩包括了初凝以前的变形。

自干燥收缩是指水泥浆初始结构形成以后，由化学收缩消耗内部水分引起的内部相对湿度的下降所导致的表观体积（长度）减小。同样，它不包括因自身物质的增减、温度变化、外部荷载或约束引起的体积（长度）变化。

3.1.3　干　燥　收　缩

由于水泥基材料所处外部环境湿度低于内部湿度，引起内部水分蒸发所造成的收缩称为干燥收缩，简称"干缩"。对水泥浆体干燥收缩的研究发现，其可分为可逆干缩部分与不可逆干缩部分，其中，可以恢复的一部分干燥收缩称为可逆收缩；另一部分即使再吸水也不可恢复，称为不可逆收缩。也有文献中仅将不可逆收缩称为干燥收缩。

相较于自收缩和自干燥收缩而言，干燥收缩具有非常明确的物理意义，但要想准确地测试出绝对意义上的干燥收缩并非易事。采用传统干缩测量方式所测出的值事实上包含了部分的自收缩。由于干燥条件将会影响水泥的水化，进而影响自收缩，因而两者之间不能是简单的叠加方式，即干燥收缩值并不等同于在干燥条件下实测的变形值扣除相同温度下密封试件的自收缩变形值。

3.1.4　温度变形

混凝土具有热胀冷缩的性质，由外界温度变化及内部水化热等引起的体积"热胀冷缩"的变化，称为温度变形。引起温度变形的因素有材料自身和所处环境两个方面，具体包括水泥水化放热导致混凝土温度升高、混凝土向外散热导致温度下降、外界气温变化导致混凝土温度发生波动、日照热辐射导致混凝土温度变化以及工业建筑高温使用环境引起的温度变化等。

自混凝土浇筑成型至凝结硬化过程中，水泥水化反应在较短时间内放出大量的热，而混凝土是热的不良导体，散热较慢，早期集中放热使得早龄期混凝土内部温升较高，内外温差较大，由此引起体积变化。现代混凝土水化温升问题更为突出，不仅在尺寸较大的大坝混凝土中一直受到重视，在桥梁、隧道甚至是工民建墙板结构中也越来越凸显。

3.2　硬化阶段收缩变形的测试方法

采取可靠的测试方法来准确测试混凝土尤其是早龄期混凝土的收缩应变，是混凝土抗裂性计算的基础和前提。然而，混凝土收缩的准确测试并非是一件易事。长期以来，在我国除了大坝混凝土外，通常测试的收缩局限于混凝土的干缩，并以此作为评价混凝土开裂的趋势。然而，随着混凝土向高强、高性能方向的发展，引起其开裂的主要因素也由干缩向塑性收缩、自收缩以及温度收缩的叠加转变，因此仅靠测试干缩的结果无法科学评估其开裂趋势。下文将围绕硬化混凝土的几种主要收缩类型，分别介绍相应的测试方法。

3.2.1　初始结构形成的判定方法——收缩零点

如何描述水泥基材料毛细管网络结构的初始形成（水泥浆初始结构的形成），也就是自干燥收缩测试零点（time-zero）的确定，是早期收缩研究的热点之一。理论上，收缩应变的测试应该从加水开始就进行。然而，从工程结构开裂的角度而言，在零点（对应结构开始形成点）之前测试的收缩没有力学意义，而在零点之后测试的收缩则不完全。混凝土的结构形成过程和混凝土凝结过程直接相关。凝结时间多基于贯入阻力的方法进行测试，但贯入阻力测试过程中需要将粗骨料筛除。这不仅和混凝土相比体系有很大差别，且对于流动性较差的混凝土（如碾压混凝土）而言粗骨料则较难筛除。此外，实际混凝土构件，混凝土的凝结过程还受到气温及自身水化热的影响。因而对于工程结构混凝土而言，传统混凝土基于贯入阻力的凝结的测试方法有诸多不足。文献中也有基于水泥基材料热学、力学、电学等性能来判定零点的方法，但不同方法测得的零点有较大差距。作者研究团队基于对孔隙负压增长规律的研究，提出基于孔隙负压测试的水泥基材料自干燥收缩零点的测试方法。

3.2.1.1　基于热学、力学、电学等性能的初始结构形成判定方法

1. 基于贯入阻力的方法

在描述早龄期混凝土的结构形成时，通常用到两个术语："凝结（setting）"和"硬化（hardening）"。凝结可以被认为是"混凝土固化的初始"；而硬化则对应着强度的增长过程。由于涉及的是一个从塑性阶段到弹塑性阶段的量变到质变的转化过程，传统的定义就是采用凝结时间测定，其本质是从宏观上测试水泥浆（混凝土）抵抗外力作用的力学性能，再加上由于测试过程相对简单，凝结时间的测试被广泛地用于自干燥收缩零点的确定。譬如 ASTM C403 的 Pin-penetration 试验及 GB/T 50080 的贯入阻力仪试验，从混凝土中将大于 5mm 的粗集料筛除，剩余砂浆成型，测试其贯入阻力达到 3.5MPa（相应的抗压强度近似为 0）时的时间定义为混凝土初凝，其贯入阻力达到 28MPa（相应的抗压强度近似为 0.75MPa）时的时间定义为混凝土终凝。

ASTM C191 和 GB 1346 的针入度试验用于测试水泥净浆的凝结时间。用来成型试件的截锥圆筒上底直径为 60mm，下底直径为 70mm，高为 40mm，可以自由下落的滑动杆及针总质量为 300g，记录并推算出针入度达到 25mm 的时间作为初凝时间，然后换上终凝的试针，以试针在试件表面只留下一个圆圈的痕迹的时间作为终凝时间。这种方法的缺陷是比较粗糙且与自干燥收缩的物理意义并不直接相关，且很难实现数据的自动采集。

2. 基于水化放热曲线测试的方法

传统的水化放热曲线给出了水泥浆的水化动力学特征，尽管仍然存在着争议，水化热的测试已经成为描述水泥浆水化硬化过程的一个经典方法。图 3.2.1 是一条水泥浆水化

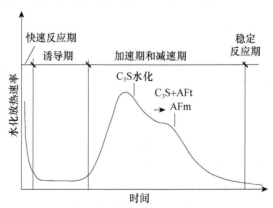

图 3.2.1　水泥浆典型的水化放热曲线

放热的典型曲线，通常认为初凝对应于从第二阶段（诱导期）向第三阶段（加速期）转变之后的某一点，而终凝则在第三阶段（加速期）和第四阶段（减速期）峰值附近的某一点。可见，水化放热曲线的测定并不能给出"time-zero"的准确定义，也不能与结构性能直接联系起来。

3. 基于电导率测试的方法

近年来，水泥基材料的电导率测试在表征其化学反应进程、微观结构变化以及传输性能变化的应用中越来越受到重视。Perez-Pena 等（1989）的报告表明，水泥与水接触后孔溶液的电导率迅速增加，进入诱导期后电导率开始下降，在加速期开始后电导率再次迅速增加，对应于浆体结构的迅速发展阶段，也即是初凝开始，在水化放热的峰值附近，电导率曲线再次出现转折点，对应于终凝，之后水化反应开始减速，在电导率、放热曲线以及微观结构之间存在较好的相关性。

4. 基于超声测试的方法

超声测试是混凝土无损检测中常用的方法。Casson 等（1982）首次将超声脉冲速率的测试方法应用于确定早龄期混凝土凝结时间的研究。塑性阶段的混凝土由于结构松散，超声波尤其是剪切波很难传递。随着凝聚网络结构的开始形成，体系逐渐由悬浮态向凝聚态转变，使剪切波传递成为可能。因此，可以传递剪切波的时刻对应着混凝土的凝结时间。Boumiz 等将这种方法与传统的量热法及电导率法进行了比较，剪切波的传递总是要滞后于压力波，超声波的传递时刻也要滞后于放热速率快速增加的时刻。Ozturk（1999）和 Valic（2000）分别独立地采用了单面波反射技术来研究早期的性能。Ozturk 的结果显示剪切波的首次突变对应于诱导期的结束，Valic 的试验结果中波反射系数的变化要较为平缓，通过这种方法 Valic 得出剪切模量的演变规律，以及剪切强度与水化程度之间的对应关系。

5. 基于约束条件下应力测试的方法

单轴约束下的温度应力试验机可以测试出早期混凝土对于温度变化的响应，以及在约束条件下内部应力的发展。Springenschmid 方法定义了两个零应力温度；第一个零应力温度是指混凝土内部开始出现压应力的时刻，即混凝土结构足以传递热膨胀所引起的压应力时刻；第二个零应力温度则对应着由于自收缩、干缩以及温度下降而引起应力反向的时刻。此方法的准确性受限于，早期的混凝土结构还很脆弱，试验架本身的重量、模具的约束、端头的滑移等会给凝结的判定带来误差；此外，泌水的影响也无法排除。

6. 基于力学性能测试的方法

也有学者通过对不同龄期的力学性能的试验结果进行数值分析来确定结构形成零点，如 Olken 等（1995）通过试验和数值模拟的方法确定了抗压强度、抗拉强度以及弹性模量与水化程度的关系，表明力学性能的产生起始于某一临界水化程度 α_0。由于成熟度的概念已经被广泛地用来预测混凝土的力学性能，如 ASTM C1074-93 基于试验数据回归的经验公式，此时 "time-zero" 对应于 "零成熟度"，即开始产生强度时的成熟度。这种方法依赖于不同的成熟度的预测模型的预测精度，而这些模型的预测精度还依赖于对混凝土最早期的强度（尤其是抗拉和抗弯强度）的试验结果，已有研究人员注意到采用成熟度预测的 "time-zero" 与其他方法之间存在差异。

7. 基于化学收缩与自收缩分歧点的测试

自从 Le Chatelier 首次发现水化产物的体积小于参加水化的反应物的体积这一现象以来，研究人员一直试图找出化学收缩与其他材料性能的对应关系。Boivin 通过绝热量热仪的测试观测到早期（水化程度<1%时）的水化程度和化学收缩之间存在很好的相关性。Hammer（1998）和 Boivin（1997）的研究均发现在水化一开始的时候，化学收缩和自收缩非常接近，随着水化的进行这两条曲线之间在某一点开始发生偏离，如图 3.2.2 所示。

其后，更多的学者注意到这一现象，并提出了通过测定化学收缩和自收缩曲线的分歧点来作为自干燥收缩零点的判定，其判定的原理如图 3.2.3 所示：在结构形成以前，水化反应引起的自收缩将完全以表观体积的减小来反映；结构形成以后，进一步水化将在结构内部形成部分孔隙，自收缩开始小于化学收缩。

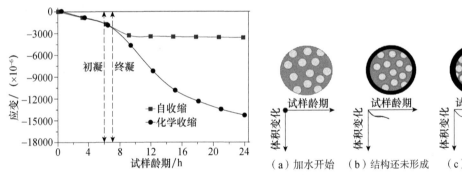

图 3.2.2　化学收缩与自收缩分歧点的测试　　　　图 3.2.3　以化学收缩与自收缩分歧点的测试
　　　　　　　（Hammer，1998）　　　　　　　　　　　　来判定零点的原理（Sant 等，2006）

8. 声发射测试的方法

有学者认为水泥浆在凝结时由于化学收缩会在内部产生空孔，这种充满水蒸气的空孔的产生伴随有能量的释放，因此可以为声发射信号（AE）感应，这就是声发射判定自干燥收缩零点的基本原理。Weiss 等（2001）研究了新拌水泥浆随着水化进程声发射信号发展的规律，并与化学收缩和自收缩分歧点以及 Vicat 试验进行了对比，研究结果表明在终凝附近声发射信号有着明显的突变。

3.2.1.2　基于孔隙负压表征水泥基材料结构形成过程的原理及测试系统

尽管零点测试存在着争议，但总而言之，自干燥对应着新拌水泥浆（混凝土）体系内部空孔的形成以及内部相对湿度的下降，自干燥收缩对应着自干燥开始以后的自收缩；而自干燥收缩的零点则对应着新拌水泥浆（混凝土）由悬浮体向固体的转变，即固相结构的形成。根据上述定义绘制基于孔隙负压的凝结判定的基本原理和物理意义框图如图 3.2.4 所示：凝结以前，即固相结构形成以前，最早期水泥的水化（包括离子的溶解和早期水化产物的形成）产生的化学收缩将完全以绝对体积的减小来表征，即总体体积的减小等于化学收缩，此时由于体系内部结构还未形成，不能稳定空孔；在零点开始，早期的水化产物的相互搭接开始在体系内部形成自支撑结构，类似固相结构的毛细管网络结构体系开始形成，此时的毛细管网络结构体系可以视为正处于由饱和状态向不饱和状态的转变，水泥的进一步水化伴随的化学收缩将在体系内部形成空孔，也即形成弯液面，跨过弯液面的汽液两相之间存在压力差，从而产生孔隙负压，这种孔隙负压的产生即为收缩的驱动力，自干燥和自干燥收缩开始。随着胶凝材料的进一步水化，临界半径不断减小，孔隙负压不断增大，因此自干燥收缩增大。

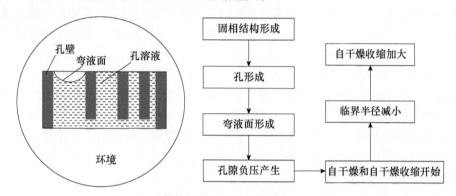

图 3.2.4　凝结过程判定的基本原理和物理意义

　　基于孔隙负压自动测试系统（原理见第 2 章）开展了大量实验研究，发现最早期孔隙负压增长规律符合 Boltzmann 增长曲线，曲线上存在着明显的转折区域，在去除泌水的情况下，贯入阻力和孔隙负压的增长规律具有高度的一致性（图 3.2.5、图 3.2.6）。进而提出了基于孔隙负压测试的水泥基材料自干燥收缩零点测试新方法和装置。该方法克服了现有技术容易受到温度、环境条件和孔溶液离子浓度影响的弊端，不需要筛除粗集料，操作简便，受环境温、湿度的影响很小，更重要的是可以实现混凝土结构形成过程的原位实时连续监测。

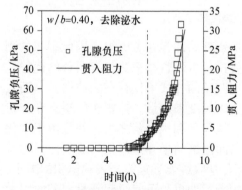

图 3.2.5　最早期孔隙负压和贯入阻力的关系

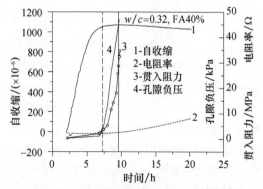

图 3.2.6　孔隙负压、贯入阻力、自收缩、电阻率发展曲线对比

・70・

现代混凝土早期变形与收缩裂缝控制

3.2.2　自收缩的测试方法

上一节探讨了自干燥收缩零点（time-zero）的判定方法，根据自干燥收缩的定义，自干燥收缩为水泥浆初始结构形成即零点以后，由化学收缩消耗内部水分引起的内部相对湿度的下降所导致的收缩。

3.2.2.1　文献中已有的测试方法

关于早期的自收缩测量结果，在不同的文献资料里面存在着较大的争议，归根到底是由于测试方法的不同。Barcelo（1997）已经证明，要想对基于不同测试手段得出的试验结果进行解释有许多困难，因此测试方法的不严谨严重阻碍了自收缩研究的进展。提早测量初始时间、降低模具的约束、提高测试的精度、提高密封的有效性以及消除温度变形的干扰，一直是研究人员致力于改进的技术方向。

总结文献中已有的自收缩测试方法，主要有体积法和长度法两种。体积法以Yamazaki 等（1974）提出的方法为代表，将水泥浆置于密闭的橡胶袋中，然后整体浸入水中，直接测试或者通过浸入试件重量的改变（浮力）间接测试出水体积的变化，以此来反映浆体体积的改变，如图 3.2.7（a）所示；长度测量一般是将水泥浆密闭于内壁尽量光滑的钢性容器内，通过试件顶端的位移传感器记录其线性变化，如图3.2.7（b）所示。这两种方法各有优缺点。

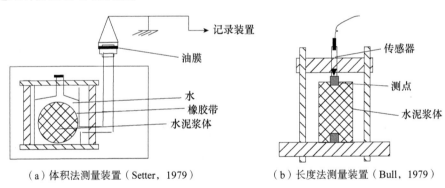

（a）体积法测量装置（Setter，1979）　　　　（b）长度法测量装置（Bull，1979）

图 3.2.7　水泥浆的自收缩测试方法

由于水化作用的进行，水泥基复合材料自加水开始即存在着收缩，因此理想的测量方式应当是自加水拌和成型之后立即进行，就这一点而言体积法具有明显的优势。在初始结构形成以前的水泥浆或混凝土采用线性测长的方式不仅存在大的误差，而且本质上就是混淆不清的，这是因为对于流体无法以长度来度量。体积法的缺点在于，搅拌过程中吸入的空气和成型后泌水可能存在于橡胶袋和水泥浆之间，并且由于水化作用的继续进行有可能重新吸入水泥浆内部，因此测试结果并不仅仅是表观体积的减小，还包含了部分由于化学收缩形成的空隙，因化学收缩要远远高于表观体积的减小，因此给测量造成了很大的误差。此外，橡胶袋的密封性也是可能引起测量误差的因素之一。

　　线性式的测量方式由于测试的点相对固定，因此对于泌水影响要小得多。但也有文献资料报道，泌水后的回吸可能会减小自收缩，甚至导致早期水泥浆（混凝土）膨胀。线性测量开始的点应该对应于结构的形成，但是对于一个由塑性阶段向弹塑性阶段转变的系统，要想作出明确的划分并不是一件容易的事情，通常粗略地以传统的凝结时间（初凝）的测量为基准。更加科学的方法是，在初凝之前即测试变形，同时测量相应约束试件内部应力，以约束试件产生内部应力的点作为时间的零点进行校正。这种方法至少可以保证测试了一个可以承受外部应力的固体体系的变形。此外，早期的水泥浆结构非常脆弱，难以克服试模表面的摩擦而容易受到约束的影响，这种影响可以通过改善模具表面的约束而尽量减小。

　　尽管这两种方法已经被广泛沿用了超过 50 年，但所给出的结果并不一致，将体积变形转换为长度变形后测试结果要比长度测量结果高出 3～5 倍之多，这主要取决于水泥类型和试验具体条件。这种巨大的差异很少引起人们的注意，只在几篇有限的文献里有所涉及。通常认为在凝结以前垂直方向的变形与水平方向的变形不一样。一些文献里认为在凝结以后的自收缩变形也是各向异性的。而 Charron 等的研究结果则认为凝结以后立方体试件在三维方向的变形完全一致。

　　丹麦科技大学的 Jensen 和 Hansen（1995）专门针对水泥浆的自收缩测量发明了一种自收缩测试装置 CT1 Digital Dilatometer（如图 3.2.8 所示），其特点是采用了低密度的聚乙烯塑料波纹管作为模具，起着密封和降低约束的作用。这种模具在凝结以前可以将体积变形转换为线性变形，而在凝结以后则为正常的线性测长的方式，理论上可以在成型后即开始测量。但是由于采用了接触式传感器，因此也必须在初凝的时候才能开始测量。

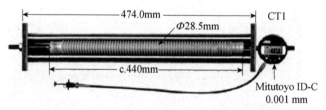

图 3.2.8　CT1 Digital Dilatometer 自收缩测试装置

　　对于混凝土，体积法的测量方式则不太不适用，因为混凝土中的集料可能会损坏橡胶袋。混凝土自收缩的测量通常是采用线性测长的方式，试件多用棱柱体或圆柱体。通常采用的传感器有千分表、埋入式电阻应变计、电位器式传感器 LVDT、电感式传感器、电容式传感器、涡流式传感器、激光位移传感器等。采用的模具分为可拆卸式和密封式，通常在硬化以前的测试模具均不拆除，因此模具的作用除了成型之外，还必须考虑密封与内表面的约束。聚四氟乙烯材料在固体材料中具有最小的摩擦系数，因此被用作内衬板。柔性的聚氯乙烯塑料薄膜提供最里面的一层密封，同时可以降低混凝土对衬板的吸附，从而减低约束。Jensen 和 Hansen 设计了一种与 CT1 Digital Dilatometer 类似的混凝土自收缩测量装置，采用 ϕ100mm×375mm 的柔性塑料波纹管作为模具，与净浆不同的是采用竖向测量，存在材料自重的影响。此外，测试过程中还存在温度控制、测试方向、泌水等问题，均会对测试结果产生干扰。

3.2.2.2　波纹管测试方法的改进

1. 波纹管测长的原理

为了尽量地减小重力的影响，横向测长显然较竖向测长方式具有明显的优势。然而，对于塑性混凝土或水泥浆，采用长度来度量是没有意义的，流体只能以体积来计量，因此理论上体积法显然具有明显的优势。然而实际应用已经证明，采用体积法来测量混凝土较难实现。如何测量早期塑性混凝土的变形，一度成为摆在研究人员面前的一道难题。

如果流体的形状固定，则流体的体积是可以以长度变形来计量的。Jensen 和 Hansen 就是采用特殊的波纹管模具，巧妙地将早龄期塑性混凝土的体积变形转换为横向测长的方式来实现，其测量的基本原理如下：

如图 3.2.9 所示的波纹管具有特殊的性能，波纹管沿径向方向的刚度与轴向方向的刚度相比忽略不计，换言之，沿轴向方向的变形远大于沿径向方向的变形。对于这样的波纹管，体积的变化将全部以长度变化的形式来体现。这可以通过如下简单的几何关系来证明：

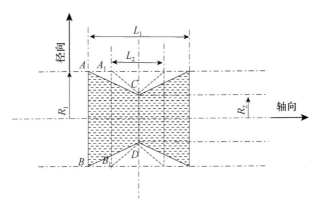

图 3.2.9　波纹管测试早龄期自收缩的原理——体积变形向长度变形的转换

选取波纹管的结构单元 $ABCD$，因为沿径向的变形与轴向相比忽略不计，变形以后的结构单元为 A_1B_1CD，则单位体积的变形为

$$\Delta V = \frac{V_{ABCD} - V_{A_1B_1CD}}{V_{ABCD}}$$

$$= \frac{\frac{1}{3}\pi\left(\frac{L_1}{2}\right)(R_1{}^2 + R_1 \cdot R_2 + R_2{}^2) - \frac{1}{3}\pi\left(\frac{L_2}{2}\right)(R_1{}^2 + R_1 \cdot R_2 + R_2{}^2)}{\frac{1}{3}\pi\left(\frac{L_1}{2}\right)(R_1{}^2 + R_1 \cdot R_2 + R_2{}^2)} \quad (3.2.1)$$

$$= \frac{L_1 - L_2}{L_1} = \Delta l$$

通过上述计算可以证明，如果流体与波纹管的变形能够协同一致，也就是说波纹管内的流体与波纹管本身构成了一个变形的整体，则测量出来的波纹管的长度变形就是流体本身的体积变形。

　　在了解了基于波纹管实现体积变形向长度变形的转换后，进一步分析波纹管对约束的影响。在早龄期混凝土的横向测试中，约束具有三个层面的含义：混凝土与模具之间的内部约束，是驱动混凝土与模具协同变形的内力；模具与支撑面之间的外部约束，是阻碍试件变形的外力；模具自身刚度的内部约束，是阻碍混凝土初始变形的内力。

　　比较如图 3.2.10 所示的三种结构形式模具的截面图，直型的模具与支撑面之间为全接触，因此变形时受到支撑面的约束最大；方锯齿形的模具相比较而言减少了部分的接触面积，受到支撑面的约束程度降低；而三角波纹管由于在横截面上表现为点接触，接触面积最小，因此受到支撑面的约束最小。同样如图 3.2.10 所示的三种结构形式模具的截面图，直型的模具与混凝土之间仅仅依靠静摩擦力而联结；锯齿形的模具由于具有凹进去的锯齿，加强了模具与混凝土试件之间的咬合，保障模具与试件之间的协同变形。此外，在上述三种形式的模具中，三角形的波纹管相比较而言结构形式更加类似于弹簧，在组成材料相同时，具有更高的伸缩性。当然，模具的变形能力还与模具自身材料的刚度、波纹管波形的尺寸有关。

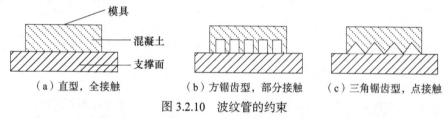

（a）直型，全接触　　　（b）方锯齿型，部分接触　　　（c）三角锯齿型，点接触

图 3.2.10　波纹管的约束

　　综上，采用三角锯齿形波纹管结构形式能够最大程度地降低支撑面的外部约束，增加混凝土试件与模具之间的内部约束，降低自身刚度对混凝土变形的约束，保障模具和混凝土试件之间变形一致。

　　波纹管测长的方法在塑性阶段波纹管将体积变形转变为长度变形，并且由于采用了巧妙的端头设计，保障了波纹管内试件的完全密封，可以通过恒温水浴槽实现控温，避免了温度对于早龄期混凝土自收缩测试结果的干扰，实现了自成型开始的自收缩测试。

2. 波纹管测长的影响因素

　　在 Jensen 和 Hansen 波纹管测试方法基础上，作者研究团队进一步研究了波纹管的尺寸、刚度、波纹管内空气、泌水、测试方向以及温度控制等对于波纹管横向测长方式的影响，发现：以终凝时间为零点，采用波纹管横向测长的方式测出的自收缩应变受波纹管刚度、尺寸以及内部空气的影响。采用直径相对较大的波纹管测试的自收缩应变相对较高；随着波纹管刚度的减小，自收缩应变增加；波纹管内的空气使得测试结果变小。不过，这种影响只发生测试初期，在终凝之后几个小时以后测试结果完全取决于混凝土本身，与波纹管本身无关（图 3.2.11 ~ 图 3.2.14）。如果混凝土没有泌水，凝结以前采用波纹管竖向测试的自收缩要高于横向测试的自收缩，凝结以后则采用波纹管测试的自收缩为各向同性，与测试方向无关。自终凝以后，泌水使得波纹管横向测试为膨胀而竖向测试为收缩。不管是泌水还是不泌水的混凝土，采用竖向波纹管测试时，均发生了测头和混凝土的脱粘，在混凝土顶部与波纹管端板之间形成空穴。这种空穴由塑性沉降产生，在凝结以前基本完成，对于硬化混凝土的收缩测试基本没有影响，但是也证明采用波纹

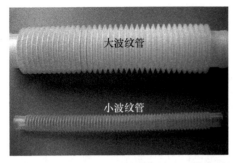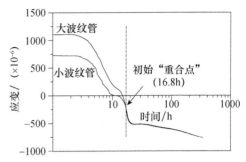

图 3.2.11　波纹管尺寸对于自收缩的影响

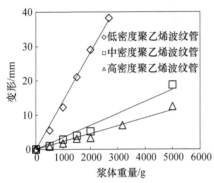

图 3.2.12　三种刚度波纹管模具的压缩行为

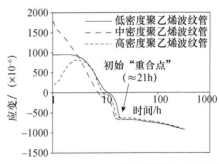

图 3.2.13　三种刚度的波纹管模具测试出的
自收缩的初始"重合点"

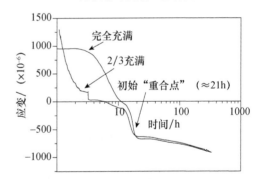

图 3.2.14　波纹管内的空气对试件自收缩测试结果的影响

管竖向测试的方法不能完全测试出自成型开始的竖向沉降收缩,并且由于竖向测试时支撑杆对模具的约束难以控制,以上均证明对于波纹管测试应该采用横向测试。由于早龄期混凝土刚度还很有限,测试结果受到波纹管材质、尺寸和成型引入空气的影响,在构建标准方法时这些都是必须注意的事项。不过,随着混凝土不断凝结硬化,刚度不断增加,模具的影响也越来越小,到终凝之后几个小时就可以忽略不计。

3.2.2.3　分阶段、全过程的自收缩测试方法

基于前面的试验研究结果,作者研究团队采取了波纹管模具和圆直形钢筒模具相结合、竖向测试和横向测试相结合、电子传感器和机械式千分表相结合的方式,在借鉴、

消化和吸收 Jensen 的试验方法、仪器和设备的基础之上，开发了分阶段、全过程的早龄期混凝土自动测试系统（图 3.2.15），其基本思路如下：

（1）采用波纹管横向测长的方式测试早龄期混凝土的自收缩应变，波纹管在结构形成以前将体积应变转换为长度应变，在结构形成以后测试的是线性应变。

（2）波纹管测长可以从加水成型即开始，在 7d 以前采用非接触位移传感器；在 7d 以后，可以将波纹管试件取出，采用机械千分表测长的方式。

（3）对于密封条件下的凝缩，采用圆直型钢筒和非接触传感器相结合的方式。

之所以采用分阶段的测试方法，主要是基于早龄期混凝土的变形特征，充分发挥各种传感器的优势，以及增加设备的使用效率。

（a）7d 前自收缩测试

（b）7d 后自收缩测试

（c）终凝前沉降收缩测试

图 3.2.15　早龄期混凝土变形测试系统综合示意图

图 3.2.16 所示的是一条典型的早龄期混凝土的自收缩时程曲线，在加水至终凝之后数小时时间内自收缩发展迅速，这之后紧跟着有一小段微小的膨胀。因此，对于这一初始阶段的变形需要实时、迅速地采集，准确捕捉这种快速且多变的变形历程。在硬化到一定程度，譬如 3d 以后，混凝土的自收缩应变随时间的变化较初始阶段明显减缓。

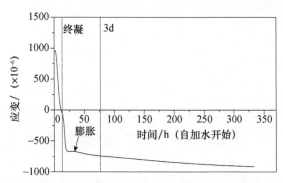

图 3.2.16　典型的早龄期水泥混凝土自收缩发展时程曲线

与国内已有的设备相比较，该系统具有以下特点：借鉴了 Jensen 波纹管横向测长的方法，解决了端头密封的问题，采用了恒温水浴槽控温，实现了自加水成型开始的早龄期混凝土自收缩的连续、自动的测试，不仅使得测试时间大大提早，更能全过程地反映自收缩变化规律，而且有效避免了温度变化、端头、试件的搬动对早期自收缩变形测试的扰动，大大提高了测试的准确性、稳定性和可靠性。

与 Jensen 波纹管横向测长的方法相比较，本方法具有以下特点：

（1）将凝缩和自干燥收缩区分开来，解决了波纹管竖向测长方法因测试端头与内部混凝土脱粘而不能完全测试出竖向沉降收缩的缺陷，为实际工程中高度较大的混凝土结构的施工控制提供了依据。

（2）所有的测试均在大理石台面上进行，避免了环境的振动对于测试过程的干扰。

（3）对测试端头进行了改进，采用铝板替代了原来的不锈钢板，易于加工，节省了成本，且在端板上增加了感应铁片，并采用非接触传感器技术替代原有的接触式传感器，避免了测头对于测试结果的干扰。

（4）针对早龄期自收缩发展的规律，采用电子传感器和机械式千分表相结合进行分阶段、全过程的测试，不仅提高了仪器的周转效率，有效降低了成本，而且避免了电子传感器长期漂移的问题，提高了长龄期测试结果的可靠性。

3.2.3　干燥收缩测试方法

相较于自收缩而言，干燥收缩的测量要容易得多，但国内外标准中试验室湿度和初始读数时间上存在着较大的差异，表 3.2.1 列出了不同标准对干燥收缩的测量要求。但正如节 3.1 所述，干缩测量方式所测出的值准确而言是干燥条件下的收缩，包含了部分的自收缩。

表 3.2.1　各种标准所规定的干缩测试的初始时间及试验条件

标准或规程	试件形状及尺寸	初始读数时间	恒温恒湿条件	
			温度/℃	湿度/%
GB/T 50082	100mm×100mm×515mm 棱柱体试件	成型后 1~2d 拆模，再标养至 3d 后测初长	20±2	60±5
DL/T 5150		成型后 2d 拆模，再标养至 3d 后测初长		
RILEM		拆模后立即测定	20±1	50±3
ASTM C157	100mm×100mm×285mm 棱柱体试件	成型后 1d 拆模，水养至 28d 为基准	23±2	50±4
JIS A1129	100mm×100mm×400mm 棱柱体试件	成型后 1d 拆模初测，水养 7d 为基准	20±2	60±5
ISO 1920-8	100mm×100mm×400mm 棱柱体试件	成型后 1d 拆模，水养至 7d 为基准	22±2	55±5

3.2.4　温度变形测试方法

实验室混凝土温度变形的测量通常可采用千分表、内埋式应变计和非接触位移传感器等方法测试。对于早龄期混凝土，由于水化的影响，温度变形和自收缩变形同时存在，且两者不是简单的叠加关系，因而从实验角度获得早龄期混凝土的温度变形也并非易事。

另一种方法是通过测试线膨胀系数来计算获得实际混凝土的温度变形。温度变形是混凝土线膨胀系数（热膨胀系数）与温差的乘积，温度曲线通过埋入测温热电偶可以容易地得到，关于线膨胀系数的测定将在节 3.5.3 详细介绍。

3.3　自收缩的机理及模型

根据水泥浆初始结构的形成划分，水泥浆（混凝土）自收缩的发展可以分为结构形成以前的自收缩和结构形成以后的自收缩。理论上而言，初始结构形成以前，即在塑性阶段，由于化学收缩引起的绝对体积的减小将全部转换为表观体积的减小，自收缩就应当等于化学收缩。芬兰建筑与科技研究中心的 Holt 等（1999）的研究结果认为，在成型之后初始的几个小时内，自收缩由化学收缩而不是自干燥引起。Sant 等（2006）测试出在初凝以前的自收缩就等于化学收缩，并以化学收缩和自收缩的分歧点作为自干燥收缩的零点。在初始结构形成以后，收缩受到限制，密封条件下水化反应消耗内部水分，引起了内部相对湿度的下降，即产生自干燥，伴随空孔的产生以及表观体积的减小，因而结构形成以后的自收缩小于化学收缩，化学收缩（绝对体积的较小）为自收缩（表观体积收缩）和所形成孔体积之和。

3.3.1　化学收缩的机理及模型

化学收缩是水泥水化过程中总体系的体积减小，是混凝土产生自收缩的根本原因。化学收缩的大小与水泥的组成和细度有关。Powers 等在 1948 年所提出的基于试验的硬化水泥浆各相组成与分布的经验模型，使得水泥基材料的各相体积分布的数值计算成为可能。该模型的提出曾对水泥基材料的渗透性、强度及抗冻性研究产生过深远影响，对收缩尤其是自收缩的研究仍然具有重要意义。根据 Powers 的理论，化学收缩可以用下式计算：

$$V_{cs} = 0.20(1-p)\alpha, \quad p = \frac{w/c}{w/c + \rho_w/\rho_c} \tag{3.3.1}$$

式中，V_{cs}—化学收缩率；

　　　α—水泥水化程度；

　　　w，c—水与水泥的质量；

　　　ρ_w，ρ_c—水与水泥的密度。

采用该式计算的化学收缩取决于初始时刻水泥浆中水与水泥的体积比以及水化程度。但是采用该式计算时需要假定水泥中各矿物的水化速率及化学收缩均相同，真实的情况是，C_3A 的化学收缩及水化速率相较于其他矿物相的更大。C_3S、C_2S、C_3A 及 C_4AF 的化学收缩率分别为 0.00079 ± 0.000036、0.00077 ± 0.000036、0.00234 ± 0.000100 及 0.00049 ± 0.000114。可见，C_3A 的化学收缩约为 C_3S 和 C_2S 的 3 倍，约为 C_4AF 的 4.5 倍。因此，C_3A 的含量越高，水泥的化学收缩也越大。由于 C_3A 的水化主要集中在早期，故早期的化学收缩的速率也应该较大。文献中所报道的水泥的化学收缩的绝对值在 $0.07\sim0.09$mL/g 左右。粉煤灰以及矿粉的火山灰反应前后体积变化计算的结果高于纯水泥。根据高小建（2003）的计算结果，粉煤灰发生火山灰反应后的绝对体积减缩达 17%，矿粉的减缩率达到了 13%。值得注意的是，化学收缩理论计算的准确性依赖于水化反应方程式的正确建立。

作者研究团队采用如图 3.3.1 所示改进的化学收缩测试方法，对水泥和掺加矿物掺合

图 3.3.1　化学收缩测试方法

料的胶凝体系的化学收缩进行了测试。试验引入了高精度的激光位移非接触式传感器（美国 MTI LTC-025-04SA 激光位移传感器，测量范围±2.5mm，精度±0.25um）和高精度精密玻璃管（直径 15mm，精度±0.01mm）。试验时在玻璃瓶中套一个塑料瓶，浆体置于塑料瓶中，塑料瓶直径为 22.5mm。选取浆体厚度为 5mm 进行化学收缩试验，以加水后 1h 为取值零点，试验温度为 20±1℃。

图 3.3.2（a）为选取水胶比为 0.3 的浆体进行两组平行试验的结果，从图中可以看出，两组化学收缩曲线基本重合，24h 左右化学收缩值分别为 20.97mm^3/g 和 21.87mm^3/g，与文献报道的结果接近，同时，本实验的误差仅为 4.1%，试验重复性好。选取了不同龄期的浆体，对水泥水化程度和化学收缩进行了同时同条件下的测试，如图 3.3.2（b）所示，从图中可以看出，二者间存在较好的线性关系，线性相关系数 R^2=0.99313。分析 20%粉煤灰（20%FA）、40%矿粉（40%SL）和 10%的硅灰（10%SF）对化学收缩的影响，结果如图 3.3.2（c）、图 3.3.2（d）所示。从图中可以看出，粉煤灰降低了浆体的化学收缩，24h 化学收缩降低了 16.7%。这主要由于粉煤灰的水化活性较低。相比之下，掺加 40%的矿粉对 24h 内的化学收缩基本无明显影响，而掺加 10%的硅灰后，浆体的化学收缩显著提高，24h 的化学收缩增幅达 27.2%。

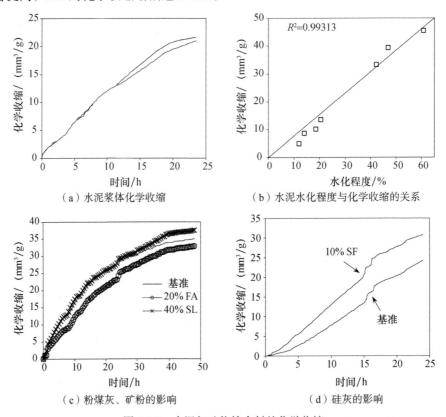

（a）水泥浆体化学收缩　　　　　　　（b）水泥水化程度与化学收缩的关系

（c）粉煤灰、矿粉的影响　　　　　　　（d）硅灰的影响

图 3.3.2　水泥与矿物掺合料的化学收缩

此外，水泥颗粒的溶解也被认为是早期化学收缩的重要机制，这是因为在"诱导期内"也测出了明显的自收缩。Beltzung 等（2001）研究了水泥溶解和水化对于早期自收缩的影响，水泥中矿物的溶解和相应的化学收缩如表 3.3.1 所示。根据试验结果可认为，早期的化学收缩至少包括两种不同的机理，即水泥组分的溶解以及水泥矿物的水化。

表 3.3.1　水泥中主要矿物溶解的收缩率（Beltzung 等，2001）

水泥矿物名称	收缩率
$C_3S \rightarrow Ca^{2+}$, OH^-, $H_2SiO_4^{2-}$	0.32
Na_2O, $K_2O \rightarrow Na^+$, K^+, OH^-	0.43

3.3.2　自干燥收缩的机理及模型

3.3.2.1　自干燥收缩机理

关于结构形成以后的自收缩的机理，比较一致的结论认为，化学收缩是导致自收缩最原始的驱动力，密封条件下在孔隙内部的化学收缩引起了内部相对湿度的下降——自干燥。然而，关于自干燥驱动自收缩的机理仍存在着争议，超过了半个世纪的争论仍在继续。

1. 毛细孔压力理论

根据 Laplace 和 Kelvin 定律，对给定的非饱和状态，有一个接触半径 r，所有接触半径小于 r 的毛细孔将被水充满，接触半径大于 r 的毛细孔则不含水。这一接触半径 r 在液相中引入相应的张力（压力），导致固体骨架承受拉应力产生收缩（如图 3.3.3 所示）。不过，Laplace 方程的实用性却受到质疑，这是因为物理结合水和化学结合水与平面水的性质有着很大的区别，通常认为毛细孔应力适用的相对湿度范围为 40% ~ 100%。

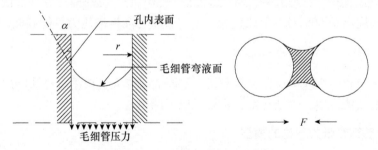

图 3.3.3　毛细管张力理论示意图

2. 拆散压力理论

该理论主要考虑在有吸附水分子层存在时两个非常接近的固体表面间的相互作用。在给定温度下，吸附水层的厚度取决于相对湿度，但是相对湿度大于某一个值后，因为两个表面的距离太小，吸附水层不再自由发展。如果相对湿度再继续提高，为了增加吸附层厚度，吸附水趋向于分开两个固体表面，两个固体表面承受了一个被称为"拆散压力"的压力，这个压力在饱和状态时达到最大值。因此，当系统从饱和状态向非饱和状态变化时，因为拆散压力降低，两个表面靠得更近，于是产生收缩。该理论适用的相对湿度范围为 40%～100%，对于水泥基材料，拆散压力主要来自相邻的 C-S-H 颗粒表面吸附水的蒸发。

3. 胶体颗粒的表面张力理论

该理论认为水泥浆的收缩和膨胀主要是由固体凝胶颗粒表面张力的变化所引起，即 Gibbs-Bingham 收缩。表面张力主要来自表面附近对外来原子或分子吸引力的不平衡，一般情况下，外来原子或分子吸附在固体表面造成表面张力的放松，表面张力减小；反之，脱附使得表面张力提高，固体被压缩。

根据 Bangham 等（1931）的试验，固体的相对线膨胀（或收缩）率与表面张力的改变成正比：

$$\frac{\Delta l}{l} = \lambda \cdot \Delta \gamma \qquad (3.3.2)$$

式中，$\dfrac{\Delta l}{l}$——线膨胀（或收缩）率；

$\Delta \gamma$——表面张力的变化；

λ——常数，$\lambda = \dfrac{\sum \rho}{3E}$，其中，$\sum$ 为比表面积，E 为多孔材料的弹性模量，ρ 为水泥凝胶的密度。

但是，这一机理主要适用于相对湿度较低的范围（RH<40%）。当相对湿度高于某一个阈值，固体表面完全被吸附水分子覆盖，此时相对湿度的增加不再改变表面张力。对于水泥基材料来说，随着表面吸附水的失去，C-S-H 表面自由能提高，材料将有减小表面积的趋势，因而产生收缩。

从上述机理可以看出，随材料相对湿度的降低，应力作用的层次逐渐从细观孔深入到 C-S-H 微观结构中。总结起来，相对湿度低于 50% 时，Bangham 方程被认为是主导机制；当相对湿度高于 50% 时，争议更大，毛细管张力和拆散压力可能共同作用。

3.3.2.2　自干燥收缩理论模型

由于自干燥收缩机理本身存在着争议，不同的研究人员依据自己认同的机理建立了自干燥收缩的数值模型。总结起来，主要有以下两类：

1. 基于毛细管张力理论的模型

Hua 等（1995，1997）基于毛细管张力理论提出了 ENPC 模型，分别从宏观和微观力学的角度证实毛细管张力理论是自干燥收缩的主要机理。

ENPC 宏观模型的建立借鉴于 MIP（Mercury Instrusion Porosimetry）试验测试多孔材料孔隙率的原理。水为润湿的液体，在张力作用下水分的散失总是从大孔开始然后逐渐到小孔，而水银是一种非润湿的液体，水银在压力作用下的渗入同样是从大孔开始然后逐渐到小孔。对硬化水泥浆在一给定的时刻 t_0，化学收缩 $\Delta V(t_0)$ 可以通过直接测试或通过水化程度来计算。自干燥来自于化学收缩，因此模型用一个未饱和的多孔介质，其气相体积等于 $\Delta V(t_0)$，液相处于压力 $p_c(\Delta V(t_0))$，如图 3.3.4 所示。假定在时间 t_0

终止水化，并完全干燥水泥，可以得到如图 3.3.4（a）所示的结构，然后用同样体积 ΔV（t_0）的水银在压力 p_{Hg}（t_0）下进行压汞试验，得到如图 3.3.4（b）和图 3.3.4（c）所示的图形。因为压力 p_c（ΔV（t_0））和 p_{Hg}（ΔV（t_0））对应了同样的体积 ΔV（t_0），并且在这两种情况下固体结构一样，则对应于 r_0（t_0）的附加压力计算为

$$p_c(\Delta V(t_0)) = \frac{\gamma_w \cos\theta_w}{\gamma_{Hg} \cos\theta_{Hg}} p_{Hg}(\Delta V(t_0)) \tag{3.3.3}$$

式中，γ_w—水/水蒸气的表面张力，N/m；

　　　θ_w—水对固体（水化产物）的润湿角；

　　　γ_{Hg}—水银/真空的表面张力，N/m；

　　　θ_{Hg}—水银对固体（水化产物）的润湿角。

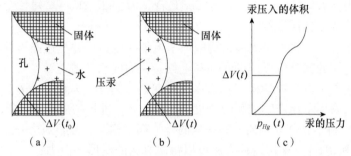

图 3.3.4　水银的压入和水分的散失（Hua，1995）

在水化过程的不同阶段通过系列 MIP 试验可以得出 p_c（t）的函数。

毛细管张力引起的宏观应力可以定义为

$$\sum_{ij}^{s}(X_g) = \frac{1}{V(X_g)} \int_{V_s(X_g)} \sigma_{ij}(y_l) \mathrm{d}V_s(X_g) \tag{3.3.4}$$

式中，$\sum_{ij}^{s}(X_g)$—结构的宏观应力；

　　　σ_{ij}（y_l）—在微观尺度上的真实应力；

　　　V（X_g）—代表性体积单元；

　　　V_s（X_g）—在 V（X_g）中的固相体积；

　　　V_l（X_g）—在 V（X_g）中的液相体积；

　　　X_g，y_l—整体和局部张量。

假设液相连续，毛细管张力 p_c 在液相中均匀分布，毛细管张力 p_c 可以产生球形分布的均一宏观应力（$\sum^{s}$ 为负表示结构受压），对总孔隙率为 ϕ 的材料在高的相对湿度下有

$$\sum{}^{s} = p_c\phi \tag{3.3.5}$$

硬化水泥浆的固体结构宏观上由毛细管张力引起的线性自身收缩 ε_r（t）可以定义为：

$$\varepsilon_r(t) = \int_{t_0}^{t} (1-2\nu)J(t,t')\mathrm{d}\sum{}^{s}(t') \tag{3.3.6}$$

式中，J（t，t'）——维徐变函数；

　　　$\sum^{s}$（t'）—结构的宏观压力；

　　　t，t_0—当前时间和参照时间。

　　ENPC 微观模型的建立同样基于毛细管张力理论。水化产物（包括微孔里面的结合水）被视为匀质的、各向同性的黏弹性体，且不随时间而改变。采用周期性的球形代表未水化水泥颗粒在空间的分布。水化是一个固体体积增加的过程，在该模型中初始状态为凝结，也就是结构形成并已能承受由于自干燥引起的毛细管张力，当正在水化的粒子（水化产物包覆着未水化水泥的核心）相互接触时，凝结开始。在该模型中，材料被认为是由 3 种局部非陈化的材料组成：

　　（1）未水化水泥：被认为是各向同性的弹性材料，其行为可以用刚度张量 A_{ijkl}（E_a，V_a）来表征，它取决于其杨氏模量 E_a 和泊松比 V_a，未水化的水泥逐渐被内层水化产物所替代。

　　（2）水化产物和结合水：被认为是各向同性的黏弹性材料，该材料的模型可以用 3 个刚度张量来表征 $H^1_{ijkl}(E_{h1}, V_{h1})$，$H^2_{ijkl}(E_{h2}, V_{h2})$，$H^3_{ijkl}(E_{h3}, V_{h3})$。每一个张量均取决于各向同性材料的两个特征参数。

　　（3）毛细孔水：这些水对固体结构施加了毛细孔压力，并且逐渐被外层水化产物所替代（如前所述孔的部分可以用处于同样毛细管张力的水代替）。

　　采用有限元方法进行数学模拟：将水化龄期划分为 $t_0, t_1, t_2, t_3, \cdots\cdots, t_n$，在每一阶段，在整个立方体内采用水化产物的瞬时刚度 $H^1_{ijkl}(E_{h1}, V_{h1})$ 进行匀质弹性计算，从而得出变形 $\varepsilon^e_{ij}(t)$。因为材料本身并非匀质，每一相的行为都不相同，考虑到这一点，采用两个补充参数：$\varepsilon^i_{ij}(t)$ 和 $\varepsilon^v_{ij}(t)$。采用这种方法可以得出真实的变形和应力：

$$\varepsilon_{ij}(t) = \varepsilon^e_{ij}(t) + \varepsilon^i_{ij}(t) + \varepsilon^v_{ij}(t) \tag{3.3.7}$$

$$\sigma_{ij}(t) = H^1_{ijkl}\left(\varepsilon_{kl}(t) - \varepsilon^i_{kl}(t) - \varepsilon^v_{kl}(t)\right) \tag{3.3.8}$$

在每一次迭代过程中，补充参数 $\varepsilon^i_{ij}(t)$ 和 $\varepsilon^v_{ij}(t)$ 进行更新。

　　结果表明，毛细管张力理论用以预测自收缩是可以接受的。

　　Bentz（1998）同样基于毛细管张力理论提出自干燥收缩模型，模型通过直接测试内部相对湿度来计算毛细管张力，该模型的优点在于，不需要知道水泥石内部的孔径分布的具体情况，即可计算出自干燥收缩：

$$\varepsilon_{LIN} = \frac{S \cdot \sigma_{cap}}{3} \cdot \left(\frac{1}{K_p} - \frac{1}{K_s}\right) \tag{3.3.9}$$

式中，S—浆体的饱和程度（即毛细管水和凝胶水占整个孔隙体积的比率）；

　　　　K_p—水泥浆体积模量，Pa；

　　　　K_s—水泥固相体积模量，Pa；

　　　　σ_{cap}—孔隙水的张力，Pa，

$$\sigma_{cap} = \frac{2\gamma}{r}\cos\theta \tag{3.3.10}$$

　　结合考虑到盐溶解引起的相对湿度下降，弯液面半径表示为

$$r = -\frac{2\gamma \cdot M_w}{\ln\left(\dfrac{RH}{X_l}\right) \cdot \rho RT} \tag{3.3.11}$$

式中，γ—表面张力，N/m；

M_w—水分子的摩尔质量，kg/mol；

RH—相对湿度；

X_f—水在溶液中的摩尔分数；

ρ—水的密度，kg/m^3；

R—理想气体常数，8.3145J/（mol·K）；

T—绝对温度，K。

东京大学 Meakawa 教授和他的研究小组开发了 DuCON 模型。该模型假定水泥颗粒为同样组成和直径的球形，模型中对自收缩的计算同样基于毛细管张力理论，如下式所示：

$$\varepsilon = -\frac{S_f}{E} \cdot \left[\frac{\rho \cdot R \cdot T}{M} \right] \ln(RH) \qquad （3.3.12）$$

式中，RH—水泥浆的相对湿度；

S_f—应力作用的面积系数；

E—弹性模量，通过强度换算而得；

ρ，M—水的密度和分子量。

2. 基于胶体颗粒表面张力理论的模型

由荷兰 Delft 大学 van Breugel 教授及其研究小组开发的 HYMOSTRUC 模型也可以模拟水泥浆的自收缩，并考虑了水泥颗粒的随机分布。在该模型里，自收缩的预测基于 Bangham 方程，材料的线性变形是孔壁表面张力的函数，如下式所示：

$$\frac{\partial \varepsilon}{\partial t} = \lambda \cdot \frac{\partial \sigma}{\partial t} \Rightarrow \lambda(\alpha) = \frac{\sum(\alpha) \cdot \rho_{pa}}{3E_{pa}(\alpha)} \qquad （3.3.13）$$

式中，$\sum(\alpha)$—材料总的吸附表面；

ρ_{pa}，E_{pa}（α）—水泥浆的比重和弹性模量。

试验结果显示出与模型较好的相关性。但是值得注意的是，Bangham 方程描述的是低相对湿度范围内（RH<40%）的收缩机理，似乎难以解释与在较高相对湿度下（RH>70%）发生的自收缩的相关性。

3.3.2.3　关于毛细管张力理论的讨论

1. 毛细管张力理论的理论基础及物理意义

总结已有的自收缩的模型可以发现，除了基于经验的回归模型外，大多建立在毛细管张力理论基础之上，从收缩的机理出发建模，模型在一定的程度上能够反映自收缩的发展规律。

毛细管张力理论最早由 Powers（1948）提出，模型基于表面物理化学的两个基本方程，即 Yang-Laplace 方程和 Kelvin 定律。

由 Yang-Laplace 方程和 Kelvin 定律，可得：

$$RH = \frac{p_g}{p_{sat}} = \exp\left(-\frac{2\gamma M_l \cos\theta}{r \rho_l RT} \right)$$ （3.3.14）

式中，RH—相对湿度；

　　　p_g—平面水的饱和蒸汽压，Pa；

　　　p_{sat}—曲面水的饱和蒸汽压，Pa；

　　　M_l—液相的摩尔质量，kg/mol；

　　　R—理想气体常数；

　　　T—绝对温度，K；

　　　ρ_l—液相的密度，kg/m^3。

从 Laplace 和 Kelvin 定律可精确计算出弯月面半径大于 5nm 的弯月面效应，这意味着这些宏观定律至少对相对湿度大于 80% 的情况是适用的。毛细孔应力适用的相对湿度范围为 40%~100%。Powers 最初提出毛细管张力理论时认为，在定义宏观的收缩应力时，需要将毛细管内气-液两相的压力差乘以一个面积作用系数，即单位体积水泥石中液相的体积，其理论依据是液相连续，压力差应该是作用在液相之中。Powers 根据此模型建立了微观孔结构与宏观干缩的关系，理论值较好地接近实测值。但是他也发现预测的结果比实际测试值小，有文献将其归结为低相对湿度下收缩机理的改变。

2. 毛细管张力理论运用于自干燥收缩数值模拟的讨论

值得注意的是，毛细管张力均被定义为跨过弯液面的压差，由于收缩表现为宏观力学行为，因此在由微孔的弯液面压力差转换为宏观应力的时候，需要乘以一个面积作用系数。文献中在该系数的定义上存在着明显的分歧，Bentz 的模型以及 DuCOM 的模型认为压力差作用在液相中，而 Hua 提出的宏观模型则近似认为压力差作用在孔隙的整个表面，因此，有必要仔细考虑毛细管张力理论的物理力学意义。

对于一个由塑性向弹塑性阶段转变，弹性模量和徐变性能随时间迅速变化，多相、多组分且具有复杂孔隙结构的水泥石或混凝土体系所建立的微观结构与宏观收缩性能之间的关系受到诸多因素的复杂影响，因此很难就其预测的结果评价模型的准确性，这里主要探讨的是模型各参数的物理意义。

在毛细管张力理论中，宏观的收缩应力由三个主要参数所决定：临界孔隙半径 r_0，气-液界面张力 γ_{GL}，以及面积作用系数 S。当体系的组成一定时，界面张力可以认为不再变化，因此 r_0 和 S 的变化决定了宏观收缩应力的发展规律。

随着水分不断地消耗，r_0 不断减小，Δp 不断增加，同时 S 也不断减小，共同作用的结果决定着最终的收缩量。对于图 3.3.5 中的模型（a），当 Δp 随 r_0 减小而增加的速率高于相应的 S 减小的速率时，宏观收缩应力表现为增加，收缩增大，这与实测出来的收缩随时间呈指数增加的规律基本一致。

然而在真实的水泥石体系中，更加可能的情况是图 3.3.5 中的模型（b），即一定孔径的孔隙在水泥石孔隙体系中占一定比率。因此水分的消耗有可能是从大孔到小孔逐步地进行。那么，在某一阶段水分的消耗有可能是在同一孔径的孔隙中进行，在此阶段内，随着水分的消耗，r_0 保持不变，故 Δp 不变，S 减小，宏观收缩应力应当减小，即在收缩

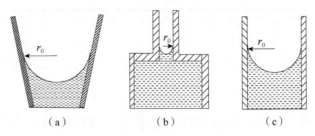

图 3.3.5　关于毛细管张力理论的讨论

的整个历程中存在应力松弛的阶段，其表现出来的收缩（在假定水泥石为弹性的情况下）应当有间隔减小的趋势。

更加极端地考虑图 3.3.5 中的模型（c）的情况。同样假定水泥石为弹性，水泥石内部分布的是均一孔径的孔隙。在最初的弯液面形成之后，随着水分的不断消耗，r_0 保持不变，故 Δp 不变，S 减小，宏观收缩应力应当减小，即在收缩的整个历程中应力不断松弛，其表现出来的收缩曲线在最初弯液面形成之后应当是不断减小，即表现出反向膨胀的趋势。换言之，根据已有的毛细管张力理论，只要水泥石内部的孔隙趋向均匀，不管孔隙的大小，在最初的收缩之后，无论水分是由于蒸发还是由于水化消耗，都不会引起进一步的收缩，相反，应当引起水泥石膨胀。

然而实际测试出来的情况并非如此。文献中已有的试验结果对此给出了很好的证明。RILEM TC 195-DTD 委员会联合欧洲十个国家的实验室采用同样原材料、同一配比、不同测试方法测得的自收缩试验结果显示，相对湿度在 48h 以后基本不再变化，而自收缩依然继续增加，并未稳定，更没有产生膨胀。

尽管这种理论分析的反常情况可能会因为水泥浆的徐变行为而更加接近于实际，但是值得疑惑的是，如前所示，已有的模型大多为了简化计算而建立在线弹性力学的基础之上。Lura 等（2003）采用了毛细管张力理论以及线弹性力学的方法对低水胶比水泥浆自收缩进行了模拟，毛细管张力的作用面积系数采用了毛细孔水和凝胶水的总体积比率，作用面积系数随着水化程度的增加而逐渐减小。模拟出来的自收缩在早期与实测值吻合，但是在后期远低于实测值。

引起这种反常情况的关键在于面积作用系数 S。S 是一个量纲一的系数，Powers 所定义的 S 使得计算结果与实测值接近，应该说已经是一个非常有意义的进步。然而，这种定义的前提是假设液相连续。如果不考虑重力场的作用，表面上看起来，液相应当连续，液相中的压力也处处相等。然而，需要注意的是，这里讨论的是跨过弯液面的压力差是由界面张力对毛细管中的液相作用所引起的，这种影响应当随着孔径的递减而不断增强，不同孔径的毛细孔壁表面对液相水分子的束缚是不同的，也就是在不同的毛细管内水分的势是不一样的，因此本书考虑，由于界面张力引起的压力差不能等效地作用于液相中，就算液相连续，也并不能认为压力差在液相中连续。此外，引起弯液面负压的是气-液两相的界面张力，其作用面积应当是存在气-液两相界面的地方。对于整个液相而言，除了弯液面处以外，其余只是存在液-固界面。用气-液界面张力去乘以存在液-固界面的体积，其物理意义值得商榷。

综上，采用毛细管张力理论对水泥混凝土的自收缩进行模拟在数量级上与实测值吻合，然而，其毛细管张力的作用面积系数物理意义值得商榷，且无法解释在临界半径不变的情况下自收缩依然增加的试验现象。水泥混凝土的自收缩机理尚有待进一步深入研究，正如 Powers 在提出毛细管张力理论的同时指出的，"真实的情况可能是几种机理的叠加"。

3.3.3　基于水泥水化和热力学基本理论的自收缩模型

孔隙负压的增长是水泥基材料收缩的直接驱动力。在自收缩过程中，孔隙负压的增长是化学收缩的结果，包含了水泥水化、浆体力学性能增长等复杂的物理化学过程。前文中已经研究了基于快速干燥条件下的早期塑性收缩和负压的关系，水泥水化可以忽略，使得体系大大简化。在此基础上，以下分析孔隙负压和水泥浆体自收缩关系。

对水泥基材料内部孔隙负压的发展可以实现分阶段、全过程的测试。关于 1d 龄期后相对湿度和收缩间关系已有研究。在终凝至 1d 龄期内，虽然可以通过露点水势仪的方法对孔隙负压的发展过程进行监测，但从水泥浆体 1d 内的水化过程可以看出，水化速率的第二个峰值对应着 C_3A 的水化及钙矾石的生成，且在此过程中由于部分泌水回吸效应，水泥浆体在其后部分时间内总会出现轻微膨胀。这与孔隙负压发展曲线（孔隙负压增加应使收缩增加）相矛盾。由于该过程包含了钙矾石生成等复杂的物理化学过程，孔隙负压和变形的关系还有待进一步研究。

图 3.3.6 表示了水泥浆随着水化程度的加深所伴随的内部结构和组成的变化。由图可见，随着水化程度的加深，伴随的变化有：①由于水化产物需要结合部分水分，孔隙中水分减少，即液相体积减小；②水化反应使得固相体积增大，填充了部分原先为液相占有的体积，孔结构得到细化；③由于水泥水化存在化学收缩，空孔形成；④由于表面张力的作用，孔内形成弯液面；⑤毛细管弯月面曲率半径逐渐减小。

　固相（包括未水化水泥、未水化
　　工业废渣、水化产物等）
　液相（孔隙溶液）
　气相

（a）低水化程度　　　　（b）高水化程度

图 3.3.6　处于密闭环境下的水泥浆水化过程伴随的结构变化（Jensen 等，2001）

这里，研究的体系为由未水化水泥及水化产物所构成的固相结构再加上填充在孔隙内部的毛细管水。外部环境为恒温 20℃，恒压 1atm，相对湿度 60%。

考虑 $t=0$ 初始状态为如图 3.3.7（a）所示，毛细管网络结构体系刚刚形成，由一系列不同孔径的连通圆柱管孔组成。由于毛细作用，根据能量最小原理，搅拌所引入的气孔在最大的孔内形成弯液面，达到热力学稳定状态。孔内部其余部分完全由液相所充满，液相连续。这在理论上是一个完全可以达到的过程，但在试验过程中要想准确地判别还具有一定的难度。

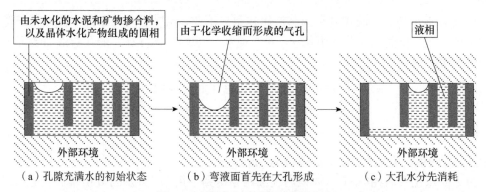

图 3.3.7　孔隙水随水化过程的变化

随着水化作用的继续进行，设想在某一时刻分布在固相中的某些水泥颗粒继续发生水化，由于水化需要消耗水分，即将继续水化的水泥颗粒总是从最邻近的毛细管孔隙中寻找水源，发生水化反应，生成水化产物，并首先在水分消耗的毛细管内部形成空孔。由于毛细作用，根据能量最小原理，水分必将从大孔迁移到小孔，在最大的孔内形成弯液面，以达到热力学稳定状态。因此，水化反应的整个过程中，水分总是从大孔首先开始消耗，然后逐渐到小孔。在水化反应的某一时刻，存在一个临界半径 r_0，$r>r_0$ 的毛细孔中没有水分，$r<r_0$ 的毛细孔全部为水所充满，在 $r=r_0$ 的毛细孔中存在弯液面。

假定一个时刻 t_0，在半径为 r 的毛细管中存在弯液面，如图 3.3.8（a）所示，如果孔径足够小，孔壁光滑，则弯液面的曲率半径可以近似等于毛细孔半径，弯液面上部孔的压力为 p_r，饱和蒸汽压为 p_{rsat}，液相与气相达到平衡，体系与环境达到平衡，此时处于一个准静态过程。

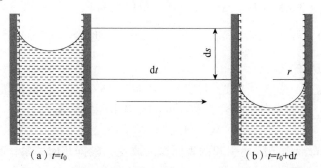

图 3.3.8　dt 时间内在半径为 r 的孔内水化消耗水分的过程

设想经过一个足够微小的时间 dt，取一个体积单元为研究对象，体系内部发生的变化有：①水泥和水发生反应，生成水泥凝胶，填充原来的充水空间，总体体积减小了 $\Delta V_{(t)}$，放出热量 $\Delta q_{(t)}$，为了维持体系和环境的温度不变，体系对环境放热 $\Delta q_{(t)}$；②由于毛细作用水分发生迁移，在半径为 r 的毛细孔中弯液面的液面下降，气相增加的体积为 $\Delta V_{(t)}$，曲率半径仍为 r；③液相分子跑到新生成的气相中，存在微小的蒸发以使气相中水蒸气的分压达到饱和蒸汽压 p_{rsat}，气液两相达到平衡，弯液面的位置稳定。

对于过程③，这种蒸发过程所减小的水的体积相对于 $\Delta V_{(t)}$ 可以忽略不计，具体证明过程如下：

根据 Kelvin 方程，液相的平衡蒸汽压在组成不变、温度不变的条件下仅取决于弯液面的半径，在这里简化为孔的半径 r。对于纯水，20℃时半径为 r 的孔弯液面上方水蒸气的平衡蒸汽压为

$$p_{rsat} = \frac{17.54}{760} \cdot \exp[-2 \cdot 0.073 \cdot 18.02 \cdot 1000/(293.15 \cdot 8.314 \cdot r)]$$
$$= 0.023 \cdot \exp\left(-\frac{1.079}{r}\right) \qquad (3.3.15)$$

式中，p_{rsat} 的单位为大气压，r 的单位为 nm。

为了使水化所消耗的 $\Delta V_{(t)}$ 体积内气液两相达到平衡，所蒸发的液相体积假定为 ΔV_l，则根据气体状态方程有

$$P_{rsat} \cdot (\Delta V_{(t)} + \Delta V_l) = nRT \qquad (3.3.16)$$

即

$$0.023 \cdot \exp\left(-\frac{1.079}{r}\right) \cdot (\Delta V_{(t)} + \Delta V_l) = \frac{\Delta V_l \cdot 1000}{18.02} \cdot 0.08205 \cdot 293.15 \qquad (3.3.17)$$

$$\Delta V_{(t)} + \Delta V_l = \frac{57836}{\exp\left(-\frac{1.079}{r}\right)} \cdot \Delta V_l \qquad (3.3.18)$$

$$\Delta V_l = \left\{ 1 / \left[\frac{57836}{\exp\left(-\frac{1.079}{r}\right)} - 1 \right] \right\} \cdot \Delta V_{(t)} \qquad (3.3.19)$$

式（3.3.16）~式（3.3.19）中，$\Delta V_{(t)}$、ΔV_l 的单位均为 L。

由式（3.3.19）可知，因为 $\exp\left(-\frac{1.079}{r}\right) < 1$，因此 $\Delta V_l < 1.73 \cdot 10^{-5} \Delta V_{(t)}$，因此相对于 $\Delta V_{(t)}$，ΔV_l 可以忽略不计。

通过上面的证明，完全可以近似认为，达到新的平衡后，界面位置的改变仅是由于化学收缩所引起。随着水分的消耗，表面 Gibbs 自由能的增量为

$$\Delta G_s = (\gamma_{SG} - \gamma_{LS}) \cdot ds_c \qquad (3.3.20)$$

式中，ds_c 为由于弯液面下降而引起的表面积的改变，根据几何关系，有

$$ds_c = \frac{2 \cdot \Delta V_{(t)}}{r} \qquad (3.3.21)$$

根据假设两液相对管壁完全润湿，接触角 θ 等于 0 度，有

$$\gamma_{SG} - \gamma_{LS} = \gamma_{GL} \qquad (3.3.22)$$

将式（3.3.21）、式（3.3.22）代入式（3.3.23），有

$$\Delta G_s = \gamma_{GL} \cdot \frac{2 \cdot \Delta V_t}{r} = \Delta p \cdot \Delta V_t \qquad (3.3.23)$$

在式（3.3.20）~式（3.3.23）的推导中，随着水化逐渐向更小的孔内消耗水分，孔隙内部的平衡蒸汽压在不断减小，引起固体表面吸附层厚度的变化，由此而造成固-气之间的表面张力 γ_{GS} 的变化，但是只要弯液面还存在，则基于固-液-气三相之间的热力学平

衡所推导的方程依旧成立。

一般而言，20℃纯水的表面张力为 0.073N/m，即便在宏观上引起表面积的变化达到 1m²，由此而引起的表面能的增加也仅为 0.073J。但由于水泥石毛细孔网络结构特征，水化所引起的体积减小将在毛细孔内造成表面积的巨大增加，由此而造成表面能的巨大增加。这种表面能的巨大增加从热力学上而言是不稳定的，需要通过表面收缩来加以平衡。当体系还处于塑性阶段时，由于流体能够自由地流动，缩小内表面的结果是所形成的孔隙因不能稳定存在而将为固相所填满，因此水化所引起的体积减小将通过整体体积的减小来补偿。当结构形成以后，由于结构的限制，这种微观上的表面收缩应力将在宏观上形成体积收缩应力，引起整体体积的收缩，这也许就是水泥石产生自干燥收缩的根本原因，也是本文所建立的自干燥收缩的模型的基础。

式（3.3.23）计算出了由于水化反应所引起的体系表面自由能的增量。可以看出，表面自由能的增加在公式中体现为气相体积和孔隙负压的增加。在微观尺度上建立多孔材料在弯液面副压作用下变形的本构关系非常困难，复杂的力学分析。本章节结合已有的文献资料中的结果，考虑到采用 Powers 的方法至少可以使得早期的计算值与实测值接近，在以上热力学分析的基础之上，出于简化的考虑，假定由于表面张力的作用，气液两相在弯液面所引起的压力差 Δp 在整个体积单元所引起的宏观收缩应力为

$$\sum = \Delta p \cdot S = \frac{2\gamma_{GL}}{r} V_0 \cdot (1 + V_G) \tag{3.3.24}$$

式中，V_0—初始孔隙率。

式（3.3.24）是本章节中针对毛细收缩（包括此处的自干燥收缩和后面所研究的标准干燥条件下的干燥收缩）所建立的模型的核心。这里所建立的模型对毛细管张力理论的 Δp 的作用面积系数进行了修正，即考虑了由于水分消耗而引起的单位水泥石中气相的体积的增加随着水分的消耗表现为一个不断增加的变量，而传统的毛细管张力理论采用了液相的体积随水化消耗水分而不断减小。

从式（3.3.24）还可以看出，引起自干燥收缩的宏观收缩应力的增加，一方面来自于临界半径的不断减小，另外一方面来自于气相体积的增加。这两方面均是由于水化所引起。

计算在宏观收缩应力 $\sum$ 作用下水泥石（混凝土）的收缩变形，首先要确定水泥石多孔结构材料变形的本构关系。从宏观的尺度来说，由硬化水泥浆构成的整个体系在有水存在时可以看成是不断硬化的具有黏弹性行为特征的连续介质，在载荷作用时不仅存在弹性变形，还有徐变变形，而且这种徐变变形在早期可以很大。

在弹性和塑性理论中，描述作用在容积单元上的力普遍采用应力和应变张量，作用在所取的单元体上的应力如图 3.3.9 所示。图中 σ 表示垂直应力，τ 表示平面上切线方向的剪应力，作用在六个面上的 9 个应力矢量形成一个张量。在三个互相垂直的平面上，所有剪应力均为零，只有垂直应力，此时的坐标轴称为主轴，或称为该点的应力张量的主方向，这三个垂直应力称为主应力。

定义在任意一点的平均垂直应力为

$$\sigma_m = \frac{\sigma_x + \sigma_y + \sigma_z}{3} = \frac{\sigma_1 + \sigma_2 + \sigma_3}{3} \tag{3.3.25}$$

式中，σ_m—平均垂直应力；

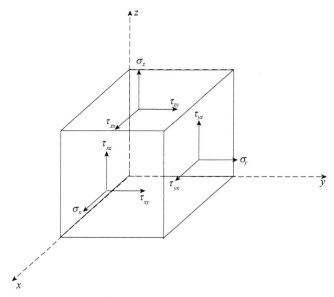

图 3.3.9　水泥石单元体应力张量的应力组分

σ_x，σ_y，σ_z——任意坐标轴下的垂直应力；

σ_1，σ_2，σ_3——主应力。

当每一个垂直应力等于平均垂直应力时就是一般所说的球面应力状态，类似于静止时水的应力状态。总应力减去球面应力剩下一个偏心应力，用矩阵的形式可以表示为：

$$\begin{pmatrix} \sigma_x & \tau_{xy} & \tau_{xz} \\ \tau_{xy} & \sigma_y & \tau_{yz} \\ \tau_{xz} & \tau_{yz} & \sigma_z \end{pmatrix} = \begin{pmatrix} \sigma_m & 0 & 0 \\ 0 & \sigma_m & 0 \\ 0 & 0 & \sigma_m \end{pmatrix} + \begin{pmatrix} \sigma_x - \sigma_m & \tau_{xy} & \tau_{xz} \\ \tau_{xy} & \sigma_y - \sigma_m & \tau_{yz} \\ \tau_{xz} & \tau_{yz} & \sigma_z - \sigma_m \end{pmatrix} \quad (3.3.26)$$

　　应力张量　　　　球面应力张量　　　　　偏应力张量

球面应力与体积变化有关，而偏心应力则控制形状的变化。由水分蒸发引起的水泥石气-液两相比表面积的增加必将在多孔材料内部形成微观应力，水泥浆被假定为宏观上匀质且各向同性的多孔材料，即 $\sigma_1 = \sigma_2 = \sigma_3$，因此这种微观应力可以等效为均一的宏观球形压应力 $\sum$（正值表示结构受压）：

$$\sum = \frac{\sigma_1 + \sigma_2 + \sigma_3}{3} = \sigma_1 \quad (3.3.27)$$

而偏应力

$$R = \sqrt{(\sigma_1 - \sigma_2)^2 + (\sigma_2 - \sigma_3)^2 + (\sigma_1 - \sigma_3)^2} = 0 \quad (3.3.28)$$

在球形压应力 $\sum$ 作用下，硬化水泥浆的变形可以用一维徐变函数 $J(t, t')$ 来表征，它代表了从时间 t' 开始施加一个单位恒应力至时间 t 时产生的应变。根据 Boltzmann 的叠加原则，材料的线性自身收缩 $\varepsilon_r(t)$ 可以定义为：

$$\varepsilon_r(t) = \int_{t_0}^{t} (1 - 2\nu) J(t, t') \mathrm{d} \sum (t') \quad (3.3.29)$$

式中，$J(t, t')$——一维徐变函数；

$\sum(t')$—作用在单元体上的宏观压应力；

t，t_0—当前时间和初始时间。

确定 Δp 的关键在于确定临界半径 r_0，一旦 r_0 确定，则可以很方便地根据 Laplace 方程计算出 Δp。值得一提的是 Jensen 和 Hansen 模型和 Hua 等的 ENPC 的宏观模型。前者基于 Kelvin 方程和 Raoult 方程，通过测试密闭水泥石中的相对湿度计算出 r_0。这种方法的优点是无须知道水泥石的孔径分布，相对湿度的测试比较简单。在使用传感器的时候，由于相对湿度的测试需要一定的平衡时间，而水泥浆的性能变化迅速，尤其是在早龄期，因此在测试过程中需要解决的问题是如何及时、准确、有效地测出水泥浆的相对湿度。后者基于 Kelvin 方程和 Powers 的经验公式，首先通过测试水化程度计算出化学收缩，然后通过 MIP 试验测试出压入同样体积的水银所需压力，最后计算出 Δp。其基本假设是水银一定先要通过较大尺寸的孔才能进入某给定的较小尺寸的孔。采用这种方法的主要问题是存在所谓的"墨水瓶"状孔效应，孔的进口处比孔本身狭窄，压力必须增大到与孔的狭窄进口相对应的数值，水银才能进入孔内填满孔洞。事实上这样的孔在水泥石中占据了一定的比率，因此给测试结果带来误差。

V_G 为在某一水化程度时水泥石中气相体积的增加，起源于水泥水化的化学收缩。根据分析可知，气相体积的增加等于化学收缩。近似的确定方法来源于对水泥浆孔隙结构的准确测定，一旦孔径分布已知，临界半径已知，则气相的体积可以通过计算而得。

在确定 $J(t, t')$ 之前，首先谈谈徐变的机理。关于硬化水泥浆的徐变产生的机理或者说影响因素主要有：

（1）塑性流动（plastic flow 或 viscous flow），水泥凝胶胶体粒子在不同吸附水层之间的移动。

（2）固结理论（consolidation theory）。

（3）渗流理论（seepage），水泥凝胶层间水的去除与重组。

（4）由水泥凝胶局部断裂引起的物理联结的断裂与形成。

（5）早期固化理论（solidification theory for short-term aging）。

（6）水泥凝胶微结构中徐变场的微预应力，由此而产生 Pickett 效应以及长期硬化。

不同的学者对徐变机理的阐释不尽相同，试验结果证明，后面两种足以用来解释大部分的试验数据。根据 Bažant（1970）的试验结果，相对湿度对于徐变有很大的影响，这表现在完全干燥的水泥浆在低应力水平下几乎没有徐变。而 Feldman（1972）认为水分的迁移并不是主要的机理，徐变源自于层状材料的不断结晶。Klug 等（1969）认为在徐变过程中并非是水分子而是胶体粒子偏离了平衡态。没有一种机理能够完全阐释清楚徐变的机理，真实的情况更可能是上述几种的组合。

Bažant（1985）提出的徐变柔量三次方程为

$$J(t, t') = \frac{1}{E_0} + \frac{\phi_1}{E_0} \cdot [(t'^{-m} + \alpha) \cdot (t - t')^n - B(t, t'; n)] \qquad (3.3.30)$$

式中，$J(t, t')$—徐变柔量；

E_0—加荷时的弹性模量；

ϕ_1，m，α—材料参数。

Emborg 的试验结果表明方程（3.3.30）对于早龄期徐变行为并不是很适合，并对此进行了改进：

$$J(t, t') = \frac{1}{E_0} + \frac{\phi_1}{E_0} \cdot [(t'^{-m} + \alpha) \cdot (t - t')^n - B(t, t'; n)] + \frac{G(t')}{E_0} + \frac{H(t,t')}{E_0} \quad （3.3.31）$$

式中，$G(t')$—在早龄期瞬时变形；

$H(t, t')$—附加的徐变。

对于硬化水泥浆（混凝土）的自干燥收缩的模拟中，非常棘手的问题是材料的弹性模量、孔结构以及徐变均随着水化的进行而迅速变化，尤其是在很早的龄期。文献中已有的徐变计算公式大多是针对硬化之后的混凝土，对于早龄期（初凝至几天）的徐变的资料还很匮乏，这是因为对早期变形性能研究的相对较晚，更重要的是因受试验和研究方法的限制。

上述模型建立在对试验数据统计分析的基础之上。尽管比较一致的观念认为引起徐变的根源在于水泥凝胶，但只有有限的文献研究了水化过程对徐变行为的影响。Van Breugel（1980）基于对加荷前凝胶和新形成凝胶之间应力分布的假设，提出了以水灰比及水化程度这两个决定微观结构主要参数的徐变模型：

$$\phi(t,t',\alpha(t')) = \frac{\alpha(t)}{\alpha(t')} - 1 + a \cdot w^{1.65} \cdot t'^{-d} \cdot (t - t')^n \cdot \frac{\alpha(t)}{\alpha(t')} \quad （3.3.32）$$

式中，$\alpha(t)$，$\alpha(t')$—时间 t 和加荷时间 t' 时刻的水化程度；

w—水灰比；

a，d，n—常数。

假如加荷之后水化不再进行，则 $\frac{\alpha(t)}{\alpha(t')} = 1$，此时式（3.3.32）变为熟悉的形式：

$$\phi(t,t') = a(w, t) \cdot (t - t')^n \quad （3.3.33）$$

式中，$a(w, t)$—硬化系数。

通常可以通过试验确定函数 $J(t, t')$。这里采用 Acker（2001）提出的一个经验函数，一个非常灵活的公式，它可以很方便地对长期有拐点的试验结果进行调整：

$$J(t, t') = \frac{1}{E(t')} + \varepsilon_\infty^0(t') \frac{(t-t')^{\alpha(t')}}{(t-t')^{\alpha(t')} + b(t')} \quad （3.3.34）$$

对于一个非单位荷载，徐变部分可以写为

$$\varepsilon_{creep}(t, t') = \varepsilon_\infty(t') \frac{(t-t')^{\alpha(t')}}{(t-t')^{\alpha(t')} + b(t')} \quad （3.3.35）$$

式中，$\varepsilon_\infty(t')$，$\alpha(t')$ 和 $b(t')$ 可以通过对不同龄期的系列试件最小化而求得。

因此水泥石材料在收缩应力下的变形的本构关系可以写为：

$$\varepsilon_r(t) = \int_{t_0}^t (1-2\nu) \left(\frac{1}{E(t')} + \varepsilon_\infty^0(t') \frac{(t-t')^{\alpha(t')}}{(t-t')^{\alpha(t')} + b(t')} \right) \cdot \mathrm{d}\sum{}^s(t') \quad （3.3.36）$$

式中，$\sum{}^s(t')$—结构的宏观压力；

t，t_0—当前时间和参照时间；

ν—泊松比；

$E(t')$—弹性模量。

上文建立了水泥石的自干燥收缩模型。在由水泥石的自干燥收缩向混凝土的自干燥收缩推导时，采用了复合材料的本构关系且没有考虑界面的影响，这本身是一种简化考虑。此外，针对低水胶比的大掺量矿物掺合料高性能水泥基材料，根据已有的研究结果，水胶比的降低和火山灰反应的结果均有助于界面的强化，与传统的普通混凝土相比界面的效应相对较强。

不同集料体积含量的混凝土的自干燥收缩可以由 Hobb 复合材料模型来进行预测：

$$\frac{\varepsilon_c}{\varepsilon_p} = 1 - V_a \tag{3.3.37}$$

$$\frac{\varepsilon_c}{\varepsilon_p} = \frac{(1-V_a)}{(E_a/E_p-1)V_a+1} \tag{3.3.38}$$

$$\frac{\varepsilon_c}{\varepsilon_p} = \frac{(1-V_a)(K_a/K_p+1)}{1+K_a/K_p+V_a(K_a/K_p-1)} \tag{3.3.39}$$

式中，ε_c，ε_p—混凝土、水泥净浆的自干燥收缩；

V_a—集料的体积比率；

E_a，E_p—集料、水泥净浆的弹性模量；

K_a，K_p—集料、水泥净浆的体积弹性模量，$K_a=E_a/3$（1–2ν），$K_p=E_p/3$（1–2ν），其中 ν 为泊松比。

3.3.4　影响自干燥收缩的关键因素

基于节 3.3.3 所建立的自干燥收缩的数学模型可以看出：水泥石孔隙结构的细化使得临界半径减小的速率加快，化学收缩的增加使得毛细管张力作用面积系数增加的速率加大，表面张力的增加使得毛细管张力增大，以上三方面的作用使得宏观的收缩应力提高。弹性模量的减小、徐变和松弛行为的加大使得宏观收缩应力作用引起的水泥石的收缩加大，水泥石体积比率的提高使得混凝土的自干燥收缩加大。

以上是基于所建立的自干燥收缩模型所推出的水泥石自干燥收缩加大的各种机理，反之则是抑制自干燥收缩的机理。原材料及配合比的变化对于自干燥收缩的影响规律可以从根本上归结于以上的分析。

3.4　干燥收缩的机理及模型

3.4.1　干燥收缩的机理

水泥石在干燥条件下典型的收缩试验曲线如图 3.4.1 所示。根据水泥石的孔结构及内部含水状态可以将其人为地划分为：在干燥的初期（AB 段），水泥石中的大孔及尺寸较大的毛细孔（$r>100$nm）中的水分首先失去，此时水泥石重量减小但并不发生收缩；当半径小于 100nm 的毛细孔失水时，水泥石发生干燥收缩（BC 段）；随着相对湿度的进一步降低，大部分毛细孔已经脱水，吸附水开始蒸发，亚微观晶体相互靠近，收缩进一步加大（ CD 段 ）；同时，水化硅酸钙凝胶中的层间水也开始蒸发，水泥石收缩进一步加大（ DE 段 ）；最后水化硅酸钙凝胶层间水蒸发，相当于收缩曲线上的最后一段（ EF 段 ）。

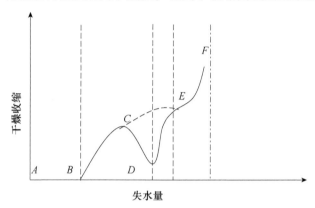

图 3.4.1　传统水泥石的典型的干缩曲线（ Bangham，1930 ）

　　水泥基材料干燥收缩是由于材料内部相对湿度低于环境湿度而产生的，而如节 3.3.2 所述的自干燥收缩理论同样适用于干燥收缩，即内部相对湿度降低将在不同层次上对基体产生应力，相应地，又形成解释水泥基材料干燥收缩的机理，即毛细孔压力理论（适用的相对湿度范围为 100% ~ 40% ）、拆散压力理论（适用的相对湿度范围为 100% ~ 40% ）、胶体颗粒表面张力理论（适用于相对湿度 <40% ），以及层间水失去理论（当相对湿度低于 11% 时，随最后吸附水层的移去，在单个 C-S-H 颗粒的层间发生收缩 ）。

3.4.2　干燥收缩的数值模型

　　对干燥收缩的研究历史要远远早于自收缩，长期以来，由干缩引起的开裂更加为研究人员和工程界所重视。研究人员基于一定的环境温湿度条件下所得到的大量的试验研究数据，得出了混凝土干缩模型，归纳起来主要有以下几大类：

3.4.2.1　基于统计的经验模型

　　通过对材料收缩性能测试的大量数据的回归分析，不同的国家或地区根据自己混凝土原材料和结构计算的需要，提出了各种面向工程的经验或半经验的公式，即根据室内试验的结果，综合考虑实际工程所处的环境温度和湿度、混凝土配合比的变化、构件尺寸、含钢率以及工程实际养护龄期的影响，采用多系数的表达式，乘以相应的修正系数，得出混凝土结构的收缩值。这在相关的规范里均能查到。这些规范已经成为结构工程师设计的依据，比较著名的有欧洲混凝土委员会/国际预应力联合会（ CEB/FIP ）方法、美国混凝土协会（ ACI ）方法、Bažant 和 Panula 建议的方法、Parrott 方法、日本土木学会方法，我国《混凝土收缩与徐变的试验研究》专题协作组在 1986 年提出了普通混凝土与轻集料混凝土的相应的公式。这些公式的提出是建立在大量的试验基础之上，为工程结构提供了很好的依据。然而，由于现代混凝土的不断发展，原材料和配合比均发生了很大的改变，尤其是外加剂与矿物掺合料的推广应用，现代高性能混凝土的配制以及性能特点均与传统混凝土相比有着较大的区别。虽然实验室的研究已经开展，然而规范依旧滞后，以往的基于传统混凝土经验公式大多仍旧被继续采用，大量基于这些规范所设计并制造的混凝土结构开裂的现象给结构工程师带来了许多困惑，经验公式修订方面的工作已经开始被关注，譬如已经规定要将早期自收缩纳入总的收缩值。基于经验的统计模型由于缺乏对材料微观机理的认知，要想在新的历史条件下得到正确运用还需要大量的试验修正。

3.4.2.2　基于扩散理论的模型

1. Bažant 的扩散理论模型

在 Bažant（1982）的研究中，基于质量守恒定律的湿度扩散通量（J）的表达式为

$$\frac{\partial w}{\partial t} = -\text{div}J, \quad J = -C\text{grad}p \quad （\text{一维情况下 div}=\partial/\partial x，\quad \text{grad}=\partial/\partial x） \quad （3.4.1）$$

$$\frac{\partial w}{\partial t} = \frac{\partial w}{\partial p}\frac{\partial p}{\partial t} + \frac{\partial w}{\partial T}\frac{\partial T}{\partial t} - w_h, \quad w_h = \frac{\partial w}{\partial t_e}\frac{\partial t_e}{\partial T} \quad （3.4.2）$$

式中，J—湿度扩散通量；

　　　t—时间；

　　　T—温度；

　　　w—单位含水量，包含化学结合水；

　　　h—孔隙相对蒸气压或相对湿度；

　　　C—渗透率；

　　　p—孔隙水的压力，对于未饱和孔隙则为蒸汽压力，对于饱和孔隙则为液态水压力；

　　　w_h—由于水化作用所造成的孔隙自由水分的消耗速率；

　　　t_e—等效周期，$t_e = \int \beta_h\beta_T \text{d}t$，其中 β_h、β_T 为 ρ 和 T 的函数。

　　根据式（3.4.2），等温解吸时 w 可以写成 h 的函数，采用相对湿度描述的非线性扩散方程为

$$\frac{\partial h}{\partial t} = -k\text{div}J + \frac{\partial h_s}{\partial t}, \quad J = -\lambda\text{grad}h \quad （3.4.3）$$

式中，k—混凝土吸附或扩散等温线在常温 T 和 t_e 下斜率的倒数，$k = \left(\frac{\partial h}{\partial w}\right)_{T, t_e}$；

　　　λ—取决于温度 T 和 t_e 的渗透系数；

　　　h_s—密封试件的湿度。

式中的参数需要通过物理简化，采用数值分析的方法通过试验结果拟合得到。

2. Shimomura 的扩散模型

在 Shimomura 等（1997）提出的模型中，忽略了水化所消耗的水分和毛细管孔隙结构的变化，不考虑水汽和热传递之间的耦合作用，将水分的扩散分为水蒸气和液相的扩

散。基于质量守恒定律，将传湿过程分为水蒸气和液相的扩散，给出相应的扩散方程，通过对扩散方程在时间域与空间域的离散化，采用有限差分法，计算在二维空间下任意时刻任意位置的混凝土内部的含湿量。采用 Laplace 方程和 Kelvin 定律得出相应的临界半径，运用毛细管张力理论以及水泥石孔径分布函数，基于线弹性力学的理论计算混凝土的收缩，其毛细管张力作用的面积系数取的是液相的体积比率。模型所用的关键参数均由试验结果反演而得，试验结果与模型具有较好的一致性。

3.4.2.3 干燥收缩数值模型

本书中，基于修正后的毛细管张力理论（关于对毛细管张力理论的讨论见节 3.3.2），借鉴了 Shimomura 模型所采用的对时间域与空间域上离散化的思想，以及对水泥石孔径分布的数值化处理，基于热力学、流体力学、水分迁移机制以及水泥石微观结构的理论基础，建立标准干燥条件下水泥石收缩的数学模型。

1. 模型的基本假设

（1）气相是由水蒸气和干空气所组成的理想气体；

（2）不考虑水泥水化反应所引起的自收缩；

（3）液相不可压缩；

（4）水化后的体系由未水化水泥及晶体水化产物（弹性）、水泥凝胶（弹塑性）、水（塑性）及毛细管网络结构组成，在任意时刻，体系内形成连通的网络孔结构体系并与周围环境相通，未水化水泥、晶体水化产物一起构成了毛细管的管壁，液相对管壁润湿，接触角等于 0 度；

（5）分布在水泥石中的孔为圆柱形孔，弯液面的曲率半径等于孔的半径；

（6）不考虑钙矾石等晶体生成的膨胀效应；

（7）不考虑由于收缩而引起的孔结构改变；

（8）水泥石为各向同性匀质材料。

2. 标准干燥条件下准静态干燥过程下干缩的数学模型

所谓准静态干燥过程，是指干燥全过程中试件内部和试件表面的湿度差可以忽略不计的情况。潮湿的水泥石（混凝土）的全部或者说最大的毛细管收缩只有在准静态干燥条件下才能实现，此时的收缩变形与水泥石水分变化一致，且沿整个体积均匀发生。由于试件尺寸的影响，真正的准静态干燥过程仅仅通过试验很难达到，但是，通过对试件在空间域上的离散化处理，在足够小的单元格里，可以视为准静态干燥过程。

严格来讲，真正的干燥收缩很难测试出来，因为水泥的水化过程可以持续相当长的时间，因此须考虑水化的影响。但是为了简化模型的计算，这里暂不考虑在干燥条件下水化引起的自收缩。所研究的体系为由未水化水泥及水化产物所构成的固相结构再加上填充在孔隙内部的毛细管水，外部环境为恒温 20℃、恒压 1atm、相对湿度 60%。可以看出，该体系为热力学开放体系，体系与环境之间可以有物质和能量的交换。

同样考虑 $t=0$ 图 3.3.7（a）所示，水泥石由一系列不同孔径的连通圆柱管孔组成，孔隙与周围环境连通，毛细管完全由液相所饱和。

设想经过一个足够微小的时间 $\mathrm{d}t$，取一个体积单元为研究对象，体系内部发生的变化为：由于环境发生了改变，环境与体系之间产生了水分的迁移（包括液相的迁移、水蒸气的迁移以及水蒸气与液相之间的转移），使得体系的含水量（水蒸气质量的改变相对于液相质量的改变很小，可以忽略）减小了 $\Delta V_{(t)}$，在半径为 r 的毛细孔中弯液面的液面下降，气相增加的体积为 $\Delta V_{(t)}$，曲率半径仍为 r。

类似地，根据前面自收缩建模所分析的情况，从半径为 r 的毛细管中迁移了 $\Delta V_{(t)}$ 的水分后体系的 Gibbs 表面自由能的增量为

$$\Delta G_s = \Delta p \cdot \Delta V_{(t)} = \gamma_{GL} \cdot \frac{2\Delta V_t}{r} \qquad (3.4.4)$$

与自收缩不同的是，干燥收缩主要源于水分向环境的迁移（在边界上表现为液相的蒸发），水分的迁移是影响其干缩规律的关键因素。

类似地，根据前面的分析，采用修正后的毛细管张力理论，单位体积的水泥石由于毛细管负压所引起的宏观的收缩应力为

$$\sum = \Delta p \cdot S = \frac{2\gamma_{GL}}{r} \cdot V_0 \cdot (1 + V_G) \qquad (3.4.5)$$

式中，V_0——干燥开始的孔隙率（假定干燥初始时所有的毛细管均处于充水状态）；

V_G——$\mathrm{d}t$ 时间内单位体积水泥石的水分蒸发率。

类似地，根据自干燥收缩模型的分析，在此收缩应力下，基于弹塑性力学基本理论的水泥石干燥收缩为：

$$\varepsilon_r(t) = \int_{t_0}^{t} (1 - 2v)\left[\frac{1}{E(t')} + \varepsilon_\infty^0(t')\frac{(t - t')^{\alpha(t')}}{(t - t')^{\alpha(t')} + b(t')}\right] \cdot \mathrm{d}\sum{}^s(t') \qquad (3.4.6)$$

3. 干燥环境下水分的迁移和散失

前面一节给出了准静态干燥条件下水泥石的收缩模型，但是真实的情况是，混凝土结构的尺寸通常较大，实际工程中的干燥过程并非是准静态干燥过程。混凝土内部湿度场的传导与温度场的传导相比要小得多，混凝土结构中心的湿度与表层具有较大的区别。为了研究水分在混凝土内部的迁移和与周围环境的交换，借鉴了土壤物理学的概念，其依据是土壤与混凝土相比较共同的特点：都是多孔介质材料，在 60% 的湿度条件下，影响收缩性能的主要因素都是毛细管水；都是介于弹性材料和塑性材料之间的弹塑性材料。

1）水的能量状态（水势）

水泥石中水分的迁移和散失实际上反映了水分"势"的扩散过程。水分由于吸附力和毛细管张力的作用而得以存在于多孔水泥石结构中，正是由于受到这些力的束缚，与自然环境中的自由水相比，水泥石结构中的水的能量较低，当水泥石体系的水迁移到环境中时，需要消耗能量，与此同时，它做了功。因此体系的水具有做功的势能。"势"是势能的缩写，这个词被广泛地应用在土壤的研究中。水势的概念是一个相对概念，换言之，一个体系的水势取决于和它相比的另一个体系的水势，定义与水泥石体系温度相同的、处于标准大气压下的纯的自由水的水势为 0。所谓纯是指不含溶质，而自由是指不受约束。

因此，水泥石孔隙结构中的水势与它所处的热力学状态有关，即与温度、压力、溶质的浓度以及受约束的程度有关。在等温条件下，水泥石孔隙中的水势可以采用 Gibbs 方程的修正式来表述：

$$\psi_w = \left(\frac{\delta\psi_w}{\delta P}\right)_{T,n_w,n_j} \Delta p + \left(\frac{\delta\psi_w}{\delta n_w}\right)_{T,P,n_j} \Delta n_w + \sum_j \left(\frac{\delta\psi_w}{\delta n_j}\right)_{T,P,n_w} \Delta n_j \qquad （3.4.7）$$

式中，$\psi_w = \Delta\mu_w$，为水泥石中的水与参比状态下的水在同一温度下的化学势之差，下角标 T、P、n_w 及 n_j 分别代表温度、压力、含水量及溶质的含量。式（3.4.7）表明，在温度不变的情况下，水泥石孔结构中水的水势是压力、含水量及溶质的种类及含量的函数，它们的变化所引起的水势的变化分别称为压力势、基质势和溶质势。

（1）压力势

$$\psi_p = \frac{\delta\psi_w}{\delta P}\Delta p = \upsilon_w \Delta p \qquad （3.4.8）$$

式中，υ_w—水的偏比容。

压力势的定义是单位水量从一个平衡的水泥石体系迁移到压力为参比压力、其他状态均相同的体系所做的功。当取大气压力为参比压力时，水泥石由于上层水的压力所造成的水头压力导致压力势，也即静水压力。如果假定水泥石中的内部孔隙与外部连通，水分的总压力与大气压力相等，故不存在压力势。压力势不包括弯曲液面的附加压力。

（2）基质势

$$\psi_m = \frac{\delta\psi_w}{\delta n_w}\Delta n_w = \xi_w \Delta n_w \qquad （3.4.9）$$

式中，ξ_w—水泥石水分特征曲线的斜率。

基质势的定义是单位水量从平衡的水泥石体系迁移到基质势为 0 的、其他状态均相同的环境中所能做的功。基质势是由于水泥石管壁对水的吸附力和毛细管张力所引起的。水泥石孔隙中的水分由于受到管壁的作用，其做功能力低于参比状态的水，即水泥石的基质势恒为负值。

（3）溶质势

$$\psi_s = \sum_j \frac{\delta\psi_w}{\delta n_j}\Delta n_j = \sum_j \Pi_{wj}\Delta n_j \qquad （3.4.10）$$

式中，Π_{wj}—水分的函数，表示单位浓度的溶质 j 对水势的影响；

　　　　n_j—溶质 j 的质量分数。

溶质势的定义是单位水量从一个平衡的水泥石体系移到没有溶质的、其他状态均相同的体系所做的功。因为溶质对水分子的吸附作用，水的活性下降，溶液的作功能力要小于纯水，即溶质势恒为副值，在数值上相当于渗透压，但符号相反。溶质势可以通过测定孔隙水蒸气压力的湿度计法测定，如前面所述的 Raoult 方程，也可以根据电导法测量土壤溶液的电导率来间接求得。

（4）水势

等温条件下的水势

$$\psi_w = (\Delta\mu_w)_T = \psi_p + \psi_m + \psi_j = \upsilon_w \Delta P + \xi_w \Delta n_w + \sum_j \Pi_{wj} \Delta n_j$$

$$= \frac{\delta\psi_w}{\delta P}\Delta p + \frac{\delta\psi_w}{\delta n_w}\Delta n_w + \sum_j \frac{\delta\psi_w}{\delta n_j}\Delta n_j \tag{3.4.11}$$

式中，$\Delta\mu_w$——水泥石孔隙中水的化学势与同温度状态下参比状态下水的化学势之差。

水势的定义是单位水量从一个平衡的水泥石体系移动到同温度下参比状态的水池时所做的功。对于一个准静态过程，可以认为在干缩过程中，水泥石体系处于恒温、恒压的条件，根据热力学的定义，Gibbs 自由能表征恒温、恒压过程中体系做有用功的那部分能量，而体系中水分的迁移总是自发地从自由能大的方向向小的方向进行，直至平衡，因此采用 Gibbs 自由能来表征水泥中水的能量。对于一个多组分体系，其 Gibbs 自由能对其中的某一特定组分而言就成为偏 Gibbs 自由能，并称为这种组分的化学势，在水泥石—水体系中，水的偏 Gibbs 自由能就是水的化学势。

（5）重力势

水势表示水泥石体系中水的自由能的变化，这个变化是体系的内力场所造成的，与此同时，体系还受到一个外力场——重力场的作用，取决于体系的垂直位置。由重力场造成的水势变化称为重力势。

$$\psi_z = \rho_w g Z \tag{3.4.12}$$

式中，ρ_w——水的密度；

g——重力加速度；

Z——距参考位置的垂直距离。

重力势的定义是单位水量从一个位置的平衡的水泥石体系中移动到处于参考位置的、其他状态相同的体系所做的功。

（6）总势

$$\psi_t = \psi_w + \psi_z + \cdots = \psi_p + \psi_m + \psi_s + \psi_z + \cdots \tag{3.4.13}$$

通常，水泥石中不存在半透膜，因此驱动水泥石中水分的运动通常只有重力势、压力势和基质势。对于饱和的水泥石体系，基质势为零，驱动水分运动的通常只有重力势和压力势，这就是水力学中常见的水力势或水头势；对于非饱和状态，压力势为零，驱动水分运动的通常变为重力势和基质势的结合；当水分从饱和区向非饱和区运动时，其驱动力可以将重力势、压力势和基质势结合起来，这三者的结合又称为水力势。

当一个水泥石体系处于平衡态，也就是内部没有水分的净运动，系统中各点的总势相等，虽然分势可以不等。如果两点间水的总势不等，则水分总趋向于是由总势高的地方流向总势低的地方，直至平衡。因此，分析水泥石的总势，对于确定水泥石中水分的迁移是非常有用的。

2）干燥条件下水分的蒸发和迁移

（1）干燥条件下水分蒸发过程的物理描述

水分在水泥石孔隙内部的迁移包括三个过程（如图 3.4.2（a）所示）：

Ⅰ：毛细孔内部水分前沿水的蒸发与凝结的动态平衡；

Ⅱ：水分在毛细孔结构体系内部的迁移；

Ⅲ：水分在水泥石表面与周围环境之间的迁移。

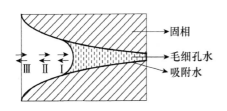
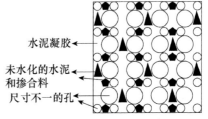

（a）沿迁移路径上水分与外界环境的交换　　（b）与水分迁移方向垂直的平面上的结构

图 3.4.2　干燥条件下水泥石水分迁移模型

表层水分向周围环境的迁移（蒸发）需要满足三个条件：

Ⅰ：不断有一定的热量供给，以满足水分汽化所需要的热能；

Ⅱ：在表层与周围环境之间存在湿度梯度；

Ⅲ：水分由水泥石内部不断迁移到表层。

前两个条件取决于环境大气蒸发力，而最后一个则取决于水泥石的含水量、水势的扩散及水泥石本身的导水能力。实际的蒸发速度由两者中较小的控制。

在周围环境条件一定的情况下，如图 3.4.3 所示，水泥石水分的蒸发可以分为三个阶段：①稳定速率阶段；②速率递减阶段；③扩散控制阶段。这三个阶段并非截然分开，它们之间也会相互关联。

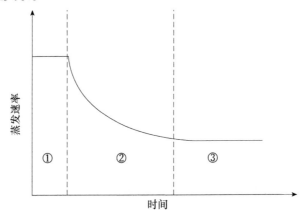

图 3.4.3　水泥石蒸发的三个阶段

（①稳定速率阶段；②速率递减阶段；③扩散控制阶段）

稳定速率阶段是在蒸发刚刚开始阶段，由于水泥石含水量相对较高，导水率也较高，内部水分能够不断迁移到表层以补充表层水分的损失，所以表层蒸发速率不变，蒸发速率受大气蒸发力和水泥石本身的导水能力控制。大气蒸发力强，蒸发量大，水泥石含水量迅速降低；或者水泥石水胶比低，总孔隙率下降，含水量下降，孔隙连通性差，导水能力弱，这些因素都会使得这一阶段持续时间缩短。

蒸发速率递减阶段，受水泥石内部水分迁移到表层的能力所控制，蒸发依然在表层进行，蒸发速率小于大气蒸发力，蒸发过程中表层含水量不断降低，当表层的湿度达到环境相对湿度时，表层接近气干状态，水分不再蒸发。第二阶段不能维持太久，随着蒸发的不断进行，这一层可以向内以相当慢的速度迁移。

扩散控制阶段，表层接近气干状态以后，内部水分向表层的导水率接近于零，内层的液态水分很难直接迁移到表层，而是直接在水分前沿蒸发，然后通过气体扩散进入周围环境，这一阶段的蒸发速率和蒸发量均很小。

（2）干燥条件下水分的蒸发和迁移模型的建立

如前所述，水分在水泥石内部的迁移及表面的蒸发包含了液相的迁移、水蒸气的迁移以及水与水蒸气之间的转换，这三种过程同时贯穿于干燥收缩的整个过程，相互耦合，给模型的建立带来很大的难度。譬如，通常认为蒸发是由表及里地进行，假定孔隙结构在混凝土内部均匀分布，在与水分迁移方向相垂直的平面上，存在着大小不等的孔，大孔水分首先蒸发之后，是更里层的大孔水分蒸发还是同一位置的较小的孔的水分蒸发？如果依据毛细管理论及能量最低原理，就算是小孔水分蒸发，里层的大孔水分也会迁移到外层的大孔中，才能达到热力学上的平衡，那么，水分蒸发究竟是从大孔到小孔还是从表层到里层进行？类似的问题如果从整个收缩过程看来似乎是无法回答。本书借鉴 Shimomura 模型所采用的对时间域与空间域上离散化的思想，将水泥石试件在时间域和空间域进行离散化处理，在每一个单元格的微小时间段里，获得热力学上的准静态过程，在这个过程中液相的迁移和水蒸气的迁移可以当做两个独立的过程进行处理，水与水蒸气达到热力学上的平衡，采用有限差分的方法，建立水泥石在干燥条件下水分迁移的数学模型。

模型建立在以下两个定律基础之上：

a）质量守恒定律

设封闭曲面 Γ 所包围的区域为 Ω，则从 t_1 到 t_2 时间内通过该封闭曲面的物质的量为

$$m = \int_{t_1}^{t_2} \iint_{\Gamma} D \frac{\partial N}{\partial n} \mathrm{d}S \cdot \mathrm{d}t \tag{3.4.14}$$

假设没有其他损失，则在 t_1 到 t_2 时间内 Ω 区域内物质的量变化为

$$m = \iiint_{\Omega} [N(x,y,z,t_2) - N(x,y,z,t_1)] \mathrm{d}x\mathrm{d}y\mathrm{d}z \tag{3.4.15}$$

根据质量守恒定律

$$\int_{t_1}^{t_2} \iint_{\Gamma} D \frac{\partial N}{\partial n} \mathrm{d}S \cdot \mathrm{d}t = \iiint_{\Omega} [N(x,y,z,t_2) - N(x,y,z,t_1)] \mathrm{d}x\mathrm{d}y\mathrm{d}z \tag{3.4.16}$$

利用积分变换公式可以得到扩散方程的积分形式

$$\frac{\partial}{\partial x}\left(Dx\frac{\partial N}{\partial x}\right) + \frac{\partial}{\partial y}\left(Dy\frac{\partial N}{\partial y}\right) + \frac{\partial}{\partial z}\left(Dz\frac{\partial N}{\partial z}\right) = \frac{\partial N}{\partial t} \tag{3.4.17}$$

b）扩散定律

在空间域 Ω 中，在 $\mathrm{d}t$ 时间内通过单元面积 $\mathrm{d}S$ 扩散的物质的量与物质浓度 $N(x, y, z, t)$ 沿该曲面法线方向的导数成正比

$$\mathrm{d}m = -D(x,y,z)\frac{\partial N}{\partial n}\mathrm{d}S \cdot \mathrm{d}t \tag{3.4.18}$$

式中，$\mathrm{d}m$—在 $\mathrm{d}t$ 时间内通过微元面积 $\mathrm{d}S$ 的扩散物质的量；

　　　$N(x, y, z, t)$—空间域 Ω 中任意点 (x, y, z) 在时刻 t 的扩散物质的浓度；

　　　$D(x, y, z)$—扩散系数。

根据质量守恒定律，水泥石内部的液相和水蒸气必须满足

$$\frac{\partial w_v}{\partial t} = -\mathrm{div}J_v + v\ ,\qquad \frac{\partial w_l}{\partial t} = -\mathrm{div}J_l - v \qquad（3.4.19）$$

式中，t——时间，s；

w_v——单位体积中液态水含量，kg/m^3；

w_l——单位体积中水蒸气含量，kg/m^3；

J_v——水蒸气的扩散通量，即单位时间内通过单位截面积的水蒸气量，kg/（s·m^2）；

J_l——液相的扩散通量，即单位时间内通过单位截面积的液相质量，kg/（s·m^2）；

v——水的蒸发或凝结速率，kg/（s·m^3）；定义蒸发速率为正值。

假定水蒸气的质量变化与液相相比可以忽略不计，则水泥石内部水分质量守恒的连续性方程为

$$\frac{\partial w_l}{\partial t} = -\mathrm{div}(J_v + J_l) \qquad（3.4.20）$$

根据式（3.4.20），如果知道了液相和水蒸气的扩散通量，就可以计算出任意时刻、任意位置的水泥石内部的含水量变化，也就是建立起水泥石内部的湿度场。

① 水蒸气的扩散

水蒸气的运动是一个分子扩散过程，由于毛细管结构的复杂性，气体在毛细管孔隙中的扩散较在自由空间中困难，其取决于扩散通道的大小、弯曲程度以及水蒸气的密度梯度也即蒸汽压梯度。稳态的水蒸气运动可以用扩散方程来描述：

$$J_v = -K_v V_g D_{v0}\,\mathrm{grad}\rho_v \qquad（3.4.21）$$

式中，J_v——水蒸气的扩散通量，kg/m^2·s；

K_v——扩散系数；

V_g——单位体积中的气体含量，m^{-3}；

D_{v0}——气体的扩散系数，m^2/s，在 0℃和 1atm 下为 0.198cm^2/s；

ρ_v——气体密度，kg/m^3。

在式（3.4.21）中，K_v 为量纲一的系数，与试件的尺寸无关，其物理意义为水蒸气在水泥石（混凝土）内部与自由空间扩散速率的比值，表征了材料本身的组织结构特性（譬如内部孔的尺寸、连通性和曲折性等）对水蒸气迁移的影响，$0 < K_v < 1$；V_g 则表征了气体传输的有效通道，是一个取决于孔隙湿度与孔径分布的状态变量，假定所有的气孔都可以用于水蒸气的传输。

假定孔隙中的气体是由水蒸气和干燥空气所组成的理想气体，根据理想气体的状态方程（3.4.22）以及 Kelvin 方程（3.4.23），水蒸气的密度可以表达为临界半径的函数（3.4.24）：

$$p_v = \rho_v \frac{RT}{M_w} \qquad（3.4.22）$$

$$\ln\frac{p_v}{p_{sat}} = -\frac{2\gamma M_w}{\rho_l RT}\frac{1}{r_0} \qquad（3.4.23）$$

式中，p_v——孔隙的水蒸气的分压，Pa；

p_{sat}——平面水的饱和蒸汽压，Pa；

M_w——水分子的摩尔质量，kg/mol。

$$\rho_v = \ln \frac{p_v}{p_{sat}} = \frac{M_w}{RT} \cdot p_{sat} \cdot e^{-\frac{2\gamma M_w}{\rho_l RT} \frac{1}{r_0}} \qquad (3.4.24)$$

将式（3.4.24）代入式（3.4.21），可以得出以基质势表示的水蒸气的扩散方程：

$$J_v = -K_v V_g D_{v0} \mathrm{grad} \left(\frac{M_w}{RT} \cdot p_{sat} \cdot e^{-\frac{2\gamma M_w}{\rho_l RT} \frac{1}{r_0}} \right) \qquad (3.4.25)$$

通常认为，水蒸气在水泥石中扩散的驱动力是湿度梯度。由式（3.4.25）可以看出，在恒温的环境条件下，造成水泥石内部水蒸气密度梯度的原因是两点之间基质势的不同，因此可以说水蒸气在水泥石内部扩散的驱动力是基质势梯度。

② 液相的扩散

在干燥条件下，液相在水泥石内部的迁移属于非饱和水的运动，其驱动力是重力势梯度和基质势梯度，忽略重力势的影响就是基质势梯度。假定液相在水泥石内部的流动方式属于层流，根据 Poiseuille 定律，黏度为 η 的流体在半径为 r 的细管中发生层状流动的速度方程为

$$v_{l(r)} = -\frac{r^2}{8\eta} \mathrm{grad}(\psi_m) \qquad (3.4.26)$$

式中，$v_{l(r)}$——液相的流速，m/s；

　　　η——液相的黏度，Pa·s；

　　　r——毛细管半径；

　　　ψ_m——基质势。

故单位时间内通过单位面积的截面上的流体通量（kg/（s·m²））为

$$g = -\frac{\rho r^2}{8\eta} \mathrm{grad}(\psi_m) \qquad (3.4.27)$$

假定上面两个方程对为液相所填充的所有毛细管均能成立，也就是说所有充水的毛细管均能进行液相的传输。对于孔径从纳米级到微米级分布的水泥石毛细管网络体系而言，这只是一种理想的假定，因为水分子本身就有 0.3～0.5nm 的直径。对于纳米级的孔，水分子本身的运动将由于管壁的阻碍而非常困难。事实上，有资料显示，水分在 100nm 以内的孔的迁移已经受到很大阻力。但是，式（3.4.26）、式（3.4.27）也反映了半径的影响，因此假设对于最终的计算结果的影响会大大减小。故液相的扩散通量 J_l 可以通过将方程（3.4.27）与孔径分布的体积密度函数相乘，并在整个充水的毛细管体积内积分得到：

$$J_l = K_L \cdot \int_{r_{c0}}^{r_0} \frac{\mathrm{d}V(r)}{\mathrm{d}r} \cdot g \cdot \mathrm{d}r \qquad (3.4.28)$$

式中，$V(r)$——单位体积的水泥石中半径小于或等于 r 的毛细孔的体积，m³/m³，表示为孔径分布的连续函数；

　　　$\mathrm{d}V(r)/\mathrm{d}r$——单位体积的水泥石中半径小于或等于 r 的毛细孔的体积密度，m²/m³；

　　　r_{c0}——毛细管的最小半径，m；

　　　K_L——量纲一的系数，与试件的尺寸无关，其物理意义为液相在水泥石（混凝土）内部与自由管道内流动速率的比值，表征了材料本身的组织结构特性（譬如内部孔的连通性和曲折性等）对液相迁移的影响，$0 < K_L < 1$。

式（3.4.25）与式（3.4.28）给出了瞬态流动和迁移下水蒸气和液相的扩散通量的连续性方程，通过对水泥石在时间域和空间域上的离散化处理，就可以对每一个单元格使

用这两个方程，从而给出在任意时刻、任意位置的水蒸气和液相的扩散通量。方程中所引入的两个材料参数 K_L、K_v，都是表征孔隙连通性对传输性能影响的量纲一的参数。然而，现代测试技术关于孔隙连通性很难给出明确的定义和测试方法，由孔径分布函数也无法提供定量的分析结果，因此在研究中通过试验拟合的办法获得。

③ 水分的传输方程

将式（3.4.25）与式（3.4.28）代入式（3.4.20），可以得出水泥石内部水分质量守恒的连续性方程。

由式（3.4.25）与式（3.4.28）可以看出，J_L、J_v 均表达为临界半径 r_0 的函数，当孔径分布已知时，一定的 r_0 对应了水泥石一定的含水量。因此，J_L、J_v 也可以表达为含水量的梯度函数：

$$J_v = -D_{v(w_l)} \mathrm{grad} w_l \ , \quad J_l = -D_{l(w_l)} \mathrm{grad} w_l \qquad (3.4.29)$$

式中，$D_{v(w_l)}$，$D_{l(w_l)}$ —水蒸气和液相的扩散系数，m^2/s。

将式（3.4.29）代入式（3.4.20）可得

$$\frac{\partial w_l}{\partial t} = -\mathrm{div}(D_{(w_l)} \mathrm{grad} w_l) \qquad (3.4.30)$$

式中，$D_{(w_l)}$ —合并后的水分扩散系数，m^2/s，

$$D_{(w_l)} = D_{v(w_l)} + D_{l(w_l)} \qquad (3.4.31)$$

式（3.4.31）与 Fick 扩散方程相类似，但是值得注意的是，尽管方程表达为湿度梯度的函数，但水泥石水分运动的驱动力是水力势梯度而不是湿度梯度。式（3.4.31）给出了水泥石内部水分质量传输的连续性方程，采用该方程可以计算出任意时刻、任意位置上的水泥石的含水量，从而进一步计算出水泥石的收缩。在使用该方程进行实际计算时，除了 K_L、K_v 是通过试验结果回归并进行参数反演而得外，还需要确定两个关键问题：孔径分布的定量化描述；边界条件的确定。

④ 孔径分布的数值模拟

孔隙在水泥石（混凝土）内部乱向分布，其大小和形状复杂多变，采用数学方法对其进行真实地模拟非常困难，在传统的水泥石的孔隙研究中，通常是在大量试验结果的基础之上进行回归分析，模型的参数依赖于简化的孔结构模型，最常用的是圆柱型孔结构模型。通过试验测定出毛细管孔径分布，就可以通过试验结果回归确定出孔径分布的积分函数和微分函数。

⑤ 边界条件

类似于传热过程的处理，假定在边界上有

$$J_b = \alpha_b (w_l - w_{lb}) \qquad (3.4.32)$$

式中，J_b —边界上的水分扩散通量，$\mathrm{kg}/(\mathrm{s \cdot m}^2)$；

w_l —表面水分的含量，$\mathrm{kg/m}^3$；

w_{lb} —平衡时表面水分的含量，$\mathrm{kg/m}^3$；

α_b —边界上的湿度传导系数，$\mathrm{m/s}$，受混凝土表面上空气流速、混凝土内部微观孔结构以及表面处的水分含量等因素的影响，假定 $\alpha_b = D_{w(l)} / h$，h 为表面附近环境湿度分布系数。

3）混凝土干燥收缩模型的建立

上文中建立了水泥石的干燥收缩模型，在由水泥石的干燥收缩向混凝土的干燥收缩推导时，同样类似于节 3.3 中对自干燥收缩的处理，采用了复合材料的本构关系，忽略了界面的影响。不同集料体积含量的混凝土的干燥收缩可以由 Hobb 复合材料模型来进行预测：

$$\frac{\varepsilon_c}{\varepsilon_p} = 1 - V_a \tag{3.4.33}$$

$$\frac{\varepsilon_c}{\varepsilon_p} = \frac{(1-V_a)}{(E_a/E_p-1)V_a+1} \tag{3.4.34}$$

$$\varepsilon_c/\varepsilon_p = \frac{(1-V_a)(K_a/K_p+1)}{1+K_a/K_p+V_a(K_a/K_p-1)} \tag{3.4.35}$$

式中，ε_c，ε_p—混凝土、水泥净浆的干燥收缩；

　　　V_a—集料的体积比率；

　　　E_a，E_p—集料、水泥净浆的弹性模量；

　　　K_a，K_p—集料、水泥净浆的体积弹性模量，$K_a=E_a/3$（$1-2\nu$），$K_p=E_p/3$（$1-2\nu$），
　　　　　其中 ν 为泊松比。

3.4.3　影响干燥收缩的关键因素

基于干燥收缩的数学模型可以看出，水泥石孔隙结构的细化对于干燥收缩的影响具有正负效应：一方面使得临界半径减小的速率加快，收缩加快；但另一方面又使得水分迁移的速度减小，收缩减慢。因此在干缩的最初阶段，收缩增加的速度加大，但是当收缩受水分迁移的速率控制时，收缩减慢。事实上，从水分蒸发的曲线也可以看出，表层的水分蒸发很快，之后的进一步蒸发更多地受到水分迁移速率的控制。因此，对于受表层水分蒸发控制的构件（构件的暴露面积与体积之比很大），孔隙结构的细化将有可能使得干缩的数值和速度均增加；对于以内部水分迁移控制的构件（厚尺寸的构件），孔隙结构的细化将使得干缩的速率减小。

对于已经成熟的水泥石结构，毛细管孔隙率的增加意味着可蒸发的毛细管水体积的增大，使得毛细管张力作用面积系数增大，因此干缩的终值增加；同时，毛细管孔隙率的增加也使得水分迁移可能的渠道增加，干缩的速率也可能加快。

与自干燥收缩同样的有，表面张力的增加使得宏观收缩应力增加；弹性模量的减小、徐变和松弛行为的加大使得宏观收缩应力作用之后引起的水泥石的干燥收缩加大；水泥石体积比率的提高使得混凝土的干燥收缩加大。

3.5　温度变形的机理及模型

混凝土温度变形的机理在于物质的热胀冷缩特性。由混凝土内部水泥水化放热以及混凝土外部环境中的温度变化而引起的混凝土变形，本质原因是构成物质的原子或分子之间因为温度升高（振动加快）而使分子或原子之间的距离增加，进而使物质的

体积增大并表现为宏观的体积变形。对于未饱和状态的水泥石或混凝土，由于温度变化改变了毛细孔水压力而产生附加膨胀也是水泥浆体或混凝土变形的原因之一。毛细孔水的表面张力随温度升高而减小，同时毛细孔水本身受热膨胀和一部分凝胶水的移入，导致水的体积增加，水面上升到接近水泥石的表面，毛细孔的弯月面曲率变小，使得毛细孔内收缩压力减小，水泥石产生变形。凝胶孔水膨胀和毛细孔水的湿胀压力是温升时引起水泥石结构变形的主要原因。温度变形常用热膨胀系数 β_T 和温度变化 ΔT 的乘积表示。

3.5.1　水泥水化及放热历程

水泥水化放热是混凝土产生温度变化的内源。

水泥水化是自由水与未水化水泥颗粒之间的反应。硅酸盐水泥中，由于 C_3S、C_2S、C_3A、C_4AF 和石膏等矿物的同时存在，水泥的水化特性取决于各种矿物的水化，但是又与纯水中各种单矿物的水化有所不同。水泥的水化比起单个"纯"熟料矿物相的水化要复杂的多，这是因为不同物相的反应以不同的速率同时进行，又以复杂的方式彼此影响。

水泥的水化反应均伴随着热量的释放。水化热是单位无水矿物完全反应所放出热量的量度，代表水化期间随着旧化学键的断裂和新化学键的形成，其能量重分配后在体系中残余的能量。测定水化放热曲线是跟踪水泥水化反应进程的最简单且便捷的方法。表 3.5.1 选列了主要熟料矿物的水化热，连同水泥的矿物组成和化学组成以及各个熟料矿物的水化程度，原则上就能估算任何给定时间上的水泥水化热。

表 3.5.1　水泥单矿物的水化热（Bensted 等，2002）

反应	完全水化的水化热-ΔH/（J/g）		熟料实测值[1][3]	水泥实测值[2][3]
	纯矿物			
	计算值	测定值		
$C_3S \rightarrow$ C-S-H+CH	约 380	500	570	490
$C_2S \rightarrow$ C-S-H+CH	约 170	250	260	225
$C_3A \rightarrow C_4AH_{13}+C_3AH_8$	1260	/	/	/
$\rightarrow C_3AH_6$	900	880	840	/
$\rightarrow$ AFm	/	/	/	约 1160
$C_4AF \rightarrow C_3$（A，F）H_6	520	420	335	/
$\rightarrow$ AFm	/	/	/	约 375

注：① 一年龄期的磨细熟料浆体（不加石膏）；

② 一年龄期的假定完全水化的浆体；

③ 经多元线性回归分析得到的各矿物对水化热的贡献。

水泥的水化过程是各种矿物水化情况的综合，其中四大主要矿物的水化速度排序为 $C_3A>C_3S>C_4AF>C_2S$。水泥水化热的最大来源是 C_3S 和 C_3A 的水化反应，尤其是在水化的早期，同时，由于 C_3S 含量在硅酸盐水泥中占据主导地位，水泥水化放热曲线的形态与 C_3S 的十分相似，但略有变化。

3.5.2　混凝土中的热传递过程

热传递是自然界普遍存在的一种自然现象，只要物体之间或同一物体的不同部分之间存在温度差，就会有热量传递现象发生，并且将一直持续到温度相同时为止。按照不同的传热机理，热传递有三种基本方式：传导、对流和辐射。不借助于物质的宏观移动而靠物体内部分子、原子、电子等微粒间的相互作用使热量由高温物体传向低温物体（或由物体的高温部分传向低温部分）的宏观过程称为热传导。热传导是固体热传递的主要方式，气、液、固三态物体中都能发生这种传热过程。在气体和液体中，热传导往往与对流同时进行。热对流是指流体中温度不同的各部分之间发生相对位移时所引起的热量传递的过程，是靠液体或气体的宏观流动，使内能从温度较高部分传至较低部分的过程。其特点是，在热量传递的同时，伴随着大量分子的定向运动。热对流是液体和气体热传递的主要方式，气体的对流比液体明显。物体通过电磁波传递能量的过程称为辐射。热辐射是指由于热的原因，物体的内能转化为电磁波的能量而进行的辐射过程，是物体不依靠介质而直接将能量发射出来传给其他物体的过程。任何物体都能发生热辐射。热辐射是远距离传递能量的主要方式，如太阳能就是以热辐射的形式，经过宇宙空间传给地球的。

物质的热传导过程可以用 Fourier 定律（或称热传导定律）描述，表示通过等温表面的导热速率与温度梯度及传热面积成正比，其一般数学表达式为

$$q = \frac{\mathrm{d}Q}{\mathrm{d}A} = -\lambda \nabla T \qquad (3.5.1)$$

式中，q—热通量，即单位时间单位面积内传导的热量，W/m^2；

　　Q—导热速率，W；

　　A—导热面积，m^2；

　　λ—导热系数，$W/(m \cdot K)$；

　　T—热力学温度，K；

　　∇T—温度梯度，K/m；

　　负号—热量传递方向与温度升高的方向相反。

物质的热对流现象可以用 Newton 冷却公式描述，即基于热对流方式的散热量等于传热系数、散热面积、温度差三者的乘积，其数学表达式为

$$\varphi = \frac{\mathrm{d}Q}{\mathrm{d}A} = h\Delta T = \frac{\mathrm{d}(C_p m \Delta T / t)}{\mathrm{d}A} = \rho C_p u \Delta T \qquad (3.5.2)$$

式中，φ—对流热通量，W/m^2；

　　Q—对流散热速率，W；

　　A—对流散热面积，m^2；

　　h—对流散热系数，$W/(m^2 \cdot K)$；

　　ΔT—温度差，K；

　　C_p—热容，$J/(kg \cdot K)$；

　　m—流体质量，kg；

t—时间，s；

ρ—密度，kg/m^3；

u—流体速度，m/s。

由于热辐射主要涉及物体的表面，通常情况下，对于热辐射的模拟，是将它作为一个边界条件来定义的。物质的热辐射可以用 Stefan-Boltzmann 定律描述，其数学表达式为：

$$\varphi = \frac{dQ}{dA} = \sigma\xi_f(T_2^4 - T_1^4) \tag{3.5.3}$$

式中，φ—热辐射散失通量，W/m^2；

Q—辐射散热功率，W；

A—辐射散热表面积，m^2；

σ—Stefan-Boltzmann 常数，也称表面热辐射系数，$W/(m^2 \cdot K^4)$；

ξ_f—表面辐射率或有效辐射系数；

T_1，T_2—接受物和辐射物的表面温度，K。

混凝土可以看作是固、液、气三相体系，与骨料相比，不同环境条件下（尤其是不同温度下）水泥浆体的热传递过程更加复杂，在混凝土材料热传输变化中起主导作用。混凝土中的热传输是一种物态物质能量的传输，其热量传递方式包括结构实体的导热及穿过微小孔隙的导热和对流（高温时还有辐射）。不同环境中混凝土材料热性能的主要变化因素在于其中的水泥浆体，其热性能对于混凝土的热性能具有决定性。研究水泥浆体及混凝土的热传输机理也必须将不同的相关物态热传递机理结合，同时考虑热传导、热对流及热辐射进行分析。根据上述三种传热机理及对应数学模型，与混凝土温度变形相关的热物性能除了水泥（胶凝材料）的水化放热性能及热膨胀系数外，还包括导热系数、水泥基材料密度、比热容等等。研究这些热物性能的演变规律，对于分析混凝土温度变形具有重要意义。

3.5.3　热学性能的测试方法

3.5.3.1　热（线）膨胀系数的测试方法

混凝土线膨胀系数定义为在不受外界干扰（不受外力、不与外界发生湿度交换等）只受自身属性影响时，混凝土在单位温度变化下长度相对原长的变化量。它是混凝土的主要热物理特性参数之一。

国内外对于混凝土线膨胀系数的研究已有很多，方法也各不相同。

《水工混凝土试验规范》（DL/T5150）中介绍了常规混凝土线膨胀系数的试验方法，其中采用电阻式应变计测量混凝土受热后产生的应变值。试验浇注两个混凝土试件（直径 200mm，高 500mm），浇注后立刻密封，至少养护 7d 后（或用测完自生体积变形的混凝土试件）放入水箱中，通过水浴法给混凝土试件加热，测量混凝土试件从 20℃升温到 60℃时的应变值（当水温和试件中心温度一致时测量数据），试验结果取两个试验值的平均值。混凝土线膨胀系数计算公式如下：

$$\alpha = \frac{\varepsilon}{\Delta\theta} \tag{3.5.4}$$

式中，α—混凝土线膨胀系数，$10^{-6}/℃$；

　　　　ε—混凝土受热产生的竖向应变，10^{-6}；

　　　　$\Delta\theta$—混凝土试件终止温度与初始温度之差，℃。

文献中也有采用手持应变仪方法、非接触激光位移传感器和循环式恒温水箱相组合的方法以及千分表法进行混凝土线膨胀系数测定的报道。

随着对混凝土早期变形和开裂研究的重视和深入，为了获得早龄期水泥基材料的线膨胀系数，近年来已有研究者开展了相关测试方法的探索和尝试。江晨晖等（2013）设计的一种测定早龄期线膨胀系数的实验装置，采用这种方法的基本测试过程为：将用于测量单纯温度变形的一组平行试件置于盛有防冻液的绝热容器中，通过温控设备产生冷（热）源并借助与之连接的螺旋式导温铜管使绝热容器和温控设备之间发生热量交换，以便使绝热容器内的温度按照设定的变温规则发生温度变化。通过安装于试件顶部的位移传感器和支撑架各部位、试件内部的热电偶分别采集试件变形和各部位温度数据。再根据这些数据获得单纯的应变-温度变化关系，进而计算出试件的线膨胀系数。整个测试期间试件均密封于特制的 PVC 塑料管模套内，且该模套对试件的变形不产生约束。此外，还有研究者提出了浮力称重法（Loukili，2000）、弦振应变计测量法（Kada，2002）、激光位移传感器+热电偶（Maruyama，2011）等方法，为早龄期水泥基材料热膨胀系数的测试提供了不同的途径。

3.5.3.2　导热系数的测试方法

导热系数定义为单位截面、单位长度的材料在单位温差下和单位时间内直接传导的热量。

混凝土导热系数的测试方法可以按照 GB 10294《绝热材料稳态热阻及有关特性的测定防护热板法》进行，计算公式如下：

$$\lambda_t(\lambda) = \frac{\Phi \cdot d}{A(T_1 - T_2)} \tag{3.5.5}$$

式中，Φ—加热单元计量部分的平均加热功率，W；

　　　　d—试件平均厚度，m；

　　　　A—计量面积，m^2；

　　　　T_1，T_2—试件热面和冷面的温度平均值，K。

采用试验方法测得的混凝土的导热系数不仅包含纯粹的热传导，还包括孔内的一些微观现象，如热辐射和微对流等。

3.5.4　早期热膨胀系数的演变

国内外有很多关于混凝土龄期对热膨胀系数影响的研究，比较一致地认为，成熟混凝土的热膨胀系数在后期趋于稳定。然而在早期，热膨胀系数随龄期的变化幅度较大，且受到测试方法的限制，早期热膨胀系数难以准确测试。

由不同文献中试验测得的水泥浆体（混凝土）早期热膨胀系数变化趋势来看，虽然由于试验方法的不同，早期的热膨胀系数值相差很大，但按其随龄期发展过程，均大致可划分为两到三阶段：①急剧下降阶段；②缓慢回升阶段（这一阶段在部分试验结果中不明显）；③持续稳定阶段，不再随龄期发生明显的变化（如图 3.5.1 所示）。早龄期线膨胀系数所表现出的这些特征与水泥基材料早龄期微观结构和宏观性状的急剧变化是密切相关的。伴随胶凝材料的水化，液相减少、固相增加，从而表现出线膨胀系数的急剧减小；凝结后的硬化阶段，水化反应减速，并且伴随着材料"骨骼"的形成和强化，热膨胀系数达到最小值；对于后期热膨胀系数的缓慢回升，江晨晖等（2013）认为可能是由胶凝材料持续的缓慢水化引起的砂浆内部自干燥所致。

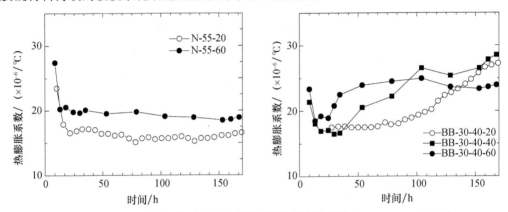

图 3.5.1　纯水泥浆体和掺矿渣水泥浆体的早期热膨胀系数（Maruyama，2011）

本书采用变温箱与埋入式应变计相结合的方法，测试了表 3.5.2 所示配合比混凝土的线膨胀系数。具体测试方法和过程如下：

表 3.5.2　混凝土配合比　　　　　　　　　　　　　（kg/m³）

	水	水泥	粉煤灰	膨胀剂	砂子	大石	小石
C30	177.6	314.5	55.5	0	725.0	652.5	435.0
C30-HME	177.6	305.1	53.8	11.1	725.0	652.5	435.0
C60	160.0	425.0	75.0	0	672.6	658.4	439.0
C60-HME	160.0	412.3	72.8	15.0	672.6	658.4	439.0

（1）测试方法：从混凝土浇筑开始，使试件温度保持在稳定温度 20℃，到达测试时间时，通过控温箱使试件温度从 20℃以最快的速度（1h 内）升至 25℃，再迅速降至 20℃，分别通过式（3.5.4）计算混凝土试件在规定龄期内的升温降温线膨胀系数，每个配合比成型两组并测试，取平均值。测试过程设置遵循以下原则：合适的循环温度大小（循环温度范围足够小以便假定一个循环内线膨胀系数为常数，循环温度范围足够大以确保线膨胀系数的测试精度）；合适的单次循环时间（持续时间足够短以减小自收缩的影响，持续时间足够长以避免热梯度）。

（2）试验设备：变温箱（图 3.5.2（a））、应变计及应变仪采集仪。

（3）试验对象：Φ100mm×400mm 混凝土圆柱试块（用 PVC 管成型，并完全密封以抑制干燥收缩，图 3.5.2（b））。

（4）测试时间：终凝开始，自动连续采集，采样周期为 5min/次。

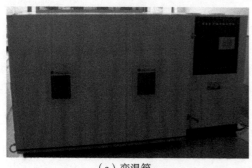

（a）变温箱　　　　　　　　　　　　　　　（b）混凝土试块

图 3.5.2　线膨胀系数测试装置

试验过程中，控制循环温度设置如图 3.5.3（a）所示，试验结果如图 3.5.3（b）所示。由图可知，针对每组配比而言，刚开始测试（1d）左右，线膨胀系数最大，达 $12 \times 10^{-6} \sim 20 \times 10^{-6}/℃$，然后急剧下降至基本稳定（大约 $8 \times 10^{-6} \sim 12 \times 10^{-6}/℃$），几组配比后期线膨胀系数差别并不大。线膨胀系数发展趋势与文献中类似。

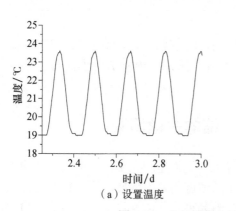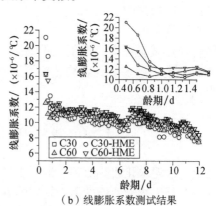

（a）设置温度　　　　　　　　　　　　　　（b）线膨胀系数测试结果

图 3.5.3　几组混凝土早期线膨胀系数测试结果

3.5.5　导热性能及其演变

研究总体认为，混凝土的导热系数主要受到温度、湿度、水灰比、骨料种类和体积分数、混凝土的孔结构、龄期等因素的影响。肖建庄等（2010）考察了骨料体积分数、水灰比、骨料类型、掺合料掺量、温度、干湿状态及钢筋体积分数等因素对包括普通混凝土、高强混凝土、再生混凝土以及配筋混凝土在内的多种混凝土导热系数的影响，结果表明：

（1）温度的提高会使混凝土的导热系数下降；当混凝土从干燥状态转变为饱水状态时，其导热系数显著提高。

（2）混凝土的导热系数随骨料体积分数的提高而提高；骨料的导热系数越低，其配制的混凝土的导热系数也越低。

（3）水灰比下降会使混凝土的导热系数提高。由于高强混凝土的水灰比较普通混凝土低，因此高强混凝土的导热系数更高。

（4）掺合料掺量的提高使混凝土的导热系数下降；当掺量不大时，矿渣和粉煤灰对混凝土导热系数无明显影响；当掺量达30%时，粉煤灰可明显降低混凝土的导热系数。

（5）再生粗骨料取代率的提高使再生混凝土的导热系数减小；钢筋体积分数提高使混凝土的导热系数随之提高；当混凝土钢筋体积分数较高时，不能忽略钢筋对导热系数的影响。

通常，导热系数的实验测试仅针对于不同温度下的干燥、成熟混凝土进行，在这种情况下，水化程度的影响可以通过孔隙率的变化和饱和度的变化来间接反映，湿混凝土的有效导热系数可从下式评估（Gawin，2006）：

$$\lambda_{eff} = \lambda_{dry}(T)\left[1 + \frac{4n\rho_w S_w}{(1-n)\rho_s}\right] \tag{3.5.6}$$

式中，λ_{dry}——干燥混凝土的有效导热系数，W/（m·K）；

　　　n——孔隙率，与水化程度相关；

　　　ρ_w——水的密度，kg/m³；

　　　ρ_s——固相密度，kg/m³；

　　　S_w——饱和度。

尽管通过试验证实，混凝土的导热系数依赖于温度、湿度和龄期，但在混凝土热传递的研究中，许多研究者均忽略了这种依赖性，采用一恒定值时也获得了较好的预测结果。

3.5.6　影响温度收缩的关键因素

从上述水泥水化放热历程、混凝土热传导机理及模型的介绍可以看出，影响水泥水化历程及混凝土热物性能的因素均影响混凝土的温度收缩，混凝土原材料及配合比（包括水泥类型、水泥细度、胶材品种和用量、骨料品种、浆体含量、湿含量等）的变化对于温度收缩的影响规律可以从根本上归结于对水泥水化放热历程及混凝土热物性能的影响。此外，对混凝土结构而言，结构尺寸、保温保湿养护方式通过影响混凝土温度历程，也影响温度收缩。

第 4 章 混凝土硬化阶段的收缩开裂

与实验室单一因素、标准条件不同，实际工程结构混凝土的变形受到环境温度、湿度变化和内外约束的影响。一方面，混凝土的体积变形是其内部水化及温度、湿度状态变化的反映，具有湿、热、化学变化的本质。考虑湿、热、化学现象中两者或三者的交互作用，进而建立相关的数学模型分析这种交互作用已成为研究的最新趋势。另一方面，约束条件下的收缩变形产生拉应力，当拉应力超过混凝土的抗拉强度时，便会产生开裂。对于硬化早期各项性能快速变化的现代混凝土，实时准确表征与开裂相关的弹性模量、抗拉强度、徐变松弛等也是研究的难点和热点。

本章系统介绍硬化阶段混凝土抗裂性测试方法的进展，阐述硬化阶段混凝土收缩开裂过程中的湿、热、化学交互作用，采用水化度作为内部状态变量，考虑现代混凝土胶凝体系的复杂性，提出复杂胶凝体系下水化活化能计算方法，解决室内标准条件与现场复杂环境无法对应的问题，建立基于"水化-温度-湿度-约束"耦合作用机制的现代混凝土收缩开裂评估模型，实现结构混凝土早期收缩开裂风险量化计算，定量分析材料及施工参数对混凝土抗裂性能的影响，并结合工程实践，提出了结构混凝土开裂风险系数的控制阈值。

4.1 收缩开裂测试方法

准确测试与评价混凝土的收缩开裂特性，是明晰开裂的关键影响因素，并寻找有效措施减少或避免开裂的前提。测试和评价硬化混凝土开裂性能的试验方法主要有圆环法和单轴约束法。

4.1.1 圆 环 法

圆环法最早由麻省理工学院的 Roy Carlson 于 1942 年提出，用于研究水泥净浆和砂浆的开裂性能。测试装置由一个钢制圆环和聚氯乙烯外环模组成，两个环被同心固定在木制底板上，混凝土浇筑在两环中成型为环状试件。拆模时间可依据研究的需要确定，拆除外模后，试件顶部用硅橡胶密封，以保证干燥收缩只在环的外表面发生。试件养护于 20℃和相对湿度 50%的条件下，用专门设计的显微镜测量混凝土的裂缝宽度。测试指标是混凝土总收缩引起开裂的裂缝宽度。后来，Coutinho、Blaine、Wiegrink、McDonald 等在研究砂浆或混凝土的抗裂性时也延用了该装置，根据所使用的集料粒径的不同，对试模的尺寸做了较大的改动。

典型的圆环法试验装置如图 4.1.1 所示。根据弹性力学理论可以推导出圆环试件内部的切向和径向应力表达式（Shan, et al.,1998）：

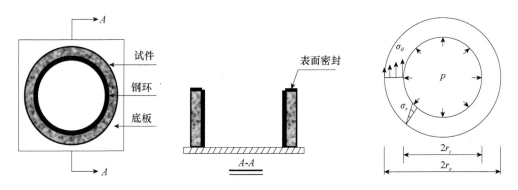

（a）装置示意图　　　　　　　　　　　　　　（b）试件环内部应力分布示意图

图 4.1.1　圆环法试验装置示意图及应力分布示意图（Shan et al.，1998）

$$\sigma_\theta = \frac{r_e^2 / r^2 + 1}{r_e^2 / r_i^2 - 1} p \tag{4.1.1}$$

$$\sigma_r = \frac{r_e^2 / r^2 - 1}{r_e^2 / r_i^2 - 1} p \tag{4.1.2}$$

$$p = \frac{E \varepsilon_{sh}}{\dfrac{r_e^2 + r_i^2}{r_e^2 - r_i^2} + \nu} \tag{4.1.3}$$

式中，σ_θ，σ_r—坐标（r，θ）处混凝土环的环向应力和径向应力，Pa；

　　　　r_e，r_i—混凝土环的外径和内径，mm；

　　　　p—混凝土收缩时试件和约束钢环之间的相互作用力，Pa；

　　　　ε_{sh}，E，ν—混凝土的收缩应变、弹性模量（Pa）和泊松比。

　　在大量研究基础上，圆环法被纳入了美国国家公路与运输协会标准 AASHTO PP 34、美国材料试验协会标准 ASTM C 1581、中国土木工程学会标准 CCES01 等，作为标准试验方法列出。

　　AASHTO 于 1999 年推荐了圆环法标准 AASHTO PP 34-99，用以评价混凝土组成的变化对其开裂倾向的影响。钢环厚度 12.7mm±0.4mm，外径 305mm，高度 152mm。混凝土环外径 457mm。浇筑后，采用贴在钢环上的 4 个应变片监测钢环的应变发展，每 30 分钟记录一次应变，每隔 2~3d，检查应变测量值，并观测裂缝是否产生。应变计的应变值出现突降（突降值一般>30×10⁻⁶）的时间为混凝土开裂的时间，记录开裂后裂缝的宽度及开裂模式。试件开裂后再观测两周，记录应变的发展过程，并测量环高度方向三等距位置（高 33mm、76mm 和 114mm）的裂缝宽度，平均值即为此裂缝的宽度。

　　2004 年美国材料试验协会颁布了一个类似 AASHTO PP 34 的水泥砂浆和混凝土环式限制收缩开裂测试标准方法 ASTM C 1581-04。试验模具由底板、内环和外环组成。内环以钢管为材质，壁厚（13±0.12）mm，外径（330±3.3）mm，高度（152±6）mm。外环可用 PVC 管、钢环或其他不吸水、不反应的材料制作，外环内径（406±3）mm，高度（152±6）mm。模具安装完成后要保证内外环间距（38±3）mm。底板要求表面光滑平整且不吸水。在 2018 年的标准修订版中，对圆环尺寸稍作了修订，内钢环壁厚（13±1）mm，外径（330±3）mm，高度（150±6）mm；外环内径（405±3）mm，高度（150±6）mm。模具安装完成后要保证内外环间距（38±1.5）mm。

试验时，将混凝土浇筑于同心固定好的环模内，在试件上表面覆盖一层湿麻布并用聚乙烯薄膜密封。湿养护 24h 后拆除外环。试件上表面用石蜡或铝箔胶带密封，放置于温度为（23.0±2.0）℃、相对湿度为（50±4）%的恒温恒湿环境下，通过贴在钢环上的应变片（每个钢环上最少需要粘贴两片应变片）监测混凝土应变发展。采用开裂时间和应力发展速率作为评价抗裂性能的主要指标。应力发展速率按下式计算：

$$q = \frac{G\left|\alpha_{avg}\right|}{2\sqrt{t_r}} \qquad (4.1.4)$$

$$\varepsilon_{net} = \alpha\sqrt{t} + k \qquad (4.1.5)$$

式中，q—应力发展速率，MPa/d；

　　　G—72.2GPa；

　　　$\left|\alpha_{avg}\right|$—每个试样的平均应变发展速率因子的绝对值，（m/m）/d$^{1/2}$；

　　　t_r—开裂或试验终止时的时间，d；

　　　ε_{net}—净应变，其值为钢环应变值与开始干燥时初始值的差值，m/m；

　　　α—试样上每个应变片的应变速率因子，（m/m）/d$^{1/2}$；

　　　t—应变发展时间，即记录应变值时的时间与初始时间的差值，d；

　　　k—回归常数。

将每片应变片的净应变与应变发展时间的平方根作图，并做线性回归分析，即得到斜率 α 和纵截距 k。

计算出每组试件的平均应力发展速率 q_{avg} 后，可按照表 4.1.1 根据试件净开裂时间 t_{cr} 或平均应力发展速率 q_{avg} 来评价材料的开裂风险。净开裂时间 t_{cr} 是考虑到开裂龄期与开始干燥龄期之间的差距而设置，如果试样在养护期间（即在开始干燥之前）就发生开裂，则净开裂时间为零。

表 4.1.1　ASTM C 1581 规定的开裂风险等级划分

净开裂时间 t_{cr}/d	平均应力发展速率 q_{avg}/（MPa/d）	开裂风险等级
$0 < t_{cr} \leqslant 7$	$q_{avg} \geqslant 0.34$	高
$7 < t_{cr} \leqslant 14$	$0.17 \leqslant q_{avg} < 0.34$	中高
$14 < t_{cr} \leqslant 28$	$0.10 \leqslant q_{avg} < 0.17$	中低
$t_{cr} > 28$	$q_{avg} < 0.10$	低

我国标准 CCES 01-2004《混凝土结构耐久性设计与施工指南》中也将圆环法作为评价净浆或水泥胶砂抗裂性的推荐方法。试验模具包括内环、外环和底座。用其制备的试件尺寸为：内径 41.3mm，外径 66.7mm，高度 25.4mm，外环由两个半环组成。试验时将试件连同模具内环平放在低摩阻材料（如聚四氟乙烯）的平面上，试件外侧面粘贴应变片，通过计算机采集应变数据，基于应变值的突变点计算开裂时间并记录开裂模式。

上述圆环法中，均是依靠内钢环为水泥基材料的收缩变形提供内部约束，外环仅起到模具的作用，因而只能表征收缩变形，不能表征补偿收缩混凝土的膨胀变形。在单圆环法基础上，Schlitter 等（2010）采用殷钢（Invar steel）设计了一种双圆环能够同时用来表征膨胀和收缩过程。

双圆环试验装置如图 4.1.2 所示。在双圆环法中，内环、外环均采用相同材质的钢环，测试应变片在外环外表面和内环内表面上沿周向均匀分布，将水泥基材料浇筑在内外环之间，测试自成型后的整个过程中内外环的应变，再通过弹性力学计算水泥基材料净浆或砂浆的膨胀或收缩应力。

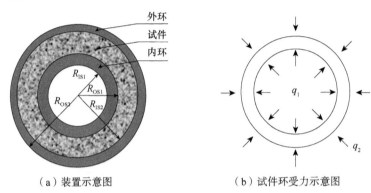

（a）装置示意图　　　　　　　　　（b）试件环受力示意图

图 4.1.2　双圆环约束试验装置示意图

以砂浆为例，浇筑在钢环之间的砂浆发生变形时会对内外钢环产生应力作用，同时由于内外钢环的约束砂浆环内部也会产生应力，双圆环约束下砂浆环发生膨胀时受力状态如图 4.1.2 所示，其中 q_1 和 q_2 分别为内钢环和外钢环对砂浆环的约束力（对于不掺膨胀剂的基准试件 q_2=0），可以根据内、外钢环的实测应变值计算得到：

$$q_1(t) = -\varepsilon_{in}(t)E_s\left(\frac{R_{OS1}^2 - R_{IS1}^2}{2R_{OS1}^2}\right)　　　　　（4.1.6）$$

$$q_2(t) = -\varepsilon_{out}(t)E_s\left(\frac{R_{OS2}^2 - R_{IS2}^2}{2R_{IS2}^2}\right)　　　　　（4.1.7）$$

式中，ε_{in}（t）—t 时刻内钢环内侧的应变值；

ε_{out}（t）—t 时刻外钢环外侧的应变值；

E_s—殷钢的弹性模量，141GPa；

R_{IS1}，R_{OS1}—内钢环的内半径和外半径；

R_{IS2}，R_{OS2}—外钢环的内半径和外半径。

砂浆环中的残余应力 σ_θ（R_{IC}）可以按下式计算：

$$\sigma_\theta(R_{IC}) = q_1\left(\frac{R_{OC}^2 + R_{IC}^2}{R_{OC}^2 - R_{IC}^2}\right) - q_2\left(\frac{2R_{OC}^2}{R_{OC}^2 - R_{IC}^2}\right)　　　　　（4.1.8）$$

式中，R_{IC}，R_{OC}—砂浆环的内半径和外半径。

圆环法可用来研究由于自收缩和干燥收缩产生的应力对混凝土抗裂性的影响。在评价水泥净浆和砂浆的抗裂性时，由于水泥浆和砂浆环的收缩较大且能沿环比较均匀地分布，所以试验敏感性高。混凝土中由于粗集料的存在，混凝土环表面水分蒸发受到一定的阻碍，从而使混凝土的外表面不能沿环均匀的收缩，再加上粗集料对裂缝能起到一定的限制和分散作用，在混凝土中有可能形成不可见的微裂纹，释放一部分收缩应力，从而使可见裂缝的最大宽度受到影响。与平板法相比，圆环法给水泥基材料提供了更加均匀的约束，体现了水泥基材料在约束条件下收缩和应力松弛的综合作用，不仅能有效地评价水泥净浆和砂浆的抗裂性能，而且可以对其开裂过程的关键参数进行量化分析。但用于混凝土抗裂性评价时，圆环法测试时间相对较长、敏感性不够，试件通常要经过较长时间才会出现初始裂缝，此外，由于试件的截面尺寸不容易做大，因此不能充分反映温度收缩的影响。

4.1.2　开裂试验架

德国慕尼黑工业大学 Springenschmid 等根据道路和水工工程建设的需要，研制了第一台开裂试验架，使得温度应力的测量成为现实，并由 RILEM-TC 119 制定了开裂试验架的推荐性标准。

混凝土开裂试验架采用截面积为 150mm × 150mm 的小梁试件，可以测试最大骨料粒径为 32mm 的混凝土试件。试验架（如图 4.1.3 所示）主要由构架和控温系统组成。其中，构架部分由端座（也称横梁）和纵向支架（也称纵梁）组成。为保持高的约束程度，两个横梁间的纵梁长度必须尽量保持恒定。整个试验架是由钢材制得，为了减少周围温度变化的

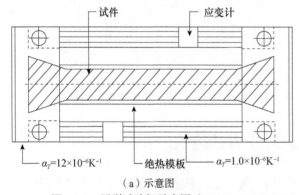

（a）示意图　　　　　　　　　　　　　　　　　（b）实物图

图 4.1.3　开裂试验架示意图（RILEM TC 119-TCE）和实物照片（Whigham，2005）

影响，纵梁以一种特殊的热膨胀系数约 $1.0 \times 10^{-6} \mathrm{K}^{-1}$ 的合金制成。试件的末端通过两个燕尾槽状的尾翼固定在横梁中，端部设有啮合齿。支架受到混凝土的反力产生微小的弹性变形，试验将其连续记录下来。由此，试件中的应力发展可以连续地获得。此外，为了模拟现场厚大构件中的温升，试验使用了温度可控的绝热模板。模板与一个外部加热/冷却系统相连接，因此该系统可以模拟任意的混凝土温度发展历程，并量测该历程下的温度应力。

开裂试验架试验测得的参数（如图 4.1.4 所示）及其含义如下：

第一零应力温度 $T_{z,1}$：在约束条件下，水化放热过程中随混凝土弹性模量的增长，开始产生压应力时的温度。$T_{z,1}$ 描述了混凝土从塑性向黏弹性的转折点。

最大压应力 $\sigma_{c,\max}$：在温度升高的过程中，处于约束条件下的混凝土达到的最大压应力。由于升温过程中压应力的松弛很大，$\sigma_{c,\max}$ 一般在温峰到达之前就已经达到了。

温峰 $T_{\max}$：半绝热条件下混凝土试件在硬化过程中的最高温度。

第二零应力温度 $T_{z,2}$：在冷却阶段，压应力已经完全降低到零，拉应力开始增长时候的温度。由于混凝土在升温阶段弹性模量低，具有相对较高的松弛能力，而在降温阶段弹性模量高，$T_{z,2}$ 一般高于 $T_{z,1}$ 而稍低于 T_{max}。

开裂温度 T_c：受约束试件开裂时的温度，即混凝土所受拉应力超过其抗拉强度时的温度，是被测混凝土开裂趋势的表征。开裂温度越高，混凝土早期产生热裂缝的趋势越大。

开裂应力 σ_c：受约束试件开裂时的拉应力值。

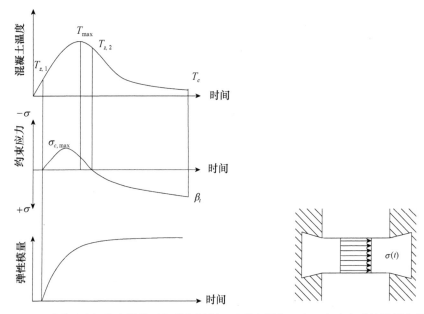

图 4.1.4　开裂试验架的力学模型与约束混凝土试件中早期温度、应力和弹性模量发展

4.1.3　温度应力试验机

开裂试验架为固定横梁的单轴约束试验装置，它能够测定早期约束混凝土的应力发展，但其约束度不可调。为解决这一问题，1976 年法国的 Paillère 和 Serrano 开发了一种通过控制可调横梁的运动而保证试件长度绝对不变，从而实现 100%约束的单轴约束试验装置，该装置中使得截面为 175mm × 175mm 的混凝土试件的变形可以从初龄期开始测量。Springenschmid 等则进一步开发了称为温度-应力试验机的装置来研究 100%约束条件下水化热引起的约束应力，通过步进电机控制可调横梁的位置。后来，以色列的Kovler（1994）、Bloom 和 Bentur（1995），美国的 Altoubat 和 Lange（2001）等分别采用类似的试验装置进行了素混凝土试件的早期约束收缩的试验研究，Kovler 提出的闭环控制系统的概念在后续的温度-应力试验机的开发中得到了推广。荷兰 Delft 大学的 Sule（2001）采用类似的自行研制的约束试验系统进行了配筋混凝土构件的早期温度应力和开裂的研究。瑞士 W+B 公司在上述原理的基础之上进行了商业化开发和推广，制造的设备如图 4.1.5 所示。清华大学覃维祖等（2002）基于 Springenschmid 的设备原理，研制出国内第一台温度-应力试验机，并在国内得到推广。

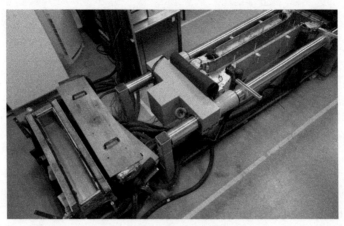

图 4.1.5　温度应力试验机

　　温度应力试验机系统控制原理如图 4.1.6 所示，包括相同配合比的混凝土约束试件和自由试件。约束试件端部固定在横梁上，一端横梁与纵向钢柱连接而固定不动，另一端横梁是可调节的，可调横梁通过伺服电机控制其移动距离，当混凝土变形超过设定阈值时（如0.002mm），伺服电机控制可调横梁端头移动使混凝土试件恢复至原来位置，这样总变形保持为零，即约束试件受到 100% 约束；若约束试件恢复至设定阈值的一半时（0.001mm），则试件受到 50% 约束。同时，横梁控制过程中产生的约束应力通过荷载传感器实时测量 。另外，约束试件和自由试件可通过仪器自带的温控系统来调节试件混凝土温度并保持相同的温度历程。因此，采用温度-应力试验机可以为混凝土试件提供近似绝热、半绝热环境和 0 ~ 100% 的可调约束条件，也可根据需求，设定不同的温度历程、约束条件，进行材料性质试验，从而最大限度地模拟实际工程中混凝土构件所处环境下应力状态的发展。

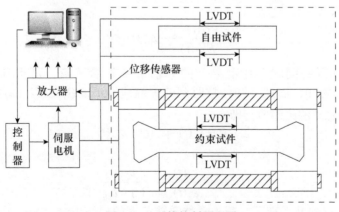

图 4.1.6　系统控制原理图

　　此外，温度应力试验机还可以测定一系列混凝土早期性能参数如收缩变形、徐变、应力松弛以及弹性模量的发展等等，其原理如下：

　　全约束条件下，整个试验中试件的总应变 $\varepsilon(t)$ 都控制在 0 附近，当试件应变超过某一限值（即阈值）时，伺服电机控制活动夹头移动，使约束试件变形恢复至 0。构成总应变 $\varepsilon(t)$ 的分应变量即弹性应变 $\varepsilon_e(t)$、徐变应变 $\varepsilon_c(t)$ 和收缩应变 $\varepsilon_{sh}(t)$（代表试验中混凝土所有非荷载应变的总和，包括自生体积变形、干燥收缩、温度收缩等）都不为 0，在恢复变形时刻，有以下关系：

$$\varepsilon(t) = \varepsilon_e(t) + \varepsilon_c(t) + \varepsilon_{sh}(t) = 0 \qquad （4.1.9）$$

弹性应变 $\varepsilon_e(t)$ 可以表达为

$$\varepsilon_e(t) = \frac{\sigma(t)}{E(t)} \qquad （4.1.10）$$

恒定应力条件下的徐变应变为

$$\varepsilon_c(t) = \frac{\sigma}{E(t)} \Phi(t) \qquad （4.1.11）$$

式中，$E(t)$——混凝土弹性模量（割线模量）；

　　　$\sigma(t)$——混凝土的单轴应力；

　　　$\Phi(t)$——徐变系数，定义为徐变应变与弹性应变的比值。

由于试验中的应力是逐渐发展的，混凝土中的徐变应变要小于恒定应力 σ 所引起的徐变值。为得到试验中的徐变应变表达式，引入龄期系数 $\Omega(t)$（对于硬化混凝土 $\Omega(t)$ 一般为 0.6～0.9，对于早期混凝土一般为 0.9～1.0），由此徐变应变 $\varepsilon_c(t)$ 可以表达为

$$\varepsilon_c(t) = \frac{\sigma}{E(t)} \Phi(t) \Omega(t) \qquad （4.1.12）$$

所以，试件总应变 $\varepsilon(t)$ 可以表达为

$$\varepsilon(t) = \frac{\sigma(t)}{E(t)}(1 + \Phi(t)\Omega(t)) + \varepsilon_{sh}(t) = 0 \qquad （4.1.13）$$

Bazant 定义了有效弹性模量，如下所示：

$$E'_{eff}(t) = \frac{E(t)}{1 + \Phi(t)\Omega(t)} \qquad （4.1.14）$$

则式（4.1.13）又可以改写为

$$\frac{\sigma(t)}{E'_{eff}(t)} = -\varepsilon_{sh}(t) \qquad （4.1.15）$$

通过并列进行的同配合比混凝土的单轴自由收缩试验，可得到 $\varepsilon_{sh}(t)$ 值。由于总的应变 $\varepsilon(t)$ 为 0，因此，在任意时刻的弹性应变值 $\dot\varepsilon_e(t)$ 之和 $\varepsilon_e(t)$ 等于收缩应变 $\varepsilon_{sh}(t)$ 和徐变 $\varepsilon_c(t)$ 总和的绝对值，即

$$\sum \dot\varepsilon_e(t) = \varepsilon_e(t) = |\varepsilon_c(t) + \varepsilon_{sh}(t)| \qquad （4.1.16）$$

进而有

$$\Phi(t)\Omega(t) = \frac{\varepsilon_c(t)}{\varepsilon_e(t)} = \frac{\varepsilon_c(t)}{|\varepsilon_c(t) + \varepsilon_{sh}(t)|} \qquad （4.1.17）$$

试验还可以得到某龄期下混凝土在特定荷载下的切线模量 $E_t(t)$。若循环补偿过程中应力增量为 $\dot\sigma(t)$，即时弹性应变为 $\dot\varepsilon_e(t)$，则存在下列关系：

$$\dot\varepsilon_e(t) = \frac{\dot\sigma(t)}{E_t(t)} \qquad （4.1.18）$$

因此，采用温度应力试验机可以测试出早龄期混凝土的约束应力、割线模量、切线模量、有效模量、徐变系数等参数随时间的演变规律。

具体而言，采用温度应力试验机，在全约束条件下，混凝土的应变发展符合式（4.1.9），

测量早龄期混凝土徐变特性的过程如图 4.1.7 所示。图中，自由变形即为由自由试件直接测定的变形 $\varepsilon_{sh}(t)$；累积变形 $\varepsilon_e(t)$ 为约束试件每个调整周期的弹性应变的累计，由即时弹性变形（即图 4.1.7 中的恢复变形）累加获得。因而，徐变变形 $\varepsilon_c(t)$ 作为唯一的未知量就可以通过式（4.1.9）计算得到。

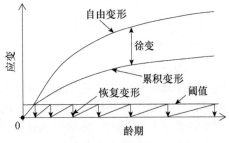

图 4.1.7　温度应力试验机测试徐变示意图

采用上述方法测量了 C40 混凝土的徐变特性。试验中，采用了半绝热的试验条件，室温控制在（20 ± 1）℃。为了避免试件与外界发生水分交换，试件成型后由塑料膜包裹密封。测得的混凝土的累积变形和自由变形如图 4.1.8 所示，从图中可以看出，16d 龄期时 C40 混凝土自由变形达到 125×10^{-6}，累积变形（累加的弹性变形以及收缩）只有 65×10^{-6}，根据式（4.1.19）计算得到 C40 混凝土 16d 龄期的徐变应变为 60×10^{-6}。计算得到的理论弹性应力和实际测得应力如图 4.1.9 所示，从图中可以看出 16d 龄期时理论应力大约在 4.5MPa，而实际应力约为 1.8MPa，应力松弛系数约为 0.4。

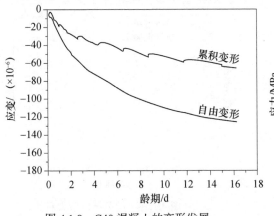

图 4.1.8　C40 混凝土的变形发展

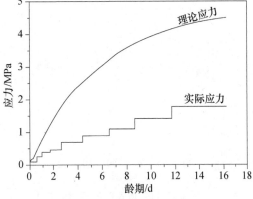

图 4.1.9　C40 混凝土应力松弛

采用温度应力试验机对混凝土 7d 龄期前的弹性模量进行了测试，具体测试方法为：从终凝后开始，每 6h 进行一次加载，每次加载首先以 1kN/s 的加载速率加压至 60kN（2.67MPa），然后以同样的速率恢复至 0 并保持，直至下一个 6h 进行下一次试验，如此循环往复。测得的 C60 混凝土的弹性模量结果如图 4.1.10 所示。结果显示，C60 混凝土弹性模量在 1d 内剧烈增长，1d 左右弹性模量达到 35GPa 左右，此后随着龄期的增长，弹性模量增长速率不断减小，5d 后基本稳定。采

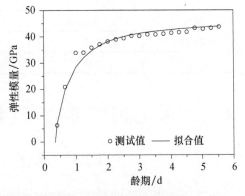

图 4.1.10　C60 混凝土早期弹性模量的发展

用温度应力试验机可以获得早龄期混凝土（甚至是 1d 内）的弹性模量发展。

此外，采用温度应力试验机，研究了掺与不掺膨胀剂的两种混凝土的抗裂性能，混凝土配合比如表 4.1.2 所示。

表 4.1.2　混凝土配合比 　　　　　　　　　　　　　　　　　　（kg/m³）

编号	水泥	粉煤灰	膨胀剂	砂	小石	大石	水
基准混凝土	296	74	0	744	334.9	781.5	159.1
膨胀混凝土	266.4	66.6	37	744	334.9	781.5	159.1

采用应变模式（Strain）控制全约束，始终使 Strain1 保持为 0，即试件中间段 450mm 范围内变形为 0。设置试验温度曲线如图 4.1.11 所示：在混凝土终凝前，采用 20℃恒温条件；在混凝土终凝后，先以 1℃/h 的速度从室温 20℃升温至 50℃，然后以 0.4℃/h 的速率降温至室温 20℃，最后开始快速降温至零下 15℃。在该温度历程下测试混凝土内变形、应力、温度等变化情况。

两种混凝土在约束条件下的应力发展情况如图 4.1.12 所示。基于图 4.1.12 可测得预压应力、第二零应力温度以及开裂温度等抗裂性关键参数，如表 4.1.3 所示。结合图 4.1.12 和表 4.1.3 可以看出，相较基准混凝土，掺加膨胀剂的混凝土预压应力增大 1 倍，第二零应力温度降低了 14.8℃，开裂温度降低 8.3℃，膨胀混凝土抗裂性明显优于基准混凝土。

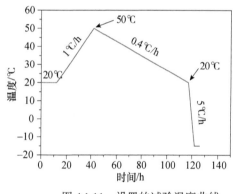

图 4.1.11　设置的试验温度曲线

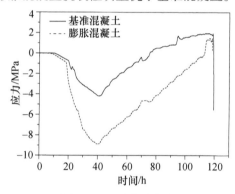

图 4.1.12　约束试件应力对比

表 4.1.3　抗裂性关键参数

编号	预压应力/MPa	第二零应力温度/℃	拉应力/MPa	开裂温度/℃
基准混凝土	4.5	35.7	2.11	28.3
膨胀混凝土	9.08	20.9	2.10	20

4.2　"水化-温度-湿度-约束"耦合收缩开裂机制及模型

4.2.1　水化、湿、热耦合现象

在第 3 章中，分别对硬化混凝土的化学收缩、自干燥收缩、干燥收缩、温度收缩等进行了介绍，从引起各种收缩变形的诱因来看，主要有水泥等胶凝材料的水化、温度变化以及水分（湿度）变化，尤其是对还未与环境介质发生化学反应的早龄期混凝土而言，上述几种诱因基本涵盖了混凝土的各种体积变形。从混凝土早期变形的表现形式及其诱因的分析中可以看出，混凝土的表观变形是材料内部水化及温湿度状态变化的反映。可以认为，混凝土的体积变形的本质在于湿、热、化学的变化。因此，实际结构混凝土的开裂，尤其是早期开裂，是在不断变化的环境条件下水化、湿、热多种影响因素共同交互作用下的结果。具体而言：

（1）在早龄期，混凝土骨架结构及强度的建立依赖于水化，而水化过程的发生又依赖于一定的温度、湿度条件，水化的快慢受温度、湿度状态的影响：温度升高，水化速率加快；湿度降低，水化速率减慢。

（2）水化影响混凝土内部温湿度状态的变化：水泥等胶凝材料的水化放热导致混凝土内部温度升高，同时水化引起的混凝土微结构的变化也改变混凝土的传热性能；水化过程中的水分消耗导致混凝土内部湿度降低，水化引起的混凝土微结构的变化也改变混凝土的传湿性能。

（3）混凝土温度和湿度间互相影响：温度的变化影响传湿能力，温度的提高增大水分扩散速率，也加速表面水分的蒸发速率；湿度的变化也影响传热能力，如湿度（水分）的变化会导致混凝土导热系数、比热容、线膨胀系数等的变化。

（4）温度和相对湿度的变化产生热变形和湿变形，热膨胀系数与水化及湿度相关，湿变形系数与孔结构、弹性模量等相关，孔结构及弹性模量受水化性能的影响。

综上所述，实际混凝土各种性能的演化处于水化、湿、热多因素交互影响的耦合环境中，从而进一步对混凝土的变形及抗裂性产生影响。这也是以往基于单一因素、标准条件下混凝土收缩开裂的实验室研究结果与工程实践之间存在很大差异的主要原因。因此，开展多因素耦合作用下混凝土的变形及开裂特性的研究，对实际工程结构混凝土更具有指导意义。

4.2.2　水化-温度-湿度-约束耦合机制

如上节所述，混凝土中的水化、湿、热交互作用过程十分复杂。而对处于复杂服役环境的实际结构混凝土而言，其变形还受到环境的影响和结构外约束作用，约束条件的变化引起徐变及收缩应力的变化，进而影响抗裂性。在本书中，将上述水化、湿、热交互作用及约束的影响称为"水化-温度-湿度-约束"耦合作用。如何分析这种耦合作用，并通过数学方法描述出来，是实现早龄期混凝土变形及抗裂性模拟预测的关键。

基于上述分析过程可以看出，混凝土中水化、湿、热之间的相关性非常大，"水化-温度-湿度"的耦合属于强耦合问题，而"约束"与水化、湿、热三者之间的相关性较弱，属于弱耦合问题。

选择合适的状态变量对早龄期混凝土的"水化-温度-湿度-约束"耦合现象的模拟是至关重要的。从理论的角度来说，所选择的物理量必须唯一地描述物质的热力学状态，从实用的角度来说，其应该在实验中容易测得，并能够在数学模型代码中很好地表现出来。国内外关于混凝土变形及开裂的数学模型中对于热学现象的描述基本采用温度作为状态变量，而对于描述湿状态和水泥水化进程的变量的选择却不唯一。就混凝土湿状态的描述而言，文献中采用的状态变量主要有相对湿度、单位含水量、孔隙水饱和度、毛细孔压力。在本模型中，鉴于测量的便捷性，选择相对湿度作为描述湿状态的主要变量。得益于孔隙负压监测仪器的开发，可以实现自浇筑成型开始的湿度的测量；基于 Kelvin 公式，也可以实现相对湿度和毛细管压力的转化。就水泥水化进程的描述而言，等效龄期或混凝土成熟度的概念常被用来说明温度（和相对湿度）对混凝土老化的影响，但 Gawin 等（2006）指出，这种概念的有效性是基于温度（和/或相对湿度）对水化速度的影响与水化程度无关的假设，而对于早龄期的混凝土的非线性模型，情况并非如此，此时采用成熟度的概念是有局限性的。在本模型中，选择直接采用水化程度作为描述水泥水化进程的状态变量。主要原因如下：①混凝土早期性能的发展均源于水化，水化程度是描述"水化-温度-湿度"耦合作用的最本质的状态量；②不同混凝土结构，环境、尺寸及施工条件不同，从时间尺度分析，水化历程、温湿度历程、力学性能发展均不同；采用成熟度分析，不能有效描述早期非线性模型中水化、温度、含水量（或相对湿度）之间复杂的依赖性；采用水化程度分析，则水化程度与性能之间的关系基本固定。将外界环境的影响作为边界条件，从而可以建立标准条件下混凝土试件性能和现场复杂环境下结构混凝土性能之间的联系。

基于上述分析，提出的硬化阶段混凝土收缩开裂的多因素耦合机制如下：水泥基材料"水化-温度-湿度"交互作用及结构形式等因素对其性能的影响的本质在于"基于水化程度的性能演变"，而环境、结构形式、养护方式的影响体现为初始和边界条件的变化。由此，实际工程中复杂服役环境、不同结构形式及施工工艺下混凝土收缩开裂性能的量化研究得以实现。

4.2.3 "水化-温度-湿度-约束"耦合收缩开裂评估模型

4.2.3.1 水泥及胶凝体系的水化

水泥水化一直以来都是混凝土科学研究的热点问题。然而，水化反应方程式尚未完全统一，水泥内部不同矿物相之间的相互作用和外部因素（温度、湿度等）的影响也没有完全研究清楚。文献中对于水泥水化的模拟计算主要有两种途径：一种是将水泥水化看成是水泥熟料整体的变化过程，水化反应主要由扩散过程控制，如 Cervera（1999）、De Schutter（1999）、Gawin（2006）、Luzio（2009）等；另一种是将水泥水化看作是各矿物组分单独水化的加和，而控制各矿物水化动力学的主要机制也是扩散过程，如 Maekawa（1999）、Sellier 等（2007，2012）。此外，也有少部分文献将熟料整体水化过程或单个水泥矿物组分的水化过程分为分阶段的水化动力学控制过程（如结晶成核和晶体生长过程、相边界反应过程、扩散过程），各个过程采用不同反应动力学方程或不同的水化反应速率描述，如 Dabić 等（2000），阎培渝（2006，2014）、Merzouki 等（2013）。

随着水泥中混合材含量的增加和矿物掺合料的应用，混凝土中胶凝体系愈加复杂，仅考虑水泥熟料的水化已不符合工程实际，混合材对水泥水化的影响以及矿物掺合料的水化也逐渐受到重视。在矿物掺合料水化模拟方面，基本是将矿物掺合料水化计算与水泥水化计算分开考虑，单独建立水化控制方程，其中，大部分文献中矿物掺合料水化控制方程采用与水泥水化相同的形式，如 Maekawa（1999）、De Schutter（1999）、Wang

和 Lee（2010）、Sellier 等（2012）对矿渣水化的研究，Maekawa（1999）、Sellier 等（2007）对粉煤灰水化的研究，以及 Luzio（2009）等对硅灰水化的研究；也有少部分文献采用与水泥水化形式不同的矿物掺合料水化控制方程，如 Merzouki（2013）对矿渣水化的研究，Swaddiwudhipong（2003）对硅灰水化的研究。

　　从模型形式来看，无论是将水泥水化看做熟料整体还是各矿物相水化的加和，水化速率通常都表示成与温度、湿度（或水分含量）、水化度等相关的影响因子乘积的形式，如下所示：

$$\dot{\alpha}_c = A_c(\alpha_c)\beta_h(h)\exp\left(-\frac{E_{a_c}}{RT}\right) \text{（Cervera，1999；Gawin，2006；Luzio，2009）} \quad （4.2.1）$$

$$q_p = q_{p,\max,20} \cdot f_p(\alpha_p) \cdot g_p(T) \text{（De Schutter，1999）} \quad （4.2.2）$$

$$H_i = \gamma_i \cdot \beta_i \cdot \lambda_i \cdot \mu_i \cdot H_{i,T_0}(Q_i)\exp\left\{-\frac{E_i}{R}\left(\frac{1}{T}-\frac{1}{T_0}\right)\right\} \text{（Maekawa，1999）} \quad （4.2.3）$$

$$\dot{\alpha}_i = A_i \cdot \prod_i(\overline{r_m}) \cdot c_i(\alpha,W) \cdot h_i(T) \cdot g_i \text{（Sellier，2007）} \quad （4.2.4）$$

其中，温度影响基本采用 Arrhenius 公式描述；湿度状态的描述在不同文献中采用的状态变量有所不同，包括单位质量的含水量、相对湿度、广义毛细管负压等等。

　　从模型计算的简便性和数值实现的容易程度来看，将水泥水化看作整体的水化模型参数较少，忽略组分间反应的相互影响；将水泥水化看作各组分水化结合的模型参数多，部分参数不易取值，且模型数值实现较麻烦；矿物掺合料水化模型基本采用与水泥水化模型相同的形式，但模型参数取值受限制，相关研究较少，参数难以准确获取。

　　针对上述问题，本模型中将水泥水化看成是整体的方式而不是各个组分的反应的叠加，采用 Cervera 等（1999）提出的如下水化程度计算公式：

$$\frac{\mathrm{d}\alpha_c}{\mathrm{d}t} = A_\alpha(\alpha_c)\beta_h(h)\exp(-E_{\alpha_c}/RT) \quad （4.2.5）$$

和

$$A_\alpha(\alpha_c) = A_1\left(\frac{A_2}{\alpha_c^\infty}+\alpha_c\right)(\alpha_c^\infty-\alpha_c)\exp(-\eta\alpha_c/\alpha_c^\infty) \quad （4.2.6）$$

$$\beta_h(h) = [1+(a-ah)^b]^{-1} \quad （4.2.7）$$

式中，$\mathrm{d}\alpha_c/\mathrm{d}t$—水化反应速率；

　　　　$A_\alpha(\alpha_c)$—归一化化学亲和力；

　　　　$\beta_h(h)$—反映湿度对水化速率影响的经验函数，由 Bažant 和 Prasannan（1989）为了定义等效水化龄期而第一次提出；

　　　　E_{α_c}—水化活化能；

　　　　R—普适气体常数；

　　　　α_c^∞—最大水化程度；

　　　　η，A_1，A_2—材料常数，可通过拟合绝热温升曲线获得；

　　　　E_{ac}/R—可通过实验测定；

　　　　a，b——一般取常数，$a=5.5$，$b=4$。

Pantazopoulo 和 Mills（1995）提出了与水灰比 w/c 相关的最大水化程度 α_c^∞ 的经验计算公式：

$$\alpha_c^\infty = \frac{1.031\,w/c}{0.194 + w/c} \qquad （4.2.8）$$

上述模型是针对纯水泥的水化建立，在有粉煤灰、矿渣粉、硅灰等矿物掺合料的情况下，胶凝材料体系的最大水化程度不仅与水胶比相关，也受矿物掺合料的影响。针对含有粉煤灰和矿渣粉的胶凝材料体系，Schindler 等（2005）提出的与水胶比 w/b、粉煤灰掺量 P_{FA}、矿渣粉掺量 P_{SL} 相关的胶凝材料最大水化程度的计算公式如下：

$$\alpha_{max} = \frac{1.031 \cdot w/b}{0.194 + w/b} + 0.50 \cdot P_{FA} + 0.30 \cdot P_{SL} \leq 1.0 \qquad （4.2.9）$$

式中，α_{max}—胶凝材料体系的最大水化程度，当 α_{max} 计算结果大于 1.0 时取 1.0。

不同胶凝材料体系水化温度敏感性有着显著的差别，根据 Arrhenius 方程，水化反应的温度敏感性可以通过反应活化能来表征。Schindler（2004）通过对掺加粉煤灰和矿渣粉的胶凝材料体系水化温度敏感性的研究，给出了胶凝材料体系活化能计算公式如下：

$$E = 22100 \cdot f_E \cdot p_{C_3A}^{0.30} \cdot p_{C_4AF}^{0.25} \cdot Blaine^{0.35} \qquad （4.2.10）$$

式中，p_{C_3A}—水泥中 C_3A 的质量分数；

$\quad\quad p_{C_4AF}$—水泥中 C_4AF 的质量分数；

$\quad\quad Blaine$—水泥的比表面积，m^2/kg；

$\quad\quad f_E$—考虑矿物掺合料的活化能修正系数，定义如下：

$$f_E = 1 - 1.05 \cdot p_{FA} \cdot \left(1 - \frac{p_{FA-CaO}}{0.40}\right) + 0.40 \cdot p_{SL} \qquad （4.2.11）$$

式中，p_{FA}—粉煤灰质量分数；

$\quad\quad p_{SL}$—矿渣粉质量分数；

$\quad\quad p_{FA-CaO}$—粉煤灰中 CaO 的质量分数。

由式（4.2.10）和式（4.2.11）可知，掺加粉煤灰会降低胶凝材料体系的活化能，而掺加矿渣粉提高了胶凝材料体系的活化能。然而，也有研究发现，在高温养护条件下，掺加粉煤灰的混凝土强度增长高于掺加矿渣粉的混凝土，也就是说掺加粉煤灰的胶凝材料在高温下的水化程度更高，其水化温度敏感性高于掺加矿渣粉的胶凝体系，即活化能更高。作者团队研究了在 20~50℃下不同粉煤灰和矿渣粉掺量的胶凝材料体系水化的温度敏感性，在掺量较大的情况下，掺粉煤灰和矿渣粉的胶凝材料体系活化能随水化程度变化的关系如图 4.2.1 所示。从图中可以看出，在水化程度较低时，掺有粉煤灰的胶凝材料体系的活化能低于纯水泥体系，并且随着粉煤灰掺量的增加不断降低，这与公式（4.2.11）预测的趋势是一致的。而随着水化的继续进行，大掺量粉煤灰胶凝材料体系的活化能逐渐升高，并且粉煤灰掺量越大活化能增加的幅度越大。对于掺大量矿渣粉的胶凝材料体系，在水化程度较低时其活化能随着矿渣粉掺量的增加而增加，之后随着水化程度的增加活化能逐渐降低。在水化后期，由于胶凝材料水化反应由化学反应控制转为扩散控制，而温度对于扩散的影响相对较小，因此计算得到的活化能继续降低。对不同掺合料种类和掺量下胶凝材料体系早期阶段（对结构温度场计算影响较大的阶段）活化能的平均值分析结果表明，采用公式（4.2.11）计算的掺加粉煤灰的胶凝材料体系结果偏小，且不适用于大掺量粉煤灰和矿渣粉胶凝材料体系活化能的计算。

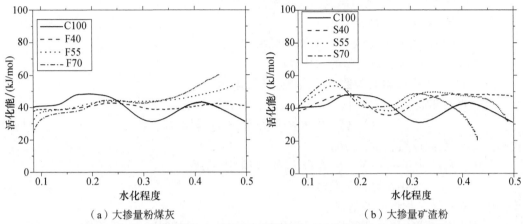

（a）大掺量粉煤灰　　　　　　　　　　　（b）大掺量矿渣粉

图 4.2.1　大掺量粉煤灰和矿渣粉胶凝材料体系活化能随水化程度的变化

根据不同掺量下粉煤灰和矿渣粉体系活化能在一定水化程度（0.1~0.4）范围内的平均值统计分析，考虑到实际工程矿物掺合料掺量，以及温度场计算结果和监测结果之间的误差范围，采取下式计算掺粉煤灰和矿渣粉胶凝材料体系的活化能：

$$E_a = [(k_{Ea,\mathrm{FA}} + k_{Ea,\mathrm{SL}}) - 1] \cdot E_\mathrm{C} \qquad （4.2.12）$$

式中，E_C——水泥水化活化能；

　　　$k_{Ea,\mathrm{FA}}$，$k_{Ea,\mathrm{SL}}$——粉煤灰和矿渣粉对活化能的影响系数，与掺量相关，可按表 4.2.1 选取。

表 4.2.1　活化能影响系数

掺量	15%	30%	40%	50%
矿渣粉	1.05	1.08	1.12	1.2
粉煤灰	0.95~1.00			

实际工程中，混凝土的水化放热历程通常采取绝热温升进行测试。式（4.2.6）中的水化相关参数可通过拟合绝热温升曲线来获得。

在无实验数据时，混凝土绝热温升和水化程度可按下式计算：

$$T_a(t_a) = T_{a,\max}(1 - e^{-mt_a}) = \alpha_{\max}\frac{WQ}{c_t\rho}(1 - e^{-mt_a}) \qquad （4.2.13）$$

$$\alpha(t) = \frac{Q(t)}{Q} \qquad （4.2.14）$$

式中，$T_a(t_a)$——混凝土龄期 t_a 时的绝热温升，℃；

　　　$T_{a,\max}$——最大绝热温升值，℃；

　　　W——单位体积混凝土胶凝材料用量，kg/m³；

　　　Q——胶凝材料放热总量，kJ/kg；

　　　$Q(t)$——t 时刻胶凝材料放热量，kJ/kg；

c_t—混凝土的比热，一般为 $0.92 \sim 1.0 kJ/$（$kg \cdot K$）；

ρ—混凝土的重力密度，$2400 \sim 2500 kg/m^3$；

m—与水泥品种、浇筑温度等有关的经验系数，d^{-1}；

t_a—绝热温升测试龄期，d；

α_{max}—胶凝材料的最大水化程度，可由式 4.2.9 计算；

α（t）—t 时刻胶凝材料的水化程度。

式（4.2.13）中的相关参数可参照下述方法取值：

（1）当已知混凝土组成时，式中的胶凝材料放热总量 Q 按下式计算：

$$Q = Q_C \cdot P_C + k_1 \cdot 461 \cdot P_{SL} + k_2 \cdot 210 \cdot P_{FA} \qquad （4.2.15）$$

式中，Q_C—水泥放热总量，kJ/kg；

P_C，P_{SL}，P_{FA}—水泥、矿渣粉、粉煤灰的掺量；

k_1 和 k_2—水化放热相关系数。

在已知水泥矿物组成的情况下：

$$Q_C = 500P_{C_3S} + 260P_{C_2S} + 866P_{C_3A} + 420P_{C_4AF} + 624P_{SO_3} + 1186P_{FreeCa} + 850P_{MgO} \qquad （4.2.16）$$

在未知水泥矿物组成的情况下，Q_C、k_1、k_2 可参照相关标准选取。

（2）当未知混凝土组成时，式中的 $T_{a.\,max}$ 可按表 4.2.2 选取。

（3）绝热温升终值确定后，其发展速率主要由参数 m 确定。需要指出的是，为了满足施工需求，现代混凝土一般掺加化学外加剂，混凝土内部温度快速增长之前，一般存在较长的诱导期（或凝结时间相对较长），采取式（4.2.13）较难实现凝结时间较长的混凝土绝热温升曲线的有效拟合。由于凝结之前混凝土的水化温升较小，若拟合过程不考虑诱导期，根据作者团队就多项工程绝热数据统计分析结果，可按照表 4.2.2 选取 m 值。

表 4.2.2　不同强度等级混凝土的最大绝热温升和 m 的取值

参数	混凝土强度等级	
	C30 ~ C40	C50 ~ C60
$T_{a.\,max}$/℃	40 ~ 50	55
m /d^{-1}	0.8 ~ 1.0	1.0 ~ 1.5

4.2.3.2　热传输控制方程

混凝土中的热传输不单单是一种能量的传输，其热量传递方式包括固相的导热及穿过微小孔隙的导热与对流（高温时还有辐射）。由于水泥水化反应的放热属性，早期混凝土的温度场不是恒定的。将混凝土和其所处的周围环境看成是一个密闭的体系，根据能量守恒定律，焓平衡方程写为

$$\rho c_t \frac{\partial T}{\partial t} = -\nabla \cdot \boldsymbol{q} + \dot{Q}_c \qquad （4.2.17）$$

式中，ρ—混凝土质量密度，kg/m^3；

c_t—混凝土比热容，KJ/（$kg \cdot K$）；

T—绝对温度，K；

$\boldsymbol{q}$—热通量，W/m^2；

$\dot{Q}_c$—水泥水化反应单位体积热生成率，W/m^3。

通常用导热系数表示水泥基材料的热传递能力，在混凝土中热传导（不超过 100℃）可以通过 Fourier 定律描述，如下式所示：

$$q = -\lambda_{eff}\nabla T \tag{4.2.18}$$

式中，λ_{eff}—有效导热系数，$W/(m·K)$，依赖于温度、含水量以及水化程度。

考虑到孔隙率的变化和饱和度的变化，潮湿混凝土的有效导热系数可用下式评估（Gawin，2006）：

$$\lambda_{eff} = \lambda_{dry}(T)\left[1 + \frac{4n\rho_w S_w}{(1-n)\rho_s}\right] \tag{4.2.19}$$

式中，λ_{dry}—干燥的、成熟的混凝土的有效导热系数，$W/(m·K)$；

　　　　ρ_w—液态水的密度，kg/m^3；

　　　　ρ_s—固相骨架的密度，kg/m^3；

　　　　n—孔隙率；

　　　　S_w—饱和度。

水泥水化反应单位体积热生成率 $\dot{Q}_c$ 可以表示为

$$\dot{Q}_c = \dot{\alpha}_c c \tilde{Q}_c^\infty \tag{4.2.20}$$

式中，c—水泥用量，kg/m^3；

　　　　$\tilde{Q}_c^\infty$—单位质量混凝土水化反应潜热，J/kg。

将式（4.2.18）和式（4.2.20）代入式（4.2.17），可得

$$\rho c_t \frac{\partial T}{\partial t} + \nabla \cdot (-\lambda_{eff}\nabla T) = \dot{Q}_c = \dot{\alpha}_c c \tilde{Q}_c^\infty \tag{4.2.21}$$

4.2.3.3　湿传输控制方程

硬化混凝土中的水以毛细水、水蒸气、吸附水以及非蒸发水（化学结合水）等形式存在。因为每一种水分的传输机制不同，具有不同的驱动力，理论上，应针对不同的水分传输机制分别建模。然而，这种考虑过于复杂，导致难以建立合适的数学模型。因此出于简化考虑，早期混凝土的相对湿度一般在 80%甚至 90%以上（这里不包括相对湿度在早期就急剧下降的超高性能混凝土），在结构混凝土正常的温度范围内，孔隙几乎处于毛细饱和状态，在等温条件下混凝土中的整体水分传输过程通常用 Fick 定律描述，将总湿含量或相对湿度的梯度作为传输驱动力，认为单位时间湿通量 J 与相对湿度 h 的空间梯度成比例：

$$J = -D_h(h,T)\nabla h \tag{4.2.22}$$

式中，$D_h(h,T)$ 为依赖于相对湿度和温度的湿扩散系数，可按下式计算（Luzio，2009）：

$$D_h(h,T) = \psi(T)D_1\left[1 + \left(\frac{D_1}{D_0} - 1\right)(1-h)^n\right]^{-1} \tag{4.2.23}$$

式中，$\psi(T)$—温度对渗透性的影响，由 Bažant 等（1972）提出，$\psi(T) = \exp(E_{ad}/RT_0 - E_{ad}/RT)$，$E_{ad}/R \approx 2700K$；

　　　　D_0，D_1—完全干燥条件下（$h=0$）和完全饱和条件下（$h=1$）的水分渗透性，$D_0 = \tilde{D}_0(w/c)^3$，

$D_1 = \tilde{D}_1(w/c)^{2.5}$，参数 $\tilde{D}_0$ 和 $\tilde{D}_1$ 可通过水分扩散试验结果拟合得到；

　　　　n—材料参数，控制着渗透性传输从 D_0 和 D_1 的速率，可通过水分扩散试验结果拟合得到；

　　　　T，T_0—绝对温度和标准室温温度，$T_0 = 296\text{K}$。

　　水分质量守恒要求单位体积混凝土水分质量随时间变化等于湿通量 $\boldsymbol{J}$ 的散度，即

$$-\frac{\partial w}{\partial t} = \nabla \cdot \boldsymbol{J} \tag{4.2.24}$$

式中，w—湿含量，是蒸发水 w_e（毛细水，水蒸气和吸附水）和非蒸发水 w_n（化学结合水）的总和，湿含量随着时间变化可写为

$$\frac{\partial w}{\partial t} = \frac{\partial w_e}{\partial t} + \frac{\partial w_n}{\partial t} = \frac{\partial w_e}{\partial h}\frac{\partial h}{\partial t} + \frac{\partial w_e}{\partial \alpha_c}\dot{\alpha}_c + \dot{w}_n \tag{4.2.25}$$

其中，

$$w_n(\alpha_c) = k_c \alpha_c c \tag{4.2.26}$$

$$w_e(h,\alpha_c) = k_{vg}^c \alpha_c c\left[1 - \frac{1}{e^{10(g_1\alpha_c^\infty - \alpha_c)h}}\right] + \frac{w_0 - 0.188\alpha_c c - k_{vg}^c \alpha_c c[1 - e^{-10(g_1\alpha_c^\infty - \alpha_c)}]}{e^{10(g_1\alpha_c^\infty - \alpha_c)} - 1} \tag{4.2.27}$$

式中，w_0—用水量；

　　　　k_c—完全水化时非蒸发水的质量比，$k_c = 0.253$；

　　　　k_{vg}^c，g_1—通过拟合吸附/脱附等温试验数据而获得的材料参数。

　　将式（4.2.22）和式（4.2.25）代入式（4.2.24）可得

$$\nabla \cdot (D_h \nabla h) - \frac{\partial w_e}{\partial h}\frac{\partial h}{\partial t} - \frac{\partial w_e}{\partial \alpha_c}\dot{\alpha}_c - \dot{w}_n = 0 \tag{4.2.28}$$

式中，$\partial w_e / \partial h$ 为吸附/脱附等温线的斜率（即持水量），$\dot{\alpha}_c\,\partial w_e / \partial \alpha_c + \dot{w}_n$ 表示混凝土龄期对扩散过程的影响。

4.2.3.4　边界条件

　　热传输控制方程（式（4.2.21））和湿传输控制方程（式（4.2.28））必须通过适当的初始条件和边界条件来求解。初始条件描述了 $t = 0$ 时刻整个求解域内的温度和相对湿度，边界条件描述了边界上的热通量（或温度）和湿通量（或湿度）。以热传输为例，边界条件可通过以下四种方式给出：

　　第一类边界条件：已知混凝土表面温度（湿度）函数，即

$$T(t)\big|_\Gamma = f(t) \tag{4.2.29}$$

　　第二类边界条件：已知混凝土表面的热流量，即

$$-(\lambda \nabla T) \cdot \boldsymbol{n}\big|_\Gamma = f(t) \tag{4.2.30}$$

　　第三类边界条件：当混凝土与空气接触时，表面热流量与混凝土表面温度 T 和气温 T_a 之差成正比，即

$$-(\lambda \nabla T) \cdot \boldsymbol{n}\big|_\Gamma = \alpha_T(T - T_a) \tag{4.2.31}$$

式中，α_T 为换热系数。当 α_T 趋于无限大时，$T = T_a$，即转化为第一类边界条件；当 $\alpha_T = 0$ 时，$-(\lambda \nabla T) \cdot \boldsymbol{n}\big|_\Gamma = 0$，转化为绝热条件。

第四类边界条件：当混凝土与其他固体接触时（如混凝土表面覆盖模板或采取保温措施时），如接触良好，则在接触面上温度和热流量都是连续的，即

$$\left. \begin{array}{l} T_1 = T_2 \\ -(\lambda_1 \nabla T_1) \cdot \boldsymbol{n}|_\Gamma = -(\lambda_2 \nabla T_2) \cdot \boldsymbol{n}|_\Gamma \end{array} \right\}$$　（4.2.32）

4.2.3.5　水化-温度-湿度耦合条件下的变形

随着水泥水化的进行，硬化水泥石中形成了大量的微孔，自由水逐渐减少，混凝土内部的相对湿度逐渐降低。毛细孔中的水由饱和变为不饱和状态，毛细孔中产生弯月面，毛细孔曲率半径减小，硬化水泥石受负压作用产生自干燥收缩。根据节 4.2.3.1 ~ 节 4.2.3.4，可以计算出水化-温度-湿度耦合条件下混凝土内部的水化历程以及温度场和湿度场。基于湿度场计算结果，采用节 3.3 中提出的自干燥收缩模型可以计算得到收缩变形。

混凝土的温度变形以下式表示：

$$\mathrm{d}\varepsilon_T = \beta_T \mathrm{d}T$$　（4.2.33）

式中，β_T—热膨胀系数，K^{-1}。

4.2.3.6　混凝土的徐变

正如第 3 章中在建立自干燥收缩模型时所述，不同学者对于硬化混凝土的徐变机理的阐释不尽相同，也提出了不同的徐变计算模型。国内外标准规范中常用的有 CEP-FIP（1978、1990、2010）系列模型、ACI 209（1982、1992）系列模型、BP（B3、B4）系列模型、GZ（1993）模型、GL2000 模型。这些徐变模型均是基于对大量试验数据的统计拟合分析得到，但对于早龄期（初凝至几天）混凝土的徐变的适用性还有待进一步研究。尽管徐变机理还未完全明晰，但普遍认为引起徐变的根源主要在于水化硅酸钙凝胶以及水分的迁移，因此，也有文献直接研究了徐变行为与水化历程的关系。

Van Breugel（1980）基于对加荷前凝胶和新形成凝胶之间应力分布的假设，提出了基于水灰比及水化程度这两个决定微观结构主要参数的徐变模型：

$$\varphi(t, t_0, \alpha(t_0)) = \frac{\alpha(t)}{\alpha(t_0)} - 1 + a \cdot w^{1.65} \cdot t_0^{-d} \cdot (t - t_0)^n \cdot \frac{\alpha(t)}{\alpha(t_0)}$$　（4.2.34）

式中，$\alpha(t)$，$\alpha(t_0)$—时间 t 和加载时刻 t_0 时的水化程度；

　　　w—水灰比；

　　　a，d，n—常数。

Guenot（1996）提出了与加载时刻水化程度相关的早龄期混凝土基本徐变计算模型如下：

$$C(t - t_0, r_0, \alpha) = \mu_0(r_0, s) \left[\frac{t - t_0}{\mu_1(r_0) + t - t_0} \right]^{0.35}$$　（4.2.35）

式中，r_0—加载时刻 t_0 时的水化程度；

　　　μ_1—与加载时刻水化程度 r_0 相关的参数；

　　　μ_0—与加载时刻水化程度 r_0 以及应力水平相关的参数。

$$\mu_1(r_0) = 600 r_0^3$$　（4.2.36）

$$\mu_0(r_0,s)=\frac{1}{E_{28}}P_1(r_0)(1+P_2(r_0)s^2) \tag{4.2.37}$$

式中，系数 P_1，P_2 可以通过回归分析确定。

De Schutter（1999）提出了基于水化程度的基本徐变模型如下：

$$\varphi_c(r,r_b)=c_1(r_b)\left(\frac{r-r_b}{1-r_b}\right)^{c_2(r_b)} \tag{4.2.38}$$

其中，r——水化程度；

r_b——加载时刻的水化程度；

c_1，c_2——与加载时刻水化程度相关的系数，对于 CEMⅢ/B 32.5，$c_1(r_b)=2.801-1.608r_b$，$c_2(r_b)=0.13+0.386r_b$。

事实上，混凝土中的孔隙应力会引起骨架的体积变形，因此该应力应同样引起徐变变形。而一些低水胶比混凝土的早期自收缩变形实验结果表明，在某些条件下的材料应变（扣除毛细应力产生的弹性应变）只能通过毛细应力所引起的徐变变形解释。针对该问题，Gawin（2006）基于 Bazant 等提出的微观预应力-固结理论模型以及 Gray（2001）和 Schrefler（2002）提出的有效应力模型，提出了改进的徐变模型，在该模型中，总的徐变速率张量 $\dot\varepsilon_c$ 被分解成两个部分：黏弹性变形速率 $\dot\varepsilon_v$ 和黏滞性应变速率 $\dot\varepsilon_f$：

$$\dot\varepsilon_c=\dot\varepsilon_v+\dot\varepsilon_f \tag{4.2.39}$$

$$\dot\varepsilon_v(t)=\frac{\dot\gamma(t)}{v(t)} \tag{4.2.40}$$

$$\dot\varepsilon_f(t)=\frac{\sigma(t)}{\eta} \tag{4.2.41}$$

式中，$\gamma(t)=\int_0^t\Phi(t-\tau)\dot\sigma(\tau)\mathrm{d}\tau$，$v(t)^{-1}=(\lambda_0/t)^m+\alpha$，$\Phi(t-\tau)=q_2\ln\left[1+\left(\frac{\zeta}{\lambda_0}\right)^n\right]$，

$\zeta=(t-\tau)/\lambda_0$，$\frac{1}{\eta(s)}=cpS^{p-1}$，$S$ 为微观预应力，满足 $\dot S+c_0S^p=-c_1\dot h/h$。

4.2.3.7　混凝土早期力学性能

混凝土早期力学性能采用下式计算（De Schutter，1996）：

$$f_M(\alpha)=f_M^\infty\left(\frac{\alpha-\alpha_0}{1-\alpha_0}\right)^a \tag{4.2.42}$$

式中，$f_M(\alpha)$——水化程度 α 下的力学性能（弹性模量、抗拉强度）；

α_0——初始水化程度，无实验测试数据时，C30、C35 可取 0.15~0.20，C40、C45 可取 0.10~0.15，C50、C60 可取 0.05~0.10；

a——指数常数，无实验测试值时，弹性模量可取 0.5，抗拉强度可取 1.0；

f_M^∞——达到最大水化程度时的弹性模量或抗拉强度，无试验数据时，参照 fib 模型和 B3 模型，f_M^∞ 可按下式进行计算：

$$\begin{cases} f_{ctm} = 0.3(f_{ck})^{2/3} & f_{ck} \leqslant 50\text{MPa} \\ f_{ctm} = 2.12\ln[1+0.1(f_{ck}+\Delta f)] & f_{ck} > 50\text{MPa} \end{cases} \tag{4.2.43}$$

$$E_{cm} = 4734 f_{cm}^{0.5} \tag{4.2.44}$$

$$f_{cm} = f_{ck} + \Delta f \tag{4.2.45}$$

式中，f_{ctm}— 抗拉强度，MPa；

　　E_{cm}— 弹性模量，MPa；

　　f_{ck}，f_{cm}—抗压强度设计值和平均值，MPa，Δf=8MPa。

需要注意的是，现代混凝土由于组成复杂以及大掺量矿物掺合料的使用，实际抗拉强度测试值比由式（4.2.43）计算出来的结果小。据试验结果统计，在大掺量矿物掺合料情况下，降幅能达到 30% ~ 50%。这在计算时需要考虑。

结合上述湿-热-水化耦合条件下的变形性能以及基于水化度的弹性模量和徐变性能，并基于弹性力学基本原理，可获得应力场分布。

4.2.3.8　开裂风险系数

为进一步对开裂风险进行量化计算，模型中用最大拉应力与即时抗拉强度之比表示开裂风险系数，具体公式如下：

$$\eta = \frac{\sigma(t)}{f_t(t)} \tag{4.2.46}$$

式中，$\sigma(t)$，$f_t(t)$ — t 时刻混凝土的最大拉应力及抗拉强度，MPa。

4.2.3.9　"水化-温度-湿度-约束"耦合模型数值计算实例

1. 水化-温度-湿度耦合条件下混凝土温度场模拟

基于前文提出的耦合模型，对早期带模养护（绝湿）且侧面处于一定散热条件中的墙体构件混凝土（水灰比为 0.3，水泥用量为 530kg/m³）的水化程度及温度场进行数值计算。构件示意图如图 4.2.2 所示。计算所需参数取自 Luzio（2009）的试验及分析数据，如表 4.2.3 所示。

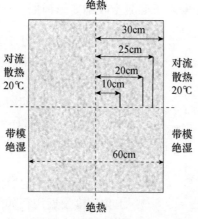

图 4.2.2　构件示意图（侧墙，使用木模板）

表 4.2.3　计算所取参数

参数	数值	参数	数值
密度 ρ/（kg/m³）	2400	式（4.2.23）中 n	3
比热 c_t/（J/（kg·K））	1100	式（4.2.27）中 g_1	1.2
导热系数 λ/（W/（m·K））	2.3	式（4.2.27）中 $k_{vg}{}^c$	0.255
放热总量 $\tilde{Q}_c^\infty$/（kJ/kg）	500	式（4.2.5）中 A_1/h^{-1}	1.5×10^7
活化能 E/R/K	5000	式（4.2.5）中 A_2	5×10^{-2}
式（4.2.23）中 D_0/（m²/h）	0.085	式（4.2.5）中 η	8
式（4.2.23）中 D_1/（m²/h）	6		

　　计算得到的混凝土内部温度和水化程度随龄期的变化分别如图 4.2.3、图 4.2.4 所示（图中 d 表示距离试件中心点的水平距离）。可以看出，处于一定散热条件下的侧墙结构，靠近模板侧混凝土和侧墙中心处的温度相差较大，内外温差达到了 10℃以上。而即便在此较大温差下，由于结构早期处于绝湿条件（内部湿度基本一致），7d 龄期时，混凝土水化程度差别较小。因此，在实际工程应合理选择模板并加强后期保温养护，可以减小内外温差引起的收缩开裂风险。

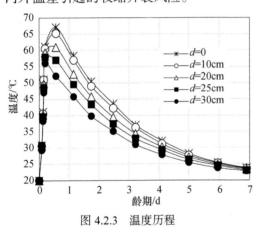

图 4.2.3　温度历程

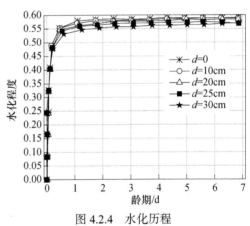

图 4.2.4　水化历程

2. 水化-温度-湿度耦合条件下混凝土收缩变形模拟

同样选取一处于密封绝湿条件的混凝土构件以模拟实际工程中拆模前的侧墙结构混凝土，计算其在水化-温度-湿度耦合作用下的变形发展历程。构件示意图如图 4.2.5 所示，构件上下面绝热，侧面与 20℃环境存在对流散热。计算参数取自 Bryant 和 Vadhanavikkit（1987）的试验数据，如表 4.2.4 所示。

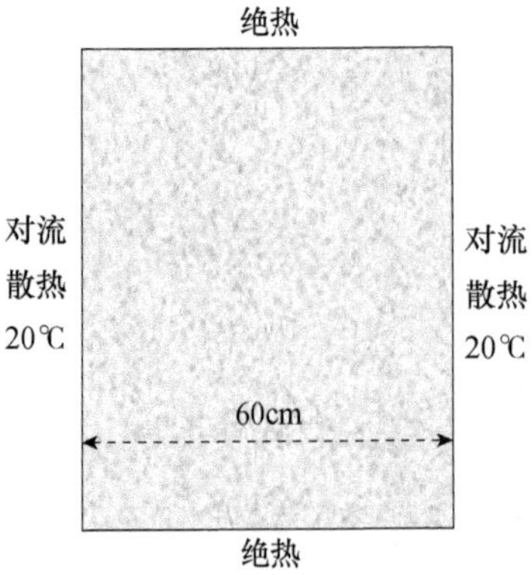

图 4.2.5　构件示意图

　　计算得到的混凝土 7d 龄期内的温度、湿度和水化程度发展历程如图 4.2.6 所示。从图中看出，侧墙结构中不同位置处水泥水化历程非常接近；温度历程相差较大，中心处的温升最高，靠近侧面温升最低；不同位置处的相对湿度发展历程基本一致。

表 4.2.4　计算所取参数

参数	数值	参数	数值
水灰比 w/c	0.45	导热系数 λ_{eff} / (w/ (m·K))	1.5
集料/水泥质量比 a/c	3.95	杨氏模量 E/GPa	29.2
孔隙率 n/%	12.2	泊松比 v	0.18
渗透率 k/m^2	1×10^{-19}	抗压强度 f_c/MPa	49.4
表观密度 ρ/ (kg/m^3)	2285	活化能 E_a/R /K	5000
比热 c_t/ (J/ (kg·K))	1020		

　　基于图 4.2.6 中的温度、湿度及水化程度，对变形性能进行了分析，结果如图 4.2.7 所示。从图中可以看出：侧墙内部不同位置处的由于湿度降低所产生的自收缩较为接近，即可以基本忽略自收缩所引起的变形梯度；不同位置处由于温度变化所产生的温度变形差距较大，中部温度产生的膨胀变形最大，越靠近侧面温度膨胀越小。

　　上述工作为墙板结构混凝土早期收缩开裂的实验研究及进一步明确影响变形的主要因素提供了理论基础。

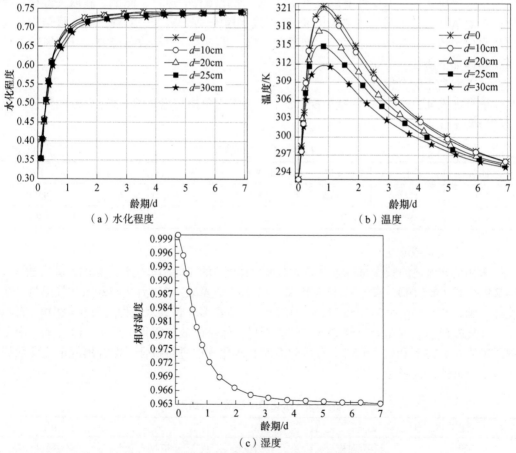

（a）水化程度　　　　　　　　　　　　　　（b）温度

（c）湿度

图 4.2.6　试件不同位置温度、湿度和水化随时间变化
（图中 d 表示距离试件中点的水平距离）

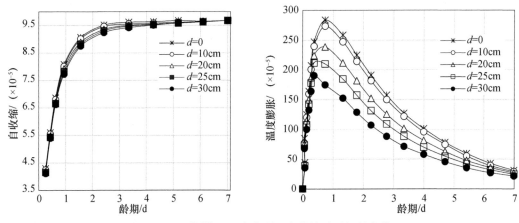

图 4.2.7　不同位置温度变形和自收缩随时间的变化

3. 墙板结构混凝土的材料参数测试及开裂风险预测

采用前文所述温度应力试验机、孔隙负压测试系统等测试方法对早龄期混凝土的弹性模量、抗拉强度、徐变性能以及凝结时间、水化历程等进行了测试，获取关键材料参数，在此基础上，采用上述"水化-温度-湿度-约束"耦合模型，实现了对墙板结构混凝土从水化历程、温度场、湿度场，到温度变形、湿变形，再到收缩应力、开裂风险的计算，具体如下所述。

（1）混凝土配合比

设计如表 4.2.5 所示的混凝土配合比，主要考虑单掺粉煤灰的 C30、C60 两种强度等级的混凝土。

表 4.2.5　混凝土配合比　　　　　　　　　　　　　　（kg/m³）

编号	水	水泥	粉煤灰	砂子	大石	小石
C30	177.6	314.5	55.5	725.0	652.5	435.0
C60	160.0	425.0	75.0	672.6	658.4	439.0

（2）水化参数确定

采用前文所述的胶凝材料体系的最大水化程度、活化能和水化放热量的计算方法（式（4.2.9）、式（4.2.10）、式（4.2.15）和式（4.2.16）以及表 4.2.1 计算得到水化放热量、活化能分别为 435.4J/g 和 36355.37J/mol，C30 和 C60 混凝土最大水化程度为 0.809 和 0.717。

在此基础上，对微量热仪测试出的胶凝材料体系的放热历程（图 4.2.8）进行分析，并采取式（4.2.5）和式（4.2.6）对水化速率和水化程度进行拟合，拟合出的水化参数如表 4.2.6 和图 4.2.9 所示。

表 4.2.6　水化速率参数拟合结果

编号	A_{c1}/s^{-1}	A_{c2}	η_{c1}	R^2
C30	361.13044	0.00719	4.72004	0.98670
C60	465.53600	0.00114	4.42409	0.98155

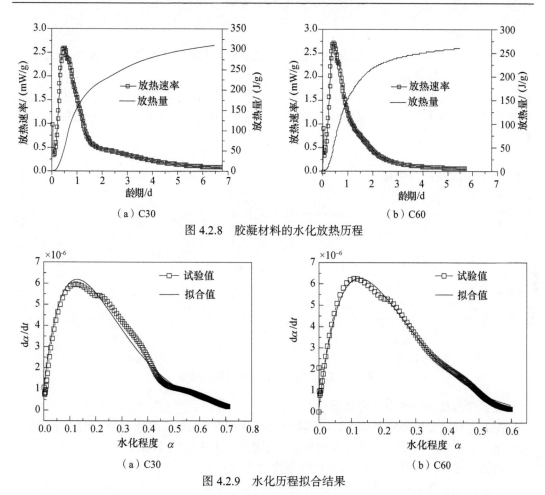

（a）C30　　　　　　　　　　　　　（b）C60

图 4.2.8　胶凝材料的水化放热历程

（a）C30　　　　　　　　　　　　　（b）C60

图 4.2.9　水化历程拟合结果

（3）弹性模量

采取温度应力试验机（7d 前）和普通压力试验机（7d 后）相结合的方法，对混凝土的弹性模量进行了测试，并采取式（4.2.42）对测试结果进行了拟合，拟合的结果如图 4.2.10 所示。

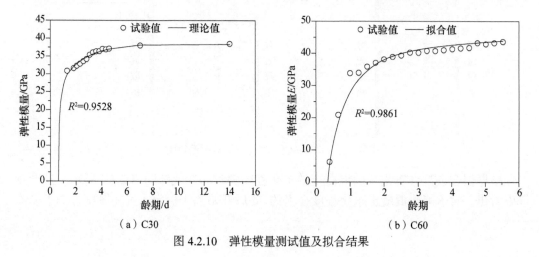

（a）C30　　　　　　　　　　　　　（b）C60

图 4.2.10　弹性模量测试值及拟合结果

（4）线膨胀系数

采用 3.5.4 节的线膨胀系数测试方法，测试出来的混凝土的线膨胀系数为 11με/℃。

（5）早期抗拉强度

采取温度应力试验机（7d 前）和普通拉力试验机（7d 后）相结合的方法，对混凝土的抗拉强度进行了测试，并采取式（4.2.42）对测试结果进行了拟合，拟合的结果如图 4.2.11 所示。

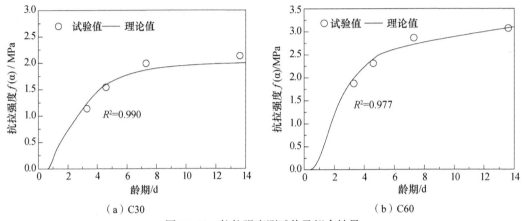

（a）C30　　　　　　　　　　　（b）C60

图 4.2.11　抗拉强度测试值及拟合结果

（6）变形及开裂风险计算结果

在上述材料参数确定基础上，对侧墙不同位置处（见图 4.2.12）混凝土的水化历程、温度场、湿度场、温度变形及湿度变形进行了模拟，模拟的参数如下：

侧墙厚度：C60 厚度为 80cm；C30 厚度为 50cm；

模板：模板为木模，其热交换系数为 4.25W/（m²·K）

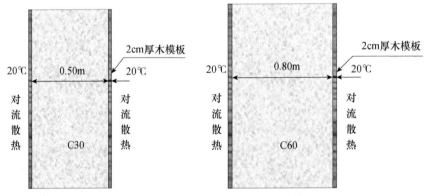

图 4.2.12　C30、C60 侧墙分析结构示意图

根据耦合模型计算出来的混凝土的水化程度随时间变化如图 4.2.13 所示。从图中可以看出，对于侧墙混凝土水化程度在大约 4d 后开始趋于稳定，且在厚度方向上基本一致。

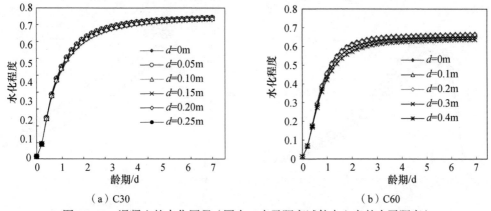

（a）C30　　　　　　　　　　　　　　（b）C60

图 4.2.13　混凝土的水化历程（图中 d 表示距离试件中心点的水平距离）

　　湿度模拟结果如图 4.2.14 所示。由于侧墙为绝湿条件，其内部相对湿度基本一致（不存在梯度）。相较于 C30 混凝土，C60 混凝土 7d 龄期时相对湿度已有显著的下降。

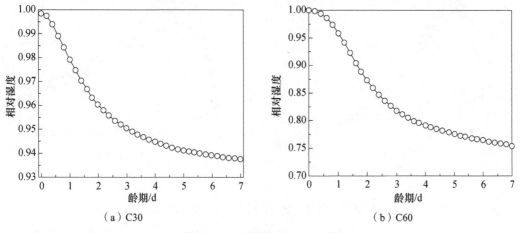

（a）C30　　　　　　　　　　　　　　（b）C60

图 4.2.14　混凝土的湿度变化

　　温度计算结果如图 4.2.15 所示。从图中可以看出，随着水化和热传输过程的进行，混凝土内部存在明显的温升温降过程，在 1~2d 内即达到温峰；与此同时，从混凝土中心向表面，温度逐渐降低。C30 侧墙混凝土中心最高温度达到 46℃（较入模时增加了 26℃），内外温差在 5℃左右。C60 侧墙混凝土由于厚度大、胶凝材料用量较高，其温升明显大于 C30 混凝土，中心最高温度达到 61℃（较入模时增加了 41℃），内外温差超过了 10℃。

　　以初凝为变形零点，温度变形和自收缩变形的模拟结果如图 4.2.16 所示。从图中可以看出，混凝土由于温度的变化表现出先膨胀后收缩的趋势，但两种强度等级混凝土的温度变形历程有明显区别。C30 混凝土在 3d 左右时由最初由于温升产生的膨胀转为收缩状态，7d 龄期时温度收缩达到 100×10^{-6}。而 C60 混凝土由于 7d 龄期时内部温度仍高于初凝时的温度，混凝土温度变形仍表现为正值，即处于膨胀状态。混凝土由于湿度的降低，自收缩逐渐增加，C30 混凝土 7d 龄期时自收缩为 50×10^{-6} 左右，而 C60 混凝土 7d

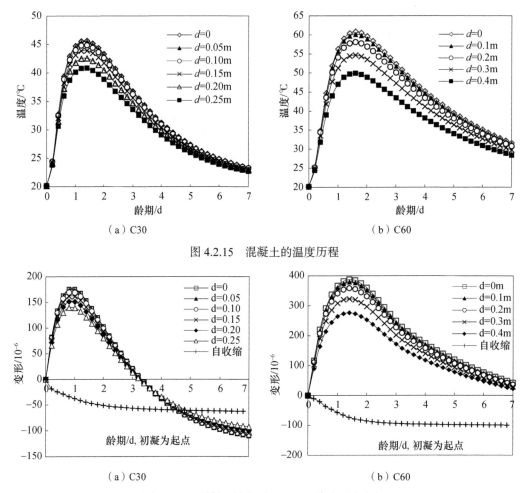

（a）C30　　　　　　　　　　　　　　　（b）C60

图 4.2.15　混凝土的温度历程

（a）C30　　　　　　　　　　　　　　　（b）C60

图 4.2.16　混凝土的变形历程（正值表示膨胀）

龄期时自收缩值为 100×10^{-6} 左右。从模拟结果可以看出，温度变形在侧墙混凝土早期变形中占比较高。

　　计算得到的侧墙混凝土的最大应力与浇筑长度的关系曲线如图 4.2.17 所示。从图中可以看出，随着浇筑长度的增加，最大拉应力逐渐增加，一定长度之后，最大拉应力值开始趋于稳定。值得一提的是，虽然继续增加浇筑长度对最大拉应力的影响不大，但出现最大拉应力的区域逐渐增大，开裂风险还可能提高。

　　计算得到的侧墙混凝土的开裂风险系数随浇筑长度的变化曲线如图 4.2.18 所示。从图中可以看出，对于 C30 基准混凝土，一次性浇筑长度小于 3m 时，开裂风险系数小于 0.7，一次性浇筑长度在 3m 至 6m 之间时，开裂风险系数处于 0.7～1 之间，一次性浇筑长度大于 6m 时，开裂风险系数超过 1.0；对于 C60 基准混凝土，浇筑长度小于 20m 时，其开裂风险系数小于 0.7，一次性浇筑长度大于 20m 时，开裂风险系数超过 0.7。这里需要注意的是，这里给出的是自浇筑成型开始至拆模前的 7d 内的结果，而由图 4.2.15（b）可知，C60 在第 7d 时内部温度仍在 30℃以上，明显高于环境温度，所以在拆除木模之后，由于温度的急剧下降，开裂风险还会增加，极有可能产生温度开裂。

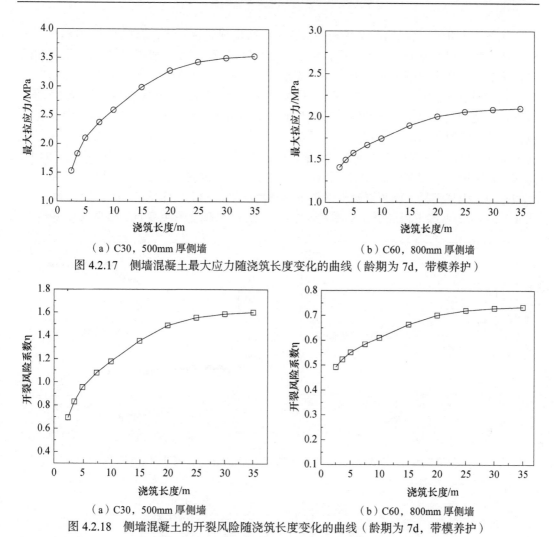

（a）C30，500mm 厚侧墙　　　　　　　　　（b）C60，800mm 厚侧墙
图 4.2.17　侧墙混凝土最大应力随浇筑长度变化的曲线（龄期为 7d，带模养护）

（a）C30，500mm 厚侧墙　　　　　　　　　（b）C60，800mm 厚侧墙
图 4.2.18　侧墙混凝土的开裂风险随浇筑长度变化的曲线（龄期为 7d，带模养护）

4.2.4　开裂风险系数阈值选取

选择合适的指标评价混凝土的抗裂性对于混凝土的裂缝控制至关重要。国内外的一些规范中对混凝土抗裂性评价指标有不同的表述，我国《混凝土重力坝设计规范》（SL 319-2005）中采用安全系数（混凝土极限拉伸值×弹性模量/各种温差所产生的温度应力之和）作为温度裂缝控制依据，安全系数控制在 1.5～2.0；《水运工程大体积混凝土温度裂缝控制技术规程》（JTS 202-1-2010）以混凝土温控抗裂安全系数（劈裂抗拉强度和拉应力比值）作为控制裂缝的依据，控制安全系数≥1.4；《大体积混凝土施工规范》（GB 50496-2009）采用防裂安全系数（混凝土抗拉强度标准值与约束拉应力的比值）作为温度裂缝控制依据，防裂安全系数≥1.15。日本规范要求混凝土劈裂抗拉强度与计算温度应力比不得小于 1.25～1.5。欧洲一般采用开裂风险的概念，即混凝土计算拉应力与对应龄期劈裂抗拉强度的比值。厄勒海峡隧道和丹麦大带桥要求计算温度应力与劈裂抗拉强

度之比不大于 0.7，现场监测结果表明混凝土没有出现温度裂缝，温控效果良好。

在文献调研的基础上，本模型直接以抗拉强度进行计算，并采用开裂风险系数的概念评价混凝土产生收缩裂缝的可能性。依据大量工程计算和监测结果对比的统计结果，提出 0.70 作为开裂风险系数控制阈值。工程实践统计结果表明，采取 0.70 作为控制阈值，可以较好地预测实际工程开裂情况。以某地下结构墙体混凝土和某水工大体积混凝土为例，开裂风险预测结果和实测开裂情况如图 4.2.19 和图 4.2.20 所示。图 4.2.19（a）为某地下结构 0.7m 厚墙体开裂风险预测结果，6d 左右开裂风险系数达到 0.70，图 4.2.19（b）为该工程混凝土实测变形监测结果，由变形突变点可知混凝土在 6～7d 间发生开裂。图 4.2.20（a）为某工程大体积混凝土开裂风险预测结果，23d 左右开裂风险系数达到 0.7，图 4.2.20（b）为该工程混凝土实测变形结果，22.5d 出现变形突变点，表明发生开裂。

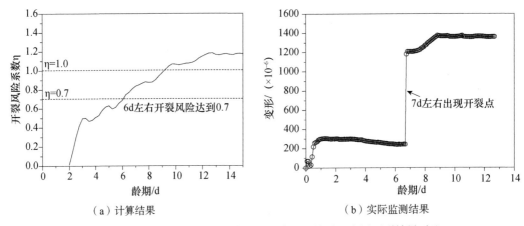

（a）计算结果 　　　　　　　　　　（b）实际监测结果

图 4.2.19　某工程 0.7m 厚墙体开裂风险预测结果和实测开裂结果对比

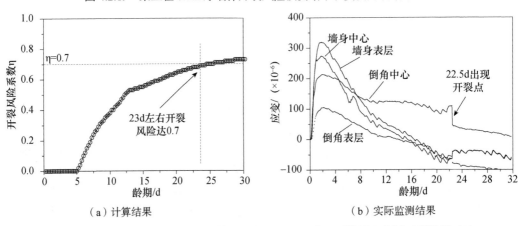

（a）计算结果 　　　　　　　　　　（b）实际监测结果

图 4.2.20　某工程 2.3～2.7m 厚大体积混凝土开裂风险预测结果和实际开裂结果对比

第 5 章　混凝土结构早期收缩开裂数值模拟软件

混凝土的收缩开裂受到材料、结构、环境和施工工艺等诸多因素的影响，为了准确、定量描述这些影响，在第 4 章中建立了基于"水化-温度-湿度-约束"耦合机制的收缩开裂评估模型。该模型为非线性的偏微分方程组，无法通过解析方法得出精确解，必须通过数值计算方法进行求解，现代计算机技术的发展为数值计算提供了有效的手段。本章介绍数值分析方法，开发基于多场耦合机制的混凝土结构早期收缩开裂数值模拟软件，结合典型的现代混凝土结构形式，详细介绍软件的使用方法和计算功能。通过该软件强大的计算功能可以非常方便地计算出材料、结构、环境和施工工艺参数的变化对开裂风险系数的影响规律，根据计算结果找出影响现代混凝土收缩开裂的最关键因素，从而为工程结构早期收缩开裂控制最优化方案提供依据。

5.1　现有的数值模拟方法与软件

5.1.1　数值模拟方法

数值模拟方法又称数值分析方法，是寻求数学问题近似解的方法，常用计算机程序来实现求解。常用的求解方法有有限差分法、有限元法、有限体积法等。

有限差分法的基本思想是把连续的求解区域用有限个离散点构成的网格代替，这些离散点被称为网格节点，然后以 Taylor 级数展开等方法，把数理方程中的微分项用差商来近似，积分用数值积分或求和来近似。经过这些近似，就可以用代数方程组来近似地代替所需求解的偏微分方程（组）和定解条件，最后利用插值方法，通过离散的网格节点上的结果得到在整个区域上的解。以温度场的求解为例，有限差分法是把原来求解物体内随空间、时间连续分布的温度问题，转化为求在空间领域和时间领域内有限个离散点的温度值问题，再用这些离散点上的温度值去逼近连续的温度分布。用差商代替微商，这样就将热传导微分方程转换为以节点温度为未知量的线性代数方程组，得到各节点的数值解。总体来看，有限差分法比较直观，对于具有规则的外形和均质材料的问题求解，它的程序设计比较简单，计算速度相对比较快。缺点在于不易处理复杂的求解域，对网格和解的连续性要求比较严格。

有限元法是根据变分原理和加权余量法来求解微分方程的一种数值计算方法。其求解步骤是先将连续求解域离散成有限个互不重叠的单元，在每个单元内选择一些合适的节点作为插值点，然后把待求解的偏微分方程中的因变量改写成依据节点上的值的插值函数组成的线性方程组，从而可以通过适当的数值方法求解得到所需的解。以温度场的求解为例，先对连续求解域进行有限单元化离散，再用变分原理将各单元内的热传输方程转化为等价的线性方程组，最后求解全域内的总体刚度矩阵。由于有限元法的单元形状可以比较任意，因此更能适合于具有复杂形状的物体。对于由几种不同材料组成的物体，可以利用不同材料的界面进行单元分割。特别是可以根据实际问题需要设置单元和节点分布的稀疏，这样就可以在不增加节点和计算量的前提下提高计算精度。其缺点在于计算量大，需要较多的计算资源，在并行计算方面不如有限差分法直观。

有限体积法常用于计算流体力学，其基本思路是将待求解区域离散成有限个不重复的控制体积，使每个网格节点周围有一个控制体积，假定解在网格点之间存在一定的变化规律，然后把待求解的偏微分方程对每个控制体积进行积分，从而得到一组离散的方程组。其物理意义在于，因变量在一个有限大小的控制体积中守恒，与数理方程推导中的无限小的体积微元中的守恒原理一样。有限体积法可以应用于不规则的网格，适于进行并行计算。有限体积法是基于积分方程的思路推导出来的，受到积分的精度限制，该方法的缺点在于总体精度不高，且对于不规则区域的适应性较差。

5.1.2　有限元分析软件

有限元法是土木工程领域内最常用的数值模拟方法。基于该方法的商业软件很多，如 Ansys、Abaqus、Comsol Multiphysics 等。研究者可以采用软件中预置的物理场应用模式进行问题的分析，部分软件中还提供了自定义偏微分方程应用模式，当预置的物理场应用模式满足不了要求时，可以用自定义模式求解二阶偏微分方程。采用这些商业软件，除了可以进行传统的结构力学的问题分析外，还可以向其他各种物理、工程领域延伸应用。

在混凝土材料与结构领域，有限元法除被用于结构力学分析以外，还被用于水化和微结构模拟以及耐久性分析等，形成了以 HYMOSTRUC 3D（van Breugel 及其团队）、CEMHYD 3D（Bentz 等）、DuCOM-COM3（Maekawa 及其团队）、μic（Bishnoi 等）为代表的模型及软件。

CEMHYD3D 是由 Bentz 教授等人在美国国家标准与技术研究院（NIST）编制的一款模拟水泥水化和微观结构发展的三维模拟软件包。模型基于数字图像基础，依赖于水泥颗粒的原始形貌，通过与背散射电子图像及 X 射线能谱相结合的方法，可精确获得同一区域水泥主要矿物成分的二维数字图像，并通过计算机数字图像处理技术，可清晰地划分水泥二维图像中的物相。软件代码采用 C++编写，借助 OPENGI 软件来生成不同的等效体积单元，采用元胞自动技术来模拟水泥水化反应。

HYMOSTRUC 3D 是荷兰 Delft 理工大学 van Breugel 教授及其团队开发的用于水泥水化和微观结构模拟的软件。软件除了配备以往分析软件的水泥水化边界条件外，还考虑了水泥水化进程的诸多因素，如水泥矿物组成、水灰比、养护温度等，使得模型的模拟结果更接近于真实状态。

DuCOM-COM3 为日本东京大学 Maekawa 教授及其团队开发的用于混凝土耐久性模拟和结构寿命预测的软件。模型在描述混凝土湿、热、力学等状态变化时考虑了内部多尺度微观孔隙结构特征,从而得到材料的宏观性能,尤其是耐久性能,进而实现混凝土结构的生命周期预测,以及服役结构的剩余寿命评估。

5.2 基于"水化-温度-湿度-约束"耦合模型的数值模拟软件

为实现对"水化-温度-湿度-约束"耦合模型的数值分析,作者团队提出基于 Visual Basic 调用有限元软件二次开发程序的数值模拟方法,并根据不同工程结构类型及特点,开发了系列软件模块。

5.2.1 软 件 概 述

5.2.1.1 基本功能

采用 Visual Basic 语言及 APDL 参数化设计语言开发的基于多场耦合作用的结构混凝土早期开裂风险评估分析软件 SCE-V1.0,主要用于计算和分析结构混凝土在水化-温度-湿度-约束耦合作用下早龄期温度、应力和开裂风险系数随时间的变化。软件主程序包含了前处理和后处理功能。前处理功能用于根据用户输入的数据建立有限元分析模型;后处理功能则用于将计算结果用图形的形式显示出来。使用时,用户只需根据界面提示,输入尺寸、材料、施工养护等相关参数信息,就可获得温度、应力和开裂风险系数随时间的变化,结果直观,易于操作,用户无需具备有限元专业知识。

5.2.1.2 软件主要模块

根据不同工程的结构特点,软件设置了系列结构模块,主要包括城市轨道交通侧墙结构混凝土早期开裂风险评估模块(简称轨道交通侧墙)、受围岩约束衬砌混凝土早期开裂风险评估模块(简称围岩衬砌结构)、超长结构混凝土早龄期收缩开裂风险评估模块(简称超长结构)、大体积混凝土温控抗裂分析模块(简称大体积混凝土)、大型预制构件收缩开裂风险评估模块(简称大型预制构件)以及其他模块,如图 5.2.1 所示。

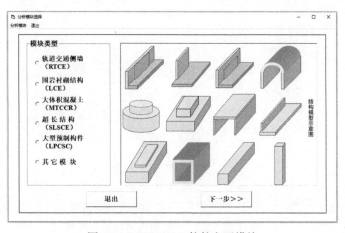

图 5.2.1 SCE-V1.0 软件主要模块

5.2.1.3　软件安装及主要使用流程

（1）安装有限元软件，安装在默认目录 C:\PROGRAM FILES 目录下。

（2）将软件包"SCE-V1.0"放在任意磁盘根目录下，并解压至 SCE-V1.0 文件夹下。

（3）双击打开 SCE-V1.0.exe 程序文件，按照可视化操作界面提示，选择结构模块、具体结构类型，并分别输入结构尺寸、时间参数、模板信息、环境参数、混凝土信息、早期热分析和结构分析等参数。同时，可根据顶部菜单栏或左侧导航栏快速定位到各参数界面及后处理界面。

（4）按照软件流程完成各个参数输入后，软件自动调用计算主程序模块进行计算。

（5）计算完成后，即可进入相应后处理界面，获得相应结构部位的温度、应力和开裂风险系数随时间变化的曲线图和原始数据。

5.2.2　软件主要模块使用步骤

5.2.2.1　超长结构混凝土早龄期收缩开裂风险评估分析模块

超长结构混凝土早龄期收缩开裂风险评估分析模块，简称 SLSCE-V1.0，主要用于计算和分析超长顶板结构、墙板结构和底板结构混凝土在水化-温度-湿度-约束耦合作用下的早龄期温度、应力和开裂风险系数发展历程。

打开 SCE-V1.0.exe 程序文件，选择"超长结构"模块（图 5.2.2），进入"结构类型选择"界面（图 5.2.3），选择所要计算的具体结构部位，如图 5.2.4 所示，要计算侧墙部位，则选择"墙板"。需要注意的是，选择结构类型时，每次只能选择底板、墙板、顶板三者中的一个部位进行分析计算，不可同时选择。

点击"下一步"，进入结构尺寸输入界面，如图 5.2.5 所示，在研究侧墙混凝土时，因侧墙浇筑于底板之上，需同时输入墙板和先浇底板的结构尺寸，包括高度、长度、厚度。如果是研究底板混凝土，则只需输入底板的结构尺寸；如果是研究顶板混凝土，则

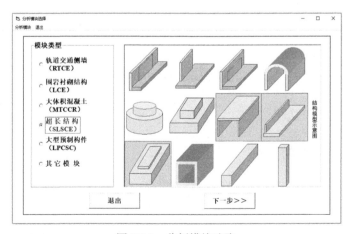

图 5.2.2　分析模块选取

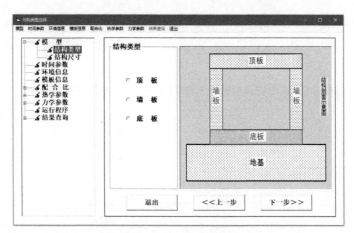

图 5.2.3　结构类型选择界面

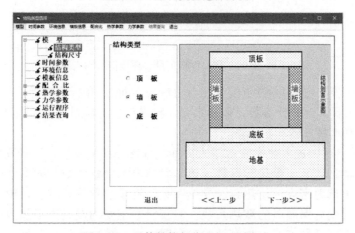

图 5.2.4　具体结构部位选择（墙板）

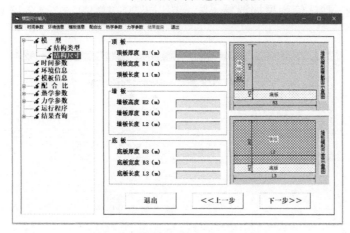

图 5.2.5　结构尺寸输入界面（墙板）

需同时输入顶板和先浇墙板的结构尺寸。

　　点击"下一步"，进入时间参数、环境信息、模板信息参数输入界面。如图 5.2.6 所示，时间参数包括计算总时间、计算步长、拆模时间、保温时间；模板信息包括模板材料（木模板还是钢模板）、模板厚度、有无保温材料、保温材料厚度；环境信息包括当月平均气温、当天平均气温、入模温度、风速等，当有气温实测数据时，可直接导入实时数据。

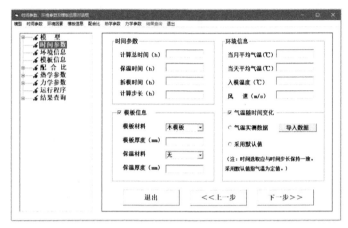

图 5.2.6　时间参数、模板信息、环境信息输入界面

　　点击"下一步"，进入混凝土配合比参数输入界面，如图 5.2.7 所示，选择混凝土强度等级，并输入具体配合比参数，包括水泥、粉煤灰、矿粉用量，膨胀剂用量，其他胶材用量，单位用水量，砂、石用量。

　　点击"下一步"，进入热学参数输入界面，如图 5.2.8 所示。当研究墙板时，需同时输入墙板热学参数和底板热学参数。热学参数分为常量参数和时变参数两种：常量参数包括混凝土重力密度、比热容、导热系数、拆模前散热系数、拆模后不保温时的散热系数以及拆模后保温时的散热系数；时变参数主要为混凝土绝热温升，可以采用默认值或试验数据两种方式，当有试验数据时，可直接导入试验数据，当无试验数据时，采用默认值，默认值为根据混凝土配合比以及式（4.2.9）、式（4.2.13）~式（4.2.16）计算获得。

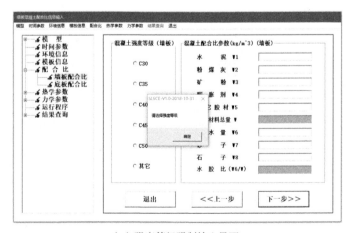

（a）强度等级强制输入界面

图 5.2.7　混凝土配合比参数输入界面

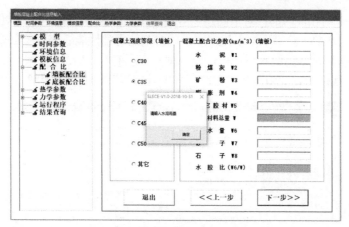

（b）水泥用量强制输入界面

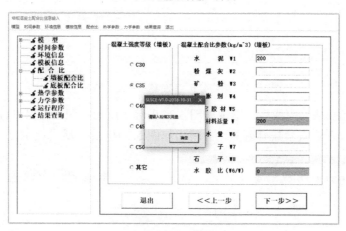

（c）粉煤灰用量强制输入界面

图 5.2.7 混凝土配合比参数输入界面（续）

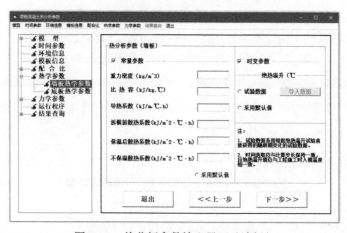

图 5.2.8 热分析参数输入界面（墙板）

点击"下一步"，进入力学参数输入界面，如图 5.2.9 所示，包括抗拉强度、弹性模量、泊松比等。当有不同龄期下力学性能的试验数据时，可直接导入试验数据或输入测试值；当无试验数据时，采用软件内部针对不同强度等级混凝土设置的力学性能默认值，软件计算过程中再根据式（4.2.42）获得不同水化度或不同时刻的力学性能。变形参数输入与力学性能参数类似，当有不同龄期下的收缩变形试验数据时，可直接导入试验数据；当无试验数据时，采用默认值，默认值为软件内部依据湿变形模型计算得到的或依据经验设置的收缩值。

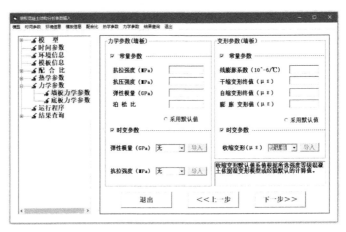

图 5.2.9　结构分析参数输入界面（墙板）

上述各个参数输入完成后，出现如图 5.2.10（a）所示界面，确保参数输入完整，否则需返回修改，若输入参数有遗漏，会跳出如图 5.2.10（b）所示提示。

（a）参数输入完成后确认界面　　　　　　　　　（b）参数输入遗漏时提示界面

图 5.2.10　参数确认

确定参数输入全部完成后，进入如图 5.2.11 所示的计算界面，点击图 5.2.11（a）中"确定"按钮后，软件自动调用计算主程序模块进行计算，计算完成后，跳出如图 5.2.11（b）所示窗口，确认后点击查看结果（图 5.2.11（c））即可进入相应后处理界面。

（a）开裂风险计算确认界面　　　　　　　　　（b）计算完成界面

（c）计算完成后查看结果

图 5.2.11　计算界面

　　程序软件部分后处理界面如图 5.2.12 所示，选择需要查询结构的内容及部位（如图 5.2.12（a）~图 5.2.12（c）所示），右侧图形框中将显示相应部位相应查询内容的结果随龄期变化的曲线图；鼠标右击曲线图（图 5.2.12（d）），可查看当前查询内容的结果数据（图 5.2.12（e）），以此可得到相应部位的温度（图 5.2.12（f）~图 5.2.12（h））、应力（图 5.2.12（i）~图 5.2.12（n））和开裂风险系数（图 5.2.12（o）~图 5.2.12（q））随时间变化的曲线图和原始数据。

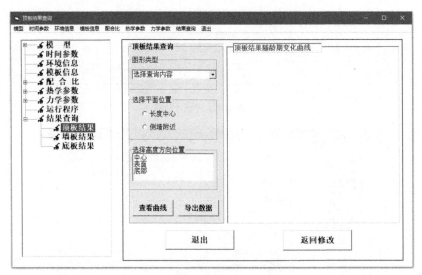

（a）结果查询进入界面（顶板）

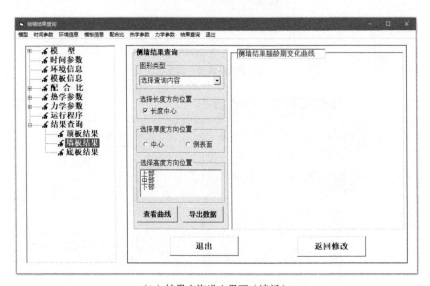

（b）结果查询进入界面（墙板）

图 5.2.12　部分后处理界面

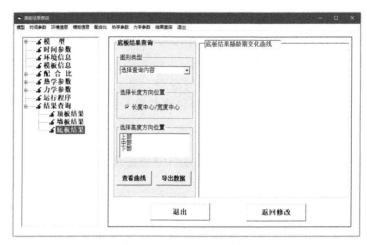

（c）结果查询进入界面（底板）

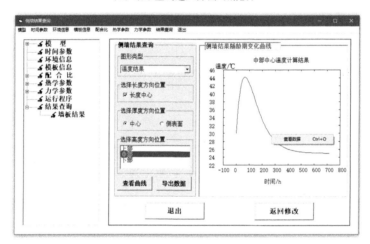

（d）查看数据界面（墙板）

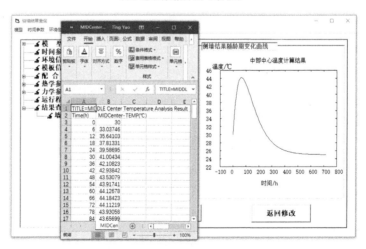

（e）查看数据界面（墙板）

图 5.2.12　部分后处理界面（续）

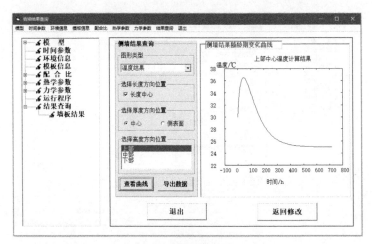

（f）上部中心温度曲线查看（墙板）

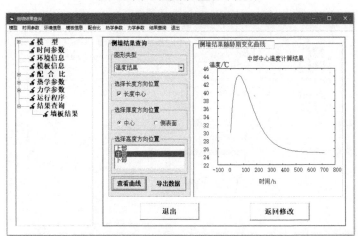

（g）中部中心温度曲线查看（墙板）

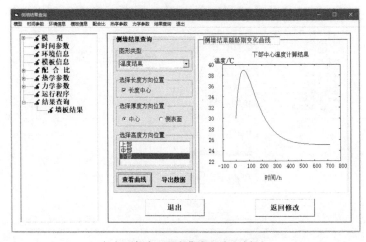

（h）下部中心温度曲线查看（墙板）

图 5.2.12 部分后处理界面（续）

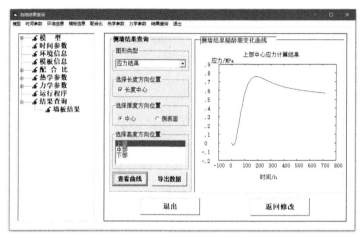

（i）上部中心应力曲线查看（墙板）

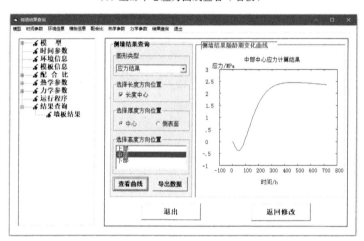

（j）中部中心应力曲线查看（墙板）

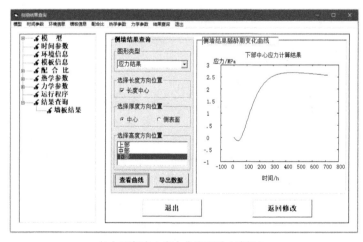

（k）下部中心应力曲线查看（墙板）

图 5.2.12　部分后处理界面（续）

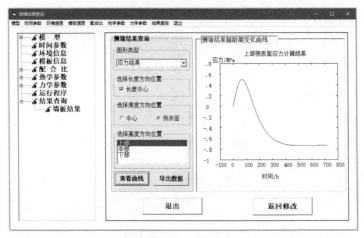

（l）上部侧表面应力结果查看（墙板）

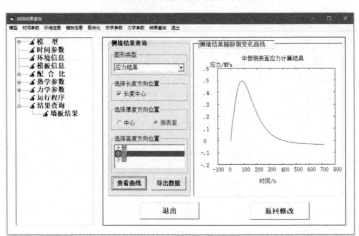

（m）中部侧表面应力曲线查看（墙板）

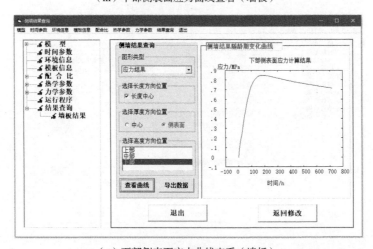

（n）下部侧表面应力曲线查看（墙板）

图 5.2.12　部分后处理界面（续）

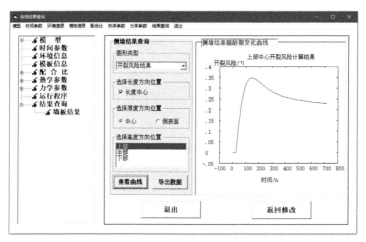

（o）上部中心开裂风险曲线查看（墙板）

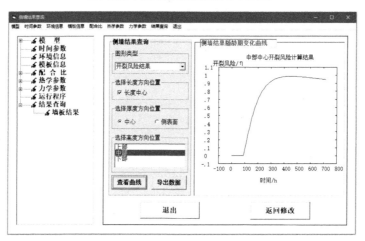

（p）中部中心开裂风险曲线查看（墙板）

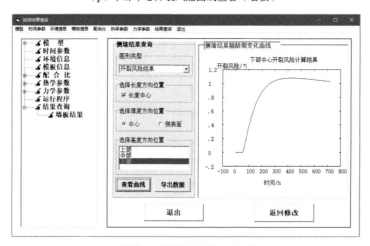

（q）下部中心开裂风险曲线查看（墙板）

图 5.2.12　部分后处理界面（续）

5.2.2.2　城市轨道交通地下现浇侧墙结构混凝土早期开裂风险评估分析模块

城市轨道交通地下现浇侧墙结构混凝土早期开裂风险评估分析模块，简称 RTCE-V1.0，该模块主要用于计算和分析城市轨道交通现浇内衬墙结构或类似结构，混凝土在水化-温度-湿度-约束耦合作用下早龄期温度、应力和开裂风险系数的发展历程，包含了目前应用较多的复合墙体系和叠合墙体系。

建模采用的侧墙结构剖面示意图如图 5.2.13 所示。复合墙体系中内衬墙与地连墙之间铺设一层防水卷材。由于防水卷材为柔性结构，因此假设施工期复合墙体系中地连墙和内衬墙仅存在热量的交换与传递，而内衬墙长度方向上并不受地连墙的约束作用，仅受到底板基础的约束。叠合墙体系下地连墙与内衬墙连为一体，其内衬墙不仅受到先浇底板基础的约束，还受到外侧地连墙的约束，因此假设内衬墙与地连墙结构之间完全连接。地连墙的材料参数对内衬墙结构的约束程度也有影响，因此地连墙结构也必须作为模型的一部分。

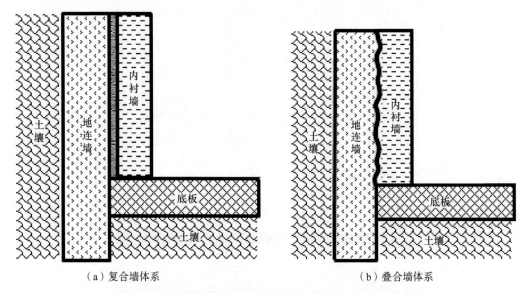

　　　（a）复合墙体系　　　　　　　　　　　　　（b）叠合墙体系

图 5.2.13　城市轨道交通地下现浇侧墙结构形式剖面示意图

RTCE-V1.0 模块的操作过程与 SLSCE-V1.0 基本类似。打开 SCE-V1.0.exe 程序文件，选择"轨道交通侧墙"模块（图 5.2.14），进入"结构类型选择"界面（图 5.2.15），选择所要计算的具体结构类型——复合墙或叠合墙。

点击"下一步"，进入模型尺寸输入界面，如图 5.2.16 所示，输入尺寸参数包括底板宽度、底板高度、地连墙厚度、内衬墙厚度、墙高度、浇筑长度。

点击"下一步"，进入时间参数输入界面，如图 5.2.17 所示，时间参数包括计算总时间、计算步长、拆模时间、保温时间；点击"下一步"进入模板信息输入界面，如图 5.2.18 所示，模板信息包括模板材料、模板厚度、有无保温材料、保温材料厚度；点击"下一步"进入环境参数输入界面，如图 5.2.19 所示，环境信息包括当月平均气温、入模温度、风速等，当有气温实测数据时，可直接导入实时数据。

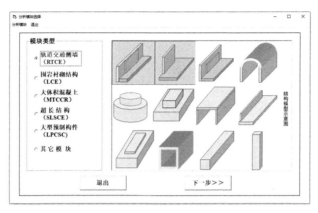

图 5.2.14　软件模块选择

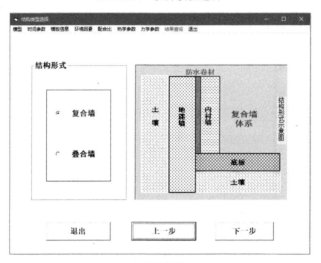

（a）复合墙

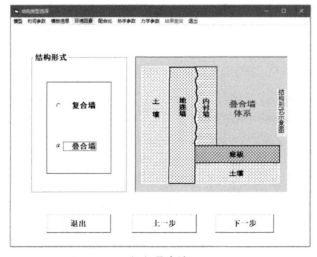

（b）叠合墙

图 5.2.15　结构形式选择界面

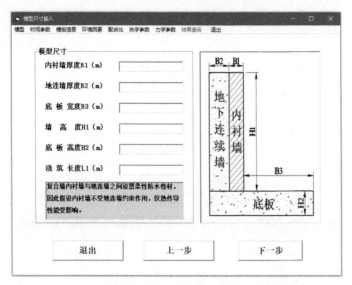

图 5.2.16　尺寸输入界面

图 5.2.17　时间参数输入界面　　　　图 5.2.18　模板信息输入界面

　　点击"下一步"进入内衬墙混凝土配合比参数输入界面,如图 5.2.20 所示,选择混凝土强度等级,并输入具体配合比参数。

　　点击"下一步"进入内衬墙热学参数输入界面,如图 5.2.21 所示,参数包括混凝土重力密度、比热容、导热系数、拆模前散热系数、拆模后保温时的散热系数、不保温时的散热系数以及混凝土绝热温升。常量参数可采用软件内置的默认值,也可根据实际资料输入;绝热温升当有试验数据时,可直接导入试验数据,当无试验数据时,采用根据混凝土配合比以及式(4.2.9)、式(4.2.13)～式(4.2.16)计算获得的默认值。

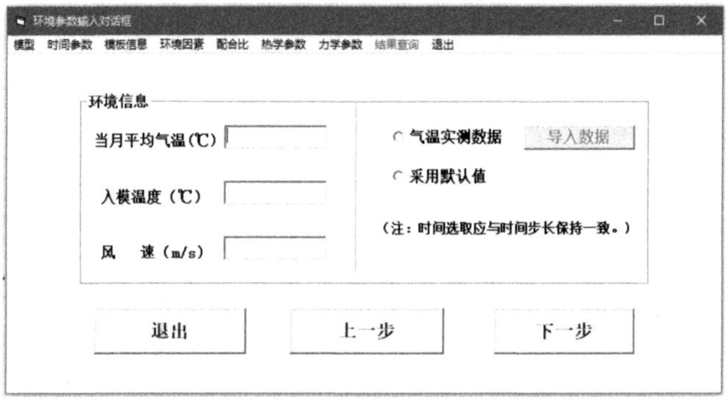

图 5.2.19　环境参数输入界面

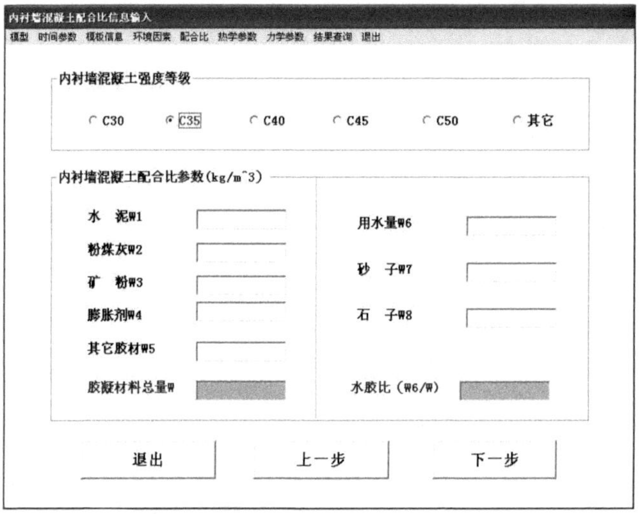

图 5.2.20　配合比信息输入界面（内衬墙）

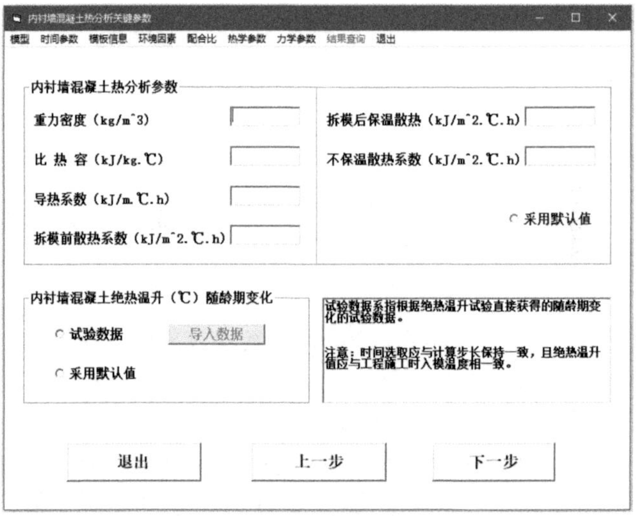

图 5.2.21　热分析参数输入界面（内衬墙）

　　点击"下一步"进入内衬墙结构分析参数输入界面，如图 5.2.22 所示，包括抗拉强度、弹性模量、泊松比等。当有不同龄期下力学性能的试验数据时，可直接导入试验数据或输入 28d 测试值，当无试验数据时，采用软件内部针对不同强度等级混凝土设置的28d 力学性能默认值，软件计算过程中再根据式（4.2.42）获得不同水化度或不同时刻的力学性能。变形参数输入与力学性能参数类似，当有不同龄期下的收缩变形试验数据时，可直接导入试验数据，当无试验数据时，采用默认值，默认值为软件内部依据模型计算得到的或依据规范或经验设置的收缩值。

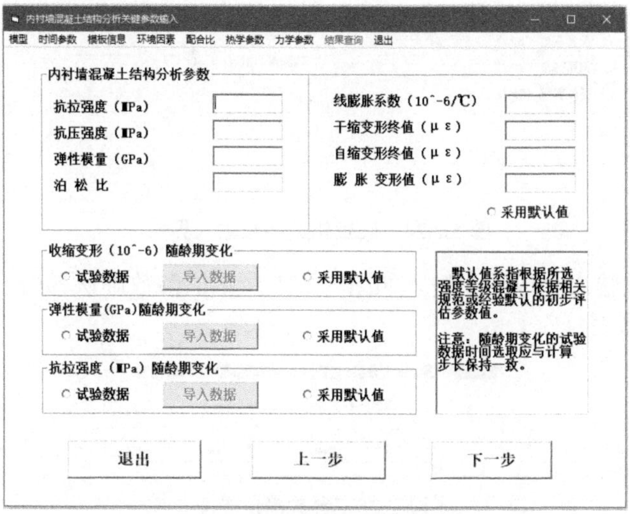

图 5.2.22　结构分析参数输入界面（内衬墙）

　　同时需输入底板和地连墙的热分析参数和结构分析参数，如图 5.2.23 和图 5.2.24 所示，包括混凝土强度等级、导热系数、比热容、抗拉强度、弹性模量、泊松比、线膨胀系数等。

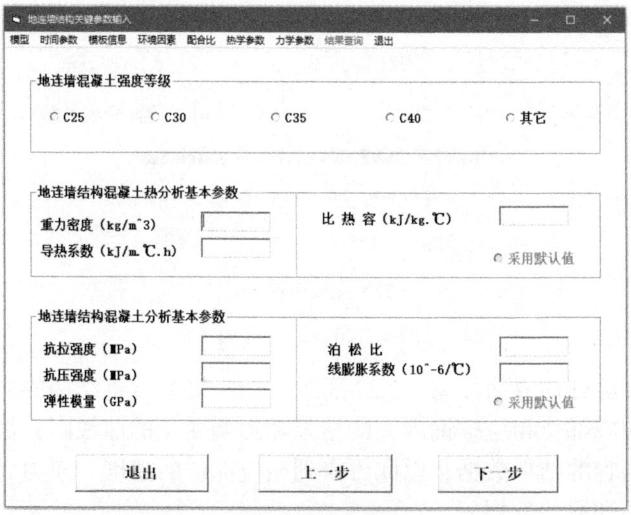

图 5.2.23　地连墙相关参数输入界面

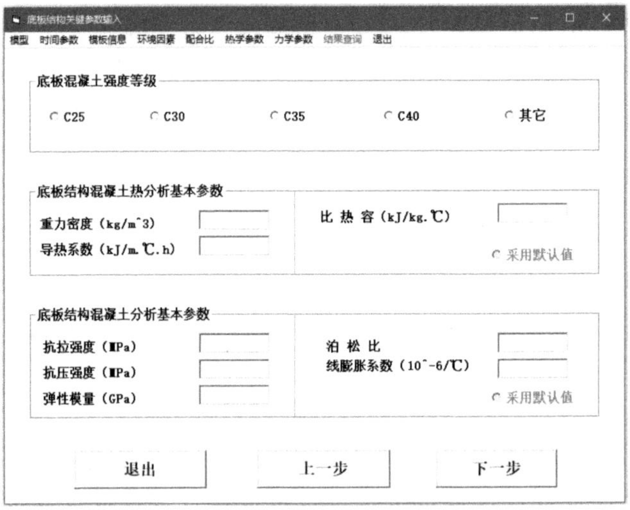

图 5.2.24　底板相关参数输入界面

上述各个参数输入完成后，进入如图 5.2.25 所示的参数确认界面，确保参数输入完整，否则需返回修改。

图 5.2.25　参数确认界面

确定参数输入全部完成后，进入如图 5.2.26 所示的计算界面，点击"确定"按钮后，软件自动调用计算主程序模块进行计算，计算完成并确认后点击查看结果即可进入相应后处理界面。

（a）开裂风险计算确认界面　　　　　　　　　（b）计算完成界面

（c）计算完成后查看结果

图 5.2.26　计算界面

程序软件部分后处理界面如图 5.2.27 所示，选择需要查询结构的内容及部位，右侧图形框中将显示相应部位相应查询内容的结果随龄期变化的曲线图；鼠标右击曲线图，可查看当前查询内容的结果数据，以此可得到相应部位的温度、应力和开裂风险系数随龄期变化的曲线图和原始数据。

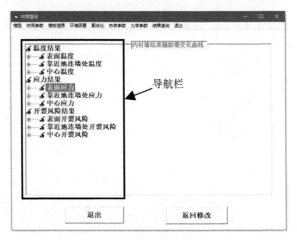

（a）结果查询进入界面

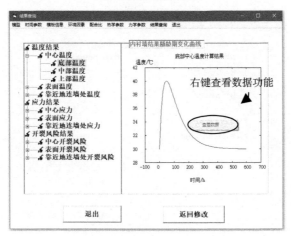

（b）右键查看数据功能

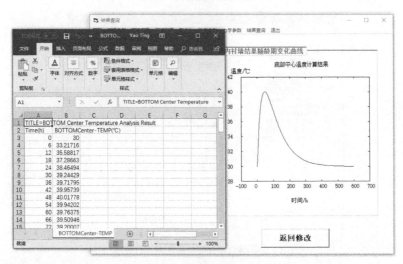

（c）查看数据界面

图 5.2.27　部分后处理界面

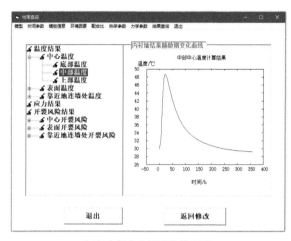

（d）中部中心温度曲线查看

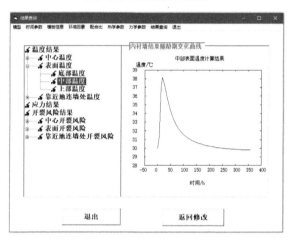

（e）中部表面温度曲线查看

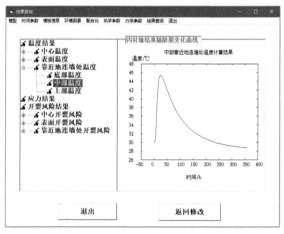

（f）中部靠近地连墙处温度曲线查看

图 5.2.27　部分后处理界面（续）

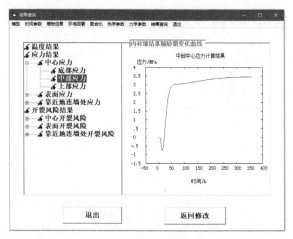

（g）中部中心应力曲线查看

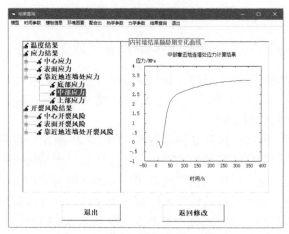

（h）中部靠近地连墙处应力曲线查看

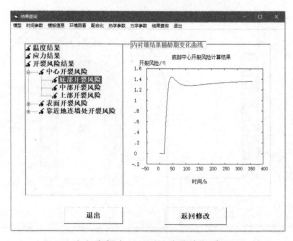

（i）底部中心开裂风险曲线查看

图 5.2.27　部分后处理界面（续）

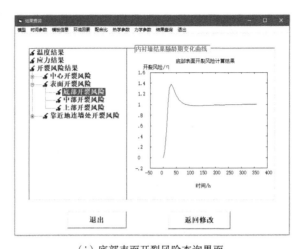

（j）底部表面开裂风险查询界面

图 5.2.27　部分后处理界面（续）

5.2.2.3　受围岩约束衬砌混凝土早期开裂风险评估分析模块

受围岩约束衬砌结构混凝土早期开裂风险评估分析模块，简称 LCE-V1.0，主要用于计算和分析衬砌结构或类似结构混凝土在水化-温度-湿度-约束耦合作用下的早龄期温度、应力和开裂风险系数的变化。

该模块建模采用的混凝土衬砌结构示意图如图 5.2.28 所示，包括分离式和整体式两种浇筑方式。衬砌结构受到围岩结构的约束，因此假设衬砌结构与围岩结构之间完全连接。围岩的材料参数决定了衬砌结构的约束程度，因此围岩结构也必须作为模型的一部分。根据圣维南原理，远离衬砌的边界可以假设为全约束，分离式和整体式混凝土衬砌结构实体几何模型图和网格模型图分别见图 5.2.29 和图 5.2.30 所示。

LCE-V1.0 模块操作过程与 RTCE-V1.0 模块、SLSCE-V1.0 模块基本类似。打开

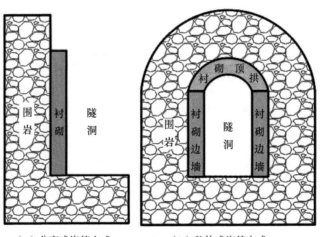

（a）分离式浇筑方式　　　　　　（b）整体式浇筑方式

图 5.2.28　混凝土衬砌结构剖面示意图

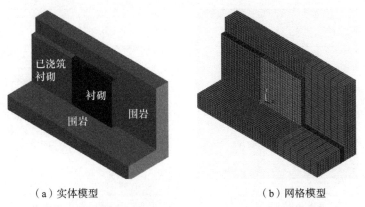

（a）实体模型　　　　　　　　　　　　（b）网格模型

图 5.2.29　分离式混凝土衬砌结构模型图

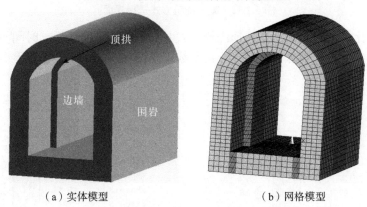

（a）实体模型　　　　　　　　　　　　（b）网格模型

图 5.2.30　整体式混凝土衬砌结构模型图

SCE-V1.0.exe 程序文件，选择"围岩衬砌结构"模块（图 5.2.31），进入"结构类型选择"界面（图 5.2.32），根据边墙和顶拱混凝土的实际浇筑方式进行选择，当边墙和顶拱分开浇筑时，选择分离式，当边墙与顶拱一起浇筑时，选择整体式。

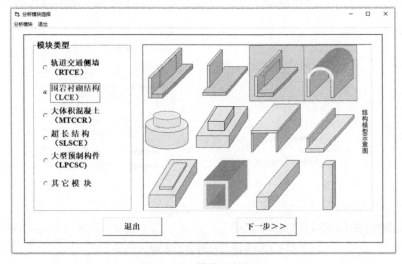

图 5.2.31　模块选择界面

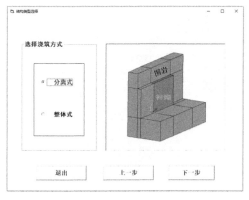

（a）分离式　　　　　　　　　　（b）整体式

图 5.2.32　施工浇筑方式选择界面

　　按照可视化操作界面提示，选择浇筑方式并分别输入几何模型、时间参数、模板信息、环境信息、混凝土信息、早期热分析参数、结构分析等参数，主要界面如图 5.2.33 所示。

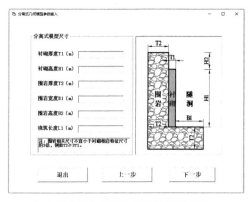

（a）尺寸输入界面（分离式衬砌边墙）

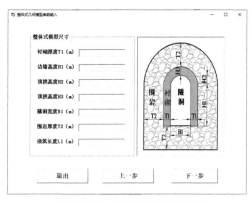

（b）尺寸输入界面（整体式衬砌）

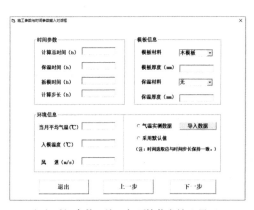

（c）时间参数、施工与环境信息输入界面

（d）衬砌边墙混凝土信息输入界面

图 5.2.33　结构选择及参数输入界面

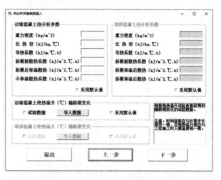

（e）衬砌顶拱混凝土信息输入界面　　　　　（f）早期热分析参数输入界面（分离式）

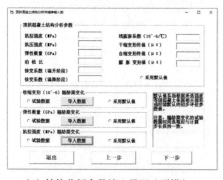

（g）早期热分析参数输入界面（整体式）　　　（h）结构分析参数输入界面（边墙）

（i）结构分析参数输入界面（顶拱）　　　　　（j）围岩相关参数输入界面

（k）围岩相关参数选择采用默认值后界面

图 5.2.33　结构选择及参数输入界面（续）

在输入参数过程中，部分强制输入参数的界面如图 5.2.34 所示。

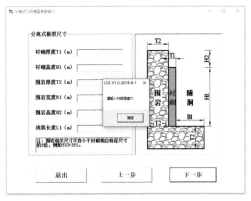

（a）结构尺寸强制输入界面

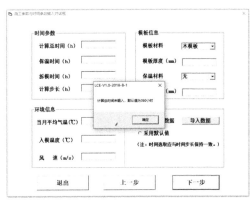

（b）计算总时间强制输入界面

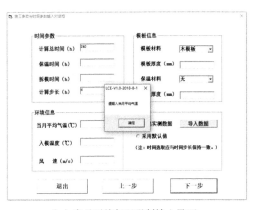

（c）当月平均气温强制输入界面

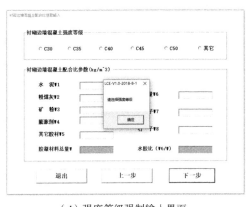

（d）强度等级强制输入界面

（e）水泥用量强制输入界面

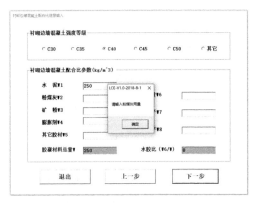

（f）粉煤灰用量强制输入界面

图 5.2.34　部分参数强制输入界面

按照软件流程各个参数输入完成后，出现如图 5.2.35 所示界面，确保参数输入完整，否则需返回修改。

图 5.2.35　参数确认

计算界面如图 5.2.36 所示，当点击图 5.2.36（a）中"确定"按钮后，软件自动调用计算主程序模块进行计算，计算完成后，跳出如图 5.2.36（b）所示窗口。

（a）计算开始界面　　　　　　（b）计算完成界面

图 5.2.36　计算界面

模块部分后处理界面如图 5.2.37 所示，分别选择查询内容"温度"、"应力"或"开裂风险"，并点击所需查询部位如"中心"、"表面"或"靠近围岩处"，当点击"查看曲线"时，右侧图形框中将显示相应部位相应查询内容的结果随龄期变化的曲线图，当右键单击曲线上任意一点出现"导出数据"字样时，点击可查看当前查询内容的结果数据，以此可得到相应部位的温度、应力和开裂风险系数随时间的变化曲线图。需要注意的是，

（a）边墙结果查询进入界面　　　　　　（b）顶拱结果查询进入界面

（c）边墙结果选择查询内容界面　　　　　　（d）顶拱结果选择查询内容界面

图 5.2.37　部分后处理界面

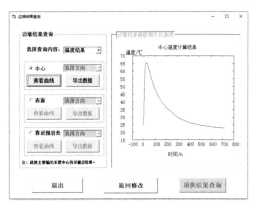

（e）边墙中心温度曲线查看

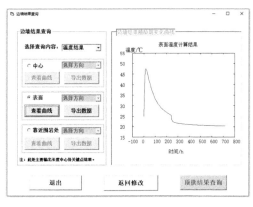

（f）边墙表面温度曲线查看

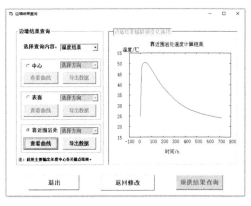

（g）边墙靠近围岩处温度曲线查看

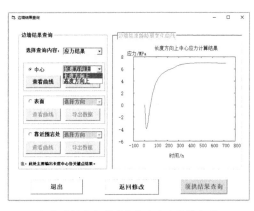

（h）边墙中心长度方向上应力曲线查看

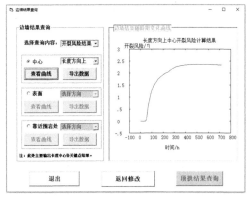

（i）边墙中心长度方向上开裂风险曲线查看

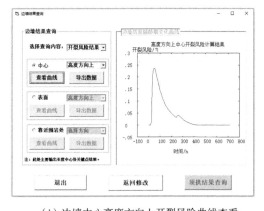

（j）边墙中心高度方向上开裂风险曲线查看

图 5.2.37　部分后处理界面（续）

查询不同部位的应力与开裂风险结果时还需要选择查询的方向方能显示曲线或查询数据，例如，边墙可选择高度方向和长度方向，顶拱可选择长度方向与环向。

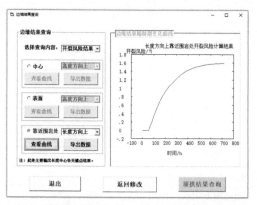 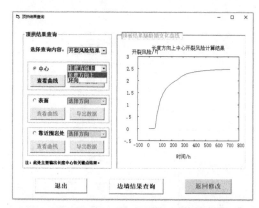

（k）边墙靠近围岩处长度方向上开裂风险曲线查看　　　（l）顶拱中心长度方向开裂风险查询界面

图 5.2.37　部分后处理界面（续）

5.3　软件的工程应用案例

混凝土的早期收缩开裂是一个多因素耦合的复杂问题，收缩开裂风险受到来自于材料（混凝土原材料、基本配合比参数、功能材料等）、环境（环境温度、风速等）、结构（结构部位、结构尺寸、约束条件等）、施工（入模温度、拆模时间、模板类型、浇筑方式等）诸多因素的影响。对于实际工程来说，亟需搞清这些因素的影响规律，分析比较不同因素的影响程度，以便有针对性地制订最有效的抗裂措施。采用所开发的基于“水化-温度-湿度-约束”耦合模型的数值模拟软件，利用其强大的计算功能，可以非常方便地计算出这些参数的变化对开裂风险系数的影响规律，根据计算结果从中找出影响收缩开裂的最关键因素，从而为工程结构早期收缩开裂控制的最优化方案的制订提供依据。本节以某轨道交通复合墙的侧墙结构混凝土为例，介绍软件的应用情况。

5.3.1　计 算 工 况

基本工况为：侧墙厚度为 0.7m，长度为 30m，采用木模板，取冬季、春秋季及夏季施工时入模温度分别为 15℃、25℃和 35℃，对应的当时的平均气温分别取为 10℃、20℃和 30℃。计算中采用的其他混凝土相关参数如下：密度 2400kg/m³，比热 1kJ/（kg·K），导热系数 8.6kJ/（m·K·h），木模散热系数 20kJ/（m²·K·h），裸露混凝土表面散热系数 82kJ/（m²·K·h），拆模时间 7d，底板温度与下部地温取当月平均气温。假定研究某一因素影响时，除主要影响参数发生变化外，其他参数均不变，均按基本工况取值。

结合该工程的结构设计尺寸、原材料、配合比、环境条件和施工工艺等影响因素，考虑如表 5.3.1 所示的参数变化及各种参数的不同组合，总共计算百余种工况条件，采用 RTCE-V1.0 软件模块定量分析这些工况条件下结构混凝土的开裂风险。

表 5.3.1　计算工况

类别	影响因素	影响指标	取值选择
材料	水胶比	强度等级	C35、C40、C50、C60
	水化历程	绝热温升	5 种温升历程
	自生体积变形	收缩降低率/%	0、5、10、15、20
	膨胀变形	膨胀量/με	100～500
施工	浇筑季节	入模温度、气温	夏、春秋、冬
	浇筑温度	入模温度/℃	夏季（15、20、25、30、35）
	模板	拆模时间/d	1、3、5、7
		模板种类	钢模、木模
设计	结构尺寸	长度/m	5～60
		厚度/m	0.35、0.5、0.7、0.9

5.3.2　材料因素影响

5.3.2.1　混凝土强度等级

混凝土强度等级分别选取 C35、C40、C50 和 C60，除主要影响参数改变外，其他参数均与基本工况一致。计算出来的不同强度等级混凝土中心温度、开裂风险系数和分段浇筑长度如图 5.3.1 所示，结果表明：其他条件不变时，侧墙中心温度和开裂风险均随着强度等级增大而增大，几乎呈线性关系；分段浇筑长度随混凝土强度等级增大而减小，满足图中幂指数公式，且 R^2 大于 0.99。该公式可以用来计算夏季施工时不同强度等级混凝土的最大分段浇筑长度。

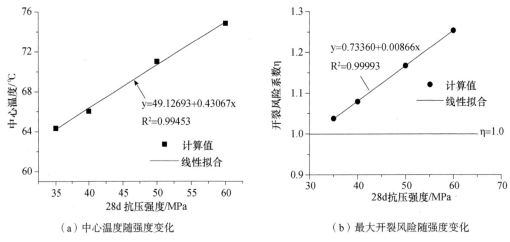

（a）中心温度随强度变化　　　　　　　（b）最大开裂风险随强度变化

图 5.3.1　强度等级的影响

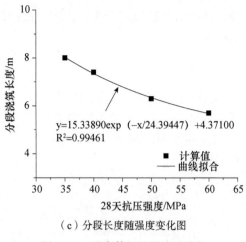

（c）分段长度随强度变化图

图 5.3.1　强度等级的影响（续）

5.3.2.2　混凝土绝热温升

在其他参数保持相同的情况下，保持绝热温升终值不变，研究了不同的混凝土绝热温升历程对侧墙结构混凝土开裂风险的影响。不同绝热温升曲线及对应的中心温度和开裂风险系数计算结果如图 5.3.2 所示。从图中可以看出，在最终绝热温升相同的条件下，

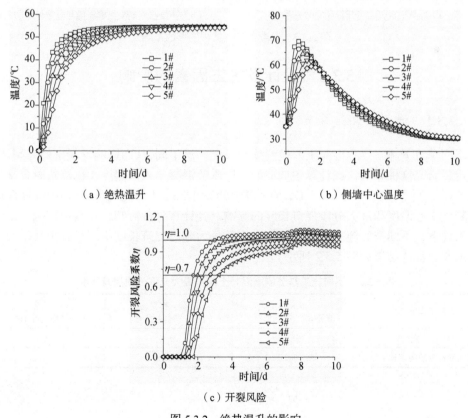

（a）绝热温升　　　　　　　　　　　（b）侧墙中心温度

（c）开裂风险

图 5.3.2　绝热温升的影响

混凝土绝热温升增长越慢，对应的开裂风险越低。因此，通过调控温升历程也可以实现对结构混凝土开裂风险的控制。

5.3.2.3　混凝土体积变形

进一步研究了不同的混凝土变形行为对侧墙结构混凝土开裂风险的影响，计算结果如图5.3.3所示。从图中可以看出，在其他参数不变的情况下，混凝土自收缩越大，开裂风险越高。对于掺加膨胀剂的补偿收缩混凝土，膨胀值越大，开裂风险越低。自收缩或膨胀值与开裂风险存在近似线性关系。

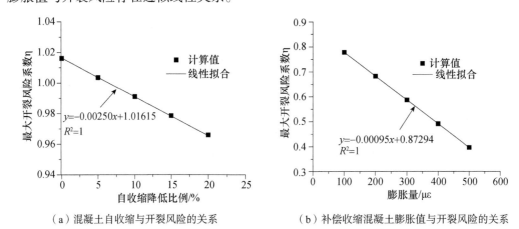

（a）混凝土自收缩与开裂风险的关系　　　　（b）补偿收缩混凝土膨胀值与开裂风险的关系

图5.3.3　混凝土自生体积变形的影响

5.3.3　设计及施工因素的影响

5.3.3.1　混凝土浇筑季节

不同季节下施工导致混凝土入模温度和环境气温不同，从而影响混凝土的开裂风险。为了定量研究这种影响，在计算中选取的不同季节混凝土入模温度（比浇筑时日平均气温高5℃）：夏季35℃，冬季15℃，春秋季25℃。图5.3.4为浇筑季节对0.7m厚侧墙结构混凝土中心温度和最大分段浇筑长度的影响。经计算分析可知，在其他影响参数均不变的条件下，不同季节施工的侧墙结构允许的最大分段浇筑长度不同，其中夏季最短，冬季最长，具体结果如表5.3.2所示。

表5.3.2　不同施工季节侧墙混凝土结构最大允许分段浇筑长度

施工季节	夏季（日平均气温30℃）	春、秋季（日平均气温20℃）	冬季（日平均气温10℃）
混凝土入模温度	35℃	25℃	15℃
最大允许分段浇筑长度	5.6m	12.6m	14.7m

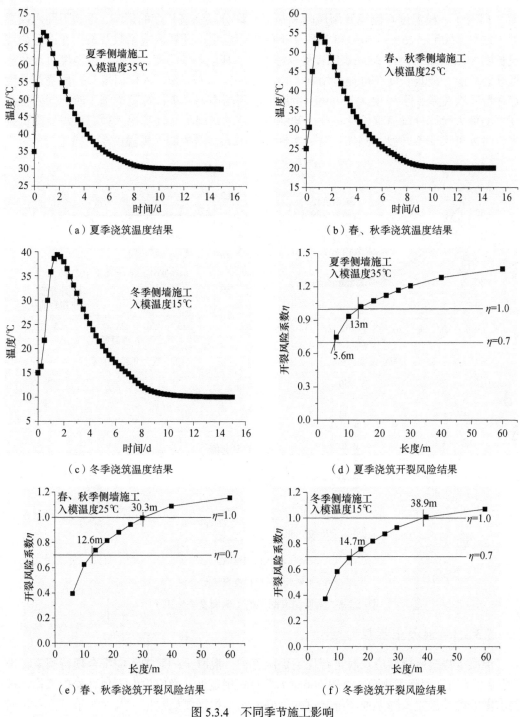

（a）夏季浇筑温度结果　　　　　　　　（b）春、秋季浇筑温度结果

（c）冬季浇筑温度结果　　　　　　　　（d）夏季浇筑开裂风险结果

（e）春、秋季浇筑开裂风险结果　　　　　　（f）冬季浇筑开裂风险结果

图 5.3.4　不同季节施工影响

5.3.3.2　混凝土入模温度

进一步选取同一浇筑季节（夏季），在保持环境气温不变的条件下（日平均气温 28～35

℃），研究了入模温度对侧墙开裂风险和最大允许分段浇筑长度的影响，得到不同入模温度（15℃、20℃、25℃、30℃和35℃）下的中心温度、开裂风险系数及最大允许分段浇筑长度如图 5.3.5 所示。结果表明：夏季施工时，其他条件不变，降低入模温度可显著降低开裂风险，浇筑长度亦可显著增加。由图 5.3.5（c）可知，入模温度与分段浇筑长度存在着幂次关系，且 R^2 值大于 0.99。所以可以用图中公式来计算夏季施工时不同入模温度下的最大允许分段浇筑长度；或已知浇筑长度的情况下，计算出入模温度需要降低到多少时才可保证不开裂。例如：若一次性浇筑 13m，需控制入模温度<27.3℃。

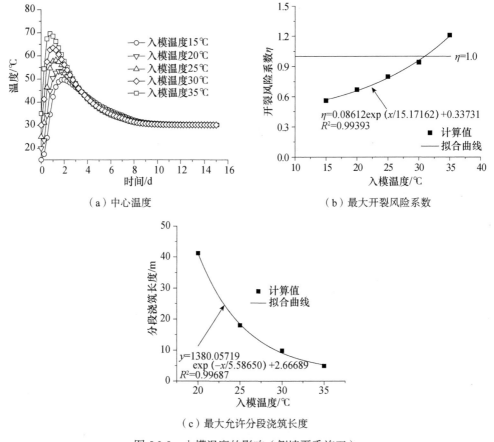

（a）中心温度 　　　　　　　（b）最大开裂风险系数

（c）最大允许分段浇筑长度

图 5.3.5　入模温度的影响（侧墙夏季施工）

5.3.3.3　混凝土拆模时间

混凝土浇筑完成后应及时进行保温保湿养护。混凝土的养护除应符合现行国家标准《混凝土结构工程施工规范》（GB 50666）的有关规定外，尚应设专人负责养护工作，按要求做好内外温差及降温速率等测试并做好记录，根据测试数据，及时调整带模养护时间。为制定合理的拆模时间，对夏季施工时（入模温度为 35℃），不同拆模时间的侧墙开裂风险进行了研究。图 5.3.6 为夏季施工时拆模时间对侧墙结构混凝土开裂风险的影响。结果表明：夏季施工时，侧墙结构混凝土的温度一般在 7d 左右降低到常温（35℃），此时混凝土的开裂风险系数在 1.0 左右，位于开裂的临界点，材料、施工因素的波动极有可能会引起最终的开裂。变化拆模时间对混凝土温降阶段的温降速率有一定影响，拆模时间延后，早期温降速率减小，开裂风险有所降低。因此，在实际工程中应在条件许可的情况下，适当延长侧墙结构混凝土的拆模时间，以降低开裂风险。

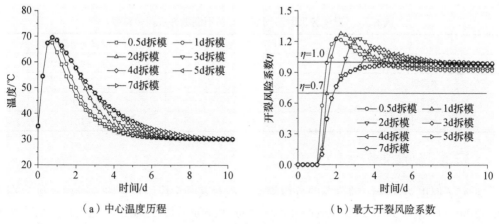

（a）中心温度历程　　　　　　　　　　（b）最大开裂风险系数

图 5.3.6　拆模时间的影响

5.3.3.4　混凝土模板类型

实际工程中，通常采用木模板或钢模板进行支护浇筑。木模板价格相对较低，但散热效果不好，在夏季施工时常由于结构散热较慢导致结构温升较高；钢模板价格相对较高，但散热效果良好，能有效降低结构混凝土的最大温升，但同时也增加了降温阶段结构混凝土的温降速率。对夏季施工中这两种模板类型对侧墙结构混凝土的开裂风险影响进行了研究，结果如图 5.3.7 和表 5.3.3 和表 5.3.4 所示。结果表明：当浇筑长度为 13m 且采用钢模板支护时，其最大温升要比采用木模板支护时降低 5~6℃；当采用木模板支护且分段浇筑长度为 13m 时，侧墙混凝土的开裂风险系数已经在 1.0 左右，而采用钢模板支护且一次浇筑 21m 时，侧墙的开裂风险系数才达到 1.0。

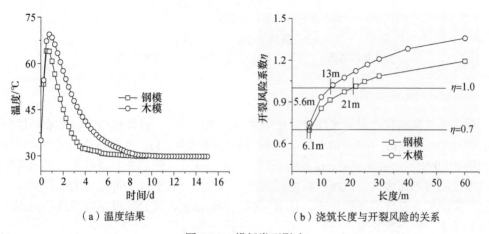

（a）温度结果　　　　　　　　　　（b）浇筑长度与开裂风险的关系

图 5.3.7　模板类型影响

表5.3.3 夏季施工时不同模板支护下侧墙中心温度结果

模板类型	分段浇筑长度/m	中心温度/℃
钢模板	13	64.05
木模板	13	69.94

表5.3.4 夏季施工时不同模板支护下侧墙开裂风险结果

模板类型	分段浇筑长度/m	最大开裂风险系数
钢模板	13	0.9
木模板	13	1.0
钢模板	21	1.0
木模板	21	1.1

5.3.3.5 分段浇筑长度

研究了厚度为 0.7m 的侧墙的分段浇筑长度对其开裂风险的影响,分段长度分别为 6m、10m、14m、18m、22m、26m、30m、40m 和 60m 时,侧墙中心温度和最大开裂风险系数随长度变化的结果如图 5.3.8 所示,结果表明:其他条件不变时,侧墙分段长度对中心温度的影响较小;侧墙开裂风险随分段长度的增加而增大,但是增长幅度逐渐减小,一定长度后趋于稳定。

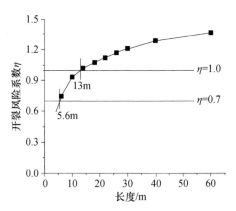

图 5.3.8 混凝土分段浇筑长度的影响
(夏季侧墙施工,C35,侧墙厚度0.7m,入模温度35℃)

5.3.3.6 侧墙厚度

采用所开发的软件对侧墙厚度的影响进行了模拟研究,计算过程中,侧墙厚度分别选取为 0.35m、0.5m、0.7m 和 0.9m,混凝土强度等级为 C35,浇筑季节为夏季,计算结果如图 5.3.9 所示。结果表明:在其他条件不变的情况下,侧墙中心温度和开裂风险均随侧墙厚度的增加而增大,但增长幅度逐渐减小。由图 5.3.9(c)可知,侧墙厚度与分段浇筑长度的关系符合幂指数公式,且 R^2 值在 0.99 以上,该公式可用以评估不同侧墙厚度下的最大分段浇筑长度。

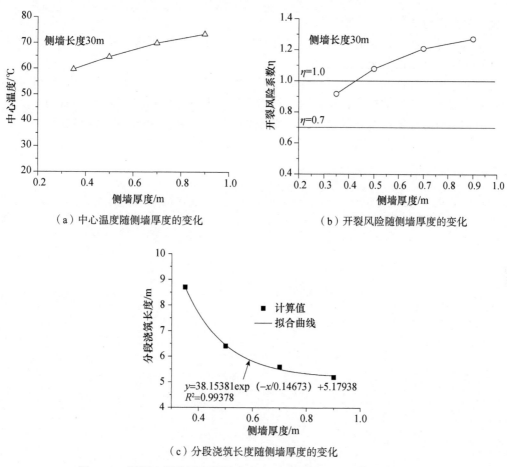

（a）中心温度随侧墙厚度的变化　　　　（b）开裂风险随侧墙厚度的变化

$y=38.15381\exp(-x/0.14673)+5.17938$
$R^2=0.99378$

（c）分段浇筑长度随侧墙厚度的变化

图 5.3.9　混凝土侧墙厚度的影响（C35，夏季施工，入模温度 35℃）

5.3.4　影响因素小结

根据上述影响因素计算分析的结果，比较各种因素对开裂风险影响的程度如表 5.3.5 所示。由表可见，对该工程而言，混凝土自身材料性能、施工工艺、设计的结构尺寸等参数的变化均会导致混凝土结构抗裂性能的变化。相比较而言，混凝土绝热温升、入模温度、分段浇筑长度对侧墙结构混凝土的开裂风险影响较其他因素更为显著。抗裂性能控制措施的选取可以遵循以下方向进行：

表 5.3.5　各种因素对收缩开裂风险影响程度的分析比较

影响程度	影响因素
显著☆☆☆☆	环境温度、入模温度、分段浇筑长度、绝热温升
较显著☆☆☆	混凝土自收缩、模板类型
一般☆☆	内外温差、拆模时间

（1）在满足力学及耐久性能的前提下，尽量减小混凝土的绝热温升，降低放热总量，

优化其放热历程；

（2）通过添加抗裂功能材料，产生有效膨胀，优化膨胀历程，尤其是在降温阶段产生有效膨胀来补偿混凝土收缩；

（3）条件允许情况下，尽可能降低入模温度，且在工期允许条件下，尽量延长拆模时间或采取有效的养护措施，达到减小结构温升、温降速率和内外温差的目的；

（4）当所有参数都给定的情况下，需要根据计算结果合理选择分段浇筑长度。

第6章 分阶段全过程的混凝土收缩开裂控制技术

如何采取有效措施来降低现代混凝土的收缩、抑制开裂，是推广使用现代混凝土必须解决的问题。抑制现代混凝土早期收缩开裂，可以从设计、材料、施工等多方面采取措施。尤其是在施工工艺控制方面，已有大量深入而系统的研究，并且开发了有效的技术措施，譬如在结构内部预埋冷却水管通过冷却水循环降温，或采取液氮、冷水喷淋等措施降低原材料（集料、水泥等）温度来控制入模温度等。这些方法在文献中已有比较详细的介绍，工程中也有较为成熟的应用，对于温度收缩体现出较好的抑制效果，但尚不能完全解决现代混凝土的早期开裂难题，且对施工的要求较高。导致现代混凝土早期收缩开裂风险增加的主要因素之一是其自身原材料和配合比的改变，因此，开发功能材料，从材料自身性能改善的角度抑制各种收缩变形，也是解决现代混凝土收缩开裂的有效途径。如前文所述，现代混凝土的收缩可以分为以下几个阶段：凝结前的塑性收缩、硬化过程中的自收缩和温降收缩，以及长期暴露于环境中的干燥收缩。传统抗裂材料难以全历程覆盖和匹配混凝土上述多种收缩，譬如在塑性阶段养护、混凝土温升抑制方面功能材料较为缺乏，膨胀材料作用历程与混凝土温度及收缩历程难以匹配等。本章重点从功能材料的角度，介绍塑性阶段水分蒸发抑制技术、硬化过程中水泥水化热调控及混凝土温峰抑制技术、基于内养护的自收缩抑制技术、钙镁膨胀材料温降补偿技术，以及化学减缩技术。通过功能材料在工程中优选及应用，可实现不同阶段、不同收缩的有效抑制。

6.1 水分蒸发抑制技术

6.1.1 分阶段、全过程的早期养护机制

养护是降低混凝土早期开裂、提升耐久性的重要技术措施。美国混凝土协会（ACI）将养护定义为"水泥在水分与温度满足的条件下持续水化，水泥混凝土逐渐成熟和硬度发展的过程"。养护，即为水泥（或胶凝材料）原始的水化提供适宜的温度和湿度环境，直到新鲜水泥浆中原始充水孔被水泥水化产物填充到所要求的程度为止。水泥水化产物一般在液相中生成，水分的损失可严重降低水泥水化反应速率。Parrott（1988）的研究表明，孔中相对湿度的小幅降低会明显影响水泥的水化速率，相对湿度为90%时，水化速率只有绝对饱和状态下的50%；相对湿度为80%时，水化速率降至32%。在混凝土配

合比合理、原材料性能满足要求的前提下，混凝土达不到预期性能的主要原因很大程度上可归结于养护不充分。养护关键参数包括：开始养护时间、混凝土凝结时间、养护持续时间。通常认为，养护应在混凝土表面开始变干的时候开始，一旦水的蒸发速度大于水向混凝土表面的迁移速度，混凝土表面就开始变干。混凝土开始变干及需要养护的时间不仅受环境的影响而且受混凝土自身泌水性能的影响。ACI 308R 中对混凝土变干时间的确定如下：初期养护应该在泌水的光泽消失后迅速进行。与此同时，该指南也指出，泌水现象可以直接用眼睛观察——这种判定方法带有较大的经验性。混凝土的凝结时间一般是采取贯入阻力法对从混凝土中筛除粗骨料后的砂浆进行测试得到，对确定工程现场混凝土凝结时间而言具有诸多不便性。

　　针对上述问题，本节主要探讨基于孔隙负压发展规律的养护关键参数判定方法，为工程混凝土的早期养护提供新的途径和方法。

6.1.1.1　养护关键参数确定

1. 养护开始时间

　　节 2.3.2.1 中，塑性收缩与水分蒸发及孔隙负压的关系研究结果表明，在快速干燥条件下，孔隙负压的发展存在一段"诱导期"，在"诱导期"结束之后，孔隙负压迅速增加，在浆体孔隙负压到达一定值（转折点）之前浆体横向变形甚至表现为膨胀，说明在此转折点之前的塑性开裂风险较低。对一系列新拌浆体实验结果的统计表明，塑性收缩曲线转折点出现在 1.3～5.9kPa 之间。由节 2.4.3.3 塑性开裂模型验证及分析研究可见，塑性开裂所对应的临界孔隙负压值在 20～30kPa 之间。从控制早期开裂风险角度，早期养护的起始时间越早，孔隙负压控制阈值选择越小越好。但是，过早地进行早期养护将影响表层胶材的水化，进而影响表层的力学性能及耐久性。针对此问题，本部分研究养护起始时间对水泥基材料抗裂性能以外的其他性能的影响。

　　试验采用水灰比为 0.35 的净浆试件，试件厚度为 10mm。采取的养护方法包括：喷雾养护、养护材料养护、覆膜养护、蓄水养护以及不养护，具体方案如表 6.1.1 所示。在温度 35～40℃、相对湿度 30%～40% 的环境中采取不同养护方法养护 8h 后，将试件移入室温为 20℃ 的房间养护 1d，在 70℃ 烘箱中干燥 3d，然后将暴露面之外其余面均用石蜡密封以进行碳化试验，碳化环境按照《普通混凝土长期性能和耐久性能试验方法标准》（GB/T 50082）进行。

表 6.1.1　养护方案

编号	养护措施	编号	养护措施
F	喷雾（阈值 2kPa）	C-B	变干前（孔隙负压上升前）覆膜
E-F	过度喷雾（孔隙负压上升前喷雾）	C-A	孔隙负压 2kPa 后覆膜
CC-B	变干前（孔隙负压上升前）喷养护材料	C-N	不养护
CC-A	孔隙负压 2kPa 后喷养护材料		

　　不同养护条件下试件的 7d 碳化深度如图 6.1.1 所示。从图中可以看出，采取 2kPa 为阈值进行喷雾养护的混凝土抗碳化性能最好，相比于不养护试件的抗碳化性能有显著

提高，而过早地采取喷雾、喷涂养护材料、覆盖薄膜等措施相较于 2kPa 阈值后养护均降低了混凝土的抗碳化性能。此外，如图 6.1.2 所示，过多的水富集于表层（如过度喷雾时），很容易造成水化产物（如氢氧化钙、钙矾石等）的溶出，工程现场混凝土表面状况亦表明，表层水变干后容易出现混凝土表面泛碱、结壳、起皮等现象。

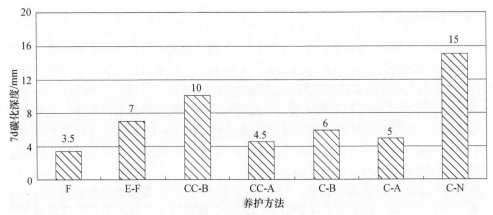

图 6.1.1　不同养护方案下净浆试件的 7d 碳化深度

（a）产物溶出（变干前）　　　　（b）产物溶出（变干后）　　　　（c）表层结壳起皮

图 6.1.2　过多的水富集对混凝土表层的影响

综上可知，在孔隙负压还未出现增长的诱导期进行养护，虽然可以将孔隙负压控制在 0，但却会对混凝土抗渗性、表层外观等表层性能造成损坏，因而在工程中不适宜在表面变干之前进行补水养护。

孔隙负压达到 2kPa 后进行养护，其渗透性测试结果如图 6.1.3 所示。结果表明，当

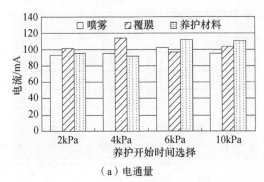
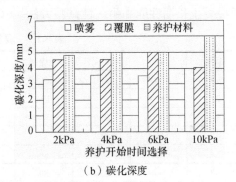

（a）电通量　　　　　　　　　　　（b）碳化深度

图 6.1.3　养护开始时间对渗透性能的影响

表面变干、孔隙负压上升之后，选择 2kPa、4kPa、6kPa、10kPa 作为养护开始时间对表层渗透性的影响较小。之所以出现上述现象，主要是因为，当诱导期结束，孔隙负压开始出现拐点时，孔隙负压的发展进入了迅速增长期，由 2kPa 变化至 10kPa 的时间较短，在本试验条件下该时间仅为 40s 左右，因而浆体的渗透性差异较小。

2. 养护持续时间

Powers 等（1959）研究了混凝土毛细孔的连续性及其对渗透性的影响，建议混凝土应至少养护至其内部毛细孔不再连续为止，并给出了不同水灰比浆体所需的最短养护时间，其中水灰比为 0.4 的浆体所需的湿养护龄期仅为 3d 左右。当前工程应用中的水泥和 Powers 试验所用的水泥已有较大区别，与此同时，现代高性能混凝土的水胶比较低，且多掺加粉煤灰、磨细高炉矿渣和硅灰等矿物掺合料。Hilsdorf（1995）等较为系统地研究了养护持续时间，并建议在确定最短养护时间的研究中，抗压强度不应是唯一指标，还应考虑碳化深度、渗透性、成熟度或水化程度。

高性能混凝土一般渗透性较低，一方面有利于降低初始孔隙率及内部水分向表面迁移的速率，另一方面也带来了自干燥效应，同时也使得外界的养护水不能渗透到离表面较深的地方，相比之下，表层混凝土性能受养护的影响更大。本部分以高性能混凝土为研究对象，重点分析湿养护龄期对掺加 20% 粉煤灰、50% 矿粉及 10% 硅灰的混凝土性能的影响，讨论高性能混凝土的最短湿养护龄期。

混凝土配合比如表 6.1.2 所示，通过调节混凝土减水剂用量将初始坍落度控制在 180～200mm。试件浇筑成型后用塑料薄膜覆盖 24h，拆模后（表面吸水试件除外）分别进行标准养护或湿养护（RH＞95%，20±2℃），0、3、7、14、28d 后移入干燥养护室（RH 60%±5%，20±2℃）进行干燥养护。湿养护及干燥养护时间之和达到一定龄期后进行力学及耐久性试验。其中，表面吸水试验具体操作为：试件在尺寸 Φ110mm×20mm、底面密封的 PVC 管内成型，将试件连同 PVC 管养护以实现单面暴露，养护一定龄期后去除 PVC 管，用切割机将距暴露面不同深度的混凝土切除后，对不同深度处的混凝土毛细吸水率进行测试。吸水试验方法如下：将试件在 105℃下烘干 1d 后，侧面密封，搁放在支棒上，使试件切割面与水接触，且水面高出试件切割面不超过 5mm，10min 吸水试验结束后迅速将试块继续切割，然后 105℃烘干 0.5h，并按上述方法重复进行吸水试验，整个吸水试验在 4h 内完成，以减小试验可能造成的误差。氯离子渗透性及碳化试验按照《普通混凝土长期性能和耐久性试验方法》（GB/T 50082-2009）进行。

表 6.1.2　混凝土配合比　　　　　　　　　　　　　　（kg/m³）

编号	水	水泥	粉煤灰	矿粉	硅灰	细集料	粗集料	水胶比
1#	166.4	520	/	/	/	720	994	0.32
2#	166.4	416	104	/	/	720	994	0.32
3#	166.4	260	/	260	/	720	994	0.32
4#	166.4	468	/	/	52	720	994	0.32
5#	128	320	80	/	/	730	1142	0.32
6#	160	320	80	/	/	718	1122	0.40
7#	200	320	80	/	/	702	1098	0.50

胶凝材料用量相同、仅水胶比不同的 5#~7#试件，完全湿养护或干燥养护 28d 的强度的对比如图 6.1.4 所示。从图中可以看出：随着水胶比的降低，两种养护条件下的混凝土的抗压强度差距逐渐减小，当水胶比由 0.5 降至 0.32，干燥养护下的强度相比于湿养护下的强度降低幅度由 10.6%降低至 1.5%。在此基础上，进一步分析不同湿养护龄期对混凝土抗压强度的影响，结果如图 6.1.5 所示，其中抗压强度测试龄期为 28d，即图中湿养护龄期与后期干燥养护时间之和为 28d。从图中可以看出：1#~4#配合比试件湿养龄期为 0 时的强度相对于湿养护龄期为 28d 时的抗压强度分别低 −1.7%、11.4%、2.8%、2.3%。同时，除了 7#配合比试件抗压强度随着湿养护龄期的增加而增加外，1#~4#配合比试件并未出现很明显的强度发展依赖湿养护龄期的趋势。可以看出，相比于水胶比较高的混凝土，水胶比较低的混凝土对养护持续时间不敏感。

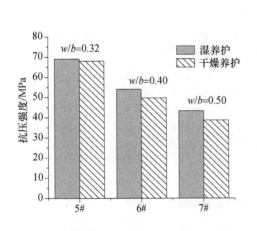

图 6.1.4　养护方式对抗压强度的影响

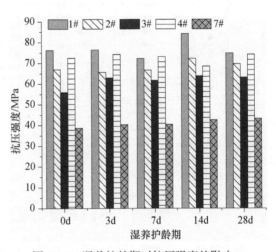

图 6.1.5　湿养护龄期对抗压强度的影响

混凝土表面吸水率及耐久性能试验结果如图 6.1.6~图 6.1.8 所示。从图 6.1.6 可以看出，连续的湿养护使混凝土的表面吸水率不断降低，尤其是 7d 龄期内，随着湿养护龄期的延长，表面吸水率呈显著下降趋势，而 14d 后继续湿养护对混凝土表面吸水率影响不大。从图 6.1.7 可以看出，碳化深度总体上随湿养护龄期的增加而降低，且 7d 龄期内连续湿养护的降低效果最明显。其中需要指出的是粉煤灰掺量相同、水胶比不同的 2#和 7#试件，当湿养护龄期为 28d 时，低水胶比混凝土的抗碳化能力明显优于高水胶比混凝土；而湿养护龄期较短时，二者间差距较小。图 6.1.8 为湿养护龄期对电通量的影响，其中虚线为试件湿养护一定龄期后，在干燥养护室继续干燥直至 1 年后的测试结果。从该图可以看出，14d 龄期以内连续的湿养护可以很明显地降低混凝土的电通量。由于高性能混凝土的渗透性较低以及自干燥效应，外界的湿养护并不能连续显著地降低电通量，湿养护龄期超过 14d 后，继续延长湿养护时间对混凝土 28d 和 1 年的电通量影响不大。

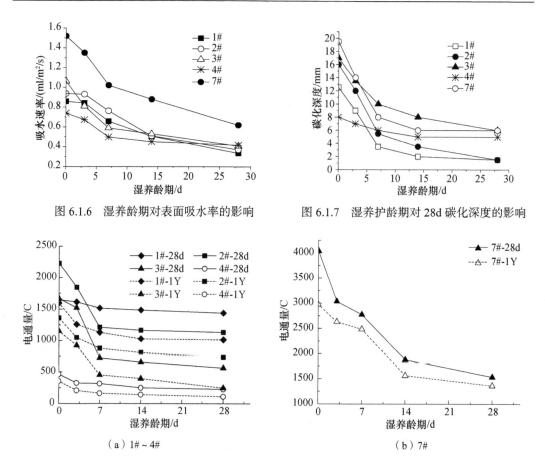

图 6.1.6　湿养龄期对表面吸水率的影响　　　　图 6.1.7　湿养护龄期对 28d 碳化深度的影响

（a）1#～4#　　　　　　　　　　　　　（b）7#

图 6.1.8　湿养护龄期对电通量的影响

综上所述，对于水胶比大多在 0.35 以下的高性能混凝土而言，虽然按照 Powers 研究结果，0.4 以下水泥浆体一般仅需要 3d 的湿养护即可达到毛细孔的不连续，但从表层混凝土性能角度，掺加掺合料的高性能混凝土仍应进行最少 7d 的湿养护。此外，20℃的湿养护相对而言是较为理想的养护方式，实际工程中温度总是变化的，而温度的变化对混凝土水化速度和力学性能的发展影响显著，在确定实际工程保湿养护龄期时需要考虑温度的影响，可以将 20℃所需的养护龄期换算为实际温度下的所需的养护龄期。

6.1.1.2　基于孔隙负压的混凝土早期制度

基于孔隙负压，提出混凝土早龄期养护的分阶段、全过程养护制度，示意图见图 6.1.9。当表层孔隙负压达到 2kPa，且混凝土表层开始变干时，采用喷洒水分蒸发抑制剂或喷水雾等措施，进行保湿养护；保障混凝土表面湿润，并不产生积水。当内部孔隙负压达到 10kPa 时，混凝土初凝，可以进行抹面，并进行保湿养护。当内部孔隙负压达到 50kPa 时，混凝土终凝，采用覆盖、蓄水或喷洒养护剂等措施，进行保湿或饱水养护。

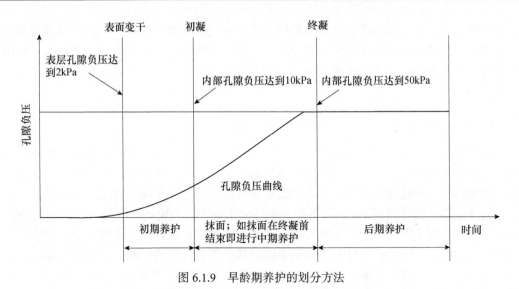

图 6.1.9　早龄期养护的划分方法

6.1.2　塑性阶段单分子膜水分蒸发抑制剂

6.1.2.1　技术原理

单分子膜水分蒸发抑制技术广义上是指利用两亲性化合物在气液界面自组装形成一定结构以减少液体蒸发速率的一种技术手段，如图 6.1.10 所示。它最早用于抑制干旱地区大面积水体如湖泊、水库等表面的水分蒸发，在 20 世纪 50 年代开始得到广泛研究。

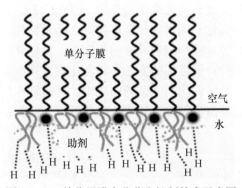

图 6.1.10　单分子膜水分蒸发抑制技术示意图

早在 1917 年，Langmuir 就开展了对不溶物表面膜的研究；随后，LaMer 对影响单分子膜抑制水分蒸发技术的因素进行了详细的探讨，并于 1965 年在《Science》发表的论文中首次提出两亲性分子的结构对抑制水分蒸发的效果起着关键的作用。Barnes 对单分子膜抑制水分蒸发的机理进行了一系列研究，提出了蒸发阻滞理论和对流禁阻理论。Barnes 认为单分子膜的存在会影响热量的传输机制，进而影响热量的传递，最终影响蒸发速率。根据 Barnes 的理论，提高单分子膜抑制水分蒸发的性能主要有两个途径：优化两亲性化合物结构和改善成膜过程，即两亲性化合物的化学结构（疏水性、亲水性和链长等参数）对分子自身的组装过程及最终的膜结构具有重要的影响。Barnes 对利用单分子膜抑制水分蒸发的方法进行了全面总结，根据水分蒸发抑制材料形态类型不同，将两亲性分子在水表面形成单分子膜的方式分为有机溶剂铺展、固体粉末铺展、悬浮液铺展和乳液铺展。

6.1.2.2　单分子膜水分蒸发抑制剂的制备

单分子膜水分蒸发抑制剂的主要原材料是分子中同时含有长疏水链和亲水性末端基团的两亲性化合物，其亲水基团与水通过氢键作用结合，疏水性长侧链紧密排列于空气中。影响单分子膜性能的主要因素为膜的稳定性和致密性。不同于普通的水体保护，水泥水化产生几乎饱和的离子浓度，混凝土表面的水分中含有较高浓度的 Al^{3+}、Ca^{2+}、OH^- 等离子，对自组装形成的单分子膜的稳定性产生严重的负面影响。研究发现，脂肪醇碳链的长度对单分子膜的稳定性和水分蒸发抑制效率具有显著的影响，长链脂肪醇如十六醇、十八醇等能在塑性混凝土表面的水/空气界面上形成单分子膜，长碳链结构有利于提高水分蒸发的抑制效果；高分子的两亲性化合物（如聚甲基丙烯酸月桂酸酯乳液）自组装形成的单分子膜具有更高的稳定性，可以提高水分蒸发抑制效率。除膜结构的稳定性和致密性外，单分子膜的自组装速度也影响水分蒸发抑制效果。研究发现，一定比例不同链长的脂肪醇（硬脂醇和棕榈醇的比例为 4∶1）形成的单分子膜由于引入部分短的分子链，提高了铺展速度，因此提高水分蒸发的抑制效果（图 6.1.11）。

两亲性的长链脂肪醇对水分蒸发抑制作用具有决定性的影响。但是，由于其在制备过程中的不稳定性，需要添加乳化剂、增稠剂等助剂形成稳定的乳液。乳化剂分子一方面可以通过影响单分子膜的扩散过程而影响其抑制水分蒸发的性能，另一方面，乳化剂对脂肪醇乳液体系的稳定性具有至关重要的作用（图 6.1.12），乳化剂的选择需要同长链脂肪醇的结构相匹配，且乳化剂用量并非越多越好。除乳化剂种类和用量，乳化时的温度、时间、搅拌速率、粒径等都影响着乳液的稳定性。根据乳化剂和工艺方法不同，可以将制备方法分为下列四种：最常用的方法是将乳化剂直接溶于水中，剧烈搅拌条件下加入脂肪醇。第二种方法是将乳化剂溶于脂肪醇中，然后将水加入混合物中得到油包水型乳液，继续加水使得乳液由油包水型转化为水包油型，此法也称为转相法。第三种方

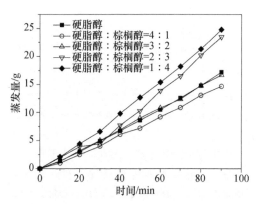

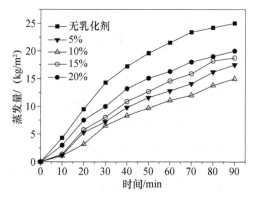

图 6.1.11　水分蒸发抑制剂的碳链长度对其抑制水泥净浆（w/b=0.4）水分蒸发效果的影响

图 6.1.12　水分蒸发抑制剂中乳化剂含量对其抑制混凝土（w/b=0.5）水分蒸发效果的影响

法是将表面活性剂溶于脂肪醇中，将碱溶于水中，两相接触在界面上即有皂生成，因此也叫初生皂法。最后一种方法是将水和脂肪醇轮流加入乳化剂，每次只加少量。

乳化剂的浓度对单分子膜结构具有直接的影响，在一定的乳化剂浓度范围内，单分子膜的崩溃压随着乳化剂含量的增加而升高，其结构也越来越平滑、致密，正是这种致密的结构降低了水分子在单分子膜中的传输速度，更有效地抑制水泥浆表面的水分蒸发。乳化剂的溶解性对单分子层结构具有显著的影响，乳化剂溶解性的提高会导致结构致密性和稳定性的降低，从而降低其水分蒸发抑制效率（图 6.1.13）。除了乳化剂含量，乳化剂分子的结构对单分子膜抑制水分蒸发的性能也有着重要影响。乳化剂的分子结构对成膜速率影响不大，但是对单分子膜的稳定性和致密程度具有至关重要的影响。其中，具有大的疏水基团（如苯环）、短的疏水侧链和长的亲水链的乳化剂分子对单分子膜抑制水分蒸发的性能具有不利影响；在保持较好的亲疏水平衡的同时，具有长疏水侧链和较小亲水端基的乳化剂分子与单分子层主链具有更强的相互作用，有利于提升单分子膜的致密程度和稳定性，具有较高的抑制水分蒸发性能（图 6.1.14）。

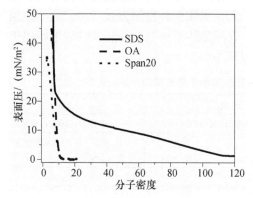

图 6.1.13　水分蒸发抑制剂中乳化剂结构
对单分子膜表面压力的影响

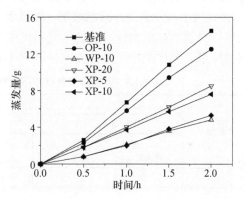

图 6.1.14　水分蒸发抑制剂中乳化剂结构对其
抑制水泥净浆（w/b=0.4）水分蒸发效果的影响

6.1.2.3　对水分蒸发及混凝土收缩开裂的影响

混凝土表面水分的蒸发量与时间不成线性关系，随着时间的推移，混凝土内部水分往表面迁移的阻力加大，泌水速率降低，表面可以被蒸发的水分逐步减少。在相同的环境条件下，不同配合比混凝土的蒸发速率也不一样，水胶比增大，蒸发速率加快；粉煤灰和矿粉的掺入，均会加快表面的水分蒸发速率。

水分蒸发抑制剂降低混凝土表面水分蒸发的效果与混凝土的水胶比等因素有关，水胶比越小，抑制水分蒸发的效果越明显。喷洒次数对水分蒸发抑制率也有影响，在水胶比为 0.5 的四级配混凝土表面喷洒一次和两次水分蒸发抑制剂发现，2h 水分蒸发抑制率分别为 51.1% 和 62.3%。此外，研究也发现，水分蒸发抑制剂与减缩剂复合使用，减少水分蒸发的作用相互叠加，效果更加明显（图 6.1.15）。水分蒸发抑制剂对水泥基材料表面水分蒸发的抑制效果也与环境温湿度相关，环境温度升高和相对湿度的降低，均会使得水分子运动加快，水分蒸发速率加大（图 6.1.16），但相较于同条件下未喷洒水分蒸发抑制剂的水泥基材料而言，其水分蒸发抑制效果在这种高温低湿的极端干燥环境下更为凸显。

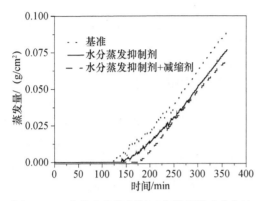

图 6.1.15　水分蒸发抑制剂对水泥砂浆（水灰比 0.5，砂灰比 2.62）水分蒸发的抑制效果

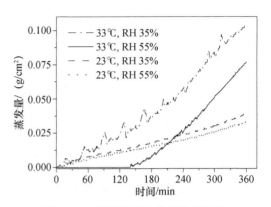

图 6.1.16　温湿度对水分蒸发抑制剂水分蒸发抑制效果的影响

　　长链脂肪醇能够借助溶剂的作用在水面上进行自发铺展，其分子排列形式对水分蒸发抑制率影响显著。表 6.1.3 所示为乳液型和溶剂型两种体系的水分蒸发抑制剂对混凝土（w/b=0.32）水分蒸发的抑制效果。结果表明，无论采用何种铺展方式，水分蒸发抑制剂均可以显著的减少水分的蒸发，但相比而言，乳液型体系抑制水分蒸发的效果要优于溶剂型体系，同比条件下水分蒸发抑制效率要提高 10%以上。

表 6.1.3　不同环境条件下不同铺展方式对水分蒸发抑制效果的影响

组别	环境条件					
	风速 1m/s，50℃		风速 5m/s，50℃		风速 5m/s，50℃，日照	
	7h 水分蒸发量/g	水分蒸发抑制率/%	7h 水分蒸发量/g	水分蒸发抑制率/%	7h 水分蒸发量/g	水分蒸发抑制率/%
对照	22	/	54.7	/	81	/
乳液型	4.8	78.2	6.3	88.5	47.8	41
溶剂型	7.6	65.5	13.2	75.9	56.2	30.6

　　采用乳化长链脂肪醇的技术途径制备的水分蒸发抑制剂，其在空气/水界面上的自发铺展方式，更有利于形成连续、无缺陷的单分子膜，从而提高水分蒸发抑制效果。相同有效含量的乳液型和溶剂型水分蒸发抑制剂在净化的玻璃片上的表面形貌如图 6.1.17 和图 6.1.18 所示。乳液型水分蒸发抑制剂单分子膜呈连续相存在于亲水性的玻璃基底表面，而溶剂型水分蒸发抑制剂单分子膜在亲水的玻璃基底上形成很多乳突状的小岛结构。这很可能是溶剂蒸发以后，脂肪醇产生了收缩造成相分离的结果；表明对于同样面积的空气/水界面，前者的连续区域要大于后者，后者的边界和水分子可通过区域较大，蒸发阻滞随之降低。与溶剂铺展相比，采用乳化长链脂肪醇的技术途径制备的水分蒸发抑制剂更易于在空气/水界面形成连续、更少缺陷的单分子膜，从而提高膜的蒸发阻滞，即提高水分蒸发抑制效率。

　　通过对塑性开裂的驱动力——孔隙负压的研究发现，单分子膜可以通过抑制水分蒸发，大幅度推迟水泥基材料表层孔隙负压拐点出现时间（图 6.1.19），从而显著降低塑性收缩和塑性开裂风险（图 6.1.20）。此外，单分子膜对水分蒸发的抑制也有效提升了水泥基材料表层的水化程度，优化了孔结构，对提升水泥基材料耐久性具有重要意义。

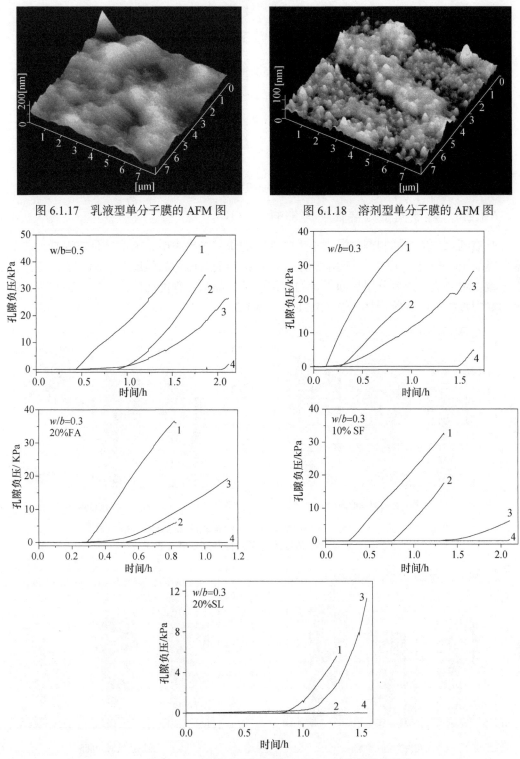

图 6.1.17 乳液型单分子膜的 AFM 图　　　图 6.1.18 溶剂型单分子膜的 AFM 图

图 6.1.19 水分蒸发抑制剂对混凝土孔隙负压的影响

1. 表层混凝土-基准；2. 底层混凝土-基准；3. 表层混凝土-水分蒸发抑制剂；4. 底层混凝土-水分蒸发抑制剂

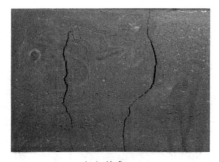

（a）基准　　　　　　　　　　　　　　　（b）喷洒水分蒸发抑制剂

图 6.1.20　水泥净浆（w/b=0.35）表面开裂情况对比

6.1.2.4　对混凝土力学性能的影响

对喷洒水分蒸发抑制剂的混凝土力学性能的研究结果表明，无论是泵送混凝土还是常态混凝土，分层浇筑时，层间喷洒水分蒸发抑制剂对试件的强度无不利影响，甚至会因为减少水分蒸发避免分层界面干燥的作用以及提高水化程度而使得混凝土轴心抗压强度和劈裂抗拉强度有所增加（图 6.1.21 和图 6.1.22）。

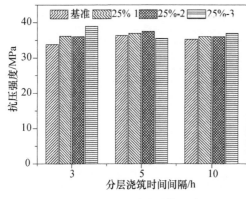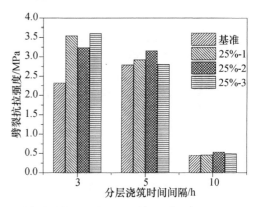

图 6.1.21　泵送混凝土（w/b=0.35）分 2 层浇筑试件 28d 抗压及劈拉强度
（25%-n 表示 25%浓度水分蒸发抑制剂喷洒 n 次）

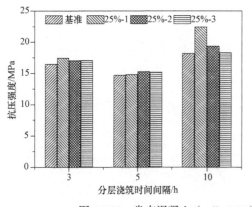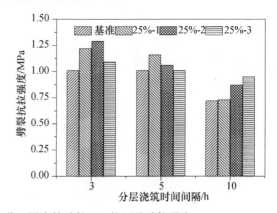

图 6.1.22　常态混凝土（w/b=0.35）分 2 层浇筑试件 28d 抗压及劈拉强度
（25%-n 表示 25%浓度水分蒸发抑制剂喷洒 n 次）

6.1.3　硬化阶段聚合物成膜养护剂

6.1.3.1　概述

长期以来，混凝土建筑施工中常用的浇水养护方法虽然简单，但常常由于主观或客观方面的原因达不到应有的养护效果，立面、顶面及异形结构的养护更是难以操作，并且这些方法都浪费大量的水资源。采用化学养护剂代替传统的水养护在 20 世纪 40 年代初首先由美国科学家提出并进行了研制和应用。随后，英国和日本等国家也相继研制出多种混凝土养护剂。我国从 70 年代末开始养护剂方面的研究，也开发出了多个品种，但由于成本、使用习惯等种种原因，养护剂在实际工程中的规模化推广进展缓慢。起初的养护剂主要由成膜聚合物和有机溶剂组成，有机溶剂挥发到大气中，既不环保也不经济。随着表面活性剂技术的发展，出现了以石蜡为基料的高浓度水乳液养护剂。这类产品无毒，原料易得，养护性能好。在乳液聚合技术进步的推动下，出现了聚合物乳液型养护剂，根据聚合物结构类型不同，可以分为丁苯乳液、纯丙乳液、苯丙乳液等。除此之外，还有一类无机养护剂，一般为硅酸盐溶液，喷涂后能够在混凝土表面形成一层胶体膜，起到一定的减少水分蒸发的作用，但是其缺点是成膜效果不好、保水率低。本节主要介绍有机聚合物乳液类养护技术。

6.1.3.2　技术原理

混凝土养护剂的原理是在一定条件下，利用溶剂挥发后成膜组分形成致密的膜使硬化混凝土表面与空气隔绝，抑制硬化混凝土表层水分蒸发，利用混凝土自身的水分完成水化作用，从而达到混凝土养护的目的（图 6.1.23）。混凝土养护剂使用方便，一次施工即可，不影响混凝土外观，具有减少表面开裂、提高抗碳化能力等作用，尤其适用于顶面、立面或复杂结构的养护。ASTM C309-11 依据成膜性质不同将养护剂分为两类：形成透明膜的养护剂和添加白色填料的养护剂，养护剂最重要的保水率指标为水蒸发量不超过 0.55kg/（m²·72h），后者添加的白色颜料对日光需具有不小于 60% 的反射性能。国内关于混凝土养护剂主要有两个行业标准：《水泥混凝土养护剂》（JC 901-2002）和《公路工程混凝土养护剂》（JT/T 522-2004）。这两个标准中最关键的指标均为有效保水率，不过不同于 ASTM 的水分蒸发绝对值指标，采用的是相对比例，且按有效保水率分为 75% 和 90% 两个等级。

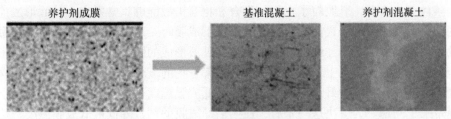

图 6.1.23　混凝土养护剂成膜原理及效果图

传统的溶剂型养护剂尽管保水率高，但随着环保意识和健康重视程度的加强，已经逐渐退出了历史舞台，现阶段主导产品是乳液型养护剂。乳液型养护剂根据成膜组分不同主要分为石蜡乳液和聚合物乳液两大类。石蜡乳液养护剂通过乳化石蜡或改性石蜡制备而成，保水率高，易脱除，但在炎热的夏季受到太阳的暴晒易融化，导致性能下降，甚至影响混凝土外观。聚合物乳液型养护剂是通过不同单体经乳液聚合制备而成的高分子聚合物乳液，能够在混凝土表面形成一层连续的膜，具有成本相对低廉、使用方便、绿色环保、美观等诸多优点。由于水分子在膜中的传输是按照"溶解-扩散"的原则进行的，因此成膜高分子聚合物的结构对养护剂的性能至关重要。除此之外，喷洒养护剂的时间对养护效果影响亦较大，尤其对大风、干燥等恶劣环境下浇筑的混凝土，喷洒过迟会造成混凝土表面水分早早蒸发；喷洒过早则降低养护剂膜与混凝土表面的粘结力。喷涂养护剂最恰当时间是在混凝土初凝及表面没有明水时。

6.1.3.3　乳液型养护剂制备技术及影响因素

聚合物乳液型养护剂主要通过乳液聚合制备而成。乳液聚合是生产聚合物四种主要方法（本体聚合、溶液聚合、悬浮聚合和乳液聚合）中的一种，是由单体和水在乳化剂作用下配制成的乳状液中进行的聚合过程，体系主要由单体、水、乳化剂及溶于水的引发剂四种基本组分组成。和其他聚合方法相比，乳液聚合法有许多不可多得的优点。乳液聚合体系黏度低，易散热；既具有高的聚合反应速率，又可以制得高分子量的聚合物；以水为介质，生产安全，环境污染问题小，且成本低廉；所用设备及生产工艺简单，操作方便，灵活性大。

根据乳液聚合定义可知，影响乳液的因素主要有单体种类、聚合工艺、乳化剂等。对养护剂乳液而言，水分蒸发后形成的养护膜抑制水分蒸发的效果是影响乳液型养护剂性能的关键；根据乳液和养护膜的形成过程不同，影响乳液型养护剂性能的主要因素有最低成膜温度、乳胶粒子的结构形态、乳化剂和聚合单体。

1. 最低成膜温度

养护剂乳液需要在水分挥发后在混凝土表面形成完整连续的膜，才能有效阻止混凝土表面水分的蒸发，从而产生养护作用。因此聚合物乳液能否成膜是其作为养护剂的前提条件之一。一般而言，乳液能否形成连续的膜，取决于乳液成膜时环境温度和乳液最低成膜温度，最低成膜温度是指随着乳液体系中的水分挥发，乳胶粒子凝聚能够形成连续涂膜的最低温度。聚合物的玻璃化温度决定了乳液的最低成膜温度，也就决定了在一定温度下成膜的难易程度。玻璃化温度高，最低成膜温度也高。当乳液在高于最低成膜温度的条件下成膜时，乳胶粒子变形、融合和相互扩散能够正常发生，从而形成连续、透明的膜；当乳液在低于最低成膜温度的条件下成膜时，乳胶粒子不发生变形和融合，形成的膜不透明、脆且不连续，甚至是粉末。乳液形成的膜通常是热塑性的，为了保证其性能，不能太软。实际上，希望养护剂乳液聚合物的玻璃化温度尽可能地高，这样膜的硬度和耐沾污性就比较好。但与此同时，最低成膜温度也比较高，给较低温度下施工和成膜带来了问题。为解决这一矛盾，往往借助成膜助剂，降低最低成膜温度，达到高性能与低施工温度的平衡。成膜助剂最终会从膜中逸出，是乳液中挥发性有机化合物（VOC）的主要来源，不宜多加，一般控制不超过养护剂质量的5%。随着溶剂的挥发，最低成膜温度会逐步升高。因此，在整个成膜过程中，都应保持环境温度与实时最低成膜温度的差值大于零，这样，才能形成良好的连续的养护膜。聚合单体组成、聚合物分子量、乳胶粒子的粒径等因素通过控制聚合物玻璃化温度影响乳液的最低成膜温度。

2. 乳胶粒子的结构形态

乳胶粒子的结构（图 6.1.24）对乳液的成膜性能影响很大，尤其对核壳结构乳液更为明显。核壳聚合物乳液在成膜过程中，壳层相互接触融合形成连续相，核结构形成微观分散相。以软单体为壳，以硬单体为核，所得的核壳乳液可以在较低温度下成膜。与常规共聚乳液相比，可以实现较高的玻璃化温度下，通过核壳聚合大大改善乳液成膜性，甚至可以不需成膜助剂就能成膜。Chevaher 等研究了核、壳分别由憎水性、亲水性物质构成的乳液，利用中子衍射技术可观察到相对应的峰，发现当壳层破裂时，这些峰会消失，表明分子链段进行了相互扩散融合。

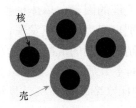

图 6.1.24　核壳结构乳胶粒形貌示意图

按照 JC 901-2002 测试不同丙烯酸十二酯含量的核壳结构养护剂和普通结构养护剂的保水率。结果表明，随着长链疏水单体含量的增加，保水率逐渐增加，当单体含量达到 10%时，保水率达到最大；单体含量进一步增加到 20%，保水率不再有明显的提升。普通结构的养护剂乳液保水率最高可达 80%左右，结构核壳化可以显著提升养护剂保水率，含 10%长链疏水单体的养护剂保水率可达 90%（图 6.1.25（a））。对抗压强度的影响规律与对保水率的影响规律基本一致，其中采用 10%长链疏水单体的核壳结构养护剂显示了最高的强度，其强度达到了标准养护的 97.8%（图 6.1.25（b）），这是因为此时高的保水效率保证了后期混凝土水化时具有足够的水，有利于混凝土强度的发展。

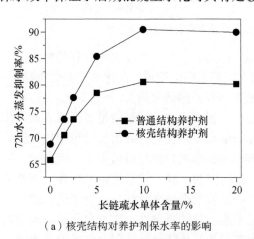

（a）核壳结构对养护剂保水率的影响

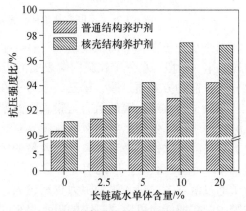

（b）核壳结构养护剂对抗压强度的影响

图 6.1.25　核壳结构对养护剂性能的影响

3. 乳化剂

在乳液的成膜过程中以及成膜后，乳化剂一直处在体系之中，因此乳化剂不仅影响养护膜的形成过程，也影响养护膜的性能。对成膜过程的影响主要体现在：水分的蒸发、乳胶粒的稳定、堆积、变形以及聚合物链段的相互扩散。Lsacs 在 VAc 乳液体系中加入 SDS，发现能加速后期的水分蒸发。这是由于，乳化剂影响乳液的絮凝和凝胶及表面张力；另外乳化剂增大养护膜的亲水性，有助于水分输送到涂膜表面，加速水分的蒸发。养护膜的亲疏水性对其养护效果影响较大，一般情况下，养护膜的疏水性越强，表面越憎水，水分蒸发越慢，养护效果越好。

4. 聚合单体

聚合单体是影响乳液性能最关键的因素。单体种类或比例不同，制备得到的聚合物结构各异，养护剂乳液的性能差别也很大。研究发现，通过在传统聚合物乳液合成中引入具有超疏水性质的含氟单体，制备得到的混凝土养护剂具有良好的保水性能。随着含氟单体含量的增加，保水率先逐渐上升后下降（图 6.1.26），尤其是当含氟单体的含量在 2.5% ~ 5% 的范围内时，养护剂的保水率超过 80%，显示了良好的保水性能。

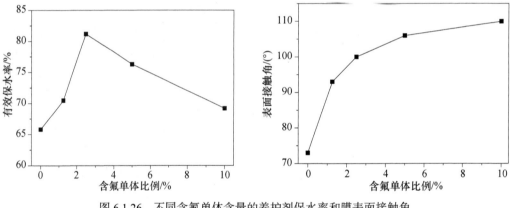

图 6.1.26　不同含氟单体含量的养护剂保水率和膜表面接触角

由于水分子在膜中的传输遵守"溶解-扩散"原理，水分子通过膜的过程可分为三个阶段：第一阶段，水分子在膜内侧表面的吸附和溶解；第二阶段，在化学位差的推动下，以分子扩散的方式通过膜；第三，水分子在膜外侧表面的解吸附。

水分子扩散进入膜的阻力与膜表面的亲疏水性密切相关。接触角是表征膜表面亲水性的重要手段。低的接触角意味着膜具有较好的亲水性，反之，高的接触角则代表膜表面具有高的疏水性。随着含氟单体含量的增加，制备得到的膜接触角先大幅度增加，超过 6% 以后趋于稳定。这说明随着含氟单体含量的增加，膜的疏水性越来越强，因此水分子通过溶解方式进入膜的阻力越来越大，养护的效果也越来越好。水分子进入膜后，在膜中的扩散能力可以通过膜的吸水率来间接考察。高的吸水性意味着水分子以较快的扩散速度通过膜，反之，则扩散速度较慢。含有羟基的单体经乳液聚合制备的乳液型养护剂具有良好的保水性能。一方面，通过膜上羟基与水泥基材料硅原子的键合提高二者的粘结力，另一方面羟基与水分子之间可以形成氢键，增加水分子从膜表面解吸附蒸发的能垒，进而减少水分蒸发速率，提高保水率。

6.1.3.4　对水分蒸发及混凝土收缩开裂的影响

养护剂对干燥收缩的减小与其对水分蒸发的抑制作用密切相关。如图 6.1.27 所示，按照 JC 901-2002 测试的未养护的混凝土 72h 水分蒸发量达到 50g，对应的收缩值为 70με；使用养护剂后，72h 水分蒸发量不超过 5g，水分蒸发抑制率超过 90%，相应的干燥收缩不到 30με，干燥收缩减少超过 55%。

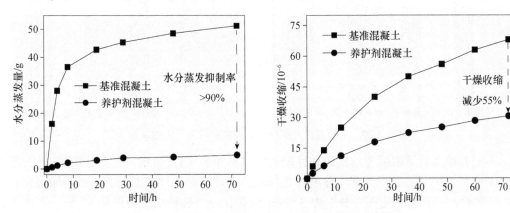

图 6.1.27　养护剂对混凝土水分蒸发和干燥收缩的影响

混凝土养护剂常用于路面及外形较为复杂且不便养护的工程结构中，对抑制硬化混凝土表面龟裂具有良好的效果。如图 6.1.28 所示，不做任何养护的 C30 混凝土硬化后表面龟裂明显，裂缝呈不规则分布；硬化后表面喷洒养护剂的同配比混凝土表面光滑整洁，无裂纹。

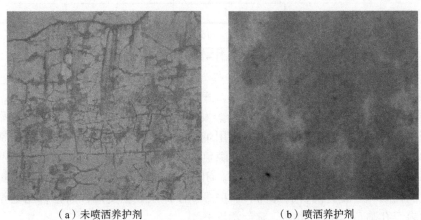

（a）未喷洒养护剂　　　　　　　　（b）喷洒养护剂

图 6.1.28　混凝土表面形貌

6.1.3.5　对力学性能和耐久性能的影响

不同养护方式下按照 JC 901-2002 制备的混凝土的强度和氯离子渗透系数 D_{RCM} 如

图 6.1.29 所示。对比混凝土 28d 龄期强度可知，养护剂养护的混凝土抗压强度要优于干燥养护和薄膜养护的效果，达到标准养护强度的 95% 以上。对比混凝土氯离子渗透系数可知，干燥养护条件下的混凝土具有最大的氯离子渗透系数，而养护剂养护的混凝土具有最小的渗透系数，这可能是混凝土表面含有养护剂膜，降低了水分的传输和扩散速率的原因。

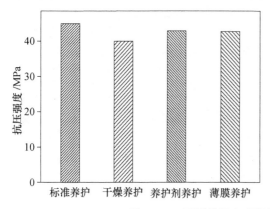 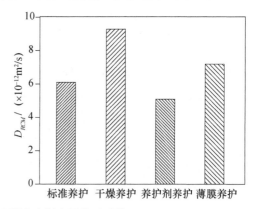

图 6.1.29　不同养护方式混凝土强度和氯离子渗透系数

不同养护条件下混凝土的抗碳化性能测试结果如表 6.1.4 所示，由表可知，30d 龄期时，未使用养护剂的混凝土碳化深度为 2.1mm，而使用养护剂的混凝土未见任何碳化；90d 龄期时，二者的碳化深度分别为 3.5mm 和 0.2mm，抗碳化作用提升 17 倍。实体混凝土回弹强度测试结果也表明，使用养护剂对实际工程混凝土的强度无负面影响。

表 6.1.4　养护剂对混凝土碳化深度和回弹强度的影响

编号	30d		90d	
	碳化深度/mm	回弹强度/MPa	碳化深度/mm	回弹强度/MPa
未使用养护剂	2.1	23	3.5	24
使用养护剂	0	23	0.2	28

6.1.4　基于孔隙负压闭环控制的喷雾养护技术

从第 2 章可知，在早期控制水分蒸发，并将孔隙负压控制在一定阈值之内，可大大降低塑性开裂风险；从 6.1.2 节可知，水分蒸发抑制剂可以有效降低水分蒸发速率、推迟孔隙负压出现时间。针对实际工程中的应用难题，研发了基于孔隙负压闭环控制的喷雾养护技术，能够实现混凝土表层与内部孔隙负压自动测试、塑性开裂风险自动判定、自动喷雾单分子膜水分蒸发抑制剂进行养护。闭环控制的养护系统，不仅可以判断实际工程混凝土的初凝和终凝时间，为抹面、养护等工序提供数据支撑；而且智能化养护，全过程控制表层孔隙负压低于阈值，避免塑性开裂。

6.1.4.1　系统简介

闭环控制养护系统及系统具备的喷雾养护技术原理分别如图 6.1.30 和图 6.1.31 所示。闭环控制养护系统主要包括两个方面的模块：喷雾养护系统和孔隙负压无线监测系统。

孔隙负压无线监测系统由微型陶瓷头传感器、孔隙负压数据采集仪、GSM 信号接收中心和计算机处理系统构成。传感器水平放置在新浇筑混凝土内部及表层，可以感应沿蒸发路径上距表面不同深度的混凝土内部孔隙负压的变化。传感器的一端连着数据采集仪。传感器和数据采集仪放置在新浇混凝土的现场。数据采集仪不仅具有实时的信号采集与存放功能，还可以对采集的前端信号进行判定与处理。通过预先在数据采集仪的内部设定阈值，对每一个采集的前端负压信号进行与阈值的比较。一旦采集信号达到或超过阈值，自动的报警或提示信号就自动发送到施工负责人员的手机上，提醒操作人员采取相对应的养护措施。GSM 信号接收中心则可以放置在操作人员想要放置的任何地方，譬如实验室、办公室，与计算机相连。数据采集仪的信号可以向 GSM 信号接收中心无线传输，施工人员可在室内实现对工地现场浇筑成型的混凝土内部孔隙负压发展的远程、实时、自动监控，并根据监测结果做出合理的养护措施。自动喷雾养护系统，通过对表层孔隙负压测试值与设置阈值进行比较，当孔隙负压值超过设置阈值时，则进行喷雾养护，当喷雾的时间达到设置的采样间隔时间时，传感器对混凝土表层孔隙负压进行进一步采集，如此往复，进而达到控制表层孔隙负压的目的。最终，通过该系统实现混凝土早期养护的"精细化"控制。

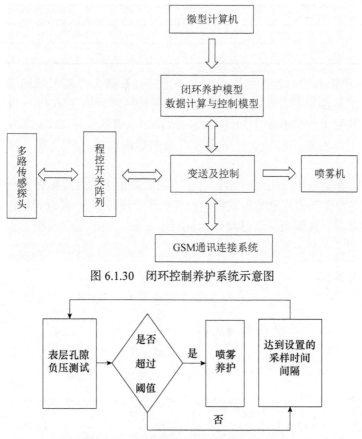

图 6.1.30　闭环控制养护系统示意图

图 6.1.31　自动喷雾养护系统原理示意图

6.1.4.2　养护效果

设计两组混凝土配合比（表6.1.5），用以研究闭环控制自动养护系统的功能。两组混凝土的水胶比均为0.32，总胶凝材料用量均为520kg/m³，调整减水剂掺量保证混凝土坍落度在180~200mm。试验采用的干燥环境为：温度38±2℃，相对湿度30%±5%，风速6m/s。

表 6.1.5　混凝土配合比　　　　　　　　　　（kg/m³）

组别	水泥	粉煤灰	矿粉	细骨料	粗骨料	水	JM-PCA
FA20	416	104	/	644	1050	166.4	4.78
SL35	338	/	182	644	1050	166.4	4.68

不养护（NC）、喷雾养护（FC）条件下混凝土塑性开裂情况如表6.1.6所示，混凝土表层及底层孔隙负压结果如图6.1.32和图6.1.33所示。

表 6.1.6　初始养护对塑性开裂的影响

编号	养护方法	裂缝面积/mm²	最大裂宽/mm	初裂时间/h
FA20	NC	153.4	0.62	1.4
	FC	0	/	/
SL35	NC	182.6	0.66	1.1
	FC	0	/	/

从表6.1.6可以看出，若不采取任何养护措施且暴露于严酷干燥环境下，两组混凝土均发生严重的塑性收缩开裂。初始开裂发生在自暴露开始1.5h内。当采用喷雾养护方法后，两组混凝土均没有发生塑性开裂。试验结果表明，将2kPa作为早期养护孔隙负压临界点，可以有效抑制处于严酷蒸发环境的掺矿物掺合料混凝土的早期塑性收缩开裂。

从图6.1.32和图6.1.33可以看出，对于不采取养护手段直接暴露于严酷干燥环境的混凝土，其表层和底部的孔隙负压发展均存在一个"诱导期"。在诱导期内，孔隙负压为零。诱导期结束后，孔隙负压迅速增长。混凝土开裂一般出现在混凝土表层孔隙负压迅

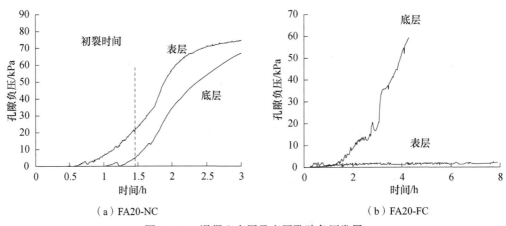

（a）FA20-NC　　　　　　　　　　（b）FA20-FC
图6.1.32　混凝土表层及底层孔隙负压发展

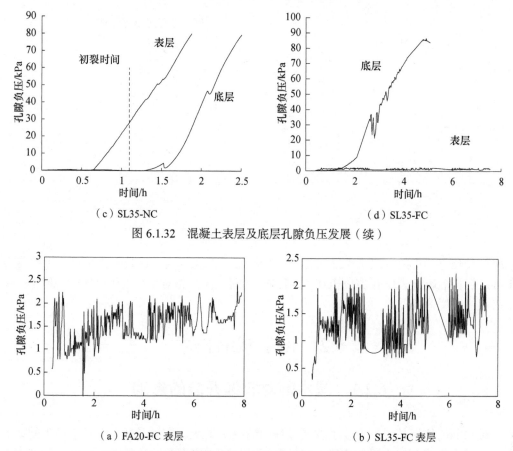

（c）SL35-NC　　　　　　　　　　（d）SL35-FC

图 6.1.32　混凝土表层及底层孔隙负压发展（续）

（a）FA20-FC 表层　　　　　　　　（b）SL35-FC 表层

图 6.1.33　采取喷雾养护措施的混凝土表层孔隙负压发展规律

速增长的阶段。需要指出的是，混凝土底部孔隙负压的诱导期明显长于混凝土表层。混凝土表层孔隙负压的发展取决于内部混凝土泌水速率和表层混凝土水分蒸发速率。当内部混凝土泌水速率不低于表层混凝土水分蒸发速率时，表层水分以平面形式存在，并不会在表层引起弯液面。一旦混凝土内部泌水速率低于蒸发速率，表层开始干燥并形成弯液面，水分继续蒸发会引起孔隙负压的产生。当孔隙负压引起的宏观收缩应力超过表层混凝土抗拉强度时，混凝土开裂即开始产生。混凝土底部的孔隙负压发展取决于混凝土结构形成后由于化学收缩而产生的自干燥效应。混凝土内部孔隙负压的进一步发展导致混凝土自收缩的产生。从图 6.1.33 也可以看出，采用自动喷雾养护过程并将 2kPa 作为上限临界值，在整个实验过程中，表层混凝土的孔隙负压始终保持在 0～2kPa 的范围内。当喷雾系统工作的时候，混凝土表层的孔隙负压迅速降低至接近于零，当水分蒸发后孔隙负压再次增长，整个过程循环往复直至试验结束。混凝土底部的孔隙负压几乎不受喷雾过程的影响。

　　将混凝土试件在试验所采取的严酷干燥环境下养护 8h 后，移至标准养护室养护至 28d，而后测得试件的碳化深度（碳化时间 28d）及氯离子渗透系数如图 6.1.34 所示，其中编号"SC"的试件为 20℃环境下成型且拆模后一直在标准养护室养护的参比试件。从图 6.1.34 可以看出，早期养护对混凝土耐久性存在显著影响。不采取初始养护的混凝土 28d 碳化深度较标准养护混凝土增加 50%～150%，氯离子扩散系数增加 15%～20%。

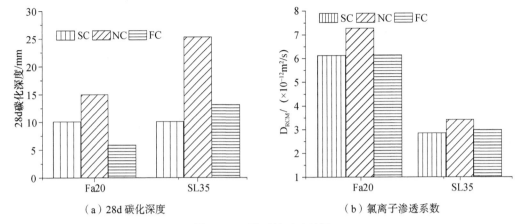

（a）28d 碳化深度　　　　　　　　（b）氯离子渗透系数

图 6.1.34　渗透性试验结果

采取自动喷雾养护的混凝土性能与标准养护混凝土性能相当，这是因为早期自动喷雾养护可以保持混凝土表层孔隙负压在 0～2kPa 之间，保证相对湿度接近 100%，防止混凝土表层的干燥。

6.2　化学减缩技术

6.2.1　减水剂对收缩开裂的影响

减水剂的使用是混凝土技术发展过程中的一次飞跃，作为混凝土中必不可少的第五组分，减水剂表现出由低减水率（10%左右）到高减水率（20%左右）再到超高减水率（30%左右）发展的趋势，为低水胶比高性能混凝土的制备提供了必要条件。但是，在高性能混凝土中应用减水剂也带来了一定的负面效应，其中最突出的一点就是混凝土收缩裂缝出现的几率增大，尤其是干燥收缩裂缝。

针对减水剂对混凝土收缩性能的影响，许多研究者已进行大量研究，但不同的研究者有着不同的结论。Ma（2007）研究表明，萘系和聚羧酸减水剂会延长砂浆初始开裂时间，降低砂浆的开裂敏感性，聚羧酸对开裂敏感性的抑制效果优于萘系。聚羧酸减水剂能减小砂浆的最大裂缝宽度，但萘系减水剂会增加砂浆最大裂缝宽度的发展速率。在水灰比和水泥浆含量不变时，减水剂掺入会增加砂浆干燥收缩，掺聚羧酸减水剂砂浆的收缩低于掺萘系减水剂的砂浆。杨利民（2006）研究表明，配合比保持不变时，萘系减水剂会显著增加砂浆收缩变形，聚羧酸减水剂不会显著增加收缩，甚至略有降低收缩的作用。Ravindra（1984）研究表明，掺减水剂的混凝土干燥收缩比普通混凝土增加约 11%。Books（1999）研究了五种类型的减水剂对混凝土干燥收缩的影响，发现混凝土的干缩普遍增加 3%～130%，同时还发现某些减水剂对混凝土的收缩没有明显的影响。Tazawa（1995）研究表明，高效减水剂会略微降低混凝土自收缩，减水剂种类和掺量对自收缩影响较小。

针对高性能混凝土常用的几种减水剂，比较萘系减水剂（FDN）、氨基磺酸盐减水剂（MAS）及聚羧酸减水剂（PCA）对混凝土早期自收缩、长期自收缩、长期干燥收缩和塑性收缩开裂的影响规律，探讨减水剂种类对混凝土收缩的影响机理。

6.2.1.1　减水剂种类对混凝土早期收缩的影响

混凝土配合比为：水泥用量 470kg/m³，水胶比 0.32，含砂率 0.40，FDN、MAS、PCA 掺量分别为水泥质量的 0.5%、0.5% 和 0.2%。新拌混凝土的坍落度为 18～20cm。

图 6.2.1 所示为不同减水剂对混凝土早期收缩的影响。图 6.2.1（a）为混凝土竖直方向的凝缩，自浇筑成型结束开始测试。凝缩由于化学收缩、颗粒沉降和泌水等原因导致，浇筑成型后迅速产生，且发展速度很快。随着水化的进行，凝缩的增长速率逐步降低，并在临近初凝时，混凝土的凝缩值趋于稳定。由于缺乏自身结构的约束，与硬化混凝土的收缩相比，凝缩远大于自干燥收缩，凝缩值大约是 90d 自干燥收缩值的 2～2.5 倍。掺 FDN 混凝土的凝缩最大，掺 PCA 混凝土的凝缩最小。以掺 FDN 混凝土的凝缩值为基准，掺 PCA 和 MAS 的混凝土凝缩值分别降低了 33.8% 和 19.0%。掺 PCA、MAS 和 FDN 三种减水剂混凝土的初凝时间分别为 7.5h、5.3h 和 5.0h，其中掺 PCA 混凝土的初凝时间延长了 2 个多小时，不利于降低凝缩。掺加 PCA 降低混凝土凝缩的总体效果，可能是由于 PCA 改善了混凝土的和易性，减少颗粒沉降和泌水；同时，提高了气泡的质量和稳定性，减少了含气量损失引起的体积收缩。图 6.2.1（b）为混凝土 1d 前的自干燥收缩，采用塑料波纹管从初凝开始测试。掺三种外加剂混凝土自干燥收缩随时间而增加的规律基本一致，自干燥收缩在初凝和终凝期间发展很快，终凝以后 6～8h 出现拐点，自干燥收缩发展速率开始减慢，甚至出现短暂的无收缩现象。短暂的无收缩现象，主要是由于回吸泌水和产生钙钒石，补偿了部分自干燥收缩。掺 PCA 混凝土的自干燥收缩最小，主要是由于 PCA 降低了孔溶液的表面张力和钾、钠离子浓度，降低孔隙负压，从而降低混凝土的自干燥收缩。

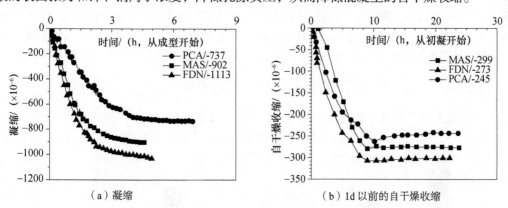

（a）凝缩　　　　　　　　　　（b）1d 以前的自干燥收缩

图 6.2.1　减水剂对混凝土早期收缩的影响

6.2.1.2　减水剂种类对混凝土长期自干燥收缩的影响

图 6.2.2 所示为不同减水剂对混凝土长龄期自干燥收缩的影响。由图可知，自 1d 开始，长龄期的自干燥收缩呈指数增长的规律，早期由于水化速度较快，自干燥收缩的速率也较快，随着水化龄期的延长和水化速度的下降，自干燥收缩的速率也逐渐减小，至 90d 龄期时已经开始逐渐趋于稳定。低水胶比（水胶比为 0.32）混凝土早期自干燥收缩占总自干燥收缩的比率很大。与 90d 龄期的自干燥收缩值相比，掺三种外加剂的混凝土

1d 龄期的自干燥收缩值占到了 60% ~ 70%。对比掺三种外加剂的混凝土的自干燥收缩值可以看出,掺 PCA 的混凝土总的自干燥收缩明显低于掺 FDN 和 MAS 的混凝土,掺 FDN 的混凝土总的自干燥收缩最高。以掺 FDN 混凝土的总的自干燥收缩值为基准,掺 PCA 和 MAS 的混凝土的收缩值分别降低了 29.6%和 9.1%。

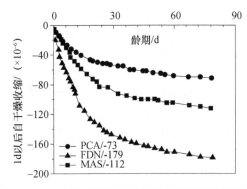 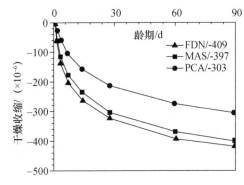

图 6.2.2   减水剂对混凝土长龄期自干燥收缩的影响   图 6.2.3   减水剂对混凝土干燥收缩的影响

6.2.1.3   减水剂种类对混凝土干燥收缩的影响

干燥条件下混凝土的收缩发展规律如图 6.2.3 所示。干燥收缩的测试从成型 3d 龄期开始测试初长,其测试结果应当还包含一部分在干燥条件下的自干燥收缩值。由图可见,低水胶比的混凝土干燥条件下收缩与总的自干燥收缩相接近,掺 PCA、MAS 和 FDN 的混凝土,其总的自干燥收缩(1d 以前自干燥收缩与 1d 以后自干燥收缩的总和)与干燥收缩的比值分别为 1.05、1.04 和 1.11。对比掺三种减水剂的混凝土的干燥收缩可以看出,掺 PCA 的混凝土明显低于掺 FDN 和 MAS 的混凝土,掺 MAS 的混凝土次之,掺 FDN 的混凝土最高。以掺 FDN 混凝土的干燥收缩为基准,掺 PCA 和 MAS 的混凝土干燥收缩分别降低了 25.9%和 2.9%。采用高性能聚羧酸减水剂 PCA,可以有效降低混凝土干燥收缩,降低混凝土干燥收缩开裂风险。

6.2.1.4   减水剂种类对混凝土塑性开裂的影响

不同减水剂对混凝土塑性收缩开裂的影响如图 6.2.4 所示。对比掺三种减水剂的混凝土的开裂面积和最大裂宽值可以看出,以掺 FDN 的混凝土为基准,掺 PCA 和 MAS 的

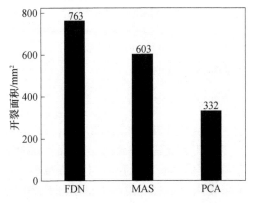 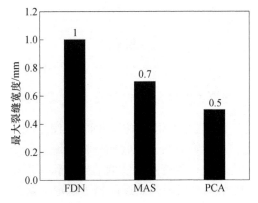

图 6.2.4   减水剂对混凝土早期开裂性能的影响

混凝土开裂面积值分别降低了 56.5%和 21.0%，最大裂缝宽度分别降低了 50%和 30%。试验表明，掺 PCA 的混凝土抵抗塑性开裂能力最强，掺 MAS 的混凝土次之，掺 FDN 的混凝土最弱。

6.2.1.5　减水剂影响混凝土收缩及塑性开裂机理讨论

减水剂的种类不同，对孔溶液的表面张力、碱含量、水分蒸发速率和孔隙负压产生不同的影响，从而影响混凝土的收缩和塑性开裂。

1. 表面张力

减水剂是一种表面活性剂，溶于水后与水分子的作用力小于水分子之间的作用力，从而在水溶液表面形成一种定向排列，减少了水和空气的接触面，降低了水的表面张力。由图 6.2.5 可见，随着减水剂浓度的增加，溶液表面张力逐步降低；当浓度超过 1%以后，降低溶液表面张力的作用减弱。三种减水剂降低溶液表面张力的效果相差很大，其作用效果依次是 PCA>MAS>FDN。萘系减水剂 FDN 和氨基磺酸盐减水剂 MAS 降低溶液表面张力的幅度很小，当浓度达到 1%时，只能降低溶液表面张力 3%左右。聚羧酸减水剂 PCA 降低溶液表面张力的效果明显，当浓度达到 1%时，可以降低溶液表面张力 15%以上。

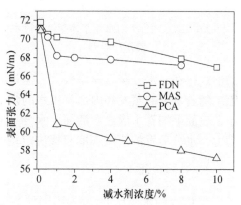

图 6.2.5　25℃下减水剂浓度对溶液表面张力的影响

依据毛细管张力理论，减小孔溶液的表面张力可以降低毛细管管壁的压力，从而可以减小混凝土湿度变化引起的收缩。萘系减水剂 FDN 和氨基磺酸盐减水剂 MAS 降低溶液表面张力的能力弱，减小收缩的作用很小。聚羧酸减水剂 PCA 降低溶液表面张力的能力强，与 FDN 和 MAS 相比，能够明显地降低混凝土塑性收缩、干燥收缩和自收缩。

2. 碱含量

研究结果表明，孔溶液的钾钠离子浓度影响混凝土的湿度变形，一般情况下，碱含量越高，混凝土湿度引起的收缩越大。以减水率 20%左右为基准，聚羧酸减水剂 PCA、萘系减水剂 FDN 和氨基磺酸盐减水剂 MAS 的掺量分别为 0.2%、0.5%和 0.5%，溶液碱含量如表 6.2.1 所示。聚羧酸减水剂 PCA 的碱含量最低，只有萘系减水剂 FDN 和氨基磺酸盐减水剂 MAS 的 11%左右。聚羧酸减水剂 PCA 有利于降低孔隙内部的自干燥程度，以及相同干燥程度下所引起的收缩应力，从而降低收缩。

表 6.2.1　碱含量对比

组别	掺量/%	减水率/%	碱含量/%
纯水	/	/	/
FDN	0.50	18	8.2
PCA	0.20	23	0.9
MAS	0.50	22	8.0

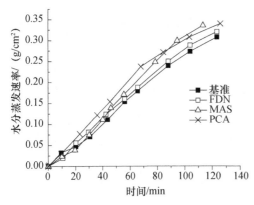

图 6.2.6　减水剂种类对水泥浆体塑性阶段水分
　　　　蒸发的影响

3. 水分蒸发速率

选取 0.35 的水灰比，控制水泥浆体流动度保持在（210±20）mm，研究减水剂种类对水分蒸发速率的影响。由图 6.2.6 可见，掺入三种减水剂后，水泥浆体的水分蒸发速率均加快。掺入萘系减水剂 FDN、氨基磺酸盐减水剂 MAS、聚羧酸减水剂 PCA 的水泥浆体与基准水泥浆体相比，水分蒸发速率分别增大 4.4%、14.6%、12.0%。水泥浆体的水分蒸发量呈现先直线上升，后趋向于缓和的趋势。在早期塑性阶段，水泥浆体中的水以自由水的形式存在，水分蒸发速率较大，但是，此时的水分散失并不会引起水平方向的塑性收缩。随着水分的蒸发和内部泌出水的减少，水泥浆体表面变干燥，水分蒸发速率逐渐减小，表面毛细管水形成弯液面。水分蒸发是水泥浆体塑性开裂的源动力，但不是直接驱动力，水分蒸发的快慢不能直接决定初始开裂时间的大小。

4. 孔隙负压

在 0.35 的水灰比下，掺入不同种类减水剂的水泥浆体的孔隙负压发展规律如图 6.2.7 所示，图中标出了初始开裂所对应的时间。由图可见，与基准水泥浆体相比，掺入减水剂的水泥浆体孔隙负压快速增长"拐点"出现的时间（诱导期）延迟，延缓水泥浆体塑性裂缝的初始开裂时间。掺入聚羧酸减水剂 PCA、氨基磺酸盐减水剂 MAS 和萘系减水剂 FDN，水泥浆体孔隙负压快速增长点出现的时间逐步延长，初始开裂出现的时间也逐步延长。高效减水剂的掺入，改变了水泥颗粒表面的润湿性能，释放了更多的自由水分，使得水泥浆体的水分蒸发处于自由水蒸发的时间延迟，因此，高效减水剂能够推迟孔隙负压增长曲线上的诱导期，延缓塑性开裂的时间。在保持相同流动度的情况下，萘系减水剂的掺量大，释放的自由水最多，容易泌水，孔隙负压的诱导期时间最长。

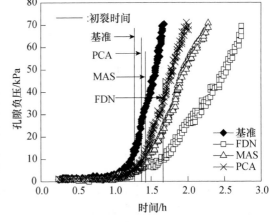

图 6.2.7　掺入不同种类减水剂水泥浆体孔隙负压增
　　　　长趋势

5. 作用机理讨论

减水剂降低了溶液表面张力，但增加了碱含量，对于收缩的影响存在正效应和负效应，最终效果根据减水剂的种类不同而不同。掺入萘系减水剂 FDN 和氨基磺酸盐减水剂 MAS，负效应大于正效应，从而加大了混凝土湿度引起的收缩。掺入聚羧酸减水剂 PCA，正效应与负效应相当，对混凝土湿度引起的收缩影响不大。与萘系减水剂 FDN 和氨基磺酸盐减水剂 MAS 相比，聚羧酸减水剂 PCA 降低了负效应，弥补了传统减水剂加大干燥收缩的不足。

水分蒸发速率是塑性开裂的诱因之一，而孔隙负压是塑性开裂的直接驱动力。基于应力准则，当孔隙负压大于塑性抗拉强度时，混凝土产生塑性开裂。减水剂对塑性开裂的影响，是泌水率、水分蒸发速率、孔隙负压、塑性收缩和塑性抗拉强度综合影响的结果。与萘系减水剂 FDN 和氨基磺酸盐减水剂 MAS 相比，聚羧酸减水剂 PCA 虽然水分蒸发速率较大、孔隙负压快速增长的时间较早，但塑性收缩的降低和塑性抗拉强度的快速增加，导致塑性开裂面积和最大裂缝宽度均最小，抵抗塑性开裂的能力最强。

6.2.2　减　缩　剂

减缩剂（SRA）是混凝土收缩裂缝控制的最有效措施之一，已被广泛应用于各项工程中，包括混凝土平板、路面、桥梁、导流墙、水库和滤水厂等，日本从 1983 年起就开始大量使用减缩剂。减缩剂的作用效果不受施工养护条件的影响，既可用于地下结构，也可用于上部结构。混凝土减缩剂已经从单一组分、单一功能向多组分、多功能方向发展。

6.2.2.1　减缩剂的组成

减缩剂的化学组成为醇类或聚醚类有机物。富田六郎将减缩剂的主要成分归纳为通式 $R_1O(AO)_nR_2$ 表示，其中骨架 A 为碳原子数 2 ~ 4 的烷基；n 为重复度（以整数表示，一般为 2 ~ 5，10 以上的大分子结构也具有减缩机能）；R_1 和 R_2 为氢原子、烷基、环烷基或苯基。一般而言，在合成精制过程中会形成重复度不同的物质，因此实际成分为不同重复度的混合物。从美国专利文献资料看，常用的单组分型减缩剂有一元或二元醇类减缩剂、氨基醇类减缩剂、聚氧乙烯类减缩剂、烷基氨基类减缩剂等；多组分减缩剂主要包括醇类复合聚醚类、醇胺类复合聚醚类、醇类复合醇胺类等。由于多组分减缩剂内各组分的协同与互补作用，在早龄期及长龄期不亚于甚至超过单组分减缩剂，而且克服了单组分减缩剂对混凝土强度影响较大的缺点，所以复合型减缩剂成为近年来混凝土减缩剂的主要发展趋势。所选用的作为减缩剂的表面活性剂具有下列特征：①在强碱性的环境中能大幅度降低水溶液的表面张力，一般可从 70mN/m 左右降至 35mN/m 左右；②在水泥颗粒表面不能有强烈的吸附；③挥发性低；④不会对水泥的水化凝结造成异常的影响；⑤没有异常的引气性；⑥与常用的减水剂、早强剂、缓凝剂、引气剂等混凝土外加剂有良好的相容性。

由于非离子表面活性剂在水溶液中不是以离子状态存在，故其稳定性高，不易受强电解质存在的影响，也不易受酸碱的影响，与其他表面活性剂相容性好，在固体表面上不发生强烈吸附，所以减缩剂产品通常选用非离子表面活性剂。

6.2.2.2　减缩剂构效关系

以一元醇、二元醇或多元醇等低分子醇为起始剂，通过与环氧乙烷（EO）、环氧丙烷（PO）

进行加成反应，制备成分子量在 100 ~ 400 的聚醚称为低分子聚醚。聚醚类减缩剂的起始剂种类和分子结构等因素对减缩效果影响很大。

1. 起始剂种类对减缩性能的影响

考察一元醇、二元醇及多元醇对水泥净浆收缩性能的影响，作为选择起始剂的主要指标。表 6.2.2 列出了几种具有代表性的醇减缩性能试验结果，试验用净浆水灰比为 0.36，醇掺量为水泥质量的 2.0%（表 6.2.3 ~ 表 6.2.7 采用相同水灰比和掺量）。从表中可以看出，在一元醇中，正丁醇的减缩效果要优于叔丁醇，正丁醇掺量为 2.0% 时，28d 减缩率为 31.5%；在二元醇中，2-甲基-2,4-戊二醇的减缩效果明显优于其他二元醇，2-甲基-2,4-戊二醇掺量为 2.0% 时，28d 减缩率为 45.9%；对于氨基醇，N,N-二甲基乙醇胺掺量为 2.0% 时，28d 减缩率为 36.7%。

表 6.2.2　醇类起始剂的减缩性能

种类	减缩剂	3d 减缩率/%	7d 减缩率/%	14d 减缩率/%	28d 减缩率/%
一元醇	正丁醇	79.7	49.7	35.5	31.5
	叔丁醇	77.5	35.9	19.2	15.2
多元醇	2-甲基-2,4-戊二醇	85.3	71.9	53.4	45.9
	1,2-丙二醇	24.1	18.8	3.8	1.5
	二丙二醇	32.6	24.9	9.8	3.2
	三乙二醇	22.4	19.0	10.0	6.5
氨基醇	N,N-二甲基乙醇胺	41.4	37.0	36.6	36.7

通过醇类起始剂的优选试验发现，正丁醇、叔丁醇、2-甲基-2,4-戊二醇和 N,N-二甲基乙醇胺均具有一定的减缩能力，因此采用加成环氧乙烷的方式改变其分子结构，以期能够提升其减缩性能，结果见表 6.2.3。从表中可以看出，选用一元醇（正丁醇）作为起始剂，加成环氧乙烷后，其减缩效果要优于单独使用正丁醇；选用二元醇（2-甲基-2,4-戊二醇）和氨基醇（N,N-二甲基乙醇胺）作为起始剂，加成环氧乙烷后，其减缩效果反而下降。可见，化学结构的改变对于减缩能力的影响非常显著，因此选用一元醇作为起始剂，进一步研究一元醇分子结构对减缩性能的影响。

表 6.2.3　起始剂种类对于减缩性能的影响

起始剂	减缩剂	7d 减缩率/%	28d 减缩率/%
正丁醇	正丁醇	49.7	31.5
	正丁醇+4EO	57.7	37.5
2-甲基-2,4-戊二醇	2-甲基-2,4-戊二醇	52.9	40.1
	2-甲基-2,4-戊二醇+2EO	43.2	33.7
	2-甲基-2,4-戊二醇+4EO	42.6	35.5
N,N-二甲基乙醇胺	N,N-二甲基乙醇胺	41.4	36.7
	N,N-二甲基乙醇胺+2EO	20.6	17.4

2. 一元醇的分子结构对减缩性能的影响

选用甲醇、辛醇、十二醇、正丁醇等具有不同碳链长度的一元醇作为起始剂，固定环氧乙烷的加成数量,探索一元醇的分子结构对水泥浆体收缩性能的影响,试验结果如表 6.2.4 所示。从表中可以看出,采用甲醇、正丁醇、辛醇和十二醇作为起始剂,同时加成 2 个环氧乙烷时,其中正丁醇加成 2 个环氧乙烷的减缩效果最优,掺量为 2.0% 时,28d 的减缩率 34.6%。

表 6.2.4　HLB 值对减缩效果的影响

减缩剂	HLB	3d 减缩率/%	7d 减缩率/%	14d 减缩率/%	28d 减缩率/%
甲醇+2EO	14.67	27.9	22.2	19.8	19.2
辛醇+2EO	8.07	30.2	18.3	17.7	13.5
十二醇+2EO	6.42	22.6	18.6	15.7	13.8
丁醇+2EO	10.86	43.5	40.9	37.0	34.6

　　根据表面活性剂的原理可知,碳链长度的改变,将引起亲水亲油平衡值(HLB)的改变,因此试验还考虑了不同起始剂条件下,调整环氧乙烷数量达到相同 HLB 时的减缩性能,以期获得减缩剂构效关系的一些认识。试验中以正丁醇加成 2 个环氧乙烷样品的 HLB 作为参考,具体试验结果见表 6.2.5。从表中可以看出,规定 HLB 的条件下,正丁醇加成 2 个环氧乙烷的减缩性能最佳。试验中还发现,当采用辛醇和十二醇作为起始剂时,引气性能明显增加,浆体含气量无法控制。因此,考虑选用碳原子数在 4~6 范围内的醇作为起始剂,与环氧乙烷进行加成反应,优化其减缩效果,见表 6.2.6。从表中可以看出,正丁醇、异丁醇、异戊醇及环己醇分别加成 2 个环氧乙烷的减缩效果较好,28d 减缩率分别为 37.5%、37.7%、37.4% 和 35.9%;叔丁醇加成 2 个环氧乙烷和正戊醇加成 2 个环氧乙烷的减缩效果不及上述的正丁醇、异丁醇、异戊醇和环己醇,28d 的减缩率分别为 25.0% 和 27.3%。正己醇加成 2 个环氧乙烷减缩效果较差,28d 的减缩率仅有 8.54%。

表 6.2.5　加成 EO 数量对减缩效果的影响

减缩剂	HLB	3d 减缩率/%	7d 减缩率/%	14d 减缩率/%	28d 减缩率/%
甲醇+1EO	10.86	24.9	22.8	22.2	20.8
丁醇+2EO	10.86	43.5	40.9	37.0	34.6
辛醇+3.517EO	10.86	18.7	12.3	8.8	3.8
十二醇+5.032EO	10.86	21.0	16.1	15.0	19.1

表 6.2.6　碳原子数 4~6 的一元醇对减缩效果的影响

减缩剂	3d 减缩率/%	7d 减缩率/%	14d 减缩率/%	28d 减缩率/%
正丁醇+2EO	74.2	57.7	44.1	37.5
异丁醇+2EO	82.8	59.4	46.5	37.7
叔丁醇+2EO	79.1	51.7	29.8	25.0
正戊醇+2EO	41.1	31.9	28.4	27.3
异戊醇+2EO	82.3	58.2	46.7	37.4
正己醇+2EO	28.9	21.3	16.9	8.5
环己醇+2EO	82.9	57.2	42.6	35.9

　　通过上述实验可以看出,低分子聚醚类减缩剂的减缩效果与起始剂醇的分子结构、环氧乙烷的加成数量和亲水亲油平衡值(HLB)都有直接的关系。以碳原子数为 4~6

的一元醇（直链、支链、环状结构）作为低分子聚醚类减缩剂的起始剂较为合适。

3. 加成基团的种类、数量、序列分布对减缩性能的影响

在起始剂选择的过程中发现，正丁醇加成环氧乙烷后的减缩性能提升明显，因此进一步考虑在此基础上改变环氧乙烷数量、引入疏水性更强的环氧丙烷基团对其进行减缩性能的进一步优化。试验结果如表 6.2.7 所示。从表中可以看出，以正丁醇为起始剂，环氧乙烷加成数量为 2 或 4 时，28d 减缩率达到 30.9%和 31.6%，随着环氧乙烷数量的增加，浆体含气量显著增加，减缩能力逐渐下降，当环氧乙烷加成数量达到 12 时，28d 减缩率仅为 25.6%。采用环氧丙烷部分替代环氧乙烷后发现，加成基团的种类和序列分布对减缩性能影响显著。采用正丁醇先加成环氧乙烷，后加成环氧丙烷，形成疏水-亲水-疏水结构时，减缩性能较四乙氧基正丁基醚有所下降；采用先加成环氧丙烷，后加成环氧乙烷，形成疏水-亲水结构时，减缩性能较四乙氧基正丁基醚有所提升。通过上述对低分子聚醚分子结构与收缩性能间构效关系的研究后发现，以正丁醇作为起始剂，先加成环氧丙烷后加成环氧乙烷形成疏水—亲水结构时，减缩剂作用效果最优。

表 6.2.7　加成基团种类及序列分布对缩减效果的影响

起始剂	减缩剂	3d 减缩率/%	7d 减缩率/%	14d 减缩率/%	28d 减缩率/%
正丁醇	正丁醇+2EO	53.5	44.5	36.6	30.9
	正丁醇+4EO	53.2	42.8	35.8	31.6
	正丁醇+6EO	44.7	40.6	33.9	29.6
	正丁醇+8EO	36.5	35.6	32.5	29.3
	正丁醇+12EO	38.6	34.9	30.4	25.6
	正丁醇+2EO+2PO	46.3	37.9	30.4	28.3
	正丁醇+2PO+2EO	62.3	48.5	36.8	34.1

6.2.2.3　减缩剂对混凝土新拌性能的影响

减缩剂对混凝土新拌性能的影响如表 6.2.8 所示。结果表明，减缩剂基本无减水作用，因此对于新拌混凝土坍落度以及坍落度损失的影响较小。由于减缩剂多是非离子表面活性剂，能降低表面张力，所以具有引气性，表面张力在 30～50mN/m，含气量可达 5%以上，可以通过改变分子结构、分子量以及复合掺加消泡剂来控制含气量。对混凝土凝结时间的研究结果表明，减缩剂掺入以后混凝土初凝和终凝时间均有所延长，且缓凝时间随着掺量的增大而有所延长。对泌水率测试结果表明，减缩剂对新拌混凝土的泌水率有较大的影响，掺入减缩剂后，混凝土的泌水率明显降低。

表 6.2.8　减缩剂对 C30 混凝土新拌性能的影响

掺量/%	坍落度/坍扩度/mm		含气量/%	初凝时间/h	终凝时间/h	泌水率/%
	初始	60min				
0	180	150	2.5	6.5	9.1	5.1
1	194	165	2.4	7.0	10.3	2.7
2	187	165	1.7	8.0	11.2	2.5
3	200	180	2.1	8.2	11.6	1.6
4	200	175	1.7	9.4	12.8	2.8

6.2.2.4　减缩剂对混凝土力学性能的影响

大部分研究证实，减缩剂对砂浆和混凝土的抗压强度和抗折强度有一定程度的降低，降幅可达 20%左右。对掺加不同掺量减缩剂的不同强度等级混凝土抗压强度试验研究结果表明（图 6.2.8），减缩剂掺入后，C30 混凝土 28d 前抗压强度有较大幅度下降；减缩剂掺量在 2%以内，对 C30 混凝土 90d 强度影响较小。减缩剂掺入 C40 混凝土中，当其掺量在 3%以内时，对混凝土 7d、28d 和 90d 抗压强度均没有明显影响。减缩剂掺入 C50 混凝土中，当其掺量在 3%以内时，对混凝土各龄期抗压强度均没有负面影响，90d 抗压强度比基准混凝土略有增加。对于 C60 混凝土，减缩剂掺量在 2%以内时，各龄期抗压强度损失率可控制在 6%以下，掺量达到 3%时，抗压强度损失有明显增大。

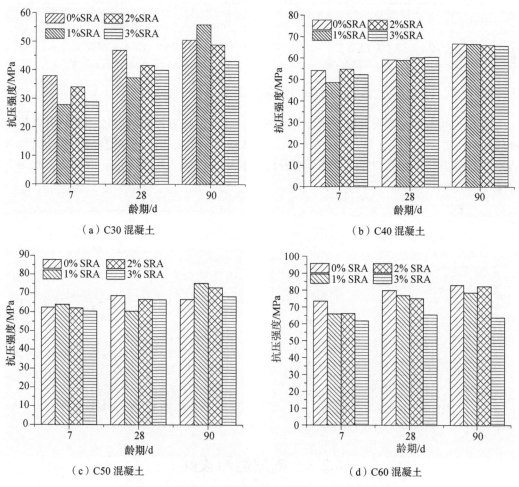

（a）C30 混凝土　　　　　　　　　　　（b）C40 混凝土

（c）C50 混凝土　　　　　　　　　　　（d）C60 混凝土

图 6.2.8　减缩剂对不同强度等级混凝土抗压强度的影响

6.2.2.5　减缩剂对混凝土干燥收缩的影响

减缩剂能有效降低混凝土试件各龄期的干燥收缩，随着掺量的增加，其降低干燥收缩的效果越明显。如图 6.2.9、图 6.2.10 所示，水胶比为 0.45 时，掺减缩剂混凝土试件干燥收缩变形较基准混凝土降低 25% ~ 40%；水胶比为 0.35 时，掺入减缩剂后，混凝土干燥收缩下降 25% ~ 35%。

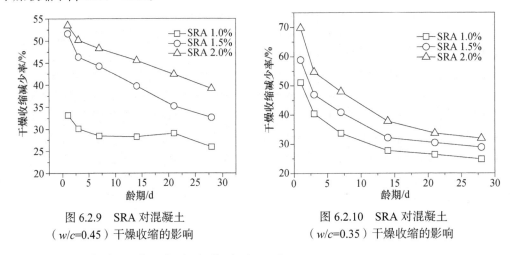

图 6.2.9　SRA 对混凝土
（w/c=0.45）干燥收缩的影响

图 6.2.10　SRA 对混凝土
（w/c=0.35）干燥收缩的影响

6.2.2.6　减缩剂对混凝土自收缩的影响

减缩剂也能有效降低混凝土试件各龄期的自收缩，随着掺量的增加，其降低自收缩的效果越明显。如图 6.2.11、图 6.2.12 所示，水胶比为 0.45 时，掺减缩剂混凝土试件自收缩变形较基准降低约 20% ~ 30%；水胶比为 0.35 时，掺入减缩剂后，混凝土自收缩下降 15% ~ 25%。

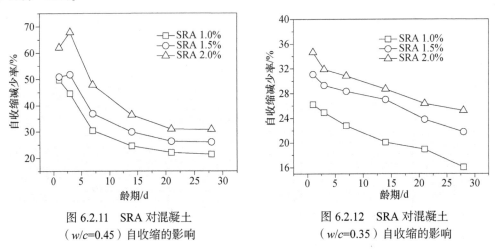

图 6.2.11　SRA 对混凝土
（w/c=0.45）自收缩的影响

图 6.2.12　SRA 对混凝土
（w/c=0.35）自收缩的影响

6.2.3　减缩型聚羧酸

减缩剂虽然具有良好的减缩和防裂效果，但仍存在掺量高、影响混凝土强度等缺点。聚羧酸减水剂与传统缩聚型减水剂相比，制备的混凝土具有收缩小、抗裂性能较好、结构可控性强等优点，但其减缩效果很难同减缩剂媲美。近年来，研究人员尝试通过高分子合成技术来实现外加剂减缩和其他功能的复合。日本专利 JP200410087799.9 报道了一种具有缩短凝结时间、降低混凝土拌合物黏度、硬化混凝土自收缩小和强度高等功能的水泥混凝土用多功能型外加剂。美国专利 US20050124737A1 报道了一种多功能混凝土外加剂可以使得混凝土具有优异的流动性、良好的早期强度、较低的收缩率、良好的抗冻融性及较低的碳化速度。中国专利 CN201310253732.7 和 CN201310103726.3 报道了不同种类减缩型聚羧酸系高性能减水剂的制备方法，该外加剂在掺量较低时具有很好的减水减缩功能，并能适当引气。但是，减水剂主要通过在水泥颗粒表面的吸附作用与分子自身的静电排斥或空间位阻作用实现新拌混凝土的高效分散，而减缩剂主要通过在孔溶液中稳定存在并降低表面张力来减少硬化混凝土的收缩，二者在作用空间和时间上都存在明显差异，因此实现减水和减缩的统一存在较大难度。通过优化聚羧酸减水剂的分子结构，研究分子结构对收缩、分散性能的影响规律以及分子结构-孔溶液-吸附的关系并揭示其作用机理，对实现减水和减缩的高效统一具有重要意义。

6.2.3.1　减缩型聚羧酸构效关系

结合毛细管张力理论、吸附学说及空间位阻理论，通过向共聚物结构中引入微疏水改性聚醚、利用微疏水改性聚醚功能单元在低浓度下显著降低孔溶液表面张力，并通过调控吸附基团含量实现共聚物的持续缓慢吸附，研究了主链亲疏水性、侧链长度、侧链亲疏水性、吸附行为、分子量等参数对水泥基材料宏观性能（分散、分散保持、收缩、和易性等）的影响。

1．主链亲疏水性

采用不饱和聚醚大单体与丙烯酸进行水溶液自由基共聚，合成具有不同主链结构的聚合物分子如图 6.2.14 所示，评价它们对水泥浆体干燥收缩的影响，结果如图 6.2.15 所示。由图可见，减缩性能依次是：甲基丁烯基醚（5C）＞烯丙基醚（3C）＞甲基烯丙基醚（4C）＞乙烯基醚（2C）；与不饱和碳相连的甲基对减缩不利，而与不饱和碳相连的亚甲基对减缩有利；与甲基基团相比，亚甲基对收缩性能影响更大，亚甲基越多，减缩效果越优。可见，主链的疏水性对减少收缩是有利的，疏水性越强，收缩越小。

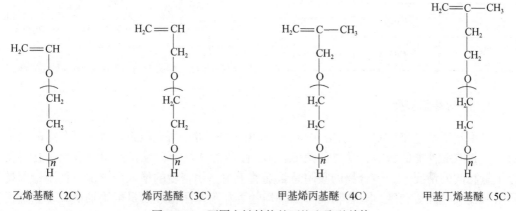

乙烯基醚（2C）　　　烯丙基醚（3C）　　　甲基烯丙基醚（4C）　　　甲基丁烯基醚（5C）

图 6.2.13　不同主链结构的不饱和聚醚单体

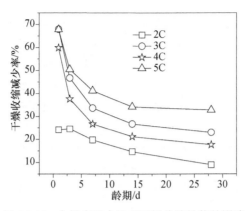

图 6.2.14　主链亲疏水性对干燥收缩性能的影响

2. 分子量

　　选定减缩效果最优的甲基丁烯基醚（5C）作为研究对象，探索聚合物分子量大小对收缩性能的影响（水泥净浆水灰比为 0.36，甲基丁烯基醚（5C）掺量为水泥质量的 0.4%）。由表 6.2.9 和图 6.2.15 可见，当聚合物的重均分子量为 26000，数均分子量为 18000 时，减少干燥收缩的效果最优。分子量过大（重均分子量=92000，数均分子量=50600）或过小（重均分子量=8000，数均分子量=5300），均不能减少干燥收缩。因此可以看出，对同一体系，减缩效果的优劣与聚合物分子量的大小有密切关系，重均分子量在 25000～30000 之间时，减缩效果优。

表 6.2.9　不同分子量聚合物信息

编号	重均分子量	数均分子量
1	8000	5300
2	26000	15600
3	26000	18000
4	48000	25900
5	92000	50600

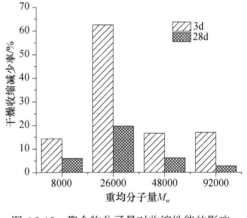

图 6.2.15　聚合物分子量对收缩性能的影响

3. 吸附基团密度

　　以甲基丁烯基醚（5C）为研究对象，保持相同分子量，研究吸附基团密度（表 6.2.10）对聚合物减缩性能的影响，结果如图 6.2.16、图 6.2.17 所示。从图中可以看出，在保持分子量相同的情况下，聚合物的吸附总量随着吸附基团密度的增加而增加，而不论保持同水灰比或是同流动度，聚合物的减缩率均随着吸附基团密度用量的增加而减小。这说明吸附量对聚合物发挥减缩性能有很大的影响，减缩性能随着吸附量的增大而减小。

表 6.2.10　不同吸附基团密度下聚合物的分子量及转化率信息

单体摩尔比（聚醚大单体：丙烯酸）	M_w
1：1	24925
1：1.25	25878
1：1.5	25723
1：1.75	28781
1：2	26608

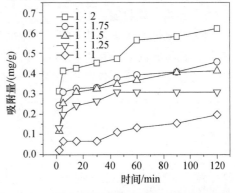

图 6.2.16　不同吸附基团密度下聚合物的吸附行为

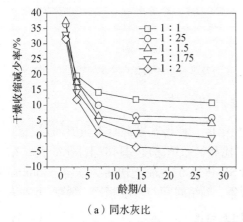

（a）同水灰比

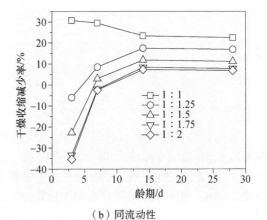

（b）同流动性

图 6.2.17　吸附基团密度对聚合物的干燥收缩的影响（掺量 0.4%）

4. 侧链长度和亲疏水性

（1）砂浆流动性

用基准水泥测定了不同水灰比、不同掺量条件下的砂浆流动度来表征水泥的流动性。表 6.2.11 列出了水灰比为 0.35 时，减缩型聚羧酸掺量为 0.4%时砂浆流动度的测定结果。表 6.2.11 显示，砂浆流动度随着聚合物侧链长度的增加而下降，随着聚合物侧链亲水性的增强而下降。

表 6.2.11　水泥净浆流动度测定结果（$w/c=0.35$）

编号	聚合物	掺量/%	流动度/mm	1h 流动度/mm
1	C5-E-600	0.4	240	225
2	C5-1PE-600	0.4	250	225
3	C5-E-1200	0.4	175	184
4	C5-E-2400	0.4	150	155
5	C5-2PE-1200	0.4	227	225
6	C5-2PE-2400	0.4	156	170
7	C5-4PE-2400	0.4	166	173

注：C5-E-600 代表以 5C 为主链，侧链只加成 EO，分子量为 600 的不饱和聚醚大单体与丙烯酸共聚后的聚合物；C5-1PE-600 代表以 5C 为主链，侧链先加成 1 个 PO 后加成 EO，分子量为 600 的不饱和聚醚大单体与丙烯酸共聚后的聚合物。

（2）砂浆干燥收缩

侧链疏水性对水溶液表面张力及砂浆干燥收缩影响的试验结果如图 6.2.18 所示，结果表明，具有相同侧链长度（编号 4、6、7）的聚合物，侧链疏水性越强，降低表面张力的能力越强，砂浆干燥收缩越低，即减缩能力越佳。

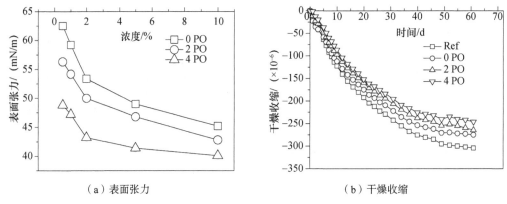

（a）表面张力　　　　　　　　　（b）干燥收缩

图 6.2.18　侧链疏水性对水溶液表面张力及砂浆干燥收缩的影响

6.2.3.2　减缩型聚羧酸对混凝土新拌性能的影响

采用普通聚羧酸减水剂调整基准混凝土的坍落度，使得基准混凝土与掺加减缩型聚羧酸减水剂（SR-PCA）的混凝土具有相同的水灰比和初始坍落度（具体配合比如表 6.2.12 所示）。由表 6.2.13 可见，C30 混凝土中，掺加 SR-PCA 的混凝土初始状态佳，30min 坍落度不损失，出机及 1h 经时后均未出现泌水现象。凝结时间与基准相比，缓凝 2h 左右。

表 6.2.12　C30 混凝土配合比　　　　　　　　　　　（kg/m³）

编号	水	水泥	粉煤灰	砂子	大石	小石	PCA	SR-PCA
基准	148	250	120	719	675	450	0.06%	0
SR-PCA	148	250	120	719	675	450	0	0.4%

表 6.2.13　C30 混凝土工作性能及凝结时间

编号	坍落度/扩展度/mm	1h 坍落度/扩展度/mm	含气量/%	初凝时间/h	终凝时间/h
基准	215/495	120/—	2.7	8.9	11.6
SR-PCA	220/515	225/530	2.3	10.3	13.9

采用普通聚羧酸减水剂调整基准混凝土与掺加 SR-PCA 的混凝土的坍落度，使得基准混凝土与掺加 SR-PCA 的混凝土具有相同的水灰比和初始坍落度（具体配合比如表 6.2.14 所示）。由表 6.2.15 可见，在 C60 混凝土中，掺加 SR-PCA 的混凝土出机及 1h 经时后的状态均未出现泌水现象，基准组工作性能损失较快。

表 6.2.14　C60 混凝土配合比　　　　　　　　　　　（kg/m³）

编号	水	水泥	粉煤灰	砂子	大石	小石	PCA	SRPCA
基准	156.6	425	75	673	658	439	0.15%	0
SR-PCA	156.6	425	75	673	658	439	0.08%	0.4%

备注：混凝土制备时扣掉了外加剂中的水分。

表 6.2.15　C60 混凝土工作性能及凝结时间

编号	坍落度/扩展度/mm	1h坍落度/扩展度/mm	含气量/%	初凝/h	终凝/h
基准	200/365	160/—	2.5	10.6	12.5
SR-PCA	215/475	225/485	2.6	11.8	14.3

此外，参照 GB/T 8076-2008，采用基准混凝土（配合比见表 6.2.16），初始坍落度控制在 210±10mm，测试 SR-PCA 的减水率。由表 6.2.17 可见，掺量为 0.4%时，SR-PCA 的减水率为 19.8%。

表 6.2.16　GB/T 8076-2008 基准混凝土配合比　　　　　　　　（kg/m³）

基准水泥	砂	大石	小石
360	810	697	298

表 6.2.17　混凝土工作性

编号	掺量/%	含气量/%	坍落度/cm	减水率/%
基准		0.6	19.5	/
SR-PCA	0.4	2.4	19.5	19.8

6.2.3.3　减缩型聚羧酸对混凝土力学性能的影响

采用表 6.2.12 和表 6.2.14 中的配合比，研究 SR-PCA 对混凝土力学性能的影响，结果列于表 6.2.18 中。由表可见，掺入 0.4%的 SR-PCA 对新拌混凝土的含气量几乎没有影响。对于 C30 混凝土，对混凝土强度影响较小。对于 C60 混凝土，强度的发展趋势与 C30 混凝土相似。

表 6.2.18　SR-PCA 对混凝土力学性能的影响

编号		坍落度/mm	含气量/%	抗压强度/MPa		
				3d	7d	28d
C30	基准	215	2.7	31.82	40.08	46.15
	SR-PCA	220	2.3	29.85	38.68	45.95
C60	基准	200	2.5	56.73	70.58	78.43
	SR-PCA	215	2.6	56.85	71.27	78.90

6.2.3.4　减缩型聚羧酸对混凝土干燥收缩的影响

采用表 6.2.12 和表 6.2.14 中的配合比，评价了掺 SR-PCA 的混凝土与基准混凝土同水灰比同流动度下对混凝土干燥收缩的影响，实验中为避免自收缩带来的影响，干燥收缩养护方式是将试体在 24h 拆模后放入 20℃，相对湿度 95%的养护室养护 7d 后测初长，持续养护到龄期测量试体长度。同时，按照 GB/T 8076-2008 中所述实验方法，测试 SR-PCA 的减水率与减缩率，结果如图 6.2.19 所示。从图中可以看出，SR-PCA 减少混凝土干燥收缩效果理想，掺量为 0.4%时，C30 混凝土 28d 干燥收缩减少 24.9%，C60 混凝土 28d 干燥收缩减少 22.4%。

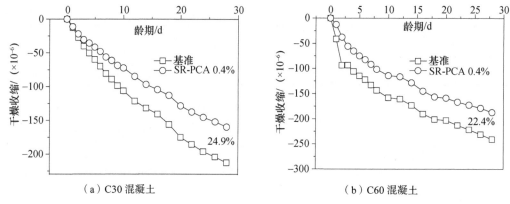

（a）C30 混凝土　　　　　　　　　　（b）C60 混凝土

图 6.2.19　SR-PCA 对 C30 和 C60 混凝土干燥收缩的影响

6.2.3.5　减缩型聚羧酸对混凝土自收缩的影响

自收缩在高强混凝土中表现更为显著，采用表 6.2.14 中的配合比，测试掺 SR-PCA 的 C60 混凝土的自收缩，结果如图 6.2.20 所示。由图可知，SR-PCA 掺量为 0.4%时，28d 混凝土自收缩减少率达 25.8%。

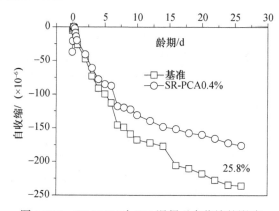

图 6.2.20　SR-PCA 对 C60 混凝土自收缩的影响

6.2.3.6　减缩型聚羧酸对混凝土抗裂性能的影响

采用圆环法评价 SR-PCA 对混凝土抗裂性能的影响。试验用水泥与标准砂（ISO 基准砂）比例为 1∶3（质量比），受检砂浆流动度控制在基准砂浆流动度±5mm 范围之内。自加水时算起，试体带模放入 20℃、相对湿度 95%的养护箱养护 24h±2h 后拆模，将拆模后的试样整体放入 20℃、相对湿度 50%的干空室中养护；测试龄期原则上到 7d 为止，如果 7d 时试样仍未出现裂缝，可适度延长测试时间，但最终不超过 14d。以放入干空室的时间为起始测试时间。测试结果如图 6.2.21 所示。

从图中可以看出，掺 SR-PCA 的砂浆与基准相比，开裂时间明显延长。水灰比为 0.42 时，基准砂浆开裂时间为 136h，而掺 SR-PCA 的试件，测试结束时（184h）仍未出现开裂现象。水灰比为 0.32 时，掺 SR-PCA 的砂浆开裂时间较基准砂浆延长了 24h。

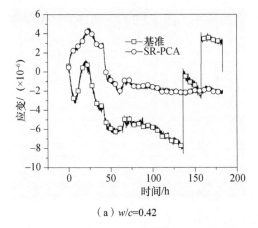

（a）w/c=0.42

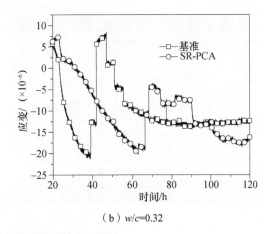

（b）w/c=0.32

图 6.2.21　SR-PCA 对砂浆环抗裂性能的影响

6.2.3.7　减缩剂与减缩型聚羧酸作用机理探索

国内外学者关于减缩剂的减缩机理进行了大量的研究。尽管减缩机理还未被完全解释，但大多数研究结果认为，水泥基材料中减缩剂的掺入，显著降低了体系的孔溶液表面张力，从而减小了毛细孔中弯液面引起的收缩应力。根据 Young-Laplace 方程和 Kelvin 方程，在密封条件下，当材料内部微结构形成后，较低的表面张力会减小孔隙负压并将材料内部的相对湿度维持在一个较高的水平，即降低了水泥基材料的自干燥效应。研究还表明，减缩剂的掺入会降低孔溶液中 Na^+ 和 K^+ 的浓度，从而降低其平衡阴离子如 SO_4^{2-} 和 OH^- 的浓度，使得孔溶液中 Ca^{2+} 离子的浓度有所上升（同离子效应），导致氢氧化钙和钙矾石产生过饱和现象，增加了其结晶压力，进而对水泥基材料内部的收缩应力起到一定的补偿作用。然而，关于减缩型聚羧酸的减缩机理及其对水泥基材料的性能研究尚鲜有报道。

作者团队在研究减缩剂和减缩型羧酸的掺入对水泥基材料收缩及其他性能演变规律的基础上，初步探讨了两种材料对水泥基材料减缩的作用机理。研究结果表明，SRA 和 SR-PCA 的掺入降低了孔溶液的极性，进而阻碍了水泥颗粒的离子溶出，而孔溶液中碱离子浓度的降低直接影响了水泥的水化过程并导致了自身体积变形发展的不同。对于传统低分子减缩剂 SRA，其减缩机理在于它的存在明显降低了孔溶液的表面张力（图 6.2.22），从而在未显著影响水泥水化的情况下使体系内部相对湿度维持在相对较高的水平（图 6.2.23），相应地，体系的孔隙负压在各个龄期相比基准体系则相对较低（图 6.2.24）；此外，相比 SR-PCA 体系，SRA 体系具有更高的结晶压力（主要由氢氧化钙的结晶引起）（图 6.2.25），同时硬化体系在早期具有较高的晶体含量和较低的孔隙率，因此总体上呈现出较高的膨胀应力并在水泥水化早期（约 26h 内）可以克服毛细收缩应力使体系首先产生膨胀现象，而后期呈现缓慢的收缩趋势（图 6.2.27）。对于含有 SR-PCA 的体系来说，相比传统 SRA 体系，由于 SR-PCA 在水泥颗粒表面的吸附调节了水泥的水化进程（图 6.2.26），进而使得体系内具有较高的内部相对湿度（图 6.2.23），因此尽管其对孔溶液表面张力的降低效果有限（明显差于 SRA）（图 6.2.22），相同含量下其对体系内孔隙负压的降低效果与 SRA 相当（图 6.2.24）。同时，相比基准体系，由于 SR-PCA 的存在同样提高了体系内膨胀应力的水平（图 6.2.27），同样对体系早期的收缩起到一定的补偿作用。

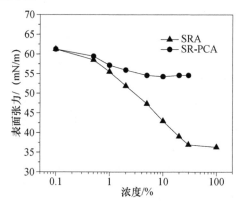

图 6.2.22　不同浓度 SRA 和 SR-PCA 对合成孔溶液表明张力的影响

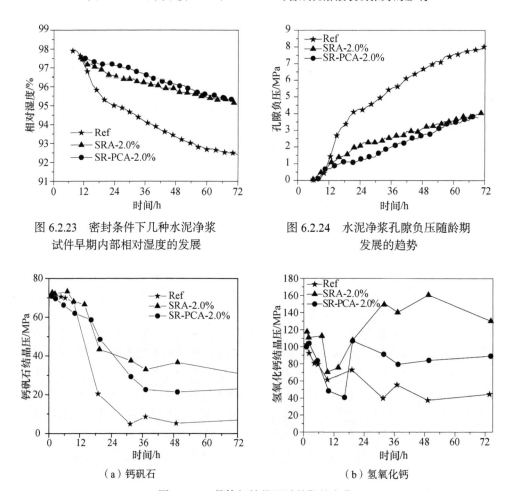

图 6.2.23　密封条件下几种水泥净浆　　　　图 6.2.24　水泥净浆孔隙负压随龄期
　　　　试件早期内部相对湿度的发展　　　　　　　　　　发展的趋势

（a）钙矾石　　　　　　　　　　　　　　（b）氢氧化钙

图 6.2.25　晶体相结晶压随龄期的变化

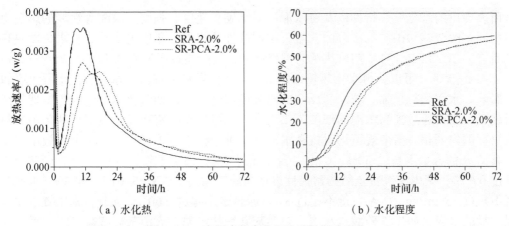

（a）水化热　　　　　　　　　　　　　（b）水化程度

图 6.2.26　水泥净浆水化行为随龄期的变化

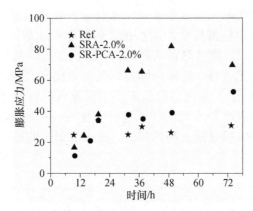

图 6.2.27　水泥净浆体系内部膨胀应力随龄期增长的模拟演化趋势

6.3　水化热调控技术

从水化热调控角度来实现对混凝土温度历程及温度变形控制，是抑制结构混凝土温度裂缝的最主要措施。基于第 5 章的理论分析可知，从水化热调控角度调控混凝土温度场主要包括两个方面：一是通过降低水化放热总量以降低绝热温升，二是通过调控水化放热速率以削弱温峰。

6.3.1　水　泥　优　选

水泥水化放热是混凝土温升的主要热源，因此选择合适的水泥品种是控制混凝土温升的重要措施。水泥水化放热量和放热速度主要与水泥的矿物组成、水泥细度、水泥中掺入的混合材料的品种、数量等有关。

由水泥熟料中主要矿物的水化特性可知，不同熟料矿物与水作用的反应特性不同，进而表现出的水化放热特性以及对水泥的凝结硬化速度、强度、收缩等性能的影响也不相同。改变熟料中矿物成分的含量，水泥的性质将发生相应的变化。从水化放热特性而言，C_3A 和 C_3S 对早期放热量的贡献最大，因此通过降低 C_3A 和 C_3S 的含量，提高 C_2S 的含量，可以获得水化热较低的水泥。水泥颗粒的细度对水化放热历程也有较大影响。水泥颗粒越细，与水起反应的比表面积越大，早期水化速率越快，早期放热量越大，因而通过控制水泥的细度不要太高，也可以在一定程度上缓解早期集中放热现象。国内外相关指南规范均对抗裂水泥的技术指标进行了规定，如美国抗裂水泥要求其 C_3S 的含量不超过 50%，C_3A 含量不超过 5%，细度不超过 $300m^2/kg$，碱含量不超过 0.60%；国内《混凝土结构耐久性设计与施工指南》（CCES 01）建议控制水泥细度不超过 $350m^2/kg$，C_3A 含量不超过 8%，碱含量不超过 0.60%。此外，采用掺入较多混合材的水泥，如矿渣硅酸盐水泥、粉煤灰硅酸盐水泥、火山灰硅酸盐水泥、复合硅酸盐水泥，也是降低水化热的有效途径。

　　中低热水泥是从水泥矿物组成角度降低水化热的最典型案例。普通硅酸盐水泥、中热硅酸盐水泥以及低热硅酸盐水泥的水化放热历程对比如图 6.3.1 所示，相较于普通水泥，中低热水泥不同龄期放热量均较低。中国长江三峡总公司在对中热水泥混凝土和其他水泥混凝土的工作性、抗压强度及耐久性对比研究的基础上，最终确定三峡二期工程全部采用中热 52.5 水泥进行施工。中国建筑材料研究院结合工程应用，对低热硅酸盐水泥与中热硅酸盐水泥的性能进行了比较，并通过后续在三峡工程中的应用，证实了其对降低大体积混凝土绝热温升、减少混凝土收缩、提高混凝土抗裂性能的效果。

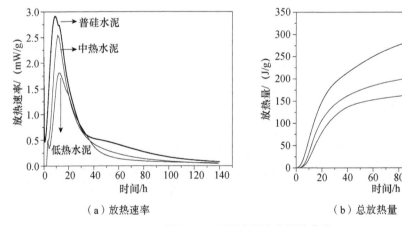

（a）放热速率　　　　　　　　　　　（b）总放热量

图 6.3.1　不同水泥水化放热曲线

　　在研究与应用的基础上，国标 GB 200 对中热硅酸盐水泥、低热硅酸盐水泥以及低热矿渣硅酸盐水泥这三种中低热水泥的组成、性能等指标作出了详细的规定，如表 6.3.1 和表 6.3.2 所示。

表 6.3.1　各品种水泥的矿物组成

品种	矿物组成（%）					
	C_3S	C_2S	C_3A	f-CaO	MgO	粒化高炉矿渣
中热水泥	≤55	/	≤6	1.0	/	/
低热水泥	/	≥40	≤6	1.0	/	/
低热矿渣水泥	/	/	≤8	≤1.2	≤5.0（压蒸合格，≤6.0）	20～60

表 6.3.2　各品种水泥的各龄期水化热

品种	强度等级/MPa	水化热/（kJ/kg）		
		3d	7d	28d
中热水泥	42.5	≤251	≤293	/
低热水泥	42.5	≤230	≤260	/
低热矿渣水泥	32.5	≤197	≤230	≤310

6.3.2　配合比优化

从配合比优化角度来控制混凝土的水化热及结构温升主要包括减少水泥用量和掺加大掺量矿物掺合料。

水泥用量的多少直接影响水泥水化热的多少，一般每立方米混凝土，水泥用量每增减 10kg，混凝土的温度相应升降 1℃左右。因此，在保证混凝土强度等级、和易性、耐久性的情况下，应尽量减少水泥用量，以减少水泥的放热总量，从而降低混凝土内部的最高温度及所引起的温度应力。

在胶材用量不变的情况下，掺加矿物掺合料可以降低水泥用量、进而降低水化热和结构混凝土的温升，从而降低开裂风险。采用微量热法，测试纯水泥体系、单掺粉煤灰或矿粉、粉煤灰和矿粉双掺条件下胶材的水化放热，如图 6.3.2 所示，从图中可以看出：

（1）单掺粉煤灰可以有效降低放热总量：掺加 25% 和 30% 粉煤灰，分别降低放热总量 14.7% 和 24.8%（图 6.3.2（a））。

（2）矿粉在 30% 掺量范围内对水化热降低效果有限：掺加 30% 矿粉，在早期水化热略低，但 10d 后，其放热总量和纯水泥基本一致（图 6.3.2（b））。这主要是由于，相对粉煤灰，矿粉其本身水化放热较大，与此同时，由于矿粉的加入，增加了有效水灰比，导致水泥最大水化程度增加，也导致水泥水化热的增加。上述综合效应使得矿粉在低掺量范围内对水化热的影响较小（相比粉煤灰）。

（3）双掺条件下，"25%粉煤灰+15%矿粉"降低 7d 水化热的效果和单掺 25% 粉煤灰基本一致；"30%粉煤灰+10%矿粉"降低 7d 水化热的效果和单掺 30% 粉煤灰也基本一致。但双掺条件下 5d 前的水化热低于单掺粉煤灰（图 6.3.2（c））。

矿粉、粉煤灰的掺加对实体结构混凝土温升的影响如图 6.3.3 所示。实体结构监测结果同样表明，矿粉在较低掺量（30%以内）时，其对结构混凝土温升速率几乎无影响，对温峰值的调控效果也远低于同掺量的粉煤灰。

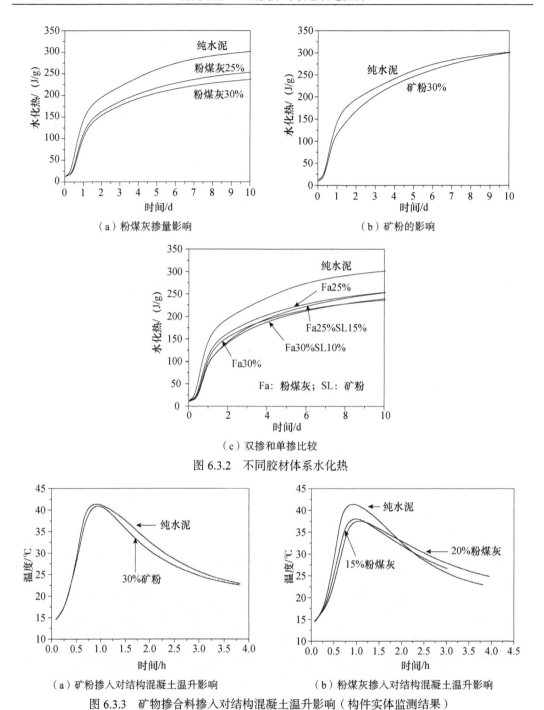

（a）粉煤灰掺量影响　　　　　　　　　　　　　（b）矿粉的影响

（c）双掺和单掺比较

图 6.3.2　不同胶材体系水化热

（a）矿粉掺入对结构混凝土温升影响　　　　（b）粉煤灰掺入对结构混凝土温升影响

图 6.3.3　矿物掺合料掺入对结构混凝土温升影响（构件实体监测结果）

6.3.3　水化温升抑制的化学外加剂

除通过降低胶凝材料总放热量外，还可以通过调控胶凝材料水化放热速率来调控结构混凝土的温升。图 6.3.4 为基于一定散热条件下不同水化放热速率曲线计算得到的结构混

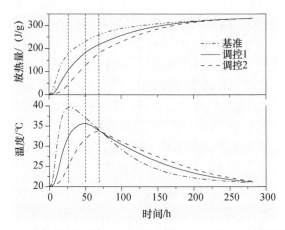

图 6.3.4　胶凝材料水化放热历程与结构温升的关系（模拟结果）

凝土温度历程，从图中可以看出，在放热总量不变的情况下，水化放热速率降低后，结构混凝土的温峰值相应减小，达到温峰所用的时间延长，温峰后的降温速率也同样变慢。

6.3.3.1　水化速率调控化学外加剂简介

在混凝土工业中有大量的化学外加剂用于调控水泥的水化速率。从调控的方向来看，主要分为两大类：一类是增加水泥水化速率，一类是降低水泥水化速率。

根据 GB/T 8075-2017《混凝土外加剂术语》的定义，增加水泥水化速率的外加剂有：

速凝剂（flash setting admixture）：能使混凝土迅速硬化的外加剂。

早强剂（hardening accelerating admixture）：能加速混凝土早期强度发展的外加剂。

降低水泥水化速率的外加剂有：

缓凝剂（set retarding admixture，set retarder）：能延长混凝土凝结时间的外加剂。

近年来，出现一类新型的调控（降低）水泥水化速率、降低混凝土结构温升的外加剂。Justnes（2008）通过复合传统的缓凝剂与早强剂，得到一类能够降低水泥水化速率的外加剂并将该类外加剂定义为"硬化延缓剂"（hardening retarder）：一种能够降低混凝土早期强度发展的外加剂，对凝结时间可能有影响，也可能没有影响。其研究发现，0.15%的柠檬酸复合 1.5%的硝酸钙能使水化速率峰值下降近 50%。作者团队近年来开发出一种基于淀粉基的调控水泥水化的外加剂，在本书中统称为"水化温升抑制剂（Temperature rise inhibitor，简称 TRI）"，其掺入混凝土中，可以显著降低水泥加速期水化速率，缓解早期集中放热现象，进而降低结构混凝土的温升。

从上述定义可以看出：速凝剂和缓凝剂，主要影响混凝土凝结时间，侧重于对水泥水化诱导期的调控；而早强剂和水化温升抑制剂，则主要影响混凝土在硬化阶段的水化（强度发展），侧重于对水泥水化加速期的调控。作为降低水泥水化速率的两种外加剂，缓凝剂和水泥水化温升抑制剂对水泥水化过程的影响如图 6.3.5 所示：缓凝剂主要是延长水化诱导期，一旦水泥开始凝结，缓凝剂对水泥水化的影响就减弱；而水化温升抑制剂主要影响凝结以后的水泥水化，使得凝结后水化放热变慢，比缓凝剂影响的时间更持久。

作者团队开发出的水化温升抑制剂是一种淀粉衍生物，其红外光谱图如图 6.3.6 所示。该材料在碱性的水泥浆中能够逐渐溶解，连续缓慢释放出糖链并吸附在水泥颗粒表

面，从而产生抑制水泥水化、降低水泥水化放热速率峰值的效果。图 6.3.7 为通过等温量
热仪测得的掺加蔗糖（传统缓凝剂）与 TRI 的基准水泥（水灰比为 0.4）在 20℃恒温条
件下的水化放热速率曲线。从图中可以看出，蔗糖仅影响水化诱导期，即水化速率曲线
仅向后平移，水化快升快降，且速率峰值变化不大；而 TRI 则显著降低了水泥水化速率
峰值。图 6.3.8 为采用实验室小构件试验测得的蔗糖和 TRI 对混凝土（水胶比 0.38、胶
材用量 390kg/m³、粉煤灰掺量 30%）中心温度历程的影响，由于蔗糖主要影响水化诱导
期，而诱导期放热量在总放热量中的占比一般不超过 10%，因此其对结构温升影响很小，
而 TRI 通过影响加速期水化速率，能够显著降低结构混凝土的温升。

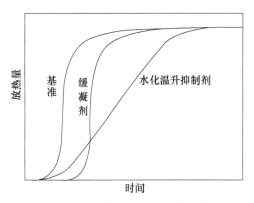

图 6.3.5　缓凝剂与水泥水化温升抑制剂的区别

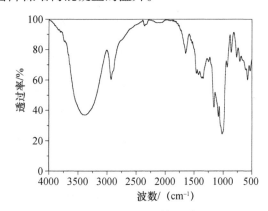

图 6.3.6　TRI 红外光谱图

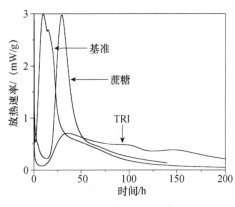

图 6.3.7　蔗糖与 TRI 对水泥
水化速率的影响（20℃恒温条件）

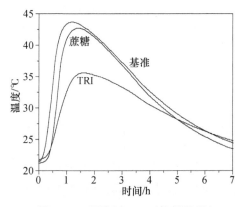

图 6.3.8　蔗糖与 TRI 对构件混凝土
中心温度历程的影响

6.3.3.2　水化温升抑制剂对水泥水化及结构温升的影响

图 6.3.9 为掺加 TRI 的普通硅酸盐水泥浆体（w/c=0.4）在 20℃恒温条件下的水化放热
曲线。从图中可以看出，掺加 TRI 后，水泥水化诱导期有一定幅度的延长，而最主要的是
水化速率的峰值大幅降低，降幅达 76%；基于累积放热量曲线，计算得到掺加 TRI 的水泥
浆体的各龄期放热量与未掺加 TRI 的基准样的各龄期放热量的比值如表 6.3.3 所示，由表
可知，掺加 TRI 的水泥浆体早期放热量较基准样明显降低，3d 放热量降低超过 50%，但

14d 左右，TRI 组放热量与基准样基本相当，说明 TRI 仅仅是调控放热速率而不影响总放热量。

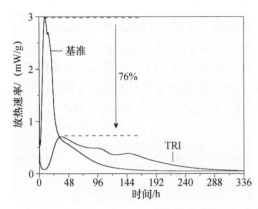 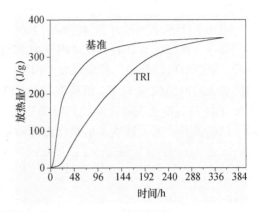

图 6.3.9　TRI 对普通硅酸盐水泥水化的影响（$w/c=0.4$，20℃恒温条件）

表 6.3.3　20℃下掺加 TRI 的普通硅酸盐水泥浆体不同龄期水化放热量与基准组的比值

龄期/d	放热量占比/%	龄期/d	放热量占比/%
1	9	7	80
2	30	12	98
3	43	14	100
5	63		

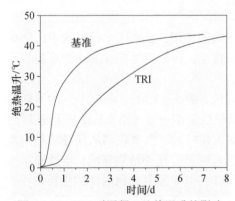

图 6.3.10　TRI 对混凝土绝热温升的影响

由于温度会影响水泥水化，且温度越高水化速率越快，恒温条件过于理想化，为此进一步研究了在绝热条件下 TRI 对水泥水化的影响。图 6.3.10 所示为掺与不掺 TRI 的混凝土（水胶比为 0.42、胶材用量为 375kg/m³、粉煤灰用量为 125kg/m³）的绝热温升曲线的对比。表 6.3.4 列出了不同龄期下掺加 TRI 的混凝土与基准混凝土绝热温升的比值。结合图 6.3.10 和表 6.3.4 可以看出，即使在苛刻的绝热条件下，TRI 也使得混凝土早期温升速率显著降低，1d 绝热温升仅为基准混凝土的 15%，3d 绝热温升降低 35%，而 7d 后温升基本与基准组持平，同样说明 TRI 仅影响水化放热过程，不影响水化放热总量。

表 6.3.4　掺加 TRI 的混凝土不同龄期绝热温升值与基准混凝土的比值

龄期/d	温升占比/%	龄期/d	温升占比/%
1	15	5	85
2	52	7	95
3	65		

实际工程中，散热条件都是介于最理想的恒温与最严酷的绝热环境之间，为此，采用小构件模拟实际混凝土的散热条件，研究 TRI 在这种半绝热条件下对混凝土结构温升的影响。

图 6.3.11 所示为尺寸为 400mm×400mm×400mm、外部用 50mm 聚苯板保温的小构件混凝土（水胶比为 0.42、胶材用量为 375kg/m³、粉煤灰用量为 125kg/m³）的温度发展历程。从图中可以看出，基准混凝土构件中心最大温升达到 30℃，而掺加 TRI 的混凝土构件最大温升值仅为 18℃，较基准混凝土降低 12℃；以温峰为变形的零点，10d 龄期内，掺加 TRI 的混凝土在降温阶段的收缩变形较基准混凝土减少了约 140με。TRI 有效地降低了结构温升，进而减少了混凝土温降收缩。

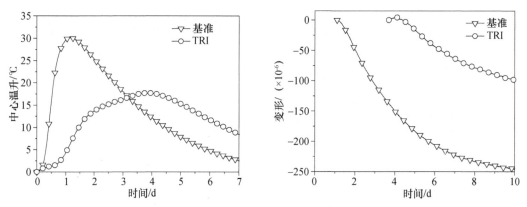

图 6.3.11　TRI 对混凝土结构温升及温降收缩的影响（半绝热条件）

6.3.3.3　水化温升抑制剂对水泥水化的影响机理

为深入剖析水化温升抑制剂对水泥水化历程影响的机理，从水泥水化过程中矿物相及水化产物含量的变化、孔溶液离子浓度的变化等角度，初步探讨 TRI 对水泥溶解、结晶过程的影响。

通过对 C_3S 含量和氢氧化钙生成速率的研究发现，掺入 TRI 后，早期 C_3S 的消耗速率和氢氧化钙的生成速率明显降低，但 28d 后和基准已基本一致（图 6.3.12）。通过对溶液中人工合成的氢氧化钙晶体结构的研究发现，加入 TRI 后，氢氧化钙从良好结晶的六方板状结构演化为不规则尺寸较小的片状结构（图 6.3.13）；红外结果显示，经过洗涤的晶体，仍然能够检测到淀粉衍生物特征峰，说明 TRI 参与了氢氧化钙晶体的生长过程，部分吸附或包埋在晶体内。

进一步研究 TRI 对水泥溶解过程的影响。在水固比 2000 的条件下，不同掺量 TRI 对水泥颗粒纯溶解过程的影响如图 6.3.14 所示。从图中可以看出，参比样品（纯水泥）的电导率在水泥加水后的 5min 内从 0μS/cm 上升至 800μS/cm，在 50min 内逐渐上升至 1230μS/cm。掺加 1%、10%、100%（相对于水泥的质量分数）TRI 的水泥浆体，电导率的变化趋势和参比样品基本一致，加水 50min 时，电导率约为 1190μS/cm。说明 TRI 加入体系后对水泥的溶解动力学并无抑制作用。采用电感耦合等离子光谱仪（ICP）监测了在水泥溶解过程中溶液中离子浓度的变化，溶液中钙离子（Ca^{2+}）和硅酸根离子（SiO_4^{4-}）的浓度变化如图 6.3.15 所示。从图中可以看出，在测试的 30min 内，参比样中的 Ca^{2+} 浓

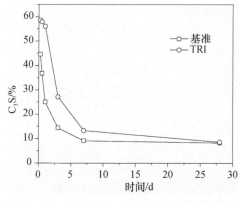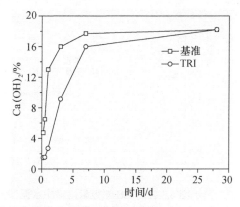

图 6.3.12　TRI 对水化过程中 C_3S 含量、氢氧化钙生成速率的影响

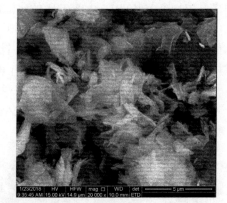

图 6.3.13　TRI 对溶液合成氢氧化钙晶体形貌的影响

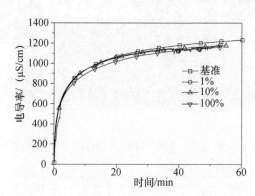

图 6.3.14　不同掺量 TRI 对水泥在极稀溶液中的纯溶解过程中电导率影响

度基本保持在 0.7mmol/L，而掺入不同质量分数 TRI 的水泥极稀溶液中 Ca^{2+} 浓度约为 1.2~1.5mmol/L，说明水泥极稀溶液中加入 TRI 时，能一定程度提高 Ca^{2+} 浓度；自测试开始 8min 后，各种溶液中 SiO_4^{4-} 离子的浓度较为相似，不同溶液间 SiO_4^{4-} 离子浓度差别仅 0.05mmol/L 左右。试验结果表明，TRI 可以促进 Ca^{2+} 的溶解，而对 SiO_4^{4-} 离子的溶解影响较小，同样说明 TRI 对水泥的溶解没有明显的抑制作用。

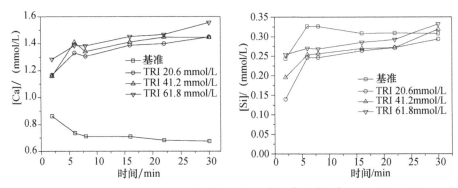

图 6.3.15　TRI 对极稀溶液中水泥溶解过程中［Ca］和［Si］离子浓度的影响

　　利用高分辨 SEM 研究了 TRI 对水泥水化早期 C-S-H 针状团簇结构的影响。图 6.3.16 为基准样，掺加 0.05%TRI、0.1%TRI 的水泥净浆（净浆水灰比为 0.4）在水化 7h 时典型的 SEM 图像，从图中可以看出，三个试样中在水泥颗粒表面形成的 C-S-H 针状团簇结构形貌相似，但随着 TRI 掺量的提高，C-S-H 针状团簇的密度降低。图 6.3.17 统计了早龄期不同试样中单个 C-S-H 针状结构的长度及针状团簇结构的密度变化。可以看出，随着 TRI 的加入，单个 C-S-H 针状结构的长度基本一致，但针状团簇的密度显著下降，这说明 TRI 对单个 C-S-H 凝胶晶体的生长过程影响较小，但能够显著降低水化加速期水泥颗粒表面 C-S-H 凝胶的成核密度。

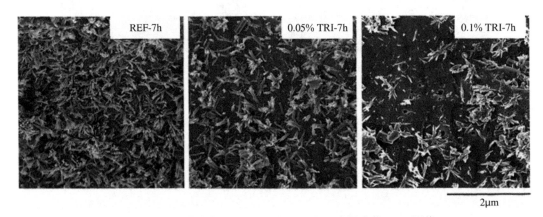

图 6.3.16　7h 时基准、0.05%TRI、0.1%TRI 水泥净浆 SEM 图像

　　图 6.3.18 的 SEM 结果显示：基准样水化 72h 后，C-S-H 凝胶的针状结构之间开始相互胶连，形成蜂窝状的三维结构，针状结构尺寸分布均在 350nm 以上，服从正态分布；而 TRI 组中，一批尺寸小于 300nm，形貌类似于早期 C-S-H 凝胶的针状产物出现在水泥浆体中。由于 TRI 在碱性的水泥浆中具有逐渐释放的特性；因此可以推断：在早期，TRI 能持续的释放糖链，减少 C-S-H 的成核，但随着水化的进行，水泥浆体内的 TRI 被逐渐耗尽，TRI 对 C-S-H 成核的抑制作用消失，C-S-H 凝胶开始二次成核生长，水泥水化重新进入“加速期”，浆体累积放热量快速增加，逐渐接近并达到基准样的水化程度。因此，TRI 能够降低早期水化放热量，但又基本不影响最终的水化总放热量。

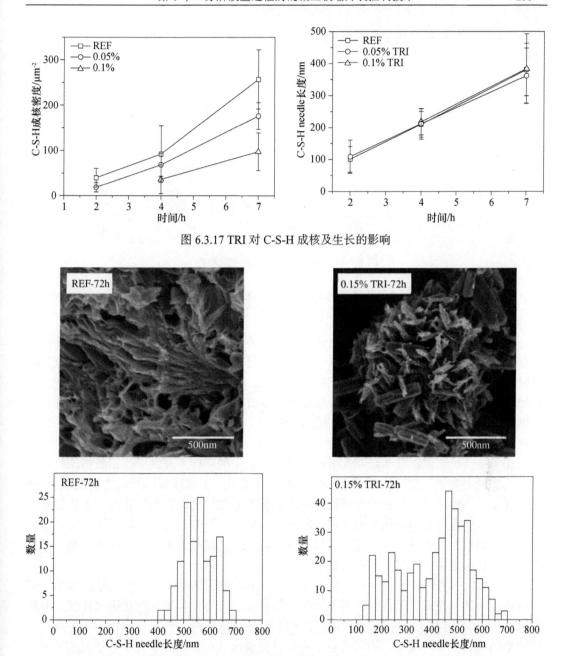

图 6.3.17 TRI 对 C-S-H 成核及生长的影响

图 6.3.18　72h 时基准、0.15%TRI 水泥净浆 SEM 图像及 C-S-H needle 长度统计结果

6.3.3.4　水化温升抑制剂对混凝土强度的影响

由于 TRI 降低了水泥水化加速期反应速率，减少了早期的放热量，因此其不可避免地会影响混凝土早期强度，但由于其不会影响总放热量，理论上不会影响混凝土的最终强度。如图 6.3.19 所示为标准养护条件下 TRI 对混凝土（水胶比为 0.42、胶材用量为 375kg/m³、粉煤灰用量为 125kg/m³）抗压强度的影响。从图中可以看出，TRI 的掺加使得混凝土 3d 强度下降较明显，随着龄期的增长，较基准混凝土的强度降幅逐渐减

少，28d 后强度与基准相当。实体构件回弹强度也表明，TRI 对混凝土后期强度无负面影响。

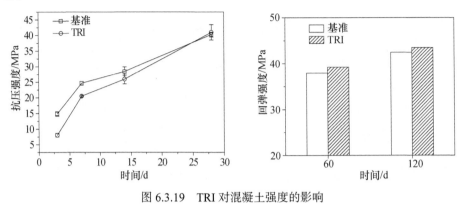

图 6.3.19　TRI 对混凝土强度的影响

6.4　历程可控膨胀材料及其补偿收缩技术

　　利用膨胀组分在水化过程中产生体积膨胀来补偿水泥基材料的收缩，是抑制混凝土收缩开裂的有效措施之一。膨胀材料的主要特征是掺入混凝土后，它的膨胀性能可补偿混凝土硬化过程中的收缩，能起到抗裂防渗作用，在限制条件下成为自应力混凝土。在水泥混凝土领域应用较多的膨胀剂的膨胀源主要有 3 种：硫铝酸盐水化生成钙矾石、氧化钙（CaO）水化生成氢氧化钙，氧化镁（MgO）水化生成氢氧化镁。不同的膨胀源其水化与膨胀特性各有不同。

　　20 世纪 60 年代，日本研究人员在美国膨胀水泥的基础上开发了硫铝酸钙膨胀剂，并在此基础上发展了预应力混凝土和补偿收缩混凝土。中国建筑材料科学研究院在 70 年代开发了以钙矾石为膨胀源的硫铝酸盐系膨胀剂。之后钙矾石类膨胀剂在我国得到了推广，在传统混凝土中应用起到了较好的效果，解决了很多工程中的混凝土收缩开裂问题。然而随着混凝土技术发展进入现代混凝土阶段，钙矾石类膨胀剂的应用出现了很多问题，总结起来主要有以下几个方面：

　　（1）水化产物钙矾石是一种物理化学性质很不稳定的结晶体，一般认为在 70℃ ~ 80℃就可以分解，造成延迟性钙矾石（DEF）的形成。此外，其稳定性在很大程度上取决于液相中 SO_4^{2-} 的浓度，当溶液中 SO_4^{2-} 的浓度低于 1.0g/L 时，钙矾石转化为单硫型水化硫铝酸钙。在干燥环境下，钙矾石也不稳定，易脱水。作者团队研究了养护温度等对一种钙矾石类膨胀剂的膨胀变形的影响规律，如图 6.4.1 所示。由图可见，饱水养护条件下，20℃到 40℃时钙矾石膨胀剂的膨胀值随温度升高而增大，28d 内可产生持续的膨胀；当温度进一步升高到 60℃和 80℃时，钙矾石类膨胀剂的膨胀值随温度升高而减小，且明显低于 20℃和 40℃的膨胀值。密封养护条件下，80℃时钙矾石膨胀剂的膨胀值也明显小于 20℃和 40℃的膨胀值。实验证实了钙矾石类膨胀剂因高温条件下不稳定、易分解，从而无法产生显著的膨胀。

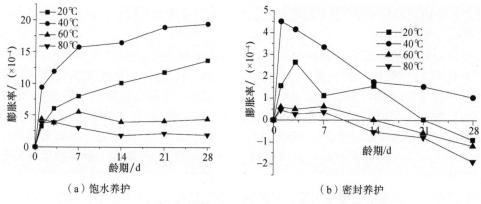

（a）饱水养护　　　　　　　　　　　（b）密封养护

图 6.4.1　内掺 10%钙矾石类膨胀剂的净浆试件的变形规律

（2）钙矾石的形成需要大量的水分，对早期的养护湿度要求较高，一般需要进行水中养护或湿养护 14d 以上。作者团队对比研究了养护湿度对一种钙矾石类膨胀剂的膨胀效能的影响。40℃饱水养护下，内掺 10%钙矾石类膨胀剂的净浆试件 7d 的膨胀值约为密封养护条件下的膨胀值的 4.7 倍。现代混凝土一方面水胶比低，自身含水量少；另一方面孔隙结构致密，水分难以通过养护从外部补充进入，特别是对于侧墙这一类本身就难以进行早期养护的结构，钙矾石类膨胀剂很难产生足够的膨胀效能来补偿收缩。

（3）钙矾石是一种溶解与再结晶能力很强的晶体。席耀忠（2003）在研究延迟钙矾石形成与膨胀混凝土的耐久性中指出，钙矾石是一种溶解与再结晶能力很强的晶体，水泥体系为不均匀不平衡的多相体系，水由高湿向低湿方向迁移，离子和离子团由高浓度向低浓度区域扩散，小尺寸的钙矾石晶体往往被水溶解由小空间迁移到大空间，析出并长成大晶体。钙矾石在压力水作用下，容易发生溶解、迁移和重结晶，这可能会引起混凝土膨胀应力的松弛，导致混凝土结构耐久性的降低。

由于存在上述问题，以钙矾石为主要膨胀源的膨胀剂在现代混凝土中的应用效果不佳。以氧化钙和氧化镁为主要膨胀源的膨胀剂其膨胀特性更适用于现代混凝土，近年来得到了重视和发展。

6.4.1　氧化钙膨胀剂

与钙矾石类膨胀剂相比，氧化钙类膨胀剂膨胀速率快、膨胀能大，对水养护的依赖程度相对较低，原料来源广、成本低，可节约大量的高品质铝矾土和石膏资源，膨胀产物 $Ca(OH)_2$ 可进一步与矿物掺合料所含的活性 SiO_2 反应，生成 C-S-H 凝胶，对补偿现代混凝土由于掺用矿物掺合料而消耗的氢氧化钙、提高其抗碳化性能具有很好的作用。因此，氧化钙膨胀剂是膨胀剂制备、应用领域研究的热点。

6.4.1.1　氧化钙膨胀剂的制备

氧化钙作为一种膨胀剂最先是在日本发明并推广应用的，其中比较有代表性的产品是日本小野田公司的 CA。它是以石灰石、黏土和石膏作为原材料，经 1400℃ ~ 1600℃ 高温煅烧、粉磨而得。

我国最早开始膨胀剂研究的中国建筑材料科学研究院在 20 世纪 90 年代末研制成功了氧化钙-硫铝酸钙双膨胀源体系的膨胀剂产品 HCSA，并在天津豹鸣股份有限公司和郑州建文特材科技有限公司进行了工业化生产。江苏省建筑科学研究院在 2000 年左右研制开发了以氧化钙为主要膨胀源的 HME-Ⅲ和 HME-Ⅳ系列膨胀剂。我国的氧化钙膨胀剂主要是以石灰石、矾土和石膏配制生料，经 1100℃ ~ 1400℃ 高温煅烧成含有 60% ~ 90% 的游离氧化钙膨胀熟料，再经粉磨后与一定量石膏和铝质材料复合配制而成。

我国氧化钙膨胀剂主要采用回转窑煅烧的方式制备（图 6.4.2、图 6.4.3）。制备过程中主要是通过对煅烧温度、保温时间、冷却方式、原材料品位、膨胀剂的颗粒细度等工艺参数进行控制（图 6.4.4），以制备出膨胀性能优异的氧化钙膨胀剂。

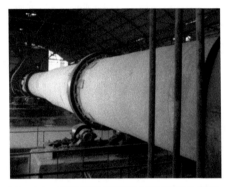　

图 6.4.2　制备氧化钙熟料的回转窑生产线　　　图 6.4.3　未经粉磨氧化钙膨胀熟料

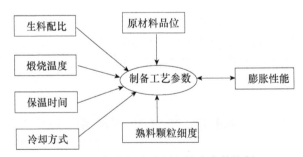

图 6.4.4　氧化钙膨胀剂的技术参数控制

1. 煅烧工艺参数对氧化钙物化性能的影响

氧化钙主要是从碳酸钙分解而得，纯 CaO 的熔点为 2614℃，结晶成无色或灰黄色的透明立方体，属立方晶系，立方解理完整，表观密度为 $3.32g/cm^3$。由石灰石（$CaCO_3$）煅烧制备的 CaO，通过煅烧温度控制，可控制 CaO 颗粒的表观密度、孔隙率、晶体尺寸、水化速率等。Schiele 等（1976）测得了不同煅烧形式下石灰石制备 CaO 的物理性能，如表 6.4.1 所示。

表 6.4.1　普通石灰石制备的 CaO 的物理参数（Schiele 等，1976）

项目	煅烧形式		
	轻烧	中烧	重烧
密度/（g/cm³）	3.35	3.35	3.35
表观密度/（g/cm³）	1.5～1.8	1.8～2.2	>2.2
孔隙率/%	46～55	34～46	<34
比表面积/（m²/g）	>1.0	0.3～1.0	<0.3

CaO 的化学活性也取决于它的煅烧温度。低于 1000℃烧成的氧化钙，加水后立即"消解"。随着煅烧温度的升高，CaO 的表观密度增大，晶体尺寸逐渐增大，晶体结构趋于致密，相应的其水化所需要的时间就越长。提高煅烧温度使 CaO 的活性降低，主要是由于温度升高，晶格收缩相应减少了 CaO 的比表面积。低温煅烧时制得的 CaO 是疏松多孔的，因而与水作用的面积大，故水化反应发生的时间很快；而高温煅烧的 CaO 结构致密，比表面积较小，因而水化反应速率相对较慢。

通过石灰石煅烧制备可用于水泥混凝土的氧化钙膨胀熟料的煅烧温度不宜低于 1400℃，目的是使 CaO 晶格缩小，表观密度增大，控制 CaO 的水化速率，以使它的膨胀效能得到有利发挥。但是煅烧温度过高时也易导致 CaO 过烧、死烧的现象，可能带来安定性问题。针对该问题，作者团队在系统试验研究的基础上，提出了在石灰石生料内掺加复合矿化剂，以降低煅烧温度，实现在略低于 1400℃的温度下煅烧获得膨胀性能优异的氧化钙膨胀熟料。

2. 煅烧工艺参数对氧化钙膨胀熟料膨胀性能的影响

氧化钙膨胀熟料的膨胀性能与其制备工艺密切相关。参照 GB/T 23439《混凝土膨胀剂》标准方法，研究不同煅烧工艺参数（煅烧温度、保温时间等）对氧化钙膨胀熟料膨胀性能的影响，具体如下：

图 6.4.5 所示为掺加不同煅烧温度（1250℃、1300℃和 1350℃）、相同保温时间（1.5h）下制备的氧化钙膨胀熟料的胶砂的限制膨胀变形。从图中可以看出，掺加 3 种煅烧温度下制备的氧化钙膨胀熟料的胶砂在 20℃水中养护时都表现出较大的限制膨胀变形，且膨胀变形随膨胀熟料煅烧温度的升高而增大。7d 时，掺加 1350℃煅烧 1.5h 制得的膨胀熟料的胶砂限制膨胀率为 $5.60×10^{-4}$，掺加 1300℃煅烧 1.5h 制得的膨胀熟料的胶砂限制膨胀率为 $4.12×10^{-4}$，掺加 1250℃煅烧 1.5h 制得的膨胀熟料的胶砂限制膨胀率为 $3.55×10^{-4}$。

图 6.4.6 所示为掺加相同煅烧温度（1350℃）、不同保温时间（0.5h、1.0h 和 1.5h）下制备的氧化钙膨胀熟料的胶砂的限制膨胀变形。由图可知，砂浆限制膨胀率随氧化钙膨胀熟料保温时间的延长而略有增大。28d 龄期内，掺加保温 0.5h 时制得的氧化钙膨胀熟料的砂浆的限制膨胀率最小，掺加保温 1.5h 制得的氧化钙膨胀熟料的砂浆的限制膨胀率最大。

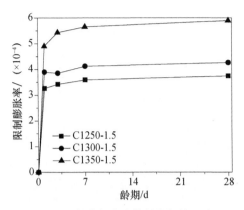

图 6.4.5　氧化钙膨胀熟料的煅烧温度
对胶砂限制膨胀率的影响

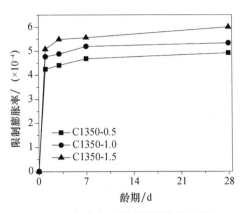

图 6.4.6　氧化钙膨胀熟料的保温时间
对胶砂限制膨胀率的影响

图 6.4.7 所示为不同生料配比对掺加氧化钙膨胀熟料的胶砂限制膨胀率的影响，其中 A 样由 90%石灰石和 10%复合矿化剂组成，B 样由 85%石灰石和 15%复合矿化剂组成，C 样由 80%石灰石和 20%复合矿化剂组成，煅烧温度和保温时间相同。由图可知，生料配比不同时制备的氧化钙膨胀熟料的限制膨胀率表现出较大的差异性。由生料配比 B 制得的氧化钙膨胀熟料样品的 28d 限制膨胀率远大于由生料配比 A 和 C 制得的氧化钙膨胀熟料。

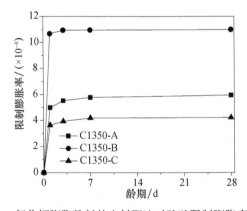

图 6.4.7　氧化钙膨胀熟料的生料配比对胶砂限制膨胀率的影响

对比分析图 6.4.5、图 6.4.6 和图 6.4.7 可知，制备工艺参数对氧化钙膨胀熟料的膨胀性能有很大的影响。相对而言，生料配比组成的影响更为显著，当生料配比组成相同时，煅烧温度对氧化钙膨胀熟料膨胀性能的影响大于保温时间的影响。由上述 3 幅图还可看出，不论是哪种煅烧工艺参数下制备的氧化钙膨胀熟料，其膨胀率的发展主要集中在 3d 龄期内，3d～28d 龄期内所有样品的膨胀变形基本趋于平缓。可见，煅烧工艺参数只影响氧化钙膨胀熟料的最终限制膨胀率，对膨胀历程无明显影响。

6.4.1.2　氧化钙膨胀剂的性能

1. 氧化钙膨胀剂对水泥浆体变形性能的影响

固定水灰比为 0.35，研究内掺不同掺量（1.5%、2.0%、2.5%、3.0%和 5.0%）氧化钙膨胀熟料的水泥净浆在水养条件下的自由膨胀性能，如图 6.4.8 所示。由图可见，在 20℃水养条件下所有试件都表现出膨胀变形。水泥净浆的水养自由膨胀率随氧化钙膨胀熟料掺量的增加而增大。1.5%、2%、2.5%、3%和5%的氧化钙膨胀熟料分别等质量替代部分水泥后，使得 28d 的净浆试件的膨胀率分别达到了 0.106%、0.127%、0.160%、0.192% 和 0.371%，较不掺膨胀剂的水泥净浆基准样的相应值分别增大了 2.26 倍、2.93 倍、3.94 倍、4.92 倍和 10.44 倍。氧化钙膨胀熟料掺量在 1.5%～3.0%之间，水养膨胀率随膨胀熟料掺量增加而增大的幅度相对较小，而掺量在 3%～5%之间时，水养膨胀率随膨胀熟料掺量增加而增大的幅度相对较大。

从图中还可以看出，不论氧化钙膨胀熟料的掺量如何，其膨胀主要发生在 3d 以前的早龄期，3d 以后膨胀趋于平缓。氧化钙膨胀熟料的掺量变化对后期膨胀历程的发展影响较小。

固定水灰比为 0.35，在标准养护室养护（24±2）h 后脱模，将试件用自黏性铝箔密封后测初长，再放入温度为（20±1）℃、相对湿度为（60±5）%的试验箱中养护至规定龄期，以研究内掺不同掺量氧化钙膨胀熟料的水泥浆体在密封条件下自生体积变形性能，结果如图 6.4.9 所示。由图可知，与未掺氧化钙膨胀熟料的水泥净浆基准样相比，氧化钙膨胀熟料的掺入使净浆试件在早期表现出一定的膨胀，明显降低了水泥浆体的自收缩；掺量越高，收缩降低的幅度也越大。低掺量时，氧化钙膨胀熟料的掺入能对水泥浆体的自收缩起到较好的抑制效果；高掺量时，氧化钙膨胀熟料的掺入能使水泥浆体产生一定的自膨胀。

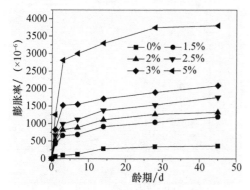 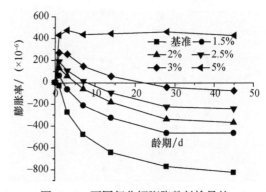

图 6.4.8　不同氧化钙膨胀熟料掺量的水泥净浆试件在 20℃水中养护时的膨胀变形　　图 6.4.9　不同氧化钙膨胀熟料掺量的水泥净浆试件在 20℃密封绝湿条件下的变形性能

固定水灰比为 0.35，在标准养护室养护（24±2）h 后脱模，测初长，再放入温度为 20℃、相对湿度为 60%的试验箱中养护至规定龄期测定干燥收缩率，以研究内掺不同掺量氧化钙膨胀熟料的水泥净浆的干燥收缩性能，结果如图 6.4.10 所示。由图可知，与未掺氧化钙膨胀熟料的水泥净浆基准样相比，氧化钙膨胀熟料的掺入明显降低了水泥浆体的干燥收缩值，且降低的幅度随掺量的增加而表现的更加显著。1d 龄期时，3%和5%的氧化钙膨胀熟料掺量均能使净浆试件在干燥条件下产生一定的膨胀变形，其后随着浆体干燥收缩的加剧，氧化钙膨胀熟料水化产生的膨胀不足以完全补偿浆体随龄期发展的干燥收缩，净浆试件表现出收缩；1.5%、2%和 2.5%氧化钙膨胀熟料掺量虽然不能使浆体在干燥条件下产生一定的膨胀变形，但均使浆体的干燥收缩总量减小。随着掺量增加，氧化钙膨胀熟料对水泥浆体的干燥收缩有较好的抑制作用。

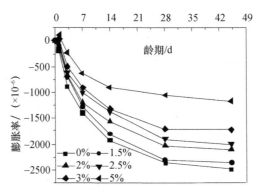

图 6.4.10　不同氧化钙膨胀熟料掺量的水泥净浆试件在 20℃干燥条件下的变形

对比分析图 6.4.8～图 6.4.10 可知，掺氧化钙膨胀熟料的水泥净浆试件在不同养护条件下的变形性能不同。氧化钙膨胀剂在不同养护方式下的膨胀性能分别为：饱水养护＞绝湿养护＞干燥养护。氧化钙膨胀剂虽然湿度敏感性较低，在低湿度条件下仍能产生有效膨胀，但充分的饱水养护仍是保证其膨胀效能充分发挥的有效手段。

对比分析了不同养护温度（20℃、40℃）对掺加氧化钙膨胀熟料的水泥净浆试件在水中及密封条件下的变形性能，结果如图 6.4.11 所示。养护温度的增加显著促进氧化钙

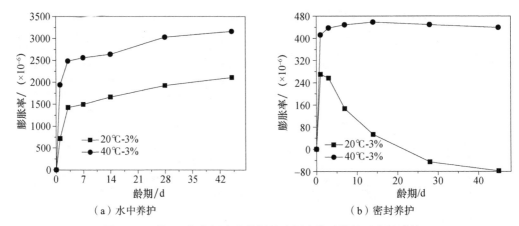

（a）水中养护　　　　　　　　　　（b）密封养护

图 6.4.11　掺 3%氧化钙膨胀熟料的水泥净浆试件的温度敏感性

膨胀剂的膨胀效能发挥，氧化钙膨胀剂的膨胀变形对养护温度具有较大的敏感性。

2. 氧化钙膨胀剂对混凝土变形性能的影响

研究了氧化钙膨胀剂对 C35、C50 混凝土自生体积变形及限制膨胀率的影响规律。混凝土配合比如表 6.4.2 所示。C35、C50 的坍落度均控制在（160±20）mm。

表 6.4.2　混凝土的配合比　　　　　　　　　　（kg/m³）

编号	掺量	水	水泥	粉煤灰	膨胀剂	细骨料	粗骨料	
			P·O 42.5	I 级	HME-Ⅳ	中砂	5～16mm	16～25mm
C35-EA0	0%	164	312	78	0	761	263	788
C35-EA6	6%	164	293	73.5	23.5	761	263	788

续表

编号	掺量	水	水泥	粉煤灰	膨胀剂	细骨料	粗骨料	
			P·O 42.5	I 级	HME-Ⅳ	中砂	5~16mm	16~25mm
C35-EA8	8%	164	287	72	31	761	263	788
C35-EA10	10%	164	281	70	39	761	263	788
C35-EA12	12%	164	275	68.5	46.5	761	263	788
C50-EA0	0%	168	384	96	0	746	258	772
C50-EA6	6%	168	361	90	29	746	258	772
C50-EA8	8%	168	353	88.5	38.5	746	258	772
C50-EA10	10%	168	346	86	48	746	258	772
C50-EA12	12%	168	338	84.5	57.5	746	258	772

内掺 0%、6%、8%、10%、12%氧化钙膨胀剂的 C35 混凝土限制膨胀率测试结果如图 6.4.12 所示。由图可知，20℃水养条件下，掺氧化钙膨胀剂的 C35 混凝土的限制膨胀率随着氧化钙膨胀剂掺量的增加而增大；40℃水养条件下，也表现出类似的发展趋势。20℃水中养护 14d 时，内掺 6%氧化钙膨胀剂的 C35 混凝土的限制膨胀率达到了《补偿收缩混凝土应用技术规程》（JGJ/T 178-2009）中后浇带、膨胀加强带等结构部位的限制膨胀率要求。相较于 20℃水养条件，40℃养护条件下，混凝土限制膨胀率发展更快，28d 限制膨胀率也更高；上述现象可说明 40℃养护加速了氧化钙膨胀剂的水化。

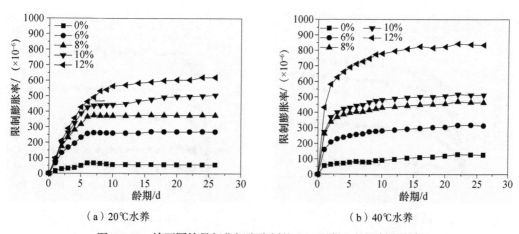

（a）20℃水养　　　　　　　　　（b）40℃水养

图 6.4.12　掺不同掺量氧化钙膨胀剂的 C35 混凝土的限制膨胀率

不同温度密封养护条件下，不同氧化钙膨胀剂掺量的 C35 混凝土自生体积变形如图 6.4.13 所示。在 20℃密封养护条件下，随着膨胀剂掺量增加，混凝土持续膨胀的时间延长；而 40℃密封养护条件下，掺氧化钙膨胀剂的 C35 混凝土在 1d 内即迅速膨胀，膨胀时间仅发生在 7d 之前。20℃密封养护至 28d 时，在 C35 混凝土中，掺 6%膨胀剂的混凝土产生 102×10^{-6} 的膨胀，掺 8%膨胀剂的混凝土产生 265×10^{-6} 的膨胀，掺 10%膨胀剂的混凝土产生 352×10^{-6} 的膨胀,掺 12%膨胀剂的混凝土产生 481×10^{-6} 的膨胀。

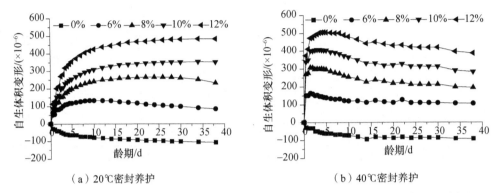

（a）20℃密封养护 　　　　　　　　（b）40℃密封养护

图 6.4.13　掺不同掺量氧化钙膨胀剂的 C35 混凝土的自生体积变形（以初凝为测试零点）

不同温度水中养护条件下,不同氧化钙膨胀剂掺量的 C50 混凝土限制膨胀率如图 6.4.14 所示。对比 20℃和 40℃下的最终限制膨胀率发现,两种温度下由膨胀剂产生的最终限制膨胀量有较大差别。两种养护温度下,最终限制膨胀量均随着膨胀剂掺量的增加而增大,20℃水中养护至 28d 时,在 C50 混凝土中,掺 6%膨胀剂的混凝土产生 197×10^{-6} 的膨胀变形,掺 8%膨胀剂的混凝土产生 312×10^{-6} 的最大膨胀,掺 10%膨胀剂的混凝土产生 374×10^{-6} 的最大膨胀,掺 12%膨胀剂的混凝土产生 434×10^{-6} 的最大膨胀。

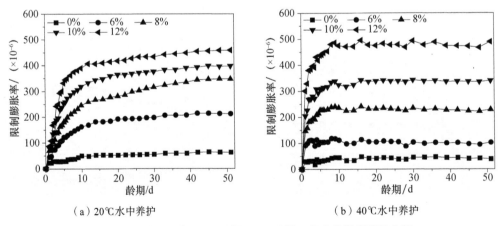

（a）20℃水中养护 　　　　　　　　（b）40℃水中养护

图 6.4.14　掺不同掺量膨胀剂的 C50 混凝土的水养限制膨胀变形

不同温度密封养护条件下,不同膨胀剂掺量的 C50 混凝土自生体积变形测试结果如图 6.4.15 所示。在 20℃密封养护条件下,膨胀剂膨胀持续时间随膨胀剂掺量的增加而增加;而 40℃密封养护条件下,膨胀剂在 1d 之内即迅速膨胀,6% ~ 12%掺量下膨胀均仅发生在 3d 之前。此现象表明,温度由 20℃升至 40℃使得氧化钙膨胀剂水化膨胀速率显著加快。

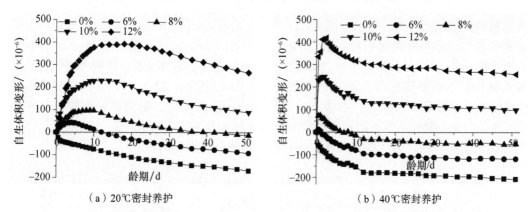

（a）20℃密封养护　　　　　　　　　　（b）40℃密封养护

图 6.4.15　掺不同掺量氧化钙膨胀剂的 C50 混凝土的自生体积变形（以初凝为测试零点）

6.4.1.3　表面改性氧化钙膨胀剂的制备及性能

氧化钙膨胀剂虽具有较大的膨胀能，但存在水化速度过快、在混凝土浆体骨架结构形成前（即塑性阶段）无效水化大、膨胀历程可调节性差的问题。如图 6.4.16 所示，相较于水泥水化而言，氧化钙膨胀剂的水化并不存在诱导期，其在水泥基材料塑性阶段就发生较大程度的水化，导致其膨胀性能不能在硬化阶段得到有效发挥。

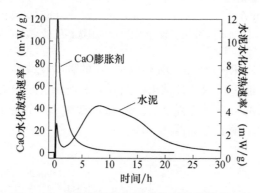

图 6.4.16　氧化钙膨胀剂与水泥水化特性的比较

针对上述问题，作者团队采用表面碳酸化改性、表面聚乳酸包裹改性等技术途径，在氧化钙颗粒表面形成一层改性膜，可延缓氧化钙膨胀剂在混凝土中的水化反应速率，降低氧化钙膨胀剂在混凝土塑性阶段的水化程度，提升其在混凝土硬化阶段的膨胀效能。

1. 氧化钙膨胀剂的碳酸化改性

将氧化钙膨胀熟料粉体置于气氛炉中，炉内通相对湿度 85% ~ 90% 的 CO_2 气体，让 CaO 颗粒表面形成大量的 $CaCO_3$ 膜。通过控制 CO_2 气体的流量、调节炉内反应温度和反应时间，来控制 CaO 膨胀剂的碳化率（即碳酸钙包裹量）。碳化率=56/（44×改性前氧化钙膨胀熟料质量）×改性后氧化钙膨胀熟料的增重量×100%。

依照《混凝土膨胀剂》（GB/T 23439），研究掺加不同碳化率改性氧化钙膨胀熟料的水泥胶砂的限制膨胀率，结果如图 6.4.17 所示。由图 6.4.17（a）可知，改性氧化钙膨胀熟料的膨胀历程与其碳化率密切相关。在低碳化率（0.43%、1.06%、4.24%）下，砂浆 3d 前的膨胀量较改性前显著增加，3d 后膨胀历程与改性前基本一致。低碳化率仅提高早期膨胀量，不改变膨胀曲线的形状。在高碳化率（9.55%、11.67%）下，改性使得砂浆 3d 前的膨胀率显著降低，而 3～7d 的膨胀速率急剧增加，最高膨胀率较改性前提升 1.5 倍以上。密封条件下限制膨胀率发展规律与水养条件下基本一致。上述结果表明，通过碳化率的调控，可实现对改性氧化钙膨胀剂膨胀历程的调控。

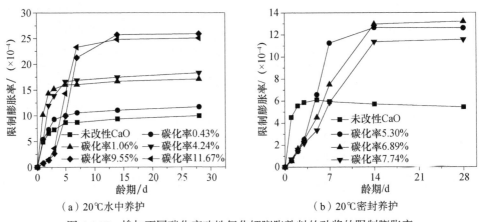

（a）20℃水中养护　　　　　　　　　　（b）20℃密封养护

图 6.4.17　掺加不同碳化率改性氧化钙膨胀熟料的砂浆的限制膨胀率

对暴露于 15～30℃、RH50%～70% 环境中 7d 的碳酸化改性氧化钙膨胀熟料的吸水反应程度和残余膨胀性能进行测试，结果如图 6.4.18 所示。结果表明，碳酸化改性大幅度降低氧化钙膨胀熟料的吸潮反应程度。暴露 7d 的改性氧化钙熟料的膨胀能未降低，而未改性氧化钙膨胀熟料的膨胀能降低约 50%。

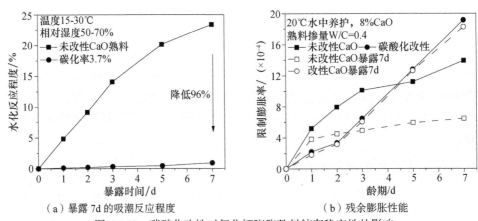

（a）暴露 7d 的吸潮反应程度　　　　　　（b）残余膨胀性能

图 6.4.18　碳酸化改性对氧化钙膨胀熟料储存稳定性的影响

2. 氧化钙膨胀剂的聚乳酸（PLA）改性

聚乳酸（PLA）是一种疏水性生物降解材料，具有碱性环境中降解的特征，由于混凝土具有强碱性的特征,因此利用包裹在氧化钙膨胀剂表面的 PLA 在混凝土中的缓慢降解,调节氧化钙膨胀熟料与水接触的速度,达到减少氧化钙无效水化的目的。

图 6.4.19（a）所示为内掺 6%PLA 改性氧化钙膨胀熟料和未改性氧化钙膨胀熟料的水泥净浆在 20℃恒温条件下的自生体积变形性能。测试结果表明,PLA 包裹改性主要提高了氧化钙膨胀熟料 1d 前自由膨胀变形。掺加未改性氧化钙膨胀熟料的净浆试件 8d 膨胀应变在 $4000×10^{-6}$ 左右;而 PLA 改性氧化钙膨胀熟料的净浆试件 8d 膨胀应变为 $5500×10^{-6}$ 左右,较改性前增加约 37%。

图 6.4.19（b）所示为内掺 6%PLA 改性氧化钙膨胀熟料和未改性氧化钙膨胀熟料的水泥净浆在 20℃恒温下的限制膨胀变形。测试结果表明,掺加未改性氧化钙膨胀熟料的净浆试件膨胀在 10d 内的最大限制膨胀变形为 $300×10^{-6}$ 左右,而掺加改性氧化钙膨胀熟料的净浆试件在 10d 内的最大限制膨胀微应变为 $400×10^{-6}$ 左右,较改性前增加约 30%。

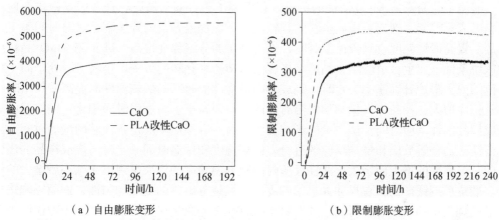

（a）自由膨胀变形　　　　　　　　（b）限制膨胀变形

图 6.4.19　20℃密封条件内掺 6%PLA 改性和未改性氧化钙膨胀熟料的净浆试件变形
（以终凝为变形零点）

6.4.2　氧化镁膨胀剂

MgO 膨胀剂的研究最早开始于水工混凝土领域,20 世纪 70 年代开始,我国科技人员利用 MgO 特有的延迟膨胀补偿大体积混凝土温降收缩,有效控制混凝土的应变,防止大坝混凝土的开裂,并据此发展了拥有自主知识产权的"MgO 混凝土快速筑坝技术",被认为是国际筑坝技术的重大创新和突破。与传统的膨胀剂相比,MgO 膨胀剂具有以下优点:不同活性 MgO 膨胀历程和膨胀效能具有很明显的差别,性能可设计性强;水化产物 Mg(OH)$_2$ 溶解度极低,稳定性好;MgO 的水化反应的需水量较小。

MgO 膨胀剂由最初用于补偿温降速率较慢的大坝混凝土温降收缩,后开始不断在水工大体积混凝土以外的工程中得到应用。在推广应用时仍面临一些问题,主要表现在:

（1）MgO 膨胀剂质量控制较难。MgO 膨胀剂性能对煅烧工艺极为敏感,长期以来,混凝土用 MgO 膨胀剂缺乏专门生产的生产线,通常采取煅烧耐火材料或水泥用的立窑或回转窑,导致产品质量难以控制,均匀性和稳定性差。

（2）菱镁矿资源相对稀缺。MgO 膨胀剂由菱镁矿煅烧制得,菱镁矿主要分布于我国的辽东半岛和胶东半岛，高品位菱镁矿主要分布在辽东半岛，是国家保护的资源。

（3）MgO膨胀剂对应用技术要求高。正是由于MgO膨胀剂膨胀历程的可设计性较强，也使得MgO膨胀剂应用技术变得更为重要，需要综合考虑膨胀的可控性、有效性和安全性。

6.4.2.1 氧化镁膨胀剂的制备

MgO的活性采用活性反应时间表示，具体检测方法为：称取 2.60±0.01g 柠檬酸放入烧杯中，加 200ml 蒸馏水，配成柠檬酸溶液，再将烧杯放到集热式恒温磁力搅拌器的水浴中，把溶液加热到（30±1）℃并保持该温度恒定，迅速加入（1.70±0.01）g 轻烧 MgO，同时滴加 2~3 滴酚酞指示剂后开始计时，待溶液呈现微红时，计时结束，用此时间表示 MgO 的活性反应时间。活性反应时间值越大，表明 MgO 水化速度越慢，其相应的水化活性越小。

煅烧工艺是影响 MgO 活性的关键。在煅烧工艺方面，需要综合考虑菱镁矿产地、矿物组成等因素，确定菱镁矿生料的颗粒尺寸、煅烧温升及温降速率、保温时间等工艺参数。提高煅烧温度或延长保温时间，使菱镁矿的分解程度提高，进而使 MgO 晶粒在非压块条件下产生自由烧结，晶体结构逐渐从疏松多孔转向致密。生料矿石处于同一粒径范围内、窑炉升温速率一定时，烧成样品活性反应时间随煅烧温度的提高或保温时间的延长而增大，样品烧失量则随保温时间的延长而减小。与保温时间相比，煅烧温度对烧成样品活性反应时间及烧失量的影响更为显著。升温速率决定菱镁矿的煅烧时间，影响菱镁矿的分解反应和烧结反应的进行。煅烧温度和保温时间一定时，烧成样品的烧失量随升温速率的增大而增大，活性反应时间随升温速率的增大呈现出先减小后增大的趋势。煅烧前菱镁矿的颗粒尺寸大小影响菱镁矿煅烧分解时的受热均匀性，进而影响烧成样品的烧失量和活性反应时间。对于 800~850℃相对低的煅烧温度而言，小颗粒的菱镁矿更易于煅烧分解，因而烧成样品的烧失量较低、活性反应时间值较小。

以辽宁海城牌楼镇的矿石为例，不同温度下煅烧菱镁矿制备的 MgO 膨胀剂的矿物组成如图 6.4.20 所示。菱镁矿粉在 800℃保温 1h 后形成的 MgO 膨胀剂中残余部分未分

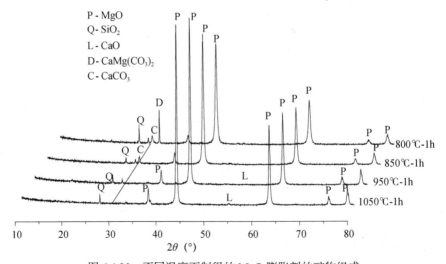

图 6.4.20　不同温度下制得的 MgO 膨胀剂的矿物组成

解石灰石（CaCO₃）和白云石（CaMg(CO₃)₂）；950℃保温 1h 后石灰石和白云石等杂质分解完全。随着煅烧温度的升高，MgO 膨胀剂最终以方镁石（MgO）为主，含有 CaO、SiO₂ 等杂质。在 800℃~1050℃范围内，随着煅烧温度升高，膨胀剂中方镁石含量增加，烧失量降低（见表 6.4.3）。MgO 膨胀剂的活性反应时间值随着煅烧温度升高而增大。

表 6.4.3　不同煅烧温度制备的 MgO 膨胀剂的方镁石含量、烧失量和活性反应时间

样品	800℃, 1h	850℃, 1h	900℃, 1h	950℃, 1h	1000℃, 1h	1050℃, 1h
MgO/%	90.4	90.8	90.9	90.9	91.1	91.4
烧失量/%	2.37	2.13	1.37	0.33	0.31	0.15
活性反应时间/s	50	67	80	104	153	322

图 6.4.21 为不同温度下制备 MgO 膨胀剂的微观结构。SEM 图像显示，800℃煅烧 1h 的膨胀剂中单个 MgO 颗粒由 MgO 微晶聚集而成；各 MgO 晶粒相互粘结，形成外形疏松多孔的团聚体。煅烧温度升高，团聚体中 MgO 晶体产生自由烧结，MgO 晶粒长大，MgO 颗粒表面逐渐密实。

煅烧温度对 MgO 膨胀剂的晶粒尺寸的影响见表 6.4.4。随着煅烧温度的升高，膨胀剂中 MgO 微晶粒尺寸逐渐增大，晶体结构的不完整性降低。

（a）800℃, 1h　　　　　　（b）950℃, 1h　　　　　　（c）1050℃, 1h

图 6.4.21　煅烧温度对菱镁矿制备的 MgO 膨胀剂微观结构的影响

表 6.4.4　不同温度煅烧制备的 MgO 晶粒尺寸

样品	800℃, 1h	850℃, 1h	900℃, 1h	950℃, 1h	1050℃, 1h
$2\theta_{hkl}/°$	42.931	42.951	42.951	42.931	42.949
β_{hkl}/rad	0.410	0.346	0.284	0.266	0.188
D/nm	31.3	41.0	58.6	67.0	175.9

图 6.4.22 给出两种不同活性反应时间 MgO 膨胀剂粉磨后制得不同筛余细度（0.08mm 筛余分别为 0%、4%、10%）时，筛余细度与膨胀性能关系。结果可知，当 0.08mm 细度筛余量≤10%时，180d 测试龄期内，细度筛余量对两种活性 MgO 的膨胀性能的影响均不明显。

采用 0.080mm、0.045mm 和 0.030mm 三种标准筛对 50s MgO 和 250s MgO 进行颗粒分级筛分，研究轻烧 MgO 粒径尺寸与其活性反应时间及膨胀性能的关系，试验结果如表 6.4.5 和图 6.4.23 所示。根据试验结果可知，粒径尺寸对轻烧 MgO 的活性反应时间略有影响，无论是 50s MgO 还是 250s MgO，其活性反应时间均随 MgO 粒径尺寸的减小而降低，但降低的幅度不显著；粒径尺寸对两种活性的轻烧 MgO 水养膨胀影响较小，不

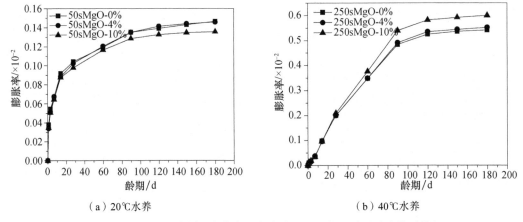

（a）20℃水养

（b）40℃水养

图 6.4.22　MgO 膨胀剂细度筛余量与水养膨胀性能的关系（净浆试件）

表 6.4.5　MgO 粒径尺寸与水化活性的关系

样品编号	50s MgO			250s MgO		
MgO 粒径	0～0.08mm	0～0.045mm	0～0.03mm	0～0.08mm	0～0.045mm	0～0.03mm
活性反应时间/s	58	55	51	230	217	210

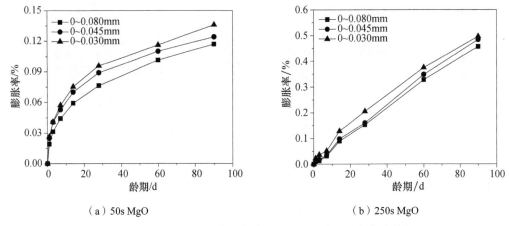

（a）50s MgO

（b）250s MgO

图 6.4.23　MgO 粒径尺寸与水养膨胀性能的关系（净浆试件）

论是 50s MgO，还是 250s MgO，三种粒径尺寸的样品的膨胀性能和膨胀发展历程基本相同，相对而言，在 90d 测试龄期内，粒径尺寸越小的 MgO 的膨胀性能越大，但增大的幅度有限。

　　煅烧工艺参数确定后，实现过程的精确化控制，是 MgO 膨胀剂规模化可控制备的关键。按生产 MgO 窑型分类，主要有立窑、回转窑、悬浮窑三大类。立窑窑型工艺简单，所需设备较少，生产成本较低，但窑内温度场不均匀，温度控制与监测比较困难，煅烧时间难以严格控制。同时，由于菱镁矿颗粒尺寸较大，大块物料内部温度分布不均，往往导致煅烧程度不均匀，出现块料外部过烧，而内部却没有完全分解的现象。回转窑是水泥行业广泛采用的工业窑炉，由于窑筒体不断旋转，菱镁矿分解时不断翻滚并逐渐碎成小颗粒，出窑的轻烧 MgO 粒度较细，煅烧质量相对均匀。窑内煅烧温度通过控制燃料量、风量和喂料量进行调控，而煅烧时间主要通过调整窑筒体转速实现。采用回转窑，可以稳定生产出不同活性反应时间的轻烧 MgO 膨胀材料，产品的活性反应时间波动一般在±30s 内。悬浮窑采用粉磨后的菱镁矿粉料做原料，由皮带输送机经进料口进入窑内，在高温气流作用下，物料在窑内呈悬浮沸腾状态。高温气流与物料进行充分的热交换，菱镁矿粉受热分解成 MgO，随着菱镁矿粉分解变轻，分解产物被气流快速带出，经多级旋风筒收集，即为成品。悬浮窑工艺先进，具有热交换好、物料受热均匀、煅烧程度均匀稳定的特点。江苏苏博特新材料股份有限公司是国内第一个设计并建成 MgO 膨胀剂专用悬浮窑煅烧工艺生产线的单位（见图 6.4.24）。与回转窑相比，悬浮窑内的温度波动为±10℃，热效利用率由 50%提升到 80%以上；MgO 活性反应时间波动降低至±10s 以下（图 6.4.25），可实现活性反应时间 50 ~ 250s MgO 膨胀剂的精确分区煅烧。

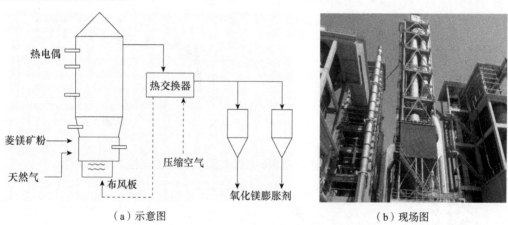

（a）示意图 　　　　　　　　　　　（b）现场图

图 6.4.24　悬浮窑生产 MgO 的工艺图

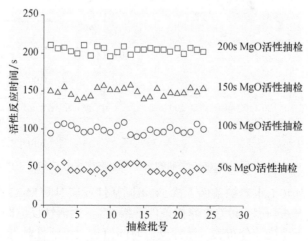

图 6.4.25　悬浮窑生产 MgO 活性反应时间抽检值

6.4.2.2　氧化镁膨胀剂的膨胀性能

图 6.4.26 所示为内掺 4% 100s(代号 M100)、150s(代号 M150)、190s(代号 M190)

和 250s（代号 M250）MgO 膨胀剂的水泥净浆在绝湿条件下的自生体积膨胀性能。图
6.4.27 所示为内掺 4% 100s（代号 M100）、150s（代号 M150）、190s（代号 M190）和
250s（代号 M250）MgO 膨胀剂的水泥净浆在饱水养护条件下的膨胀性能。由图可知，
MgO 膨胀剂的膨胀性能与其活性反应时间有明显的相关性，活性反应时间短、活性高
的 MgO 膨胀剂早期膨胀速度快、膨胀量大，后期膨胀小，膨胀持续时间短；活性反应
时间长、活性低的 MgO 膨胀剂水化速度慢，早期膨胀速度慢，膨胀量小，膨胀具有延
迟性，膨胀持续时间长，后期膨胀大。

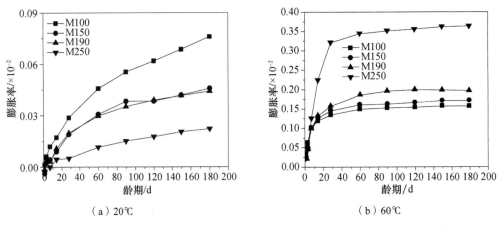

图 6.4.26　内掺不同活性 MgO 膨胀剂的水泥净浆在绝湿养护条件下的变形性能

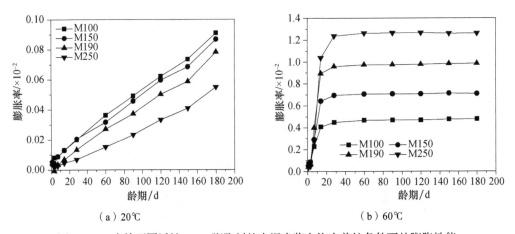

图 6.4.27　内掺不同活性 MgO 膨胀剂的水泥净浆在饱水养护条件下的膨胀性能

图 6.4.28 所示为 40℃水养护条件下掺 5%不同活性反应时间 MgO 膨胀剂的水泥浆体
的膨胀发展曲线。表 6.4.6 为 40℃水养护条件下掺 5%不同活性反应时间 MgO 膨胀剂的
水泥浆体膨胀发展历程统计分布表。活性反应时间值越大（活性越低），膨胀效能越大，
膨胀历程越长，且膨胀受温度的影响越大。可见，活性反应时间可间接反映 MgO 膨胀
剂的最终膨胀量大小。

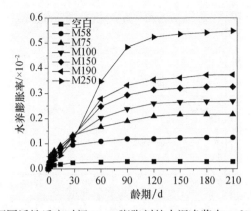

图 6.4.28　掺 5%不同活性反应时间 MgO 膨胀剂的水泥净浆在 40℃水养下的膨胀性能

表 6.4.6　40℃水养护条件不同活性反应时间的 MgO 膨胀剂的膨胀历程

MgO 膨胀剂	M58	M75	M100	M150	M190	M250
活性反应时间/s	58	75	100	150	190	250
膨胀加速时间/d	0	2	5	7	12	21
膨胀稳定时间/d	56	84	87	90	110	120
膨胀稳定终值/%	0.12	0.22	0.27	0.33	0.37	0.55

上述研究结果表明，通过控制 MgO 膨胀剂的活性反应时间，即可实现对 MgO 膨胀剂膨胀历程（起始时间、稳定时间及膨胀终值等）的调控，从而为 MgO 膨胀剂的实际应用提供指导。

在上述研究基础上，进一步研究了混凝土养护温度对 MgO 膨胀剂膨胀性能的影响。参照《普通混凝土配合比设计规程》（JGJ 55-2011），按照体积法进行外掺 MgO 混凝土配合比设计，混凝土配合比如表 6.4.7 所示。

表 6.4.7　按体积法设计的 4 组混凝土配合比参数

水胶比	粉煤灰掺量/%	轻烧 MgO		混凝土材料用量/（kg/m³）						
		活性反应时间/s	掺量/%	水	水泥	粉煤灰	MgO	砂	小石	中石
0.45	25	/	0	130	217	72	0	653	394	921
		50	5		217	72	14.45	653	394	921
		100	5		217	72	14.45	653	394	921
		150	5		217	72	14.45	653	394	921

图 6.4.29 为外掺 5% 50s MgO 的混凝土试件在不同养护温度（20℃、30℃和 40℃）下的自生体积变形曲线。由图可知，养护温度升高加快了 50s MgO 的早期膨胀速率，增大了相应龄期的膨胀值。温度对 50s MgO 膨胀性能的影响主要体现了 10d 之前，10d 之后，50s MgO 在不同养护温度下的自生体积膨胀变形的发展无明显差异。10d 龄期时，30℃和 40℃养护时 50s MgO 的膨胀值比 20℃时的膨胀值分别增大了 18.7×10^{-6} 和 24.5×10^{-6}；90d 龄期时，30℃和 40℃养护时 50s MgO 的膨胀值比 20℃时的膨胀值分别增大了 21.2×10^{-6} 和 28.1×10^{-6}。

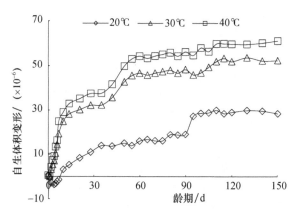

图 6.4.29　养护温度对外掺 5% 50s MgO 混凝土自生体积变形的影响

图 6.4.30 为外掺 5% 100s MgO 的混凝土试件在不同养护温度（20℃、30℃和 40℃）下的自生体积变形曲线。与养护温度对外掺 5% 50s MgO 混凝土自生体积膨胀变形的影响规律相似，温度升高加快了 100s MgO 的早期膨胀速率，增大了相应龄期的膨胀值。温度对 100s MgO 膨胀性能的影响主要体现了 14d 之前，14d 之后，100s MgO 在不同养护温度下的自生体积膨胀变形的差异不显著。14d 龄期时，30℃和 40℃养护时 100s MgO 的膨胀值比 20℃时的膨胀值分别增大了 27.9×10^{-6} 和 40.0×10^{-6}；90d 龄期时，30℃和 40℃养护时 100s MgO 的膨胀值比 20℃时的膨胀值分别增大了 19.3×10^{-6} 和 42.5×10^{-6}。可见，养护温度对 100s MgO 膨胀性能的影响比对 50s MgO 的影响更显著。

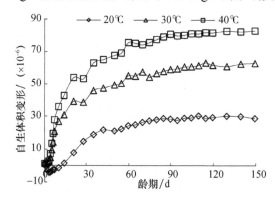

图 6.4.30　养护温度对外掺 5% 100s MgO 混凝土自生体积变形的影响

图 6.4.31 为外掺 5% 150s MgO 混凝土试件在不同养护温度（20℃、30℃和 40℃）下的自生体积膨胀变形曲线。与温度对 50s MgO 和 100s MgO 的影响规律类似，温度升高，150s MgO 的膨胀速率明显加快，膨胀值增大，且增大的幅度比温度对 50s MgO 和 100s MgO 的增大幅度更显著。

对比分析图 6.4.29、图 6.4.30 和图 6.4.31 中养护温度对 50s MgO、100s MgO 和 150s MgO 三种 MgO 在混凝土中膨胀发挥的影响可知，MgO 活性反应时间值越大，其膨胀变形受温度影响的敏感性越显著。在实际工程应用过程中，活性反应时间值大的 MgO 更应该考虑温度效应的影响。

在实验室不同养护温度下 MgO 膨胀剂膨胀性能研究基础上，进一步采用实验室小

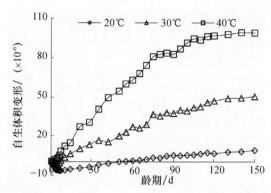

图 6.4.31　养护温度对外掺 5% 150s MgO 混凝土自生体积变形的影响

构件模拟实际工程的变温条件，分析 MgO 膨胀剂在实际变温条件下的膨胀性能。试验浇筑成型 $\Phi150×500mm$ 的混凝土圆柱体，在试件内埋设应变计，密封养护于环境试验箱中，环境试验箱的变温历程见图 6.4.32。

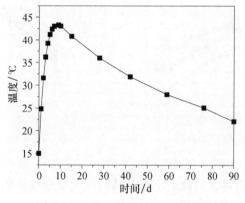

图 6.4.32　变温养护时的温度历程

　　试验用混凝土水胶比为 0.41、单位用水量为 124kg/m³、砂率为 33%、I 级粉煤灰掺量为 35%。采用活性反应时间为 31s、138s 和 240s 轻烧 MgO 等质量取代胶凝材料总量的 4%。测得的混凝土的自生体积变形如图 6.4.33 所示。将掺加 MgO 的混凝土试件的自生体积变形值扣除未掺 MgO 的基准混凝土试件的变形值，即得到由 MgO 水化产生的膨胀值，结果见图 6.4.34。由图 6.4.33 可以看出，升温阶段，掺与不掺轻烧 MgO 的混凝土均产生明显的自生体积膨胀变形，但掺轻烧 MgO 的混凝土产生的自生体积膨胀变形更大；降温阶段，掺与不掺轻烧 MgO 的混凝土的自生体积变形均是收缩减小的，但掺轻烧 MgO 的混凝土的自生体积收缩相对较小。由图 6.4.34 可以看出，轻烧 MgO 在整个变温历程中产生持续膨胀，没有出现回缩现象，90d 龄期时，能产生 $70×10^{-6} \sim 130×10^{-6}$ 的膨胀变形，活性反应时间值大的 MgO 持续膨胀效能更大。

　　混凝土在温降阶段的变形如图 6.4.35 和图 6.4.36 所示。由图可见，轻烧 MgO 温降阶段也能产生有效膨胀，9d ~ 90d，31s MgO 膨胀 $34.6×10^{-6}$、138s MgO 膨胀 $41.2×10^{-6}$、240s MgO 膨胀 $65.3×10^{-6}$，且活性反应时间值大的 MgO 持续膨胀效能更大。

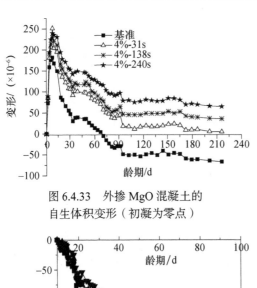

图 6.4.33　外掺 MgO 混凝土的
自生体积变形（初凝为零点）

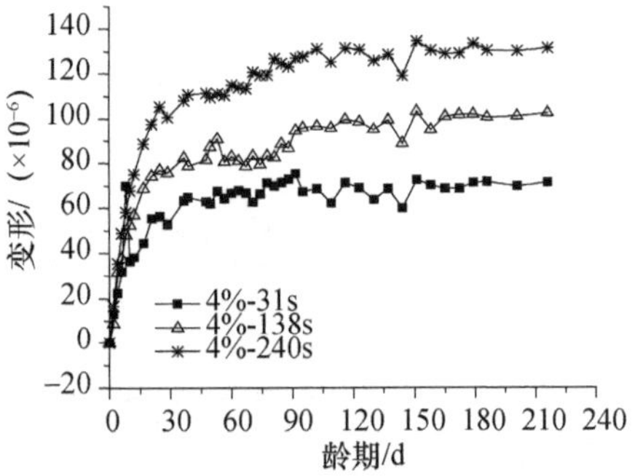

图 6.4.34　扣除基准变形后，MgO
膨胀剂自身产生的膨胀变形（初凝为零点）

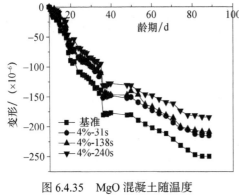

图 6.4.35　MgO 混凝土随温度
降低的自生体积收缩变形曲线

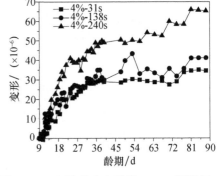

图 6.4.36　扣除基准变形后，MgO 膨胀剂
在温降阶段的自生体积膨胀变形

　　安全性问题是轻烧 MgO 作为膨胀剂的一项重要性能，氧化镁掺量过高产生的膨胀过大可能引起混凝土的破坏，因此确定氧化镁的最大安定掺量是关系到轻烧 MgO 能否在实际工程中推广应用的重要问题。

　　图 6.4.37 所示为分别掺加活性反应时间 58s（代号 M58）、100s（代号 M100）和 190s（代号 M190）三种活性轻烧 MgO 的水泥净浆试件在不同养护温度下的变形发展曲线。结果表明，MgO 膨胀曲线收敛性与养护温度显著相关，低温养护时其膨胀曲线不易趋于稳定收敛，高温养护时其膨胀曲线易于稳定收敛，且养护温度越高，膨胀曲线趋于稳定收敛的时间越早。养护温度相同时，MgO 膨胀曲线收敛性与其水化活性密切相关。活性反应时间短、活性高的 MgO 早期膨胀速度快、后期膨胀小，膨胀持续时间短，膨胀曲线趋于收敛的时间相对较早；活性反应时间长、活性低的 MgO 水化速度慢，早期膨胀速度慢，膨胀持续时间长，膨胀曲线趋于收敛的时间相对较晚。

　　参照《水泥压蒸安定性试验方法》（GB/T 750-1992），对比研究活性反应时间 58s（M58）和 190s（M190）两种水化活性 MgO 的安定性掺量。结果表明，当高活性的 M58 掺量为 10% 时，压蒸安定性仍然合格；当低活性的 M190 掺量为 3% 和 5% 时，试件出现了不同程度的破坏，MgO 掺量越大，试件的破坏程度越严重。但实际工程中掺入 4%～6% 200s MgO 混凝土并未出现安定性问题。根据现有水泥安定性的检测标准，MgO 膨胀

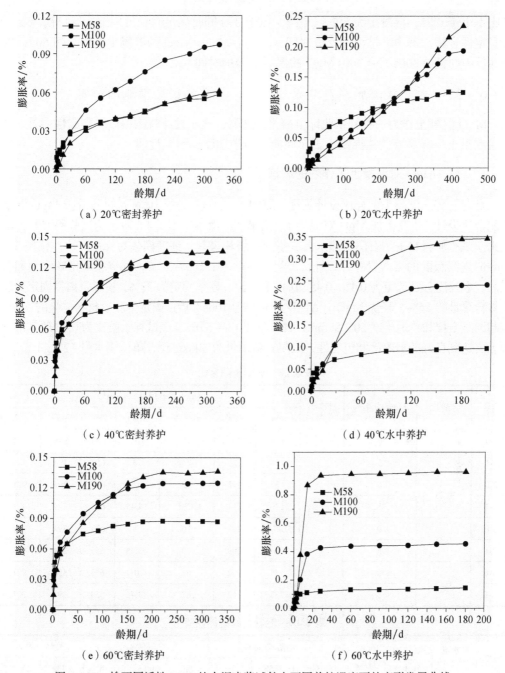

图 6.4.37　掺不同活性 MgO 的水泥净浆试件在不同养护温度下的变形发展曲线

剂的掺量等控制过于严格。鉴于上述原因，由南京工业大学、三峡集团、长江科学院、江苏苏博特新材料股份有限公司等多家单位合作，在大量试验研究的基础上，制定了适用于水工混凝土掺用氧化镁安定性测试和评价方法，并纳入《水工混凝土掺用氧化镁技术规范》（DL/T 5296）。该安定性测试与评价方法为：采用 80℃水养混凝土加速实验方法，混凝土规定龄期内膨胀率≤0.060%；掺氧化镁混凝土与基准混凝土的劈裂抗拉强度之比不小于 0.85；混凝土无弯曲或龟裂。以上 3 项同时满足时，可判定掺氧化镁混凝土的安定性合格。其中，掺活性反应时间≥50s 且<200s MgO 的混凝土养护时间 60d；掺活性反应时间≥200s 且<300s MgO 的混凝土养护时间 90d。

6.4.2.3　氧化镁膨胀剂对混凝土工作、力学和耐久性能的影响

MgO 混凝土作为一种补偿收缩混凝土，其配合比在设计时除关注其膨胀性能外，与普通混凝土一样需要关注混凝土工作性能、力学性能和耐久性能。

1. 外掺 MgO 对混凝土工作性的影响

参照《普通混凝土配合比设计规程》（JGJ 55-2011），按照体积法进行外掺 MgO 混凝土配合比设计，研究掺加 MgO 对混凝土工作性能的影响。表 6.4.8 所示为试验用混凝土配合比。试验原材料采用石门中热水泥，华能 I 级粉煤灰，细度模数为 2.6 河砂，粒径 5~16mm 连续级配的玄武岩碎石，骨料级配（小石：中石）=3：7，外掺缓凝型减水剂和引气剂。水胶比分别选定为 0.42、0.45、0.48 和 0.51，砂率固定为 33%，粉煤灰掺量固定为胶凝材料总量的 25%，轻烧 MgO（活性反应时间为 100s）掺量固定为胶凝材料总量的 5%。控制混凝土拌和物坍落度 60~80mm，含气量 4.0%~6.0%。经试拌水胶比为 0.42 的基准混凝土要达到良好的坍落度和包裹性，胶凝材料用量为 300kg/m³，单位用水量 126kg/m³。

表 6.4.8　混凝土配合比

编号	水胶比	MgO 掺量/%	砂率/%	混凝土材料用量/（kg/m³）						
				水	水泥	粉煤灰	MgO	砂	小石	中石
1-0	0.42	0	33	126	225	75	0	653	394	921
1-1		5		126	225	75	15	653	394	921
2-0	0.45	0		130	217	72	0	653	394	921
2-1		5		130	217	72	14.45	653	394	921
3-0	0.48	0		133.8	209	70	0	653	394	921
3-1		5		133.8	209	70	13.95	653	394	921
4-0	0.51	0		137	202	67	0	653	394	921
4-1		5		137	202	67	13.45	653	394	921

表 6.4.9　混凝土的新拌性能

编号	减水剂（缓凝型）掺量/%	引气剂掺量/‰	坍落度/mm			含气量/%			凝结时间/h	
			0h	0.5h	1h	0h	0.5h	1h	初凝	终凝
1-0	1.5	0.085	75	58	33	4.0	3.7	3.2	20.5	24.2
1-1	1.8	0.085	62	44	26	4.2	3.8	3.1	25.5	29.5
2-0	1.5	0.070	70	53	23	4.7	4.2	3.2	21.0	24.8
2-1	2.1	0.070	64	42	21	4.9	4.3	3.4	28.1	36.3
3-0	1.2	0.062	65	45	21	4.9	4.0	3.6	19.7	23.5

编号	减水剂（缓凝型）掺量/%	引气剂掺量/‰	坍落度/mm			含气量/%			凝结时间/h	
			0h	0.5h	1h	0h	0.5h	1h	初凝	终凝
3-1	1.7	0.052	70	45	18	4.5	3.7	3.1	23.2	27.3
4-0	1.0	0.050	70	52	24	5.6	4.3	3.5	18	22.8
4-1	1.8	0.050	65	48	22	4.5	3.6	3.0	24	29.2

如表 6.4.9 所示为掺与不掺轻烧 MgO 的混凝土的新拌性能。由表可知，轻烧 MgO 掺入对混凝土坍落度影响较大，对含气量影响较小。在保持相同用水量的前提下，为了使混凝土坍落度满足设计要求，需适当增加减水剂（缓凝型）掺量，并相应使混凝土凝结时间略微延长 5~12h；在相同水胶比时，为使混凝土含气量满足设计要求，无需另外增加引气剂掺量。

2. 外掺 MgO 对混凝土力学性能的影响

参照《水工混凝土试验规程》（DL/T 5150-2001），测试掺加不同活性反应时间 MgO 膨胀剂的 C35 混凝土（水胶比 0.42）的抗压强度如图 6.4.38 所示。由图可知，与不掺 MgO 的混凝土基准样相比，外掺 5% 50s MgO、5% 100s MgO、5% 150s MgO 三种的混凝土抗压强度均有不同程度提升。以混凝土 28d 抗压强度为例，MgO 活性反应时间越小，对混凝土抗压强度的提升效果越明显。图 6.4.39 所示为掺加不同掺量的 100s MgO 的 C35 混凝土（水胶比 0.45）的抗压强度。由图可知，与不掺 MgO 的混凝土基准样相比，4%~6% 的 100s MgO 的外掺对混凝土抗压强度有一定的提升效果，MgO 掺量越高对混凝土抗压强度的提升幅度越大。可见，在 6% 掺量范围内，外掺 MgO 对混凝土强度起增强效应。

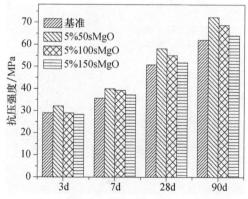

图 6.4.38　MgO 活性反应时间对 C35 强度的影响

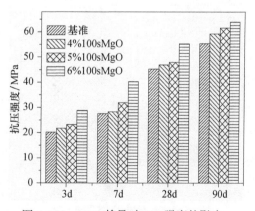

图 6.4.39　MgO 掺量对 C35 强度的影响

3. 外掺 MgO 对混凝土耐久性的影响

图 6.4.40 所示为 MgO 活性反应时间、掺量对外掺 MgO 混凝土的抗渗性能的影响规律。与不掺 MgO 的基准混凝土相比，掺入 MgO 后混凝土的平均渗水高度均有不同程度的减小。当 MgO 掺量一定时，外掺 5% 100s MgO 的混凝土渗水高度最小；当 MgO 水化活性一定时，在 0%~6% 掺量范围内，MgO 掺量越大，混凝土渗水高度越小。可见，

在 6%掺量范围内，外掺 MgO 可改善混凝土的抗水渗透性能。

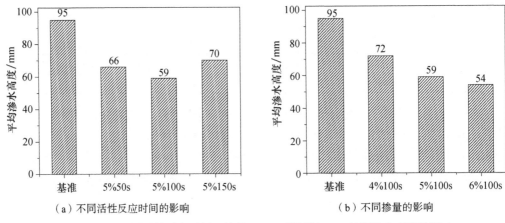

（a）不同活性反应时间的影响　　　　　（b）不同掺量的影响

图 6.4.40　不同活性反应时间、掺量 MgO 对混凝土 28d 龄期渗水高度的影响

图 6.4.41 所示为 MgO 活性反应时间、掺量对外掺 MgO 混凝土的抗碳化性能的影响规律。与不掺 MgO 的基准混凝土空白样相比，MgO 掺入明显降低了相应龄期内混凝土的碳化深度，提高了混凝土的抗碳化能力。当 MgO 掺量一定时，外掺 5%50sMgO 的混凝土碳化深度最小；当 MgO 水化活性一定时，在 0% ~ 6%掺量范围内，MgO 掺量越大，混凝土碳化深度越小。这主要因为适量的 MgO 的掺入后产生的适度膨胀使混凝土结构更加密实，提高了混凝土的气密性，阻塞了水分和 CO_2 扩散通道，在一定程度上阻碍了碳化作用的进行，改善了混凝土的抗碳化能力。

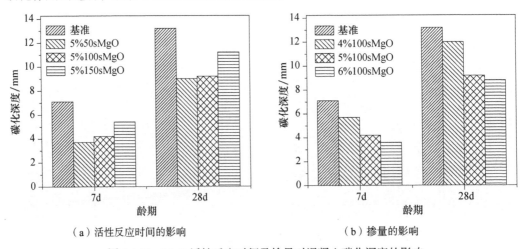

（a）活性反应时间的影响　　　　　（b）掺量的影响

图 6.4.41　MgO 活性反应时间及掺量对混凝土碳化深度的影响

6.4.3　钙镁复合膨胀剂

6.4.3.1　钙镁复合膨胀剂的技术原理

如前文所述，不同种类膨胀剂水化膨胀特性不同。而在实际工程中，根据实际混凝

土温度和水化历程，早期和中期产生的自收缩和温降收缩较大，需要大的膨胀来补偿，后期的自收缩和温降收缩较小，需要微量的微膨胀来补偿，使其不收缩，以稳定早期形成的膨胀预压应力。此时，采用单一类型的膨胀剂往往无法达到有效补偿混凝土不同阶段收缩变形的效果。

基于以上考虑，采用不同膨胀组分的多元复合，制备了钙镁复合膨胀剂，利用氧化钙类膨胀组分实现早期膨胀，利用高活性氧化镁膨胀组分实现中期膨胀，利用低活性氧化镁膨胀组分实现后期膨胀，从而达到全过程补偿混凝土收缩的目的（图 6.4.42）。

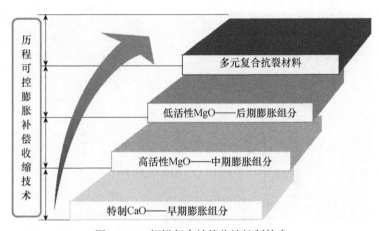

图 6.4.42　钙镁复合补偿收缩抑制技术

具体而言，该混凝土用钙镁复合膨胀剂是指由氧化镁膨胀组分与氧化钙膨胀组分或氧化钙-硫铝酸钙类膨胀组分按照一定比例复合的混凝土膨胀材料，其中氧化镁膨胀组分一般采用活性反应时间在 100～200s 范围内的氧化镁，氧化镁含量一般在 20%～50% 范围内。

6.4.3.2　钙镁复合膨胀剂的膨胀性能

研究掺加钙镁复合膨胀剂的水泥砂浆在不同养护温度（20℃、60℃和80℃）下的水养膨胀性能。试验用钙镁复合膨胀剂的组成比例如表 6.4.10 所示。由 100s MgO 和一种钙质膨胀组分复合得到的钙镁复合膨胀剂在不同温度下水养限制膨胀率测试结果如图 6.4.43 所示。由 180s MgO 和钙质膨胀组分复合得到的混凝土用钙镁复合膨胀剂在不同温度下水养砂浆限制膨胀率测试结果如图 6.4.44 所示。

表 6.4.10　混凝土用钙镁复合膨胀剂的组分比例

编号	比例/%			
	HME-20%	HME-30%	HME-40%	HME-50%
氧化镁膨胀组分（100s/180s）	20	30	40	50
钙质膨胀组分	80	70	60	50

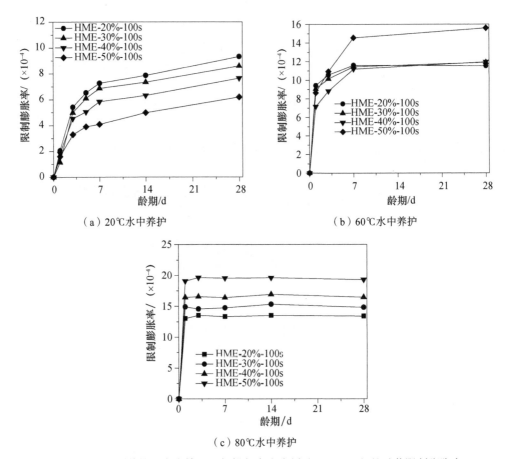

图 6.4.43 不同养护温度内掺 10%钙镁复合膨胀剂（100sMgO）的砂浆限制膨胀率

由图 6.4.43 可知，20℃水养条件下，28d 龄期内，随着复合膨胀剂中 MgO 含量的增加，掺钙镁复合膨胀剂的砂浆限制膨胀率逐渐降低。60℃水养条件下，内掺 10%的钙镁比例为 5∶5 的复合膨胀剂的砂浆 28d 限制膨胀率超过了内掺 10%的钙镁比例为 8∶2 的复合膨胀剂的砂浆试件。80℃水养条件下，随着钙镁复合膨胀剂中 MgO 含量的增加，砂浆试件的 28d 限制膨胀率逐渐增大，其中掺加钙镁比例为 5∶5 的复合膨胀剂的砂浆产生的限制膨胀率最大，28d 的限制膨胀率为掺加钙镁比例为 8∶2 的复合膨胀剂砂浆限制膨胀率的 1.4 倍。此外，从图中还可以发现，在 80℃水养条件下，不同复合比例的膨胀剂均在 3d 前膨胀完全，3～28d 膨胀量基本不变。

由图 6.4.44 可知，20℃水养条件下，28d 龄期内，随着复合膨胀剂中 MgO 含量的增加，掺钙镁复合膨胀剂的砂浆限制膨胀率降低。20℃水养条件下，180sMgO 反应速率较慢，28d 龄期内钙镁复合膨胀剂的膨胀效能主要由 CaO 水化反应引起。60℃水养条件下，180sMgO 反应速率加快，28d 龄期时掺加钙镁比例为 5∶5 的复合膨胀剂的砂浆的限制膨胀量超过了掺加钙镁比例为 8∶2 的复合膨胀剂砂浆的膨胀量；3～28d 龄期内，随着钙镁复合膨胀剂中 180s MgO 含量的增加，砂浆限制膨胀率逐渐增大。80℃水养条件下，随着 MgO 含量的增加，钙镁复合膨胀剂的膨胀量逐渐增大，但均在 14d 前膨胀完全，14～28d 膨胀量基本不变。

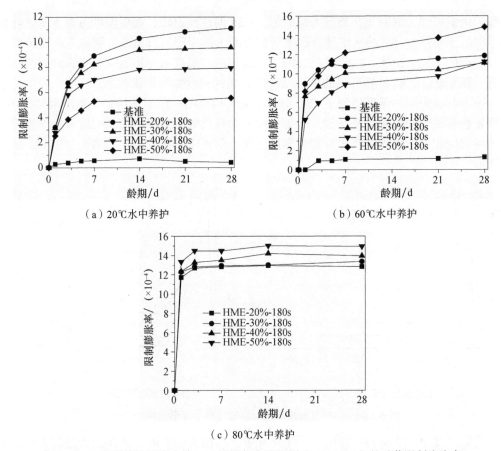

（a）20℃水中养护　　　　　　　　　（b）60℃水中养护

（c）80℃水中养护

图 6.4.44　不同养护温度内掺 10%钙镁复合膨胀剂（180sMgO）的砂浆限制膨胀率

　　上述研究结果表明，养护温度对钙镁复合膨胀剂在混凝土中膨胀性能的发挥具有较大的影响。在实验室不同恒温养护条件的研究基础上，进一步采用小构件试验模拟实验工程混凝土的变温条件，分析钙镁复合膨胀剂在实际变温条件下的收缩补偿性能。图 6.4.45 所示为一厚度 1000mm、强度等级为 C35 的模拟墙板混凝土构件的温度和变形

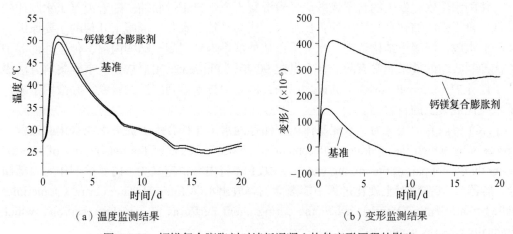

（a）温度监测结果　　　　　　　　　（b）变形监测结果

图 6.4.45　钙镁复合膨胀剂对墙板混凝土构件变形历程的影响

历程。由图可知，混凝土在浇筑入模后的 2 ~ 3d 即达到温峰，而后温度急剧下降。比较基准混凝土与掺加 6% 的钙镁复合膨胀剂的混凝土的变形历程发现，膨胀剂在温升温降阶段均产生了显著膨胀，在浇筑后 20d，混凝土中心温度与环境温度相当，此时混凝土仍处于膨胀状态，仍具有可观的膨胀以补偿后期的自收缩和干燥收缩。

图 6.4.46 为同一温度历程下 C60 钢管混凝土构件的变形测试结果。由图可见，10% 钙镁复合膨胀剂的掺加完全补偿了混凝土的早期自收缩和温降收缩，在混凝土温度降至与环境温度相当后，掺钙镁复合膨胀剂的混凝土仍处于膨胀状态，残留有 50×10^{-6} 的膨胀变形。

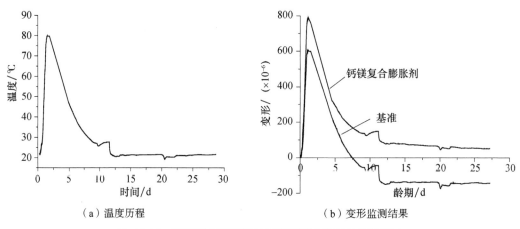

（a）温度历程　　　　　　　　　（b）变形监测结果

图 6.4.46　钙镁复合膨胀剂对钢管混凝土变形性能的影响

实际工程中，受材料、环境、结构尺寸等诸多因素的影响，不同结构混凝土的温度历程差异很大，因此需根据混凝土实际温度历程，选择合适的氧化镁活性及钙镁复合比例，以实现不同阶段收缩的有效补偿。

6.5　内养护技术

伴随水泥水化发生的自干燥效应导致混凝土产生自干燥收缩。随着混凝土水胶比的降低，自干燥收缩在总收缩中的占比加大，成为导致低水胶比混凝土开裂的主要原因。由于低水胶比混凝土结构致密，水分难以从外部渗透到混凝土结构内部，传统外部养护方法抑制收缩的效果非常有限。自上世纪 90 年代 Philleo 采用混掺预吸水轻集料方法提出了内养护（internal curing）的概念以来，内养护技术得到广泛的研究，并被用于减少低水胶比混凝土的自收缩。

ACI 将内养护定义为"水泥基体内部储存的水（非拌合水）促进水泥水化的过程"（process by which the hydration of cement continues because of the availability of internal water that is not part of the mixing water）。RILEM 将内养护定义为"内养护剂作为内部储水'容器'，其在混凝土硬化过程中能渐渐的释放出水"（Internal water curing（sometimes called 'water entrainment'），when the curing agent performs as a water reservoir, which gradually releases water）。

　　内养护与传统外部养护的对比如图 6.5.1 所示：分散于水泥基材料中的内养护材料
（internal curing agent）预先吸收一定量水分，随着水化的进行，内养护材料所储存的水
可作为内部"水源"释放至基体，提高基体相对湿度，抑制自干燥效应，进而达到减小
自收缩，提高混凝土体积稳定性的目的。

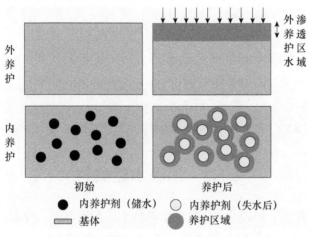

图 6.5.1　传统外养护和"内养护"的区别

　　经过 20 多年的发展，内养护技术中使用的内养护剂主要分为两类：一类为预吸水多
孔轻集料（lightweight aggregate，简称 LWA），一类为高吸水性树脂（superabsorbent
polymer，简称 SAP）。ACI 成立了预吸水轻集料内养护混凝土技术委员会，并出版了技
术报告 ACI（308-213）R-13-*Report on Internally Cured Concrete Using Prewetted Absorptive
Lightweight Aggregate*。RILEM 成立了关于内养护的技术委员会，并于 2007、2010 和 2012
年分别出版了技术报告 RILEM TC-196-*Internal Curing of Concrete*，*Use of Superabsorbent
Polymers and Other New Additives in Concrete*，RILEM TC-225-*Application of Superabsorbent
Polymers (SAP) in Concrete Construction*，旨在推动内养护技术的理论研究及工程应用。

6.5.1　内养护的机理

　　内养护技术是利用内养护剂的"引水"（water entraining）作用，改变水泥基材料内部
水分的时空分布，提高水泥基材料内部相对湿度的技术，不仅能促进水泥水化，还能减少
自干燥收缩。内养护技术涉及三个最关键的问题：对于给定配比的混凝土，需要多少的额
外引水量？内养护剂中水在基体中能够迁移多远？内养护剂在基体中的空间分布？
　　基于 Powers 的胶空比理论，Jensen（2001）提出在额外引水的水泥体系中，要完全
抑制自干燥现象，额外引水量体积需等于胶凝材料达到最大水化程度所产生的化学收缩，
此时最低额外引水量与水胶比关系如图 6.5.2 所示，即当水胶比≤0.36 时，达到最大的水
化程度，最低的额外引水量为

$$(w/c)_e = 0.18(w/c) \tag{6.5.1}$$

　　根据 Powers 理论，当水胶比在 0.36～0.42 之间时，水泥要达到完全水化时所需的额
外引水量为

$$(w/c)_e=0.42-(w/c) \qquad\qquad (6.5.2)$$

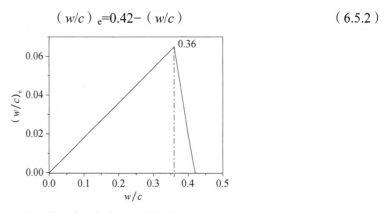

图 6.5.2　最小额外引水量与水胶比间的关系（Jensen，2001）

6.5.2　预吸水轻集料

多孔结构的轻集料（LWA），主要有膨胀黏土、膨胀页岩、沸石、保水陶粒等多孔材料，可利用其自身多孔特性吸收并保存水分，但一般吸水能力较低，不超过自身重量的一倍。大量的研究表明，将预吸水的 LWA 取代部分集料加入到混凝土中作为内养护剂使用，能够减少混凝土的自收缩。ASTM 制定了关于内养护用轻集料的相关标准 ASTM C1761/C1761M-17 "Standard Specification for Lightweight Aggregate for Internal Curing of Concrete"，该标准主要规定了用于内养护的轻集料的颗粒级配、吸水能力、脱水能力等性能指标及测试方法。

Bentz（1999）提出，LWA 内养护混凝土中，LWA 用量的计算方法如式（6.5.3）所示，式中等号左边代表内养护需要的水，即达到最大水化程度时胶凝材料产生的化学收缩，等号右边为 LWA 能提供的内养护水。

$$C_f \cdot CS \cdot \alpha_{max}=S \cdot M_{LWA} \cdot \Phi_{LWA} \qquad\qquad (6.5.3)$$

式中，C_f—胶凝材料用量；

　　　CS—胶凝材料完全水化时产生的化学收缩；

　　　α_{max}—胶凝材料最大水化程度；

　　　S—LWA 吸收饱和度，范围为 0 ~ 1；

　　　M_{LWA}—干态 LWA 用量；

　　　Φ_{LWA}—LWA 的吸水能力。

Trtik（2011）利用中子散射技术研究了 LWA 中养护水在水泥基体中的释放过程，结果表明，LWA 释放的内养护水至少在第一天内可以迁移 3mm，并且未发现明显的梯度，说明内养护过程很快，并且从 LWA 释放的水均匀分布于基体。干态的 LWA 加入净浆时，其在最开始的约 4h 内会从基体吸收水分，但在随后阶段又会释放所吸收的水至基体。

Henkensiefken（2009）研究了不同 LWA 掺量对砂浆性能的影响，结果显示，掺加足够量的 LWA 能明显提高浆体湿度，抑制自干燥效应，减少自收缩，推迟开裂时间；

但在低掺量 LWA 情况下，由于 LWA 内养护水分迁移距离限制或内养护水被过早消耗，LWA 减缩效果不明显。LWA 还可以增加水泥水化程度，使得砂浆更密实，降低砂浆吸水率和电导率。

　　LWA 内养护一方面可以通过促进水化来提高强度，但另一方面 LWA 本身强度比普通集料低，掺入又会降低强度，因此 LWA 对水泥基材料强度的影响是这两方面竞争的结果。Raoufi（2011）的研究结果表明，高掺量的 LWA 导致混凝土 7d 抗拉强度下降 25%，掺量越高，强度降低越大。而在含掺合料的体系，内养护由于额外供水，能促进长期火山灰反应，又能增加强度。

　　研究 LWA 与膨胀剂（EA）的复合使用对混凝土自收缩及变温条件下变形性能的影响，如图 6.5.3 所示。研究结果显示，两种 LWA 与 EA 复合使用时，均比 EA 单掺时产生更多的膨胀；在变温条件下，LWA 复合 EA 可以在温降阶段下产生更多的膨胀。

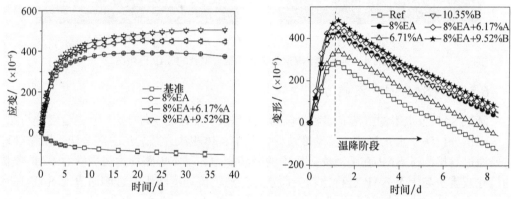

图 6.5.3　两种 LWA（A 和 B）与 EA 对混凝土变形性能的影响

　　基于 LWA 的多孔吸附特性，Bentz（2010）将 LWA 预吸增黏外加剂溶液，结果显示 LWA 预吸增黏外加剂的方法相较单掺增黏外加剂的方法能更大程度的降低混凝土渗透性。这说明 LWA 除了能储水起到内养护作用，还可以预吸其他外加剂，如减缩剂、阻锈剂，提高混凝土长期性能。

6.5.3　高吸水性树脂

　　高吸水性树脂（SAP），是一种合成的交联高分子凝胶材料，其吸水能力强，可吸收自身重量的数十倍至数百倍的水，首先由 Jensen（2001）引入到混凝土中做内养护剂。由于 SAP 通过化学合成，其结构、尺寸、吸液性更易调控，作为内养护材料使用时，具有掺量低、减缩效果好等优点，近年来已成为混凝土内养护技术研究的一个热点。

6.5.3.1　SAP 的制备

　　SAP 聚合时常用的单体为水溶性单体，如带羧基的（甲基）丙烯酸（AA）及其盐类、带磺酸基的 2-丙烯酰胺-2-甲基丙磺酸等阴离子单体，丙烯酰胺（AM）类非离子单体，（3-丙烯酰胺丙基）三甲基氯化铵等阳离子单体（MPC）等。SAP 可以通过溶液聚合和反相悬浮聚合得到。图 6.5.4 为典型的溶液聚合和悬浮聚合得到的 SAP 形貌图，可以看出溶液聚合的 SAP 需要经过粉碎步骤，因此最终产品形貌为不规则的颗粒，而通过反相悬浮聚合得到的 SAP 为规则的球形。

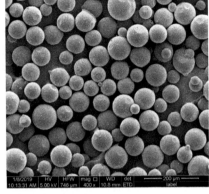

（a）溶液聚合　　　　　　　　　　　　（b）悬浮聚合

图 6.5.4　典型的溶液聚合和悬浮聚合得到的 SAP 形貌图

6.5.3.2　SAP 的吸液能力

测试 SAP 吸水率的方法有多种，包括：体积法、茶袋法、离心法、激光粒度分析法、光学图像分析法、水化热法、流动度法等。其中，体积法、茶袋法、离心法、图像处理主要通过直接测试 SAP 在纯液体环境中的吸液能力，基本思路均为将吸液后 SAP 颗粒的尺寸或重量与干态 SAP 进行比较。而水化热法、流动度法则通过侧面表征 SAP 在水泥环境中吸液能力，其主要原理是：通过额外增加用水，当试验组和对照组具有相似的水化放热或流动性时，认为额外增加的用水即为 SAP 所吸收固定的水分。

由于 SAP 与表面物理附着水结合力较弱，而 SAP 对其内部吸收的水分的吸附力较强，因此基于两者脱附能力的强弱，采用离心的方法，可以观察饱和 SAP 重量随离心时间的变化，如图 6.5.5 所示。从图中可以看出，曲线在某一离心时间出现"拐点"，认为此"拐点"为 SAP 的吸液倍率。

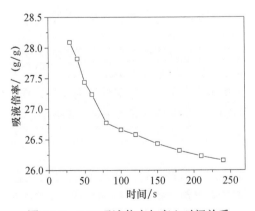

图 6.5.5　SAP 吸液倍率与离心时间关系

通过微量热、孔隙负压、图像处理等办法分析 SAP 在水泥浆体中的吸液倍率，结果显示：SAP 掺量越高，吸收的养护水越多，但单位质量 SAP 吸液倍率降低（图 6.5.6）。

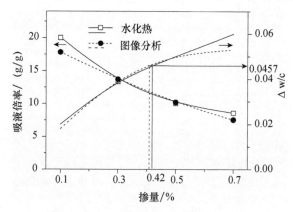

图 6.5.6　SAP 掺量与吸水倍率的关系

根据 Flory 凝胶膨胀公式（式 6.5.4），SAP 吸液能力与渗透压（公式第一项）、树脂本身亲水能力（公式第二项）及交联度有关。可以看出 SAP 吸液能力不仅与自身结构有关，还和被吸收液体性质（离子强度、离子浓度）有关。

$$Q^{5/3} = \left[\left(\frac{i}{2v_u s^{1/2}} \right)^2 + \left(\frac{1/2 - x_1}{v_1} \right) \right] \Big/ (v_e / v_o) \qquad (6.5.4)$$

式中，Q—吸液倍率；

$\dfrac{i}{v_u}$ 为树脂上电荷密度；

v_e / v_o—交联密度；

$\dfrac{1/2 - x_1}{v_1}$—水亲和力；

s—外部溶液电解质离子浓度。

图 6.5.7 为 SAP 在纯水、自来水、饱和氢氧化钙溶液中的吸液情况，可以看出随着被吸收液离子浓度的增高，SAP 吸液能力逐渐降低；但离子型比非离子型的 SAP 下降幅度更明显，前者下降降幅约 85%，后者下降约 50%。

通过悬浮聚合制备一系列不同阴离子/非离子单体比例的 SAP，结果发现，随着非离子单体 AM 比例的增加，SAP 在纯水中吸液倍率快速下降，这是由于随着 AM 含量增加，带负电的单体丙烯酸含量减小，SAP 自身分子链间排斥力降低，所以纯水吸液倍率下降。在模拟孔溶液中，由于其极高的离子强度，抵消了 SAP 自身分子链上的电荷，降低了分子链间排斥力，所以在模拟孔溶液中吸液倍率较纯水中会下降；另外，正是因为高的离子强度使得吸液倍率公式的第一项占整个吸液倍率中的比重减小，所以 SAP 在模拟孔溶液中的吸液倍率受自身电荷密度的影响较小（图 6.5.8），这说明相对于阴离子单体 AA，非离子单体 AM 具有更强的耐盐能力。

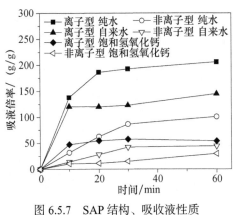 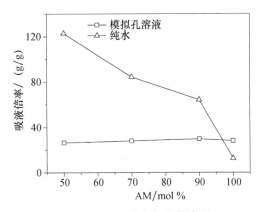

图 6.5.7　SAP 结构、吸收液性质　　　　　图 6.5.8　SAP 中非离子/阴离子
对其吸液能力的影响　　　　　　　单体比例对其吸液倍率的影响

　　基于水泥孔溶液中高的离子浓度，引入阳离子单体，设计具有反聚电解质的 SAP。固定非离子单体 AM 含量为 50%，调节阴离子型单体 AA 与阳离子型单体 MPC 的比例，其在纯水与模拟孔溶液中的吸液倍率如图 6.5.9 所示：可以看出随着 AA 含量的增加，纯水吸液倍率和模拟孔溶液吸液倍率都呈下降趋势。当 AA 含量由 10%增至 30%时，其在纯水、模拟孔溶液吸液倍率分别由 120g/g、31g/g 降至 17g/g、23g/g。这是由于随着 AA 含量的升高，阴阳离子间互相吸引，使整个凝胶网络缩小，所以吸液能力下降。另外，对于同时含有阴阳离子对的 SAP，在纯水溶液中，由于阴阳离子间的吸引限制了凝胶网络的膨胀，因此吸液倍率较低，而在盐溶液中，介质中离子会抵消 SAP 分子链上的部分电荷，使得阴阳离子间吸引力减小，反而会增加 SAP 的吸液能力，这也是30%AA 含量的 SAP，其模拟孔溶液吸液倍率高于纯水吸液倍率的原因，两者分别为23g/g、16g/g。

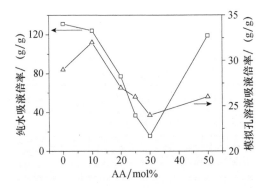

图 6.5.9　阴阳离子比例对 SAP 吸液性能的影响

6.5.3.3　SAP 结构对其内养护性能的影响

　　SAP 作为内养护材料时，其预先或者拌和过程中吸收部分水分，这部分水随着水化的进行，迁移至基体提高其相对湿度，达到内养护的目的。Igarashi（2006）研究了尺寸为 200μm、孔溶液吸液倍率为 13g/g 的 SAP 对净浆自收缩的影响，发现 0.35%SAP能减少 50%自收缩，而 0.7%SAP 能完全抑制自收缩。Wang（2009）研究了尺寸不超过

500um、吸液能力为 400g/g 的 SAP 对混凝土自收缩的影响，发现 0.7%SAP 能减少混凝土自收缩约 50%。Piérard（2006）研究了尺寸范围在 45-850μm、在 NaCl 和去离子水中吸液能力分别为 65g/g 和 500g/g 的 SAP 对水泥基材料自收缩的影响，发现 0.3%SAP 能减少 48% 的自收缩。上述研究结果均表明，SAP 减缩效果与自身性能相关。

　　作者团队研究了一系列不同吸液倍率、不同尺寸的 SAP 对净浆的自收缩的影响，发现在水灰比为 0.35 净浆中，SAP 颗粒尺寸越大、SAP 吸液倍率越高，其减缩性能越好（图 6.5.10、图 6.5.11）。图 6.5.12 为具有不同吸液能力 SAP 对净浆流动性的影响，结果表明，SAP 对净浆扩展度的影响与其纯水中吸液倍率呈负相关；而 SAP 抑制净浆收缩的能力则与其模拟孔溶液中吸液倍率相关。

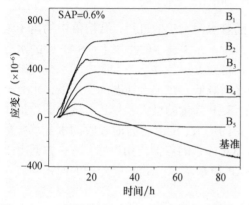

图 6.5.10　不同颗粒尺寸 SAP 对净浆变形的影响

（B1、B2、B3、B4、B5 颗粒尺寸分别为 215 ~ 242μm、140 ~ 160μm、105 ~ 135μm、68 ~ 95μm、55 ~ 72μm）

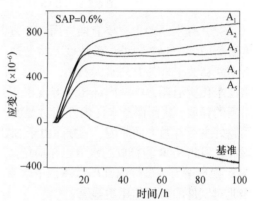

图 6.5.11　相近颗粒尺寸、不同吸液倍率的 SAP 对净浆变形的影响

（Q1、Q2 分别为 SAP 在纯水和模拟孔溶液中吸液倍率中吸液倍率，A1：Q1=230g/g，Q2=26g/g；A2：Q1=173g/g，Q2=22g/g；A3：Q1=130g/g，Q2=20g/g；A4：Q1=93g/g，Q2=19g/g；A5：Q1=73g/g，Q2=16g/g）

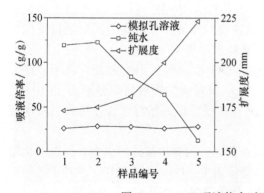

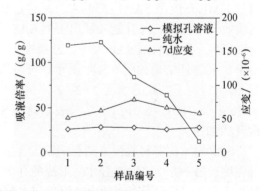

图 6.5.12　SAP 吸液能力对净浆工作性及变形性能的影响

　　图 6.5.13 为密封条件下，SAP 对水泥浆体内部相对湿度的影响（净浆 w/b 为 0.16）。图中可以看出，未掺入 SAP 的基准组试件在密封养护 28d 时，相对湿度为 68.3%，SAP 掺量为 0.2% 时，相对湿度为 80%，SAP 掺量增大为 0.3% 时，内部相对湿度为 89.8%，可见 SAP 掺量越大，对水泥基材料内部养护作用越好，保持内部相对湿度的能力也相应提高。

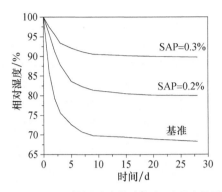

图 6.5.13　SAP 掺量对净浆内部相对湿度的影响

　　SAP 释水驱动力主要有两方面：一方面是随着水泥水化的进行，孔溶液中的离子浓度不断增大，SAP 内外溶液浓度差将会产生渗透压，在渗透压的作用下，SAP 中的水分会不断释放出来补充到水泥石中。另一方面是在密封养护条件下，水泥内部水分逐渐被水泥水化所消耗，体系内部相对湿度也相应的逐渐减低，在湿度梯度的作用下，水分会不断的释放，从而保持水泥内部相对湿度。随着 SAP 掺量的增大，SAP 对试件的养护作用越好主要有两方面原因：一方面由于 SAP 掺量的增大，SAP 拌合时吸收的水分总质量增大，因此 SAP 能释放的水分也相应增多，从而对体系的养护作用更好；另一方面由于 SAP 掺量增大，试件内部单位体积中含有的 SAP 质量增多，SAP 能养护的面积增大，因此对试件的养护作用更显著。

　　SAP 内养护性能与其在水泥基材料中吸收/释放水过程密切相关。Trtik（2010）利用中子散射成像技术研究了大颗粒 SAP 的释水行为，结果表明：不同 SAP 在水化诱导期基本处于吸水状态，但在水化加速期其会快速的失水，并且在 1d 左右基本已释放出所有的水。Schroefl（2015）研究了不同 SAP 的释水行为，结果表明不同 SAP 具有不同的释水行为，具有较慢释水性能的 SAP 具有更佳的抑制自收缩能力。Snoeck（2017）通过 NMR 研究了 SAP 内部的水分迁移过程。结果显示：NMR 可以区分自由水和 SAP 所吸收储存的水，并且能表征出不同 SAP 释水速度的差异。作者研究团队通过图像处理法研究了不同时刻 SAP 尺寸，进而推算 SAP 释水过程（图 6.5.14）。通过图像处理，SAP 尺寸统计结果如图 6.5.15 所示，可以看出：SAP 在加水后 1h、初凝、终凝、终凝后 1h 直径与干态比分别为 2.63、2.37、2.33、2.26，其对应的吸液倍率分别为 13.10g/g、9.41g/g、8.94g/g、8.01g/g。结果表示此种 SAP 在初凝前就开始释水，在终凝后释水速度开始加速。

　　SAP 对水泥基材料强度的影响较为复杂，一方面，内养护额外的引水，促进水化增加强度，另一方面，SAP 释水后形成的孔洞，降低强度。Hasholt（2010，2012）的研究结果表明：SAP 对混凝土的强度影响和水胶比、掺量有关，对于 w/c 为 0.4 和 0.5 的混凝土，随着 SAP 的掺量提高，强度有一定程度的下降；但对于 w/c 为 0.35 的混凝土，SAP 掺量在 0.1%~0.4%时，混凝土强度都增加，而掺加 0.6%SAP 时，混凝土强度有一定程度降低。在低水胶比混凝土中，由于内养护促进水化的增强效果弥补了 SAP 引入孔造成的负面效果。但由于 SAP 吸液能力受溶液中离子影响较大，如果高估了 SAP 在水泥环境的吸液能力，造成过量引水，会造成混凝土强度降低。

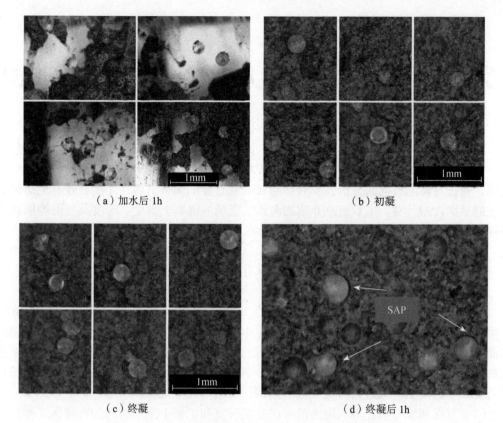

（a）加水后 1h　　　　　　　　　　（b）初凝

（c）终凝　　　　　　　　　　　　（d）终凝后 1h

图 6.5.14　加水成型后不同时刻 SAP 在水泥基体中形貌

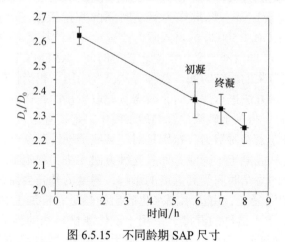

图 6.5.15　不同龄期 SAP 尺寸

第7章　结构混凝土收缩开裂的现场监测

实际工程和实验室研究之间存在着巨大的差异，要想在实际工程中获取研究参数或者落实研究中所提出的技术指标，必须对现场施工的结构混凝土关键性能参数进行实时监测，通过对监测数据的分析，及时诊断和采取必要的调整措施，才能有效避免结构混凝土的早期收缩开裂。本章重点介绍面向施工现场的混凝土温度、湿度及变形等抗裂性关键参数的监测方法。

7.1　混凝土凝结时间的现场监测

凝结时间是表征浇筑混凝土性能发展的一项重要指标。譬如，为了避免施工冷缝的产生，上下层混凝土允许的浇筑间隔时间应小于初凝时间；新浇筑混凝土的表面的二次抹面必须在初凝和终凝之间完成；凝结之后混凝土的收缩变形在约束情况下才会产生较大的应力，这是正确分析结构混凝土收缩开裂的重要依据。因此，有必要在施工现场对浇筑混凝土的凝结时间进行判定。已有的测试方法有以下几种：

（1）直接测试方法：贯入阻力的方法是实验室和工程上凝结时间的直接测定办法，也是凝结时间的标准测试方法。其本质是从宏观上测试水泥浆（混凝土）力学性能的发展情况，通过人为地设定某一标准作为凝结时间的判定依据。譬如 ASTM C403 的 Pin-penetration 试验及 GB/T 50080 的贯入阻力仪试验，测试其贯入阻力达到 3.5MPa（相应的抗压强度近似为 0）的时间定义为混凝土初凝时间；ASTM C191 和 GB 1346 的针入度试验用来测试水泥净浆的凝结时间。这种方法已经沿用了相当长的时间，但是仍然存在许多问题。采用这种方法进行测试时，必需首先取少量的新拌混凝土，采用振动筛筛去 5mm 以上的粗集料，将剩余砂浆放置到砂浆筒中，定期置于贯入阻力仪上进行测试。这样做不仅在试验操作上费时费力，特别是对于某些干硬性混凝土，或者是掺速凝剂的混凝土，很难将集料从混凝土中筛除；而且这种方法无法实现施工现场现浇结构混凝土的原位监测。混凝土的凝结时间受到温度的影响，温度的升高会促进凝结时间的加快，处于浇筑后结构中的混凝土，由于水泥水化放出的热量，再加上其结构体量大，构件混凝土的温度往往高于小试件的温度，采用小试件测试出来的凝结时间并不能真正反映结构混凝土的凝结时间。因此，采用贯入阻力法来测试结构混凝土的凝结时间本身存在局限性。

（2）间接测试方法：除了采用贯入阻力法来进行直接测试以外，研究人员还提出了很多间接的方法，如水化放热曲线测试的方法、超声测试的方法以及电测试的方法等。这些方法具有较好的敏感性，但是使用困难，很难在施工现场操作，相关的测试指标容易受到混凝土拌合物中化学离子的干扰。更为重要的是，测试仪器本身对环境条件要求非常严格，温度变化、湿度变化以及噪音等均会影响测试结果。因此，这类方法也很难适用于实际工程结构混凝土凝结时间的原位测试。

第 3 章中介绍了基于孔隙负压测试的自干燥收缩零点的测试方法，在此基础上，本节进一步研究水泥基材料贯入阻力与孔隙负压之间的关系，提出可以面向施工现场结构混凝土凝结时间原位监测的方法。

7.1.1　基于孔隙负压判定混凝土凝结过程的试验研究

研究的影响因素包括：水胶比（0.19、0.24、0.32、0.40），掺合料种类及掺量（粉煤灰 FA 15%、20%、30%、40%，矿渣粉 SL 30%、50%、70%，硅灰 SF 5%、10%，膨胀剂 EA 10%），温度（2℃、5℃、10℃、36℃、46℃），混凝土强度等级（C30、C50）。实验结果与分析如下：

1. 砂浆和混凝土测试结果的一致性

如前所述，采取贯入阻力法测试混凝土的凝结时间，需要将粗骨料筛除，在试验操作上不仅费时费力，而且无法直接测试结构混凝土。而孔隙负压可以直接测试混凝土，如果其测试结果与筛出的砂浆保持一致，则就可以实现结构混凝土凝结时间的原位判定。为此对比研究了不同强度等级的混凝土与筛除粗骨料之后的砂浆孔隙负压的发展规律。在室温条件下配制混凝土，然后将拌合物分成两份，其中一份按照 GB/T 50080 测试凝结时间的办法筛除 5mm 以上的粗集料得到砂浆装模，另一份混凝土直接装模。开始测试时，孔隙负压的数据采集仪清零，然后进行孔隙负压的同步测试。

图 7.1.1 为 C30 和 C50 混凝土及其筛除粗骨料后的砂浆采取孔隙负压测试的结果，并与采取贯入法测试的结果进行了比较。由图可见，混凝土与其组成砂浆的孔隙负压增长规律具有很好的一致性，二者测试出来的发展规律与贯入阻力发展规律完全一致。因此，采用孔隙负压的测试技术，只需要同比条件下找到混凝土孔隙负压和凝结时间的对应关系，进一步的测试和控制就可以通过测试孔隙负压来进行。而孔隙负压的测试，不需要筛除粗集料，只需要直接埋入现场的混凝土中，就可以实现对于现场混凝土结构形成的实时自动监控，既可以有效地节省人员和工时，又能真实地反映施工现场混凝土结构形成的情况。

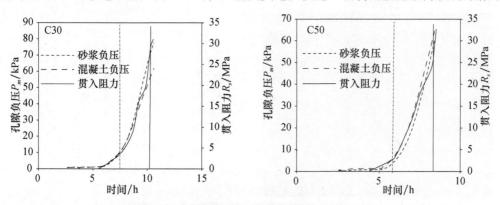

图 7.1.1　砂浆和混凝土孔隙负压测试结果对比
（竖直的虚线对应初凝时间，竖直的实线对应终凝时间；时间从加水开始计时）

2. 温度的影响

图 7.1.2 为温度对砂浆孔隙负压和贯入阻力关系的影响。如图所示，在不同的温度下，

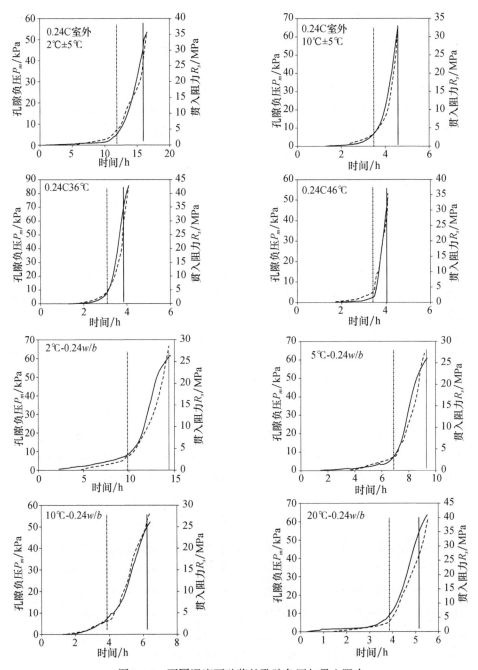

图 7.1.2　不同温度下砂浆的孔隙负压与贯入阻力

（曲线中，虚线代表贯入阻力随时间的变化，实线代表孔隙负压随时间的变化；
竖直线中，虚线对应初凝时间，实线对应终凝时间，时间从加水开始计时）

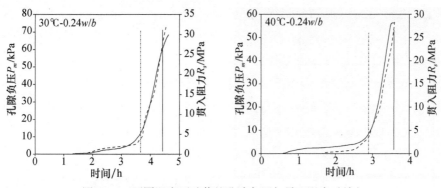

图 7.1.2　不同温度下砂浆的孔隙负压与贯入阻力（续）

浇筑成型的混凝土，其贯入阻力和孔隙负压的发展规律非常类似，都是在浇筑成型的最初的几个小时内没有显著变化，而超过某一时间后，开始迅速发展，而初凝时间大多位于孔隙负压开始快速上升的阶段。并且，随着温度的升高，孔隙负压和贯入阻力迅速发展的时间都相应提前。在 2~46℃范围内，不论温度如何变化，孔隙负压和贯入阻力的增长始终同步。与此同时，在初凝时候测试的孔隙负压值接近。综上所述，温度变化，孔隙负压的发展拐点会变化，但是凝结所对应的孔隙负压值变化很小，具体表现为：初凝时的孔隙负压在 3~10kPa 之间，终凝时的孔隙负压在 50~70kPa 之间。

3. 水胶比的影响

图 7.1.3 为 20℃绝湿条件下不同水胶比砂浆的孔隙负压和贯入阻力的关系。由图可知：不同水胶比下，孔隙负压与贯入阻力的增长规律较为一致；随水胶比的增长，负压增长"拐点"时所对应的负压值略有降低。已有的研究结果表明，初凝时毛细网络结构主要受水胶比影响，结构形成过程中，水分的消耗总是逐渐由大孔向小孔转移，而高水胶比的体系意味着初始孔结构尺寸更大，在大孔中的水分消耗导致孔隙负压值有所降低。

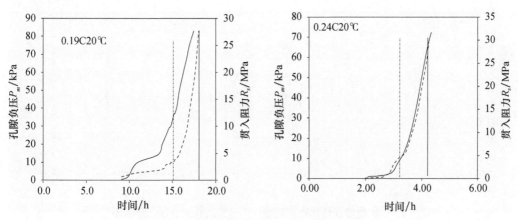

图 7.1.3　不同水胶比砂浆的孔隙负压与贯入阻力

（曲线中，虚线代表贯入阻力随时间的变化，实线代表孔隙负压随时间的变化；
竖直线中，虚线对应初凝时间，实线对应终凝时间，时间从加水开始计时）

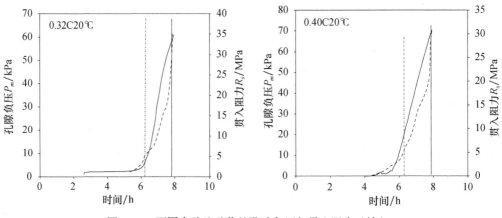

图 7.1.3 不同水胶比砂浆的孔隙负压与贯入阻力（续）

4. 矿物掺合料的影响

图 7.1.4 为不同矿物掺合料种类及掺量以及掺 10%膨胀剂下砂浆孔隙负压和贯入阻

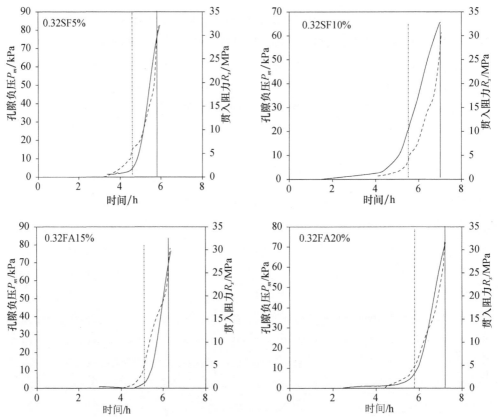

图 7.1.4 矿物掺合料和膨胀剂掺入后砂浆的孔隙负压与贯入阻力

（曲线中实线代表孔隙负压随时间的变化；曲线中虚线代表贯入阻力随时间的变化；
垂直的虚线对应初凝时间，垂直的实线对应终凝时间；时间从加水开始计时）

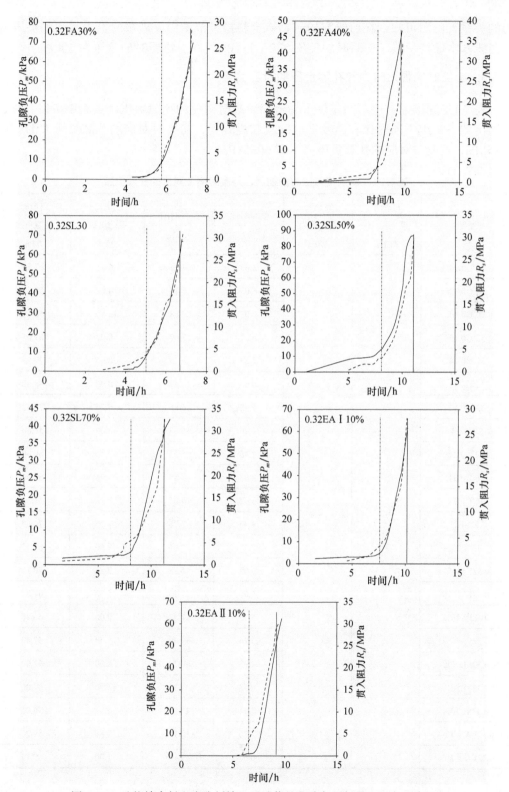

图 7.1.4　矿物掺合料和膨胀剂掺入后砂浆的孔隙负压与贯入阻力（续）

力的关系。由图可知，在所研究的矿物掺合料掺量范围内，砂浆的贯入阻力和负压增长曲线基本保持一致，初凝时的负压在 2 ~ 11kPa 之间，终凝时的负压在 60kPa 左右。

5. 凝结时的贯入阻力和孔隙负压的对应关系

表 7.1.1 列出了上述不同条件下初凝和终凝时对应的孔隙负压。从表中可以看出，所列出的 32 组不同配比和温度下的砂浆和混凝土，初凝时对应的孔隙负压大部分在 10±5kPa，终凝时对应的孔隙负压基本在 60±5kPa。

表 7.1.1　基于贯入阻力的初凝、终凝时间及对应的孔隙负压

编号	初凝时 贯入阻力 /MPa	终凝时 贯入阻力 /MPa	初凝时间 /h	终凝时间 /h	初凝时 孔隙负压 /kPa	终凝时 孔隙负压 /kPa
20℃0.24			3.05	4.25	6.41	68.04
20℃0.32			6.08	7.83	4.08	58.75
20℃0.40			6.07	7.83	13.40	68.46
32℃0.19			5.37	17.00	0.07	61.65
32℃0.24			5.33	6.75	0.04	77.50
32℃0.32			5.00	6.48	0.08	43.52
32℃0.40			5.42	6.85	6.74	73.12
2℃0.24			11.40	16.08	5.69	51.60
10℃0.24			3.48	4.53	7.10	60.00
36℃0.24			2.98	3.85	5.96	68.00
46℃0.24	3.5	28	3.42	4.05	5.12	51.53
0.32SF5%			4.43	5.78	3.26	74.69
0.32SF10%			5.47	7.01	19.86	65.72
0.32FA15%			5.03	6.28	2.53	70.10
0.32FA20%			5.60	7.15	5.50	68.82
0.32FA30%			5.77	7.23	9.06	66.86
0.32FA40%			7.25	9.60	3.58	47.00
0.32SL30%			4.93	6.72	5.90	62.00
0.32SL50%			8.18	11.05	16.00	87.00
0.32SL70%			7.41	11.05	2.81	36.00
0.32EA I 10%			7.70	10.12	5.50	59.20
0.32EA II 10%			6.57	9.10	1.00	59.15

续表

编号	初凝时贯入阻力/MPa	终凝时贯入阻力/kPa	初凝时间/h	终凝时间/h	初凝时孔隙负压/kPa	终凝时孔隙负压/kPa
C30 筛余砂浆			7.43	10.30	9.75	71.64
C30 混凝土					9.87	56.89
C50 筛余砂浆			6.02	8.38	5.05	60.40
C50 混凝土					7.67	64.57
2℃-0.24w/b	3.5	28	10.10	14.40	8.85	52.30
5℃-0.24w/b			7.10	9.20	9.16	59.30
10℃-0.24w/b			4.10	6.40	9.59	60.90
20℃-0.24w/b			3.90	5.30	8.91	57.76
30℃-0.24w/b			3.60	4.50	10.72	61.56
40℃-0.24w/b			2.90	3.60	9.16	56.32

7.1.2　面向工程基于孔隙负压的混凝土凝结时间的判定方法

上述试验结果表明，孔隙负压增长趋势和贯入阻力法测试结果相关性非常好，应用孔隙负压可以较好地表征混凝土的凝结过程。基于前述试验结果及讨论开发了混凝土孔隙负压的无线监测装置，提出的面向工程的初凝时间判定方法如下：

（1）实验室内孔隙负压阈值的确定。在实验室标准养护温度条件下（20℃±2℃），采用工程所用配合比在实验室搅拌混凝土，然后将拌合物分成两份，其中一份按照 GB/T 50080 测试凝结时间。同时，将剩下的另一部分装模，模具的底部和四周密封，陶瓷探头从底部水平埋入混凝土内部，然后在试模内部浇筑混凝土，振动密实，进行孔隙负压和贯入阻力的同步测试。在实验室测试出孔隙负压与贯入阻力的关系，并确定初凝和终凝所对应的孔隙负压值。若无试验数据，初凝和终凝所对应的孔隙负压值可分别取 10kPa 和 60kPa。

（2）现场混凝土凝结时间的监测。在施工浇筑混凝土前，探头穿过底部的侧向模板绑扎在底部钢筋上。压力传感器另一端与数据采集仪相连，放置在施工现场。在孔隙负压数据采集仪内设初凝和终凝所对应孔隙负压阈值。将施工人员手机号码输入数据采集仪，作为指定客户。在数据采集仪中预先设置采样时间和程序，每隔时间 1min 测试孔隙负压，当现场孔隙负压实测值达到初凝阈值时，向预定用户发送自动的报警或提示信号为初凝时间；当现场孔隙负压实测值达到终凝阈值时，向预定用户发送自动的报警或提示信号为终凝时间。从而实现了现场结构中混凝土材料凝结时间的远程、自动、连续和原位监测（图 7.1.5）。

综上，采用孔隙负压和凝结时间相结合的方法，可以实现对工程结构不同层面混凝土在现场使用条件下凝结时间的实时监控，解决了传统测试方法需要筛去粗集料，且无法应用于实体结构的弊端。

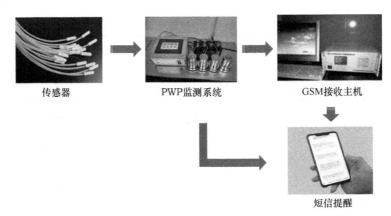

传感器　　　　　　PWP监测系统　　　　　　GSM接收主机

短信提醒

图 7.1.5　基于孔隙负压测试的凝结时间测试系统

7.2　温度的现场监测

温度测试是混凝土（尤其是大体积混凝土）温度裂缝控制的基础。混凝土温度监测包括浇筑前温度的监测以及养护过程中的温度监测。混凝土浇筑前的温度监测，主要目的是为保证入模温度不要超过控制标准，以便控制混凝土浇筑后的温度升高峰值，同时也包括对混凝土原材料以及混凝土搅拌、运输过程中的温度监测。混凝土浇筑后的温度监测，主要是监测浇筑后混凝土表面及内部不同位置处的温度和环境气温的变化情况，用来控制混凝土的降温速度和内外温差，也可用来进一步计算混凝土中的温度应力，为混凝土开裂风险判定提供依据，保证对温度裂缝的控制。

为原位实时监测浇筑后结构混凝土的温度历程，一般是在混凝土浇筑前就在测试部位预埋入温度传感器。根据测试原理的不同，温度传感器主要包括电阻式、热电偶式以及光纤温度传感器等。

7.2.1　热电偶式温度计

热电偶式温度计将对温度的测量转化为对电势的测量，其测温原理是基于热电效应。如图 7.2.1 所示，两种不同材料的金属丝两端牢靠地接触在一起组成闭合回路，当两个接触点（称为结点）温度 T 和 T_0 不相同时，回路中即产生电势，并有电流流通，称回路电势为热电势。两金属丝称为偶极或热电极。两个结点中与被测物质接触的一端称为测量端或热端，而另一端称为参考端或冷端（王学水，2017）。

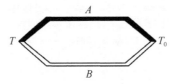

图 7.2.1　热电效应原理图（王学水，2017）

7.2.2　热电阻式温度计

热电阻式温度计将对温度的测量转化为对电阻的测量,其测温原理是导体或半导体的阻值会随温度的变化而变化.根据测温元件材料的不同可分为金属热电阻式温度计(热电阻)和半导体热电阻式温度计(热敏电阻)(王学水,2017)。

常用热电阻是铂热电阻($-200℃ \sim 850℃$)和铜热电阻($-50℃ \sim 150℃$)。铂热电阻物理化学性质极稳定,测量精度高;但其电阻温度系数小,价格昂贵。铜热电阻具有良好的输出特性且电阻温度系数高,价格也比较便宜;但其电阻率低,测温范围窄。

热敏电阻是一种半导体材料制成的敏感元件。其特点为:①灵敏度高,其电阻温度系数要比金属大 $10 \sim 100$ 倍以上,能检测出 $10^{-6}℃$ 温度变化;②结构简单,体积小,元件尺寸可做到直径为 0.2mm,能够测出一般温度计无法测量的空隙、腔体、内孔、生物体血管等处的温度;③热惯性小,响应速度快,时间常数可小到毫秒级;④使用方便,电阻值可在 $0.1 \sim 100$kΩ 之间任意选择(王学水,2017)。

7.2.3　光纤温度传感器

传统的以电信号为工作基础的温度传感器的发展已经非常成熟,但在有强电磁干扰或易燃易爆的场合下,基于电信号测量的传统温度传感器便受到很大的限制。光纤温度传感与测量技术是仪器仪表领域重要的发展方向之一。由于光纤具有体积小、重量轻、可挠、电绝缘性好、柔性弯曲、耐腐蚀、测量范围大、灵敏度高等特点,对传统的传感器特别是温度传感器能起到扩展提高的作用,完成前者很难完成甚至不能完成的任务。光纤传感技术用于温度测量,除了具有以上特点外,与传统的温度测量仪器相比,还具有响应快、频带宽、防爆、防燃、抗电磁干扰等特点。

光纤温度传感器种类很多,有荧光式光纤温度传感器、分布式光纤温度传感器、光纤光栅温度传感器、干涉型光纤温度传感器以及基于弯曲损耗的光纤温度传感器等等。其中,光纤光栅温度传感器由于其较高的分辨率、测量范围广泛、很容易埋入材料中等优点,被广泛应用于建筑、桥梁等的温度测量工作中。

1. 工作原理

光纤温度传感器采用一种和光纤折射率相匹配的高分子温敏材料涂覆在二根熔接在一起的光纤外面,使光能由一根光纤输入该反射面从另一根光纤输出,由于这种新型温敏材料受温度影响,折射率发生变化,因此输出的光功率与温度呈函数关系。其物理本质是利用光纤中传输的光波的特征参量,如振幅、相位、偏振态、波长和模式等,对外界环境因素,如温度、压力、辐射等具有敏感特性。具体到光纤光栅传感器,其工作原理如下(陈艳,2008):

光纤光栅是利用光纤材料的光敏性质,用特定波长的激光以特定的方式照射光纤,导致光纤内部的折射率沿轴向发生永久性的变化,形成周期性或者非周期性的空间相位分布,从而形成光栅结构,其实质是在纤芯内形成一个窄带滤波器或反射镜,并能精确控制谐振波长。光纤布拉格光栅的纤芯呈现周期性条纹分布，并会出现布拉格光栅效应。当一束宽谱带光源在光栅区域传输时，相应频率的入射光被反射回来，其余频率的光不受影响，从另一端透射出来。光纤光栅起到光波选频的作用，反射条件称为布拉格条件（图 7.2.2）。

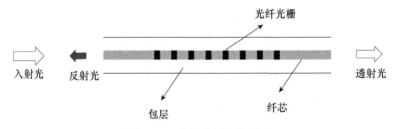

图 7.2.2　光纤光栅工作原理

根据光纤耦合模理论，当宽带光在光纤光栅中传输时，将产生模式耦合，满足布拉格条件的光被反射：

$$\lambda_B = 2n_{eff}T \qquad (7.2.1)$$

式中，λ—反射波长，nm；

　　T—光栅条纹周期，nm；

　　n_{eff}—反向耦合模的有效折射率。

T 和受外界环境影响而发生的变化为 ΔT 和 Δn_{eff}，导致符合布拉格条件的反射波长发生移位 $\Delta\lambda$。外界影响中最为直接的是应力，其次是温度。当温度改变时，可得到布拉格方程的变分形式，即

$$\Delta\lambda_B = 2\left[\frac{\partial n_{eff}}{\partial t}\Delta t + (n_{eff})_{ep} + \frac{\partial n_{eff}}{\partial \alpha}\Delta\alpha\right]T + 2n_{eff}\frac{\partial T}{\partial t}\Delta t \qquad (7.2.2)$$

式中，t—待测温度，K；

　　$\partial n_{eff}/\partial t$—光纤光栅折射率温度系数，用 ξ 表示，K^{-1}；

　　$(n_{eff})_{ep}$—热膨胀引起的弹光效应；

　　$\partial n_{eff}/\partial\alpha$—由于热膨胀导致光纤芯径变化而产生的波导效应；

　　$\partial T/\partial t$—光纤的线性热膨胀系数，用 α 表示，nm/K。

利用弹光效应及波导效应引起的波长漂移灵敏度系数表达式，并考虑到温度引起的应变状态，可得光纤光栅温度灵敏度系数的完整表达式为

$$\frac{\Delta\lambda_{B_t}}{\lambda_B\Delta t} = \frac{1}{n_{eff}}\left[\xi - \frac{n_{eff}^3}{2}(P_{11}+2P_{12})\alpha + K_{wg}\alpha\right] + \alpha \qquad (7.2.3)$$

式中，K_{wg}—波导效应引起的布拉格波长漂移系数；

　　P_{11}, P_{12}—材料的弹光系数。

从上式可以看出，当材料确定后，光纤光栅对温度的灵敏度系数为与材料系数相关的常数，这就从理论上保证了采用光纤光栅作为温度传感器可以得到很好的输出线性。通过测量光纤布拉格光栅反射波长的移动 $\Delta\lambda_B$，便可确定待测温度 t。

通过对波长的测量，就可获得空间不同点温度变化值（对应的布拉格波长线形漂移）。

多个光栅的排列即可形成连续的高分辨率的新型光栅温度检测系统（陈刚，2007）。

2. 工程中的应用

很多发达国家都已普遍采用光纤温度传感特别是光纤光栅温度传感器进行建筑物的温度等安全指标的测试工作。国内欧进萍院士团队开发的光纤传感系统也在香溪长江大桥、福州海峡会馆中心、南通啬园路隧道、山东东营黄河公路大桥等工程监测中得到应用。

7.3　湿度的现场监测

刚浇筑成型的水泥基材料处于饱和状态，相对湿度为 100%。由于水化作用或水分蒸发，水泥基材料内部的相对湿度会从饱和变为不饱和（相对湿度<100%）。相对湿度的下降是水泥基材料产生湿度收缩的驱动力，也是计算湿度收缩的依据。结构混凝土内部湿度的现场监测不仅可以为湿变形及由此产生的收缩应力和开裂风险的计算提供依据，而且对指导工程养护具有重要意义。

7.3.1　湿度测试的主要方法

相较于温度测试而言，混凝土内部相对湿度变化的测试更加困难。传统湿度传感器（湿度计）的测试精度及长期稳定性是制约其在实际结构混凝土中应用的最主要因素。随着现代测试技术的不断发展，湿度计的精度和可靠性也在不断提高。根据湿敏元件的原理，混凝土内部湿度检测的传感器主要有电阻式、电容式两大类。湿敏电阻的特点是在基片上覆盖一层用感湿材料制成的膜，当空气中的水蒸气吸附在感湿膜上时，元件的电阻率和电阻值都发生变化，利用这一特性即可测量湿度。湿敏电容一般是用高分子薄膜电容制成的，当环境湿度发生改变时，湿敏电容的介电常数发生变化，使其电容量也发生变化，其电容变化量与相对湿度成正比。从简单的湿敏元件向集成化、智能化、多参数检测的方向发展，即形成湿度传感器。

此外，还有红外线法、雷达法、微波法等。其中，微波法是一种利用广阔微波频谱中特定频率进行混凝土内部湿度监测的方法。其原理是透过磁电管产生轻微的电场，并穿越及深入所监测的结构。水分在结构混凝土中以自由水或结合水等的形式存在，由于水分子是极性化的，结构中的水分子会跟随电场频率震动，并且产生介电效应。由于水分子在微波电场下有明显的介电效应（其介电值约为 80），而实际工程中绝大部分的结构材料在微波电场下只有轻微的介电效应（介电值主要在 3~6 之间，常温条件下，一般密实混凝土的相对介电常数约为 6.4），水分子与结构材料的介电值之间存在极大差异，因此在结构材料中即使有少量水分子都能被探测出来。透过在结构上不同位置及深度进行快速探测，并利用计算机技术将数据组合成平面或立体微波法影像，快速无损的检测出混凝土内部湿度（张士攀等，2017；罗居刚，2018）。采用微波法检测混凝土内部湿度的理论及试验研究已有不少，但是该方法在实际工程中的可靠性与适用性尚缺乏系统的研究。

7.3.2　水泥基材料湿度分阶段、全过程测试

受测试原理的限制，湿度计的可靠测试范围在 99%以下，而且平衡时间较长。凝结以前的混凝土接近于饱和状态，内部相对湿度接近于 100%，且变化迅速，这种高湿阶段的湿度测量是测湿领域公认的国际难题。采用传统的湿度计测试混凝土自初凝开始的湿度时发现，在初凝后的相当长一段时间内，湿度计仍处于平衡时间内，无法测试真实的湿度值。因此，采用湿度计进行测量通常要等到水泥基材料硬化以后。前面已经介绍了作者团队提出的水泥基材料孔隙负压的测试方法，再根据 Laplace 方程（式（7.3.1））和 Kelvin 定律（式（7.3.2）），可以实现孔隙负压 Δp 与水泥基材料内部相对湿度 RH 的转换：

$$\Delta p = \frac{2\gamma\cos\theta}{r} \tag{7.3.1}$$

$$RH = \frac{p_g}{p_{sat}} = \exp\left(-\frac{2\gamma M_l\cos\theta}{r\rho_l RT}\right) \tag{7.3.2}$$

式中，γ—气-液界面张力，N/m；

　　　θ，r—接触角和临界孔隙半径，m；

　　　p_g，p_{sat}—孔隙内部曲面水和平面水的饱和蒸气压，Pa；

　　　M_l—液相的摩尔质量，kg/mol；

　　　R—理想气体常数，8.3145J/（mol·K）；

　　　T—绝对温度，K；

　　　ρ_l—液相的密度，kg/m³。

采用这种方法，就可以将水泥基材料高湿阶段的湿度测量转化为孔隙负压的测量，再利用式（7.3.1）和式（7.3.2）即可计算出该段时间内水泥基材料内部的相对湿度的变化。

图 7.3.1 所示是采用这种方法测试出来的密封条件下水泥浆早期相对湿度的发展规律。由图可见，在密封的条件下，凝结以前的水泥浆体由于水化消耗的是微米级毛细孔里的水分，产生不到 100kPa 左右的孔隙负压，换算出来的相对湿度接近 100%（99.90%

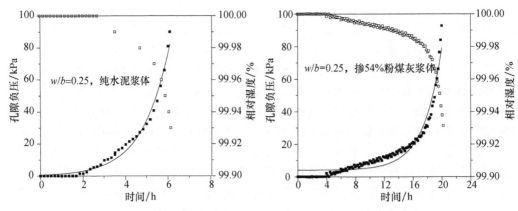

图 7.3.1　水泥基材料自加水成型至终凝时的相对湿度变化曲线

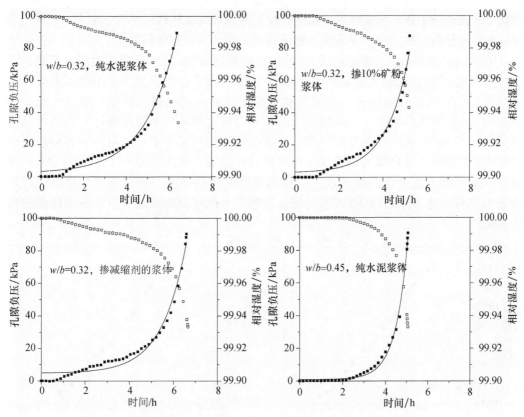

图 7.3.1　水泥基材料自加水成型至终凝时的相对湿度变化曲线（续）

以上），变化值很小。但是从其发展规律来看，从加水成型开始，相对湿度一开始变化缓慢，到了某一时刻时存在拐点，之后相对湿度迅速下降。实验结果表明采用这种方法可以敏感、及时地捕捉这种高湿阶段的湿度变化。

　　受孔隙负压测试仪器量程的影响，这种方法只能测试到最大孔隙负压在 80～100kPa 的范围内，也就是只能测试到水泥基材料终凝附近。对于终凝以后到加水 1d 龄期内的相对湿度（孔隙负压 80～2000kPa，对应的相对湿度范围 99.95%～99.5%）的测试，作者团队研究并提出了采用露点温度计的测试方法。

　　相对湿度和露点温度的关系可以用式（7.3.3）来表示：

$$\log(RH) = \frac{7.45t_d}{235 + t_d} - \frac{7.45t}{235 + t}　　　　　　（7.3.3）$$

式中，t_d—孔径为临界孔隙半径的孔隙内露点温度，℃；

　　　　t—环境温度，℃。

　　因此，通过测试露点温度也可以计算出内部的相对湿度变化。测试露点温度所使用的探头为外带多孔陶瓷罩或不锈钢丝网护罩的热电偶探头，热电偶由康铜和铬镍合金中间通过连接器形成，多孔陶瓷罩的孔径为 2～5μm。热电偶探头与露点微伏计相连，形成露点温度计，其中露点微伏计是一个内含电子系统的，通过热电偶探头来专门测量露点温度的仪器。它包含有在露点温度下自动维持热电偶结点温度的持续感应与控制电路，以露点方式进行工作。测量时露点温度计探头埋入水泥基材料深度不小于 1cm，探头直接与水泥基材料接触，为了保障读数的准确性，探头为一次性使用。

采用该方法测试了水胶比为 0.32 的纯水泥浆终凝到 1d 龄期的相对湿度变化，测试时环境温度为 20℃±1℃，实验结果如图 7.3.2 所示。由图可见，采用露点温度计测试的相对湿度起始值与第一阶段采用孔隙负压换算得到的相对湿度值基本一致（约 99.95%），采用露点温度计测试的 24h 的相对湿度值与采用相对湿度计的结果相比略高（约 99.50%）。这是因为湿度计测试出来的相对湿度包含了孔隙溶液中各种盐离子的影响，盐离子（譬如碱金属离子）在水泥石孔溶液中的溶解降低了溶液的平衡相对湿度。采用露点温度计测试的这一阶段相对湿度变化迅速，相对湿度从终凝之后约 99.95% 左右迅速下降到约 99.50%，正好对应了水泥基材料在这一阶段各项性能的快速变化。

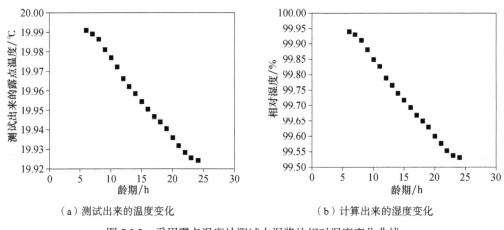

（a）测试出来的温度变化　　　　　　　　（b）计算出来的湿度变化

图 7.3.2　采用露点温度计测试水泥浆的相对湿度变化曲线

综上，分阶段、全过程的水泥基材料内部相对湿度测试方法如下：凝结以前采用孔隙负压测试装置测试孔隙负压，再利用 Laplace 方程和 Kelvin 定律的转换计算出相对湿度（100%～99.95%），具体时间段为加水成型至终凝；结构形成以后的早期采用露点温度计的方法来测试露点温度，再计算出相对湿度（99.95%～99.50%），具体时间段为终凝之后至 1d；采用湿度计测试硬化混凝土的早期相对湿度（99.50% 以下），具体时间段为 1d 以后。采用分阶段的测试方法，解决了湿度计平衡时间长，早期不敏感而无法测试相对湿度的难题，全过程地定量描述水泥基材料内部由于水化或外部干燥引起的相对湿度下降的过程。

7.4　应变的现场监测

应变测试也是结构混凝土性能监测的最主要内容之一。应变传感间接测试方法包括采用电阻应变片、电阻式传感器、振弦式传感器、压磁式应力传感器、各种光纤传感器等。在结构混凝土实时监测中使用最多的是电阻式传感器、振弦式传感器和光纤光栅传感器。其中，差动电阻式应变计和振弦式应变计是十分成熟的应变测试仪器，在工程中已有几十年的应用历史,并已发布了相关国家标准;光纤传感器是较为新颖的测试方式,工程应用时日较短,但由于其具有体积小、重量轻、可挠、电绝缘性好、柔性弯曲、耐腐蚀、测量范围大、灵敏度高、防爆、防燃、抗电磁干扰等优点,在工程中的应用越来越多。

7.4.1　差动电阻式应变计

差动电阻式传感器,又称卡尔逊式仪器,是美国加州加利福尼亚大学的卡尔逊教授在1932 年研制成功的。这种仪器利用张紧在仪器内部的弹性钢丝作为传感器元件将仪器受到的物理量转变为模拟量,所以国外也称这种传感器为弹性钢丝式(Elastic Wire)仪器。

1. 工作原理

在仪器内部采用两根特殊固定方式的钢丝,钢丝经过预拉,张紧支杆上,如图 7.4.1 所示。当仪器受到外界的拉压变形时,一根钢丝受拉,其电阻增加。另一根钢丝受压,其电阻减少。测量两根钢丝电阻(R_1、R_2)的比值,就可以求得仪器的变形量。这样的结构设计,使两根钢丝的电阻在受变形时差动变化,目的是提高仪器

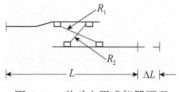

图 7.4.1　差动电阻式仪器原理

对变形的灵敏度,并且使变形引起的电阻变化不影响温度的测量。

2. 测量原理

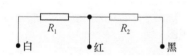

图 7.4.2　差动电阻式仪器电阻效果图

差动电阻式传感器的读数装置是电阻比电桥(惠斯通型),差动电阻式仪器可以用两个串联的电阻来表示,如图 7.4.2 所示。图中 R_1 为外圈钢丝的电阻值,R_2 为内圈钢丝的电阻值,人工测量一般采用水工比例电桥,它利用电桥测量原理测量差动电阻式仪器的总电阻 R_1+R_2 和电阻比 R_1/R_2 来计算温度的变形。

3. 主要规格及参数

国标《大坝监测仪器　应变计　第 1 部分:差动电阻式应变计》(GB/T 3408.1-2008)中给出了差动电阻式应变计的主要规格及参数,如表 7.4.1 所示。

表 7.4.1　差动电阻式应变计主要规格及参数

		标距 L/mm	100	150			250
尺寸参数		有效直径 d/mm	20 ~ 30				
		端部直径 D/mm	25 ~ 40				
性能参数	应变测量范围	拉伸/($\times 10^{-6}$)	1000	400	1000	1200	600
		压缩/($\times 10^{-6}$)	−1500	−2000	−1000	−1200	−1000
	最小读数 f(10^{-6}/0.01%)		<6	<4.5			
	0℃时自由状态电阻比 Z_0		0.8000 ~ 1.2000				
	弹性模数 E_a/MPa		150 ~ 300				
	温度测量范围/℃		−25 ~ +60				

7.4.2　振弦式应变计

振弦式传感器是以拉紧的金属弦作为敏感元件的谐振式传感器。与电阻式传感器相比，具有长期零点稳定、受电参数影响小、受温度影响小、耐震动等特点，已开始逐步取代电阻式应变计，成为广泛应用于工程和科研的长期原位测试手段。

1. 工作原理

振弦传感器的工作原理是钢弦振动，当弦的长度确定之后，其固有振动频率的变化量即可表征感测应变量的大小。振弦传感器在制造上由钢弦、弹性变形外壳、紧固夹头、激振和接受线圈等组成（图 7.4.3）。

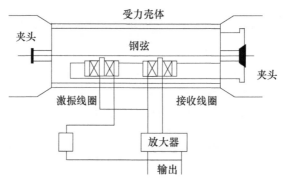

图 7.4.3　振弦式传感器工作原理图

振弦的初始振动频率可由下式确定：

$$f_0 = \frac{1}{2L}\sqrt{\frac{\sigma_0}{\rho}} \tag{7.4.1}$$

式中，L—钢弦的有效长度，m；

　　　ρ—材料密度，kg/m^3；

　　　σ_0—钢弦上的初始应力，Pa。

2. 测量原理

当被测结构物内部的应力发生变化时，应变计同步感受变形，变形通过端座传递给振弦转变成振弦应力的变化，从而改变振弦的振动频率。电磁线圈激振振弦并测量其振动频率，频率信号经电缆传输至读数装置，即可测出被测结构物内部的应变量，同时可同步测出埋设点的温度值。

当外界温度恒定应变计仅受到轴向变形时，其应变量 ε 与输出的频率模数 ΔF 具有如下线性关系：

$$\varepsilon = k\Delta F = k(F - F_0) = k(f_0^2 - f_i^2) \tag{7.4.2}$$

式中，k—监测仪器标定系数；

　　　f_0，f_i—监测仪器空载时和荷载时的频率，Hz。

当应变计不受外力作用时（仪器两端标距不变），而温度增加 ΔT 时，应变计有一个输出量 $\Delta F'$，这个输出量仅仅是由温度变化而造成的，因此在计算时应给以扣除：

$$\varepsilon' = k\Delta F' = -b\Delta T = -b(T - T_0) \tag{7.4.3}$$

式中，b—应变计的温度修正系数，K^{-1}；

T，T_0—温度的实时测量值和基准值，K。

对于埋设在混凝土中的应变计，受到的是变形和温度的双重作用，此时的温度修正系数为应变计的温度修正系数与被测结构物的线膨胀系数之差，因此应变计一般计算公式为

$$\varepsilon_c = k\Delta F + b'\Delta T = k(F - F_0) + (b - \alpha)(T - T_0) \tag{7.4.4}$$

式中，ε_c—被测混凝土的应变量；

α—被测混凝土的线膨胀系数，K^{-1}。

3. 主要规格及参数

国标 GB/T 3408.2-2008《大坝监测仪器　应变计　第 2 部分：振弦式应变计》中给出了振弦式应变计的主要规格及参数，如表 7.4.2 所示：

表 7.4.2　振弦式应变计主要规格及参数

应变测量范围/με	−1000～1500、−1250～1250、−1500～1000、			
	−1000～2000、−1500～1500、−2000～1000			
标距 L/mm	50	100	150	250
端部直径 D/mm	3～50			
分辨力/（%FS）	≤0.2			
温度测量范围/℃	−20～+60			
温度测量误差/℃	±0.5			
绝缘电阻/MΩ	≥50			
防水密封性/MP	0.01，0.1，0.5，1.0，2.0 可选			

7.4.3　光纤应变传感器

节 7.2.3 介绍了光纤温度传感器，实际上光波在光纤中传播时表征光波的特征参量（振幅、相位、偏振态、波长等）不仅受温度影响，也会因压力、应变、磁场、电场、位移、转动等的作用而直接或间接发生变化，光纤应变传感器即是通过监测光波的特征参量随测量物应变的变化而获得测试物应变的传感器。

按其结构分类，光纤应变传感器可分为光强调制型光纤应变传感器、偏振性光纤应变传感器、相位调制型光纤应变传感器，而相位调制型光纤应变传感器又包括 Fabry-Perot（简称 F-P）型传感器、Michelson 干涉型传感器、布里渊（Brillouin）分布式传感器、光纤光栅传感器等。光纤光栅传感器能实现准分布式测量，此点优于 F-P 型传感器，能显著降低成本；在测试精度上又优于布里渊分布式传感器；在施工安装上避免了光纤干涉

式传感器安装布线的繁琐和不方便。故在光纤类应变传感器中，光纤光栅式应变传感器使用最为广泛。

相较于传统的差动电阻式应变计和振弦式应变计，光纤光栅式应变传感器具有以下优势（禹鹏，2014）：

（1）抗电磁干扰，电绝缘，本质安全。可以在处于强电磁干扰、易燃、易爆的环境中的结构混凝土中安全而有效地使用。

（2）可实现准分布式测量。传统的电阻式、振弦式传感器由于传输的信号为电流、电压或变化的电压承载的频率信息，不能串联传感器，否则信号叠加不能分离，信号的采集必须每一个传感器都有单独的线缆及接口，测点较多时，安装布线困难，可维护性差。而光纤传感器可用一根光纤串联多个传感器测量结构上空间多点或者多自由度的参数，是传统分立型器件无法实现的功能。光纤传感器可方便地与计算机和光纤传输系统相连，便于与现有光通讯网络组成遥测网和光纤传感网。

（3）测量对象广泛。可以采用相近的技术基础甚至是相同的调制原理构成测量不同物理量的传感系统，包括温度、压力、位移、速度、加速度、液面、流量、振动、水声、电流、磁场、电压、杂质含量、液体浓度、核辐射等各种物理、化学量。简化工程施工监测系统中不同传感原理的传感器的组合。

此外，光纤传感器还有以下优点：信号传输距离远、灵敏度高、测量精度高；重量轻，体积小，外形轻柔可变。由于光纤表面涂覆层由高分子材料组成，耐环境或者结构中的酸碱等化学成分的能力强，适合不同环境下结构混凝土的施工监测。

然而，由于光纤传感器是较为新颖的测试方式，工程应用时日较短，许多性能有待实践的结果来验证。随着我国对光信号检测设备核心技术掌握能力的提高及其成本劣势的降低，该技术有望在我国土木工程建设中大量推广应用，为工程施工、服役质量提供保障。

7.5　混凝土抗裂性无线监测系统

前面介绍了基于孔隙负压的结构混凝土凝结时间判定方法以及结构混凝土温度、湿度、应变等原位监测方法。本部分主要介绍集成上述监测方法开发的具有预测和诊断功能的结构混凝土抗裂性能监测系统。

7.5.1　系统简介

该结构混凝土抗裂性能监测系统主要包括测试设备、网络服务器、数据管理平台、预测及诊断系统软件。测试设备包括水泥基材料孔隙负压测试系统、混凝土养护监测系统以及混凝土温度-应变无线监测系统，根据实际需要，这几个系统可以进行集成，也可以作为一种独立的测试系统单独使用。可实现对结构混凝土的温度、变形、凝结时间等性能参数的实时监测，随地实时查看网络数据，并可在系统中设置开裂参数控制阈值，系统可以邮件或短信的形式对混凝土的开裂性能进行预测和诊断。

7.5.2　系统组成及功能

1. 无线监测装置

无线监测系统设备包括数据采集模块、数据传输模块和防雨机箱，如图 7.5.1 所示，可监测 16 路应变、32 路温度或 32 路孔隙负压，且测试功能可拓展（如监测相对湿度等）。该系统设备端以无线通讯技术将监测数据发送至网络数据库，并通过计算机或手机随地实时查看和管理数据，可为工程结构混凝土的施工、养护及脱模过程等提供科学准确的技术支持，并可对混凝土结构安全评估提供数据参考。

图 7.5.1　无线监测系统设备

2. 网络服务器

该系统采用 SQL Server 2008 搭建网络服务器，配置设备与系统交互的运行机制，实现现场测试设备的监测软件、现场数据通信接口与中心数据处理层、云中心数据库的配置统一，服务器网络接口可实现多用户访问，配设万维网域名，通过网址登录服务器云平台数据库，查看和管理监测数据，系统工作图见图 7.5.2。

系统通过预测及诊断系统软件与中心数据处理层形成逻辑指令，对预设的裂缝控制关键参数（即混凝土开裂参数的阈值）形成预测和诊断的判断逻辑指令，根据监测数据的发展情况，形成不同的预测和诊断指令，从而实现对结构混凝土抗裂性能的预测和诊断。

（a）服务器机房　　　　　　　　（b）处理器

图 7.5.2　具有预测与诊断功能的结构混凝土抗裂性能监测系统工作图

CData	2017/11/20 0:01	文件夹	
Data	2017/11/20 14:40	文件夹	
html-static	2017/11/10 8:57	文件夹	
Log	2017/11/20 0:00	文件夹	
plugins	2017/7/21 16:38	文件夹	
skin02	2017/6/16 11:26	文件夹	
CWM8Ox	2017/9/9 16:36	应用程序	10,791 KB
CWM8Ox	2017/11/20 13:41	配置设置	2 KB
CWM8Ox	2017/9/15 8:55	WinRAR ZIP 压…	6,224 KB
CWMUpdater	2017/11/19 17:30	文本文档	1 KB
demobig.lan	2012/2/24 17:27	LAN 文件	2 KB
icudt54.dll	2017/7/6 10:52	应用程序扩展	24,788 KB
icuin54.dll	2017/7/6 10:49	应用程序扩展	3,829 KB
icuuc54.dll	2017/7/6 10:50	应用程序扩展	2,127 KB
libgcc_s_dw2-1.dll	2017/7/6 10:46	应用程序扩展	118 KB
libmysql.dll	2017/7/13 13:38	应用程序扩展	4,522 KB
libstdc++-6.dll	2014/12/22 0:07	应用程序扩展	1,003 KB
libwinpthread-1.dll	2017/7/6 10:50	应用程序扩展	48 KB

（c）系统配置文件

ws.db-journal	2017/11/20 14:39	DB-JOURNAL 文件	3 KB
2017-11-20.xlsx	2017/11/20 14:39	XLSX 文件	40 KB
ws	2017/11/20 14:39	Data Base File	236,536 KB
2017-11-19.xlsx	2017/11/19 23:59	XLSX 文件	53 KB
2017-11-18.xlsx	2017/11/18 23:59	XLSX 文件	34 KB
2017-11-17.xlsx	2017/11/17 23:31	XLSX 文件	35 KB
2017-11-16.xlsx	2017/11/16 23:59	XLSX 文件	46 KB
2017-11-15.xlsx	2017/11/15 23:59	XLSX 文件	29 KB
2017-11-14.xlsx	2017/11/14 23:31	XLSX 文件	41 KB
2017-11-13.xlsx	2017/11/13 23:59	XLSX 文件	37 KB
2017-11-12.xlsx	2017/11/12 23:51	XLSX 文件	33 KB
2017-11-11.xlsx	2017/11/11 23:51	XLSX 文件	34 KB
2017-11-10.xlsx	2017/11/10 23:51	XLSX 文件	33 KB
2017-11-09.xlsx	2017/11/9 23:58	XLSX 文件	35 KB
2017-11-08.xlsx	2017/11/8 23:51	XLSX 文件	34 KB
2017-11-07.xlsx	2017/11/7 23:59	XLSX 文件	29 KB
2017-11-06.xlsx	2017/11/6 23:56	XLSX 文件	93 KB
2017-11-05.xlsx	2017/11/5 23:59	XLSX 文件	39 KB

（d）云平台数据库数据文件

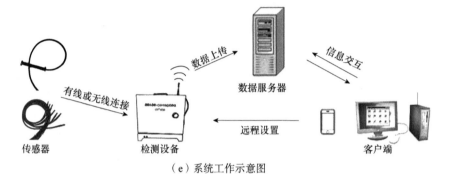

（e）系统工作示意图

图 7.5.2　具有预测与诊断功能的结构混凝土抗裂性能监测系统工作图（续）

手机或电脑等移动终端通过网络服务器与测试设备实现交互，测试设备的监测数据可在移动终端通过网络查看和管理数据，移动终端亦可对测试设备进行远程设置。

3. 数据管理平台

数据管理平台安装于计算机操作系统中，可将设备直接连接计算机进行数据采集，亦可在网络上查看实时数据。网络数据采用网页的形式访问，每套监测系统设备设立一个访问账号和访问密码，进入网址，登录账号和密码即可进行数据查看。平台安装界面示例见图 7.5.3，平台终端设置界面示例见图 7.5.4。

图 7.5.3　平台安装界面

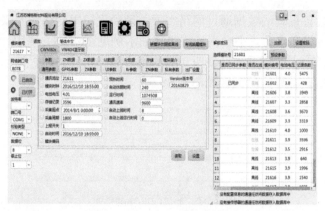

图 7.5.4　终端设置界面

平台软件具备远程设置功能，可通过计算机对全国各地使用的监测系统设备进行设置修改，亦可通过手机短信编程进行快捷设置修改。

平台终端数据查询界面示例详图 7.5.5；在平台终端安装的计算机上，可对所有监测数据进行查询和导出。网络访问设置界面示例见图 7.5.6。

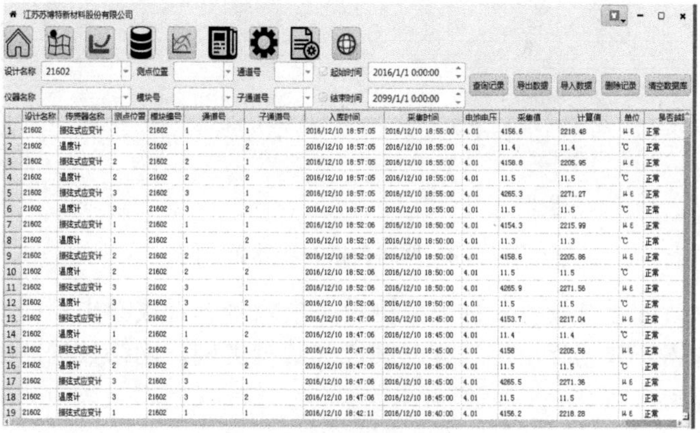

图 7.5.5　数据查询界面

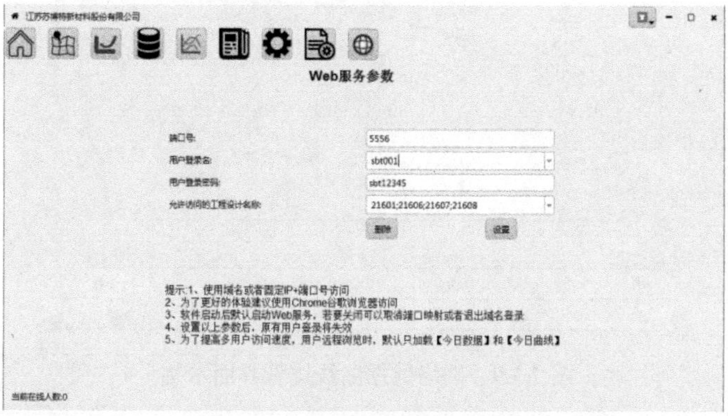

图 7.5.6　网络访问设置界面

若要将监测设备采集的数据通过网络查看，须预先设置网络访问账号、密码、端口号以及需要访问的设备名称。平台网址登录界面示例见图 7.5.7。使用计算机或手机，打开网络访问地址，输入监测系统设备所对应的用户名和密码，即可访问无线监测系统的数据库。网络数据查看界面示例详见图 7.5.8。

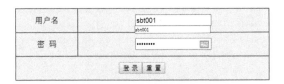

图 7.5.7　平台网址登录界面

SBT-StrainWebdata应变数据管理平台

退出登录　数据查询　实时曲线　传感器信息

模块编号	21608 ▾	设计名称	21608 ▾	测点位置	2 ▾	起始时间	
通道号	1 ▾	子通道号	2 ▾	传感器名称	None selected ▾	结束时间	
当日数据 ▾	提交查询		导出数据				

序号	设计名称	传感器名称	测点位置	模块编号	通道号	子通道号	采集时间	电池电压	采集值	计算值	单位	是否越限
1	21601	振弦式应变计	1	21601	1	1	2016/12/10 18:30:00	3.968	3852.1	2333.85	με	正常
2	21601	温度计	1	21601	1	2	2016/12/10 18:30:00	3.968	35.8	35.8	℃	正常
3	21601	振弦式应变计	2	21601	2	1	2016/12/10 18:30:00	3.968	3639.6	2241.56	με	正常
4	21601	温度计	2	21601	2	2	2016/12/10 18:30:00	3.968	34.8	34.8	℃	正常
5	21601	振弦式应变计	DB2-1	21601	3	1	2016/12/10 18:30:00	3.968	3702.1	2263.95	με	正常
6	21601	温度计	3	21601	3	2	2016/12/10 18:30:00	3.968	31.6	31.6	℃	正常
7	21601	振弦式应变计	4	21601	4	1	2016/12/10 18:30:00	3.968	3538.1	2226.84	με	正常
8	21601	温度计	4	21601	4	2	2016/12/10 18:30:00	3.968	36.4	36.4	℃	正常
9	21601	振弦式应变计	DB3	21601	5	1	2016/12/10 18:30:00	3.968	4097.8	2244.93	με	正常
10	21601	温度计	5	21601	5	2	2016/12/10 18:30:00	3.968	11	11	℃	正常
11	21601	振弦式应变计	1	21601	1	1	2016/12/10 18:00:00	3.966	3851.1	2333.37	με	正常
12	21601	温度计	1	21601	1	2	2016/12/10 18:00:00	3.966	36.0	36.0	℃	正常
13	21601	振弦式应变计	2	21601	2	1	2016/12/10 18:00:00	3.966	3639	2241.27	με	正常
14	21601	温度计	2	21601	2	2	2016/12/10 18:00:00	3.966	34.8	34.8	℃	正常
15	21601	振弦式应变计	DB2-1	21601	3	1	2016/12/10 18:00:00	3.966	3702.3	2264.05	με	正常
16	21601	温度计	3	21601	3	2	2016/12/10 18:00:00	3.966	31.6	31.6	℃	正常
17	21601	振弦式应变计	4	21601	4	1	2016/12/10 18:00:00	3.966	3537.9	2228.09	με	正常
18	21601	温度计	4	21601	4	2	2016/12/10 18:00:00	3.966	36.5	36.5	℃	正常
19	21601	振弦式应变计	DB3	21601	5	1	2016/12/10 18:00:00	3.966	4100.4	2251.66	με	正常
20	21601	温度计	5	21601	5	2	2016/12/10 18:00:00	3.966	11.4	11.4	℃	正常
21	21601	振弦式应变计	1	21601	1	1	2016/12/10 17:30:00	3.984	3850.9	2333.27	με	正常
22	21601	温度计	1	21601	1	2	2016/12/10 17:30:00	3.984	35.8	35.8	℃	正常
23	21601	振弦式应变计	2	21601	2	1	2016/12/10 17:30:00	3.984	3638.6	2241.07	με	正常
24	21601	温度计	2	21601	2	2	2016/12/10 17:30:00	3.984	34.8	34.8	℃	正常
25	21601	振弦式应变计	DB2-1	21601	3	1	2016/12/10 17:30:00	3.984	3702.7	2265.6	με	正常
26	21601	温度计	3	21601	3	2	2016/12/10 17:30:00	3.984	31.7	31.7	℃	正常

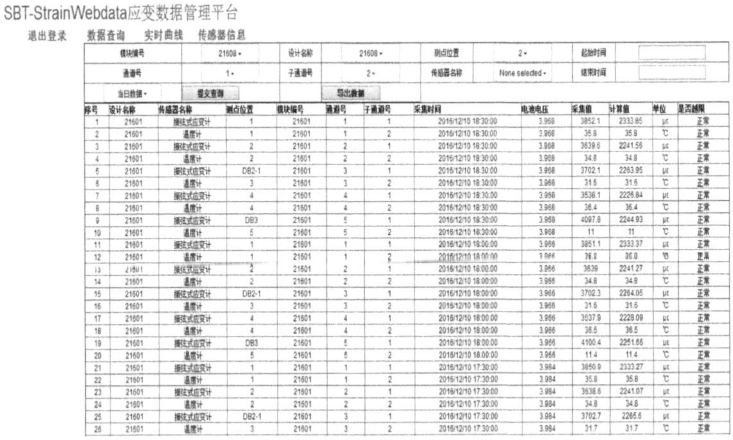

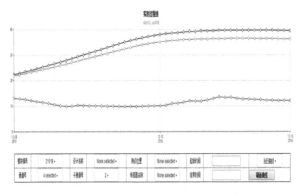

图 7.5.8　网络数据查看界面示例

进入数据库，可通过设备名称或监测设备模块号查看或导出不同地区或不同结构混凝土监测的数据。数据导出可选择时间段和数据类别。网络数据曲线查看界面示例见图 7.5.9。

图 7.5.9　网络数据曲线查看界面示例

在网络云数据平台上选择所需查看的项目，可实时查看监测数据的发展曲线。

4. 监测系统的软件界面

混凝土温度-应变无线监测系统以及软件界面如图 7.5.10、图 7.5.11 所示。网络数据系统网页登录页面、手机端网页数据查询及下载页面见图 7.5.12，电脑端网页数据查询及下载页面见图 7.5.13。混凝土养护监测系统和孔隙负压测试系统详见节 6.1、节 7.1。

监测设备

监测布置

现场参数设置

图 7.5.10 混凝土温度-应变无线监测、预测与诊断系统

图 7.5.11 系统预警设置页面

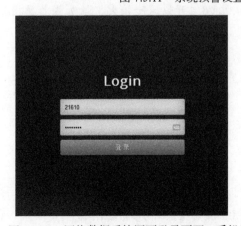

图 7.5.12 网络数据系统网页登录页面、手机端网页数据查询及下载页面

SBT-StrainWebdata应变数据管理平台

退出登录　　**数据查询**　　**实时曲线**　　**传感器信息**

模块编号	None selected ▾	工程名称	None selected ▾	测点设计名称	None selected ▾	起始时间	
通道号	None selected ▾	子通道号	None selected ▾	传感器名称	None selected ▾	结束时间	
当日数据 ▾		**提交查询**		下载数据			

序号	工程名称	传感器名称	测点设计名称	模块编号	通道号	子通道号	采集时间	电池电压	采集值	计算值	单位	是否越限
1	21605	温度计	1	21605	1	2	2017/11/19 19:20:00	3.982	2.2	2.2	℃	正常
2	21605	温度计	2	21605	2	2	2017/11/19 19:20:00	3.982	2.2	2.2	℃	正常
3	21605	温度计	3	21605	3	2	2017/11/19 19:20:00	3.982	2.2	2.2	℃	正常
4	21605	振弦式应变计	9	21605	9	1	2017/11/19 19:20:00	3.982	4188.4	2129.3	με	正常
5	21605	温度计	9	21605	9	2	2017/11/19 19:20:00	3.982	2.6	2.6	℃	正常
6	21605	振弦式应变计	10	21605	10	1	2017/11/19 19:20:00	3.982	4224	2145.75	με	正常
7	21605	温度计	10	21605	10	2	2017/11/19 19:20:00	3.982	2.5	2.5	℃	正常
8	21605	振弦式应变计	11	21605	11	1	2017/11/19 19:20:00	3.982	4276.5	2170.65	με	正常
9	21605	温度计	11	21605	11	2	2017/11/19 19:20:00	3.982	2.4	2.4	℃	正常
10	21605	振弦式应变计	12	21605	12	1	2017/11/19 19:20:00	3.982	4013.6	2044.6	με	正常
11	21605	温度计	12	21605	12	2	2017/11/19 19:20:00	3.982	2.8	2.8	℃	正常
12	21605	振弦式应变计	13	21605	13	1	2017/11/19 19:20:00	3.982	4189.8	2127.3	με	正常
13	21605	温度计	13	21605	13	2	2017/11/19 19:20:00	3.982	2.4	2.4	℃	正常
14	21605	振弦式应变计	14	21605	14	1	2017/11/19 19:20:00	3.982	4061.5	2064.5	με	正常
15	21605	温度计	14	21605	14	2	2017/11/19 19:20:00	3.982	2.5	2.5	℃	正常
16	21605	振弦式应变计	15	21605	15	1	2017/11/19 19:20:00	3.982	4186.1	2124.1	με	正常
17	21605	温度计	15	21605	15	2	2017/11/19 19:20:00	3.982	2.3	2.3	℃	正常
18	21605	温度计	16	21605	16	2	2017/11/19 19:20:00	3.982	2	2	℃	正常
19	21605	温度计	1	21605	1	2	2017/11/19 19:10:00	3.982	2.3	2.3	℃	正常
20	21605	温度计	2	21605	2	2	2017/11/19 19:10:00	3.982	2.3	2.3	℃	正常
21	21605	温度计	3	21605	3	2	2017/11/19 19:10:00	3.982	2.3	2.3	℃	正常
22	21605	振弦式应变计	9	21605	9	1	2017/11/19 19:10:00	3.982	4188.7	2130.8	με	正常

图 7.5.13　电脑端网页数据查询及下载页面

5.　预测与诊断

基于孔隙负压的凝结时间、塑性开裂的预测与诊断以及养护预警见节 7.1。这里主要介绍混凝土温度-应变无线监测系统的预测和诊断功能。

该系统的预测与诊断功能集成了温度和应变两个参数，以某项目 03 为例（注：项目 03 的含义为某工程结构的代号为 03），系统根据监测的数据，以短信的形式通知技术管理人员，短信格式案例见图 7.5.14，相关内容如下：

项目 03：混凝土温度-应变预测与诊断

［拆模通知］根据 6 小时内数据判断，今天 10 时至 13 时，混凝土表层温度和应变出现突变，判断为模板已拆除，请注意开展混凝土的保温保湿养护工作。

［温峰报告］根据 6 小时内数据判断，05 时 00 分 00 秒，结构混凝土的温度达到温峰 75.5℃，进入温降阶段，请注意养护工作。

［降温过快］6 小时内混凝土温降速率为 0.15℃/h，约 3.5℃/d，超过设定值 2.5℃/d，收缩变形为 25.5με/d，超过设定值 14.0με/d，开裂风险较大，请加强养护措施。

图 7.5.14　混凝土温度-应变预测与诊断短信案例

［开裂通知］超过 50 小时混凝土的降温速率超过安全设定值 2.5℃/d，约 4.1℃/d，超过收缩变形 14.0με/d，收缩变形约为 32.6με/d，结构混凝土已出现开裂，请加强养护措施，避免裂缝进一步扩展，危害混凝土结构安全。

预测和诊断功能解读：在该系统中，混凝土抗裂性能的预测与诊断是通过预测短信实现的，预测的方式在预测的过程中体现出来，预测短信的发送时间间隔是可以自由设定的，以上案例中是以 6h 的时间间隔为例。混凝土的应变值是即时应变测值减去初始应变测值。实测混凝土的应变实际上包含了收缩（自收缩、干燥收缩）应变、温度应变、徐变应变、弹性应变等多种应变，且因为结构约束的存在，与自由混凝土的变形并不等同。结构混凝土的温降速率、收缩速率与混凝土的开裂性能具有很高的相关性，混凝土收缩时在结构内部产生拉应力，当拉应力大于混凝土的极限拉应力时混凝土即会产生开裂，通过混凝土抗裂性能的评估可以得出混凝土开裂应力。然而，由于混凝土的应力测量是一个至今尚未解决好的问题，系统中通过设定温降速率、收缩变形速率等参数阈值，来提供预警信息。

抗裂性能监测系统的预测及诊断设置，需要预先获得结构混凝土的开裂风险的裂缝控制关键参数，即混凝土裂缝控制的阈值。由于不同工程的施工环境，包括施工季节、混凝土标号、结构形成、浇筑方式和养护方案等具有差异，须针对每个工程结构混凝土的开裂风险进行评估，得出属于每个工程混凝土裂缝控制的关键参数。举例说明，尽管国家规范规定混凝土的里表温差不大于 25℃，降温速率不大于 2.0℃/d，但针对不同的工程结构，确保结构混凝土不开裂的里表温差值可能仅为 20℃，降温速率的安全值亦可能达到 3.0℃/d。因此，针对混凝土浇筑施工前的抗裂性能评估是进行混凝土抗裂性能预测和诊断的必要前提条件。

第8章 工 程 应 用

本章结合工程实例，介绍前文所述现代混凝土早期收缩裂缝控制理论和技术在实际工程中的应用，主要包括极端干燥环境下大暴露面结构表层混凝土塑性开裂控制，城市轨道交通工程地下车站主体结构、超长现浇隧道主体结构、大型桥梁大体积结构混凝土等的硬化阶段收缩开裂控制，以及水电工程导流洞封堵、大型钢管混凝土拱桥管内和高层建筑核心筒内等充填用无收缩混凝土的研究与应用。工程实践结果表明，只要足够重视并采取科学方法，现代混凝土的早期收缩开裂可以得到有效的控制。

8.1 大暴露面结构

8.1.1 兰新铁路第二双线

8.1.1.1 工程概况

兰新（兰州—乌鲁木齐）铁路第二双线由铁道部与新疆、甘肃、青海三省区共同筹资建设，设计时速 200km/h，兰州至西宁段、哈密至乌鲁木齐段线预留提速为 250km/h，建设工期 5 年。铁路建成后，以客运为主，兼顾货运，而原有的兰新铁路改为货运专线。两条铁路相辅相成，既能满足人们出行需要，又可拓宽新疆、甘肃、青海以及中亚等地煤炭、棉花等优势资源运输通道，从而使三省区资源优势尽快转化为经济优势。兰新铁路需要通过严寒地区、戈壁地区及大风地区，沿线气候、地理环境及地质特性差异很大，工况复杂，建设中面临多项技术难题。

8.1.1.2 关键技术难题

兰新铁路第二双线沿线地区气候夏季高温、干旱、少雨，是国内夏季炎热地区之一，蒸发环境尤为恶劣。现场测试结果表明，9 月最高气温仍有 30℃左右，在日光照射下混凝土表面温度达到了 40℃以上，相对湿度低于 30%，平均风速 9 ~ 10m/s。此外，该地区属温带大陆性干旱荒漠气候，水资源极为宝贵，采取完全水养护的方式成本较高。

暴露于上述恶劣环境下的工程道床板在浇筑后如未立即采取养护措施，在进行抹面之前就容易出现表面结壳甚至开裂现象，严重影响收平工序和工程质量。另外，工程使用 "T" 形梁等构件的养护也存在诸多挑战，如图 8.1.1 采取湿帆布覆盖的养护方式虽然可以很好的减少光照降低水分蒸发，但湿帆布不能完全紧贴梁面且存在结合处结合不牢等问题；如图 8.1.2 采取薄膜养护措施，同样存在由于 "T" 型梁的复杂外形，塑料薄膜和梁体难以紧密结合，且在大风吹拂下很容易脱落破损等问题。

图 8.1.1　湿帆布覆盖养护

图 8.1.2　塑料薄膜覆盖养护

8.1.1.3　技术方案及工程应用效果

针对道床板混凝土浇筑之后，表面结壳、起皮并且有严重的塑性开裂现象，工程使用了混凝土塑性阶段水分蒸发抑制剂，在混凝土浇筑后立刻喷洒一次，表面结壳现象得到明显缓解，并有效遏制了塑性开裂，可进行正常收平施工。在收平工序完成后再喷洒一次水分蒸发抑制剂对于塑性裂缝控制效果更好（图 8.1.3）。该技术在兰新铁路第二双线新疆段全线得到了应用。

图 8.1.3　水分蒸发抑制剂应用效果

针对 "T" 型梁养护困难的问题，工程采用了混凝土养护剂进行养护，如图 8.1.4 所示，涂刷养护剂养护的梁体表面光洁，未出现表层龟裂、起粉等干燥气候条件下的常见问题，有效解决了该地区强蒸发严酷气候下的混凝土养护难题，同时也显著地减少了当地宝贵水资源的使用。

（a）涂刷养护剂梁体　　　　　　　　　　　（b）养护剂成膜

图 8.1.4　养护剂应用效果

8.1.2　高性能土木工程材料国家重点实验室屋面板

8.1.2.1　工程概况

该工程包含两栋楼的屋顶部位，其中办公楼的屋面采用 C30 混凝土浇筑，配合比如表 8.1.1 所示。屋面板尺寸 60m×26m×0.12m，是典型的大暴露面板式结构，养护不当极易出现早期塑性失水开裂问题。

表 8.1.1　办公楼屋面板 C30 混凝土配合比　（kg/m³）

材料	水泥	粉煤灰	矿渣粉	膨胀剂	减水剂	砂	石	水
用量	209	70	50	26	4.1	740	1020	180

此外，物料仓库的屋面板采用了设计强度 150MPa 的超高性能混凝土泵送浇筑，屋面板尺寸 38m×18m×0.12m，混凝土配合比如表 8.1.2 所示。

表 8.1.2　物料仓库屋面板超高性能混凝土配合比　（kg/m³）

水泥	专用掺合料	水	砂	石	钢纤维
380	480	155	650	800	120

8.1.2.2　关键技术难题

1. 塑性开裂

办公楼屋面板 C30 混凝土未采取早期养护措施时，由于混凝土用水量及水胶比较高，且其坍落度超过 200mm，摊铺、振捣后的表面泌水较为明显，但混凝土表面在塑性阶段仍然出现许多以浅层放射状为主的塑性开裂现象（图 8.1.5），且通过普通的抹面措施并不能完全消除。物料仓库屋面板 150MPa 超高性能混凝土由于用水量只有 155kg/m³，水胶比低至 0.18，现场浇筑时表面几乎无泌水，塑性开裂问题更加严重，不采取措施时，表面往往在 10min 左右即迅速失水变干、起皮，进而开裂，且裂缝宽度甚至可超过 1mm。

图 8.1.5 初凝前的塑性开裂现象

2. 抹面时间选取

抹面时机选择不当对混凝土表层质量同样造成了影响。过早进行抹面，混凝土还处于塑性阶段，很难用机器将表面抹平，且此时混凝土虽然已具有一定强度，但仍无法支撑人的重量，容易出现人为踩踏裂缝；如果抹面太晚，混凝土表面容易变干、结壳而难以抹面，采取加水抹面或强行抹面的措施极易引发表层水泥浆体黏结不牢而在后期起皮、开裂甚至脱落的现象，影响施工质量。

8.1.2.3 分阶段、全过程养护技术应用及效果

针对上述问题，采用分阶段、全过程养护技术，对屋面板混凝土进行了早期养护。

对于办公楼屋面，在实验室测得混凝土初凝时间和孔隙负压对应关系的基础上，采用孔隙负压自动测试系统对实体结构混凝土的孔隙负压发展历程进行监测。如图 8.1.6 所示，将直径 6mm 的探头预埋入屋面板混凝土表层及底层，表层探头用于监测混凝土表层变干时间，底层探头用于监测混凝土凝结时间。

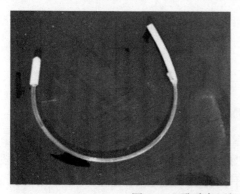 

图 8.1.6 孔隙负压探头及其在屋面板中埋设

采取"基于孔隙负压闭环控制的喷雾养护系统"进行养护，养护参数设置如下：表层孔隙负压达到 2kPa 即开始喷水分蒸发抑制剂，表层孔隙负压小于 1kPa 时喷雾停止，喷雾机由 SBT-2 型混凝土闭环养护控制系统进行控制（图 8.1.7）。底层孔隙负压达到实验室测得的初凝对应的孔隙负压值时，开始进行抹面工序，抹面结束后混凝土表层负压再次达到 2kPa 后，对混凝土采取喷涂养护剂或覆盖薄膜等养护措施进行养护。

早期喷雾的养护效果如图 8.1.8 所示。从图中可以看出，表层孔隙负压很好地保持在 2kPa 以下，由于屋面混凝土水胶比较高、渗透性较大，喷雾对底层孔隙负压的增长同样具有抑制作用，从而有效的抑制了早期塑性开裂。

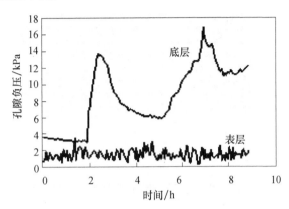

图 8.1.7　工作中的喷雾养护系统　　　　图 8.1.8　办公楼屋面板混凝土孔隙负压

在浇筑一个月后用 Torrent 混凝土渗透性测试仪，对屋面板混凝土的空气渗透性进行了测试，结果如图 8.1.9 所示。图中试验结果为 10 个测试点平均值，采取养护措施的混凝土空气渗透系数在 $1.052\times10^{-16} \sim 7.244\times10^{-16}\mathrm{m}^2$ 之间，而不采取养护措施的混凝土空气渗透系数在 $3.655\times10^{-16} \sim 15.64\times10^{-16}\mathrm{m}^2$ 之间，养护对结构混凝土表层渗透性改善作用明显。

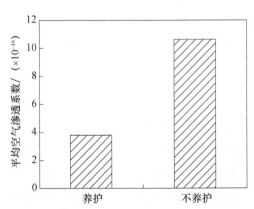

图 8.1.9　C30 屋面板混凝土空气渗透系数

同样，对于物料仓库超高性能混凝土屋面板结构，浇筑成型完毕即在表面采用图 8.1.7 中的喷雾养护系统喷洒水分蒸发抑制剂，极大地改善了超高性能混凝土塑性阶段结皮、开裂现象，终凝后则在表面涂刷养护剂，有效减少了混凝土硬化阶段的表面干燥开裂。

8.1.3　乌东德水电站

8.1.3.1　工程概况

乌东德水电站位于四川会东县和云南禄劝县交界的金沙江河道上，是金沙江水电基地下游河段四大世界级巨型水电站（乌东德水电站、白鹤滩水电站、溪洛渡水电站和向家坝水电站）中最上游的梯级电站。乌东德水电站正常蓄水位 975m，装机容量 1020 万 kW。工程所处地区属低纬度高原季风气候，坝区多年平均气温 21.7℃，平均降水量 715.9mm，平均蒸发量 2306.7mm，平均相对湿度 63%。

8.1.3.2　关键技术问题

工程位于典型干热河谷地区，高温、大风、低湿气候特征显著，同时水工混凝土掺加了高效减水剂和大量掺合料，拌合物坍落度较小、泌水少，在运输、浇筑和服役过程中的水分蒸发问题特别突出，可能带来以下三方面风险：（1）减少了水泥正常水化所需要的水分；（2）失水引起湿度梯度和应力集中，造成混凝土塑性开裂；（3）快速失水容易造成混凝土表层结壳，影响后续施工，而且分层浇筑的层间处理不到位，将会导致层与层之间界面黏结力下降，造成质量隐患。

采用无气喷涂设备喷洒水分蒸发抑制剂加强混凝土养护，减少表层塑性阶段水分蒸发，可抑制早期塑性开裂，对提高混凝土施工质量与耐久性具有重要的意义。

8.1.3.3　技术方案及工程应用效果

在乌东德葛洲坝施工局试验室开展了水分蒸发抑制剂对水工混凝土塑性阶段水分蒸发、凝结时间、力学性能和耐久性能影响规律的试验研究。在此基础上，在泄洪洞水垫塘导墙新浇混凝土表面应用了水分蒸发抑制剂。

1. 混凝土配合比及环境条件

乌东德水电站泄洪洞水垫塘导墙混凝土强度等级为 $C_{90}20$，设计需求如表 8.1.3 所示。现场施工时，环境温度均达到 30℃以上，高温时段地表温度达到 40℃以上，现场风速约为 3~6m/s，水分蒸发问题突出。

表 8.1.3　泄洪洞水垫塘导墙混凝土设计要求

强度等级	混凝土种类	级配	抗渗等级	抗冻等级	最大水胶比	最大粉煤灰掺量/%	极限拉伸值×10⁻⁴ 28d	极限拉伸值×10⁻⁴ 90d	坍落度/mm
$C_{90}20$	常态	三	W6	F100	0.55	35	≥0.75	≥0.80	50~70

2. 喷洒水分蒸发抑制剂对混凝土塑性开裂的抑制

仓面施工采用阶梯型分层浇筑，每层高度 50cm，24h 左右完成一个仓面的浇筑，对最上面三层的表面喷洒水分蒸发抑制剂。水分蒸发抑制剂与水的稀释比例分别为 1:4 和 1:2。水分蒸发抑制剂稀释液的使用量为（200±20）g/m²，即 1L 水分蒸发抑制剂的稀释液大约可以喷洒 5m²。

喷洒水分蒸发抑制剂 24h 后记录混凝土表面塑性开裂情况，并计算单位面积上的总开裂面积，结果表明，喷洒水分蒸发抑制剂可以有效抑制混凝土表面塑性开裂及结壳、起皮现象。

采用孔隙负压自动测试系统对混凝土的孔隙负压进行了实时监测，测试结果如

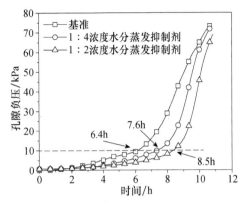

图 8.1.10　喷洒水分蒸发抑制剂对混凝土孔隙
负压的影响

图 8.1.10 所示。从测试结果可以看出，孔隙负压达到 10kPa 时，曲线出现拐点，以此作为混凝土的实际初凝时间。达到这一时间，基准混凝土需 6.4h，喷洒 25%浓度水分蒸发抑制剂的混凝土需要 7.6h，喷洒 50%浓度水分蒸发抑制剂的混凝土则需要 8.5h。由此可见，喷洒水分蒸发抑制剂可以延缓混凝土孔隙负压的发展，与塑性开裂的测试结果相符。

3. 喷洒水分蒸发抑制剂对混凝土强度的影响

现场分层浇筑的环境条件下，同步成型 150mm×150mm×150mm 立方体试件，24h 之后脱模，之后将试件置于标准养护室进行养护，28d 龄期后取出测试其抗压强度和劈裂抗拉强度。试件成型后立即喷洒水分蒸发抑制剂，稀释比例为 1:4 和 1:2，水分蒸发抑制剂稀释液的使用量为（200±20）g/m²。测试结果如表 8.1.4 所示。从表中可以看出，喷洒水分蒸发抑制剂不会对混凝土强度产生负面影响。

表 8.1.4　喷洒水分蒸发抑制剂的混凝土试件 28d 强度

测试性能	基准	1:4 稀释的水分蒸发抑制剂	1:2 稀释的水分蒸发抑制剂
抗压强度/MPa	24.6	24.8	25.1
劈裂抗拉强度/MPa	2.61	2.65	2.87

现场试验 60d 后，进行钻芯取样。在 5#坝段和 4#坝段六个试验区内，分别钻芯两孔，其中一个芯样测试劈裂抗拉强度，另一个芯样测试抗压强度。每孔芯样加工成两个试件，试件直径（107±1）mm，试件高度（102±1）mm，分层浇筑面置于试件中心。试验结果如图 8.1.11 所示，喷洒水分蒸发抑制剂的混凝土抗压和劈拉强度与基准持平或高于基准，这可能是由于分层浇筑时，水分蒸发抑制剂在强蒸发环境下对浇筑面层间结合性能有一定的改善效果。

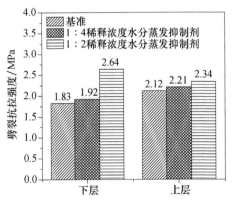
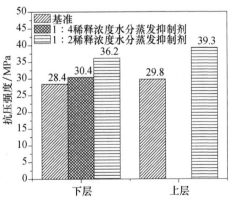

图 8.1.11　水分蒸发抑制剂对混凝土强度的影响

该技术在与乌东德水电站环境条件类似的白鹤滩水电站也进行了规模化应用，很好地解决了白鹤滩水电站干热河谷地区水工混凝土施工时大暴露仓面表层早期快速失水变干、起皮及开裂问题。

8.2　城市轨道交通工程地下车站主体结构

自 19 世纪 60 年代伦敦第一条地铁建成以来，城市轨道交通建设已经成为世界城市发展趋势之一，并成为衡量城市现代化的重要标志。然而，从我国全国范围内已建和在建城市轨道交通系统调研结果来看，地下车站主体结构混凝土受截面尺寸大、超长结构形式及施工工艺等因素影响，容易在施工阶段就出现由于温度、收缩以及约束等原因而产生的危害性裂缝，由此带来严重的渗漏问题。渗漏治理时间长、难度大，并对运行安全造成影响。尽管我国已经在城市轨道交通工程建设中积累了不少经验，但其抗裂、防渗仍存在大量亟待解决的问题。

基于某市城市轨道交通工程建设的具体工况条件，采用混凝土"水化-温度-湿度-约束"多场耦合模型对其地下车站主体结构混凝土的早期收缩开裂风险进行了定量评估，并与全线 20 余个地下车站主体结构开裂情况调研结果进行了对比，结果列于表 8.2.1，计算评估结果与调研结果吻合较好。在此基础上，针对不同地区城市轨道交通工程建设的具体工况条件，研究制订了裂缝控制成套技术方案，并在常州、徐州、上海、南京、南通、青岛等地进行了成功应用。

表 8.2.1　某市城市轨道交通工程地下车站主体结构混凝土开裂风险计算结果和工程调研结果对比

项目	计算评估结果	调研结果
开裂部位	底板：开裂风险较小，一般≤0.7 侧墙：开裂风险突出，≥1.0 顶板：开裂风险介于 0.7 与 1.0 之间	侧墙混凝土开裂占裂缝总量的 83.9%，一般为贯穿性裂缝，顶板次之，底板极少
开裂时间	侧墙在浇筑后 4~5d 时开裂风险即达到或超过 0.7	裂缝出现时间一般是浇筑 3d 以后的降温期
不同施工季节侧墙分段浇筑长度（开裂风险＜0.7）	夏季＜5m； 春秋季＜13m； 冬季＜15m	分段长度超过 15m，裂缝出现几率达 94.2%
		施工时气温越高，裂缝出现几率越大
		夏季浇筑的混凝土，每间隔 3~5m 左右即可发现一条竖向平行裂缝

8.2.1　常州轨道交通

8.2.1.1　工程概况

常州市是江苏省内继南京、苏州、无锡之后第 4 个获批建设轨道交通的城市，其轨道交通 1 号线是南北向骨干线，规划总长 42km，结构主要构件设计使用寿命为 100 年。其中一期工程全长 33.837km，地下线 31.486km，高架线 2.161km，过渡段 0.19km；共设站 29 座，其中地下站 27 座，高架站 2 座，平均站间距 1.2km。前期调研发现，已浇筑的地下车站均存在不同程度的渗漏现象，部分是因为接缝（变形、诱导、施工缝）防水处理不到位，而大部分是由于混凝土变形开裂引起。因此，控制混凝土收缩开裂是提升结构防水性能的关键，工程选择了 1 号线河海大学站与文化宫站作为裂缝控制技术的试验站点。

8.2.1.2　裂缝控制成套技术方案

1. 混凝土原材料控制

（1）水泥应符合现行国家标准《通用硅酸盐水泥》（GB175-2007）及《混凝土结构耐久性设计与施工指南》（CCES01-2004）的有关规定，其中 C_3A 含量不应高于 8.0%，碱含量不应高于 0.6%，比表面积不宜高于 $350m^2/kg$。

（2）粉煤灰应符合《用于水泥和混凝土中的粉煤灰》（GB/T1596-2017）的要求，应选用氧化钙含量不大于 10% 的 F 类粉煤灰，严禁使用 C 类粉煤灰，质量等级不得低于 II 级，且烧失量不宜高于 5%。

（3）粒化高炉矿渣粉应符合《用于水泥和混凝土中的粒化高炉矿渣粉》（GB/T18046-2017）的要求，应选用 S95 及以上级别，比表面积不宜大于 $450m^2/kg$。

（4）粗骨料应选用级配合理、粒形良好、质地坚固、线胀系数小的洁净碎石，压碎值不大于 16%，针片状含量不大于 15%，含泥量不大于 1.0%，应符合《普通混凝土用砂、石质量及检验方法标准》（JGJ52-2006）的要求。

（5）细骨料应选用细度模数为 2.3～3.0、符合 II 区级配要求的中砂，含泥量与泥块含量分别不高于 3.0% 与 1.0%，应符合《普通混凝土用砂、石质量及检验方法标准》（JGJ52-2006）的要求。

（6）混凝土减水剂应采用与水泥相容性好、减水率高、坍落度损失小、适量引气、减小收缩且质量稳定的聚羧酸高性能减水剂，应符合国家标准《混凝土外加剂》（GB8076-2008）、《混凝土外加剂应用技术规范》（GB50119-2013）及有关环境保护的规定，收缩率比不宜大于 100%。

（7）混凝土抗裂剂应同时具有温升抑制与微膨胀功能，其主要性能指标满足表 8.2.2 要求。

表 8.2.2　混凝土抗裂剂性能指标及测试方法

检测项目		性能指标	测试标准
细度	比表面积/（kg/m³）	≥200	GB/T 8074
	1.18mm 筛筛余/%	≤0.5	GB/T 1345
抗压强度	7d/MPa	≥22.5	GB/T 17671
	28d/MPa	≥42.5	
限制膨胀率	水中 7d/%	≥0.050	GB 23439
	空气中 21d/%	≥0	
	60℃水中 28d 与 3d 差值/%	≥0.020	
水化热降低率	24h/%	≥50	GB/T 12959
	7d/%	≤15	

2. 混凝土配合比设计

（1）城市轨道交通工程地下车站主体结构 C35 混凝土胶凝材料用量不宜高于 400kg/m³，水泥用量不宜高于 280kg/m³，水胶比不宜高于 0.42。

（2）对于主体结构侧墙和顶板，宜单掺 20%~35% 粉煤灰，不掺或少掺矿渣粉；底板和中板可双掺粉煤灰和矿渣粉，掺量宜为 25%~40%；砂率宜为 38%~42%。

（3）地下车站主体结构侧墙和顶板宜采用掺加抗裂剂的高性能抗裂混凝土，对其早期变形与水化放热历程进行优化，混凝土限制膨胀率、自生体积变形、绝热温升等相关性能及其测试方法应符合表 8.2.3 的规定。该工程试验研究提出的用于地下车站主体结构的混凝土配合比如表 8.2.4 所示,其中所用抗裂剂复合了水化温升抑制组分和历程可控膨胀组分，兼具温升抑制和收缩补偿功能。

表 8.2.3　地下车站主体结构侧墙、顶板混凝土抗裂性能控制指标及其测试方法

检测项目		性能指标	测试标准
限制膨胀率	水中 14d/%	≥0.025	JGJ/T178
	水中 14d 转空气 28d/%	≥-0.010	
自生体积变形	7d/%	≥0.020	GB/T 50082
	28d/%	≥0.010	
绝热温升	7d/℃	≤45	SL352
	初凝后 24h 值占 7d 值比例/%	≤50	

表 8.2.4　地下车站主体结构混凝土配合比　　　　（kg/m³）

原材料	水泥	粉煤灰	矿渣粉	砂	石	抗裂剂	水	减水剂	坍落度/mm	含气量/%
规格	溧阳金峰 P·O 42.5	国电 II 级	国辉 S95	赣江中砂	5~31.5mm 连续级配	苏博特 HME®-V	饮用水	苏博特 PCA-I		
底板、中板	270	66	50	785	1040	0	164	3.0	200±20	2.7
侧墙、顶板	255	98	0	790	1047	30	155	3.5	180±20	2.6

3. 构造措施

（1）为充分发挥受力主筋的作用，顶板、中板、底板内外侧主筋宜放置于分布筋外侧；同时为便于施工绑扎侧墙钢筋，侧墙外侧竖向主筋宜放置于水平分布筋外侧，侧墙内侧竖向主筋宜放置于水平分布筋内侧。

（2）主体结构混凝土受水化温升、环境温度变化影响大，为使混凝土内部应力分布更加均匀，有利于抗裂性提升，宜配置细而密的分布筋，侧墙、顶板每侧分布筋最小配筋率为 0.25%，钢筋间距宜为 100~150mm；底板每侧分布钢筋最小配筋率为 0.2%，钢筋间距宜为 100~150mm。

（3）结构的构造应有利于减少结构因变形而引起的约束应力，并仔细规划施工缝、诱导缝、变形缝的间距、位置和构造。结构的接缝位置，应尽量避开可能遭受最不利局部侵蚀环境的部位（如水位变动区和靠近地表的干湿交替区）。

（4）不同季节施工时，主体结构混凝土入模温度及其对应的分段浇筑长度（施工缝间距）应符合表 8.2.5 的规定。

表 8.2.5　地下车站主体结构混凝土入模温度及其对应的分段浇筑长度

日均气温/℃	>25		10~25	<10
混凝土入模温度/℃	28~35	≤28	≤日均气温+8 且≤28	5~18
分段浇筑长度/m	≤15	≤25	≤25	≤35

4. 施工措施

（1）混凝土应由具有生产资质的预拌混凝土生产单位生产，其质量应符合国家现行标准《预拌混凝土》（GB/T 14902）的有关规定。当多个混凝土生产单位参与生产时，应保证原材料、配合比、计量等级、制备工艺以及质量检验标准等相同，且必须保证水泥品种、批次、用量的一致性，拌合时间达到规范要求，拌合得到的混凝土匀质性合格。

（2）主体结构侧墙混凝土宜采用钢模板进行浇筑，模板与支架系统应进行受力检算，确保支撑系统强度、刚度、稳定性满足施工要求。

（3）混凝土拌合物应分层浇注，单层浇注厚度宜控制在 300~350mm，底板等大体积混凝土分层厚度不应大于 500mm。

（4）应根据混凝土拌合物特性及混凝土结构选择适当的振捣方式和振捣时间。竖向浇筑结构宜使用插入式振捣器进行振捣，插入间距不应大于振捣棒振动作用半径的一倍，插入深度为穿透浇筑厚度至下层拌合物约 50mm 处。根据拌合物坍落度和振捣部位等不同情况，振捣时间宜控制在 10~30s 内，混凝土拌合物表面出现泛浆且无大气泡冒出视为捣实，应避免漏振、过振。

5. 保温、保湿养护

（1）板式结构混凝土浇筑完成后应立即进行抹面，混凝土表面轻按无水痕时宜进行二次抹面，以消除塑性裂缝，并及时进行蓄水保温、保湿养护，水温与混凝土表面温度之差应不大于 15℃，蓄水养护时间不宜少于 7d，但冬季气温可能降至冰点以下时，不应采用水养或潮湿状态的养护材料。

（2）侧墙结构混凝土带模养护时间根据温度历程监测结果确定，宜在温峰过后 24h 内拆除模板，一般自浇筑成型起不超过 3d。模板拆除后，立即在墙体暴露于空气中的外立面表面贴覆保温、保湿养护材料，控制墙体结构温降速率（温峰后 7d 均值）宜≤3℃/d，养护时间不宜少于 7d。

8.2.1.3　实体结构混凝土温度、应变历程监测

采用混凝土温度-应变无线监测系统（详见节 7.5），监测自浇筑成型开始实体结构混凝温度及应变历程，评估裂缝控制措施的实施效果，并指导精细化、智能化施工。

选取夏季施工时的常州地铁 1 号线河海大学站某施工段侧墙混凝土温度及应变历程监测结果进行分析，由图 8.2.1 可见：

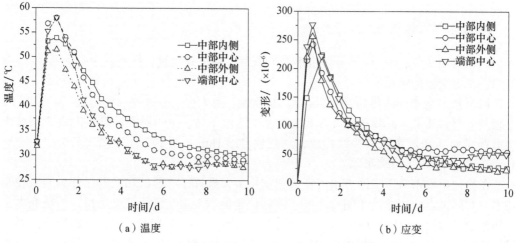

（a）温度　　　　　　　　　　　　（b）应变

图 8.2.1 侧墙结构混凝土温度、应变历程监测结果

（1）混凝土入模温度为 31.8~32.8℃，在 0.9d 左右达到温峰，侧墙中部温升最大，最大温升值为 23.8~25.8℃，相较于未采取本方案时（温升近 40℃）降低 15℃左右。

（2）侧墙混凝土沿长度方向升温阶段表现为膨胀，膨胀组分的存在增大了升温阶段混凝土膨胀变形；沿长度方向降温阶段表现为收缩，单位温降收缩约 $7×10^{-6}~9×10^{-6}$，可见膨胀组分的存在减小了降温阶段混凝土收缩变形。

8.2.1.4 裂缝控制效果

采用本方案施工的常州地铁 1 号线河海大学站、文化宫站试验段结构混凝土裂缝控制施工效果良好，均未见开裂和渗漏现象的发生（图 8.2.2（a））；而同一时期浇筑的同一车站的对比段，未采用本方案，出现了较为明显的开裂现象，尤其是侧墙结构，裂缝平均间距 3~5m（图 8.2.2（b）），需要后期进行堵漏修补，本方案显现出显著的技术与经济效益。

（a）试验段　　　　　　　　　　　　（b）对比段

图 8.2.2 试验段与对比段裂缝控制情况对比

8.2.2　徐州轨道交通

8.2.2.1　工程概况

2013 年 2 月 22 日，经国务院批准，国家发改委正式批复，徐州成为中国第 35 座获批建设轨道交通的城市。

徐州轨道交通同步推进建设 1、2、3 号线一期工程、3 号线二期工程、4 号线、5 号线及 6 号线工程，总规模为 171.8km，含 127 座车站。徐州地铁远景线网由 7 条城市轨道普线和 4 条城市轨道快线构成，总规模 323.1km，含 177 座车站，其中换乘车站 31 座，含 2 座三线换乘车站。

在徐州市城市轨道交通有限责任公司支持下，选择了 2 号线市政府站作为裂缝控制技术方案的试点应用车站（图 8.2.3）。该站位于昆仑大道与汉风路交叉口，沿昆仑大道北侧东西向敷设，为明挖地下两层 11m 宽岛式站台车站，标准段为单柱双跨钢筋混凝土箱型结构，净宽 18.3m，站厅层净高 4.95m，站台层净高 4.65m。车站有效站台中心里程处底板埋深约 16.6m，净长 203m，主体结构底板厚 1.0m，侧墙厚 0.7m，中板厚 0.5m，顶板厚 0.9m，采用明挖顺作法施工。

图 8.2.3　徐州轨道交通 2 号线市政府站

8.2.2.2　裂缝控制成套技术方案

对于地下车站主体结构混凝土原材料及配合比设计的要求与 8.2.1.2 节相同，结合徐州地铁具体工况条件，设计的混凝土配合比如表 8.2.6 所示。

表 8.2.6　徐州地铁 2 号线市政府站主体结构 C35 混凝土配合比　　　　　　（kg/m³）

原材料	水泥	粉煤灰	矿渣粉	砂	石	抗裂剂	水	减水剂
	中联 P·O 42.5	国华 Ⅱ级	金鑫 S95	江砂	5～31.5mm 级配碎石	苏博特 HME®-V	饮用水	苏博特 PCA-I
底板、中板	240	70	90	725	1085	0	170	3.90
顶板、侧墙	250	109	0	740	1090	31	160	4.68

依据表 8.2.5 对地下车站主体结构分段浇筑长度的要求,市政府站主体结构施工时间为 2016 年 9~12 月,浇筑长度划分从 16.3~24.5m 不等。

其余对于混凝土生产制备、浇筑及养护等的施工措施要求与 8.2.1.2 节相同。

8.2.2.3　实体结构混凝土温度、应变历程监测

选取试验车站秋、冬季施工的典型区段进行实体侧墙结构混凝土温度与应变历程的监测,主要结果如表 8.2.7 所示。冬季施工时,环境气温与混凝土入模温度均低于秋季,实体结构温升与温降速率同样有所下降,有利于裂缝控制;同时,受温度降低的影响,侧墙混凝土温升阶段单位温度膨胀变形也略有降低。

表 8.2.7　侧墙结构中心处混凝土温度、应变历程监测结果

施工季节	日均气温/℃	入模温度/℃	最大温升/℃	单位温升膨胀/($\times 10^{-6}/℃$)	5d 温降/℃	单位温降收缩/($\times 10^{-6}/℃$)
秋季	18.5	24.3	20.7	11.8	24.1	5.0
冬季	6.3	15.8	17.1	10.4	18.9	5.6

8.2.2.4　裂缝控制效果

自 2016 年 9 月上旬开始市政府站主体结构混凝土浇筑施工,至当年 12 月下旬主体结构封顶,整个施工工期约 110d。在各参建单位的密切配合下,研究制定的成套技术方案得以贯彻执行,实体结构混凝土裂缝控制效果良好。使用两年多后,各结构部位均未发现贯通性收缩裂缝(图 8.2.4)。该裂缝控制成套技术方案已在徐州轨道交通工程中得以进一步推广应用。

图 8.2.4　地下车站封顶 18 个月后总体效果

8.2.3　上海轨道交通

8.2.3.1　工程概况

上海是继北京、天津之后国内第 3 个开通轨道交通的城市。不同于大多数地区轨道交通地下车站主体结构的复合墙体系,上海地区由于土地资源紧张、地下水位较高,为

充分发挥地下墙的抗浮作用，增加连续墙结构的整体刚度，节约土地资源，轨道交通地下车站普遍采取叠合墙体系。叠合墙体系作为一种将支护结构与主体结构相结合的基础结构型式，通过对地下墙的清洗、凿毛，围护墙和内衬墙连成整体共同承受水平压力。相较于复合墙体系，叠合墙具有以下特点：

（1）两墙合一：在叠合墙体系中，围护墙和内衬墙连成整体共同承受水平压力，充分发挥了围护墙的作用，增加了结构的整体刚度，节约了土地资源。

（2）内衬墙受到强约束：该体系下，内衬墙不仅受到先浇底板约束，还受到外侧围护结构约束，相同的收缩变形下，开裂风险远高于复合墙体系。

（3）无外防水：内衬墙与围护结构间不做柔性外防水，因而对内衬墙混凝土裂缝控制与刚性自防水要求很高。

针对上述叠合墙体系特点，采用"水化-温度-湿度-约束"多场耦合模型对内衬墙混凝土开裂风险开展了计算评估，并与复合墙体系进行对比分析。假定不同浇筑季节气温恒定的情况下，内衬墙混凝土开裂风险随分段浇筑长度变化关系如图 8.2.5 所示。与复合墙类似，叠合墙内衬墙混凝土开裂风险同样受到施工季节的显著影响，气温较低的秋冬季施工时，开裂风险显著低于夏季高温时，而分段浇筑长度对叠合墙内衬墙混凝土开裂风险影响小于复合墙体系。

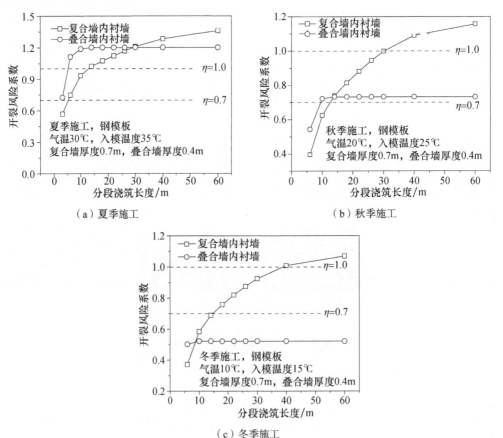

（a）夏季施工　　　　　　　　　　　（b）秋季施工

（c）冬季施工

图 8.2.5　不同施工季节时叠合墙与复合墙内衬墙混凝土随分段浇筑长度变化关系开裂风险

8.2.3.2 裂缝控制成套技术方案

基于对叠合墙内衬墙开裂特点的分析,在工程现行混凝土配合比基础上,降低矿渣粉用量,提高粉煤灰用量,并掺入占胶凝材料总量 8%的混凝土抗裂剂,从温度场调控与历程可控补偿收缩的角度对配合比进行优化设计,充分发挥这种强约束条件对膨胀应力的"储存"作用。提出的配合比如表 8.2.8 所示。将采用该配合比制备的混凝土应用于实际工程,可显著降低叠合墙内衬开裂风险,如图 8.2.6 所示。应用抗裂混凝土时,秋冬季施工时开裂风险基本可控,但当夏季高温施工时,仅通过材料措施难以完全解决开裂问题,尚应采取必要的入模温度控制、保温养护等施工工艺优化措施。

因分段浇筑长度对叠合墙内衬墙收缩开裂风险影响较小,故未对此提出技术要求,仍按常规方式进行划分;其余对于混凝土生产制备、浇筑及养护的要求与节 8.2.1.2 相同。

表 8.2.8 上海地铁地下车站主体结构 C35 混凝土配合比 （kg/m³）

材料	水泥	粉煤灰	矿渣粉	砂	石	抗裂剂	水	减水剂
	南方 P·O 42.5	荣迪 II级	宝田 S95	赣江 中砂	5～25mm 连 续级配碎石	苏博特 HME®-V	饮用水	Sika1220
普通混凝土	225	75	75	785	1024	0	165	3.75
抗裂混凝土	225	95	30	785	1024	30	160	4.50

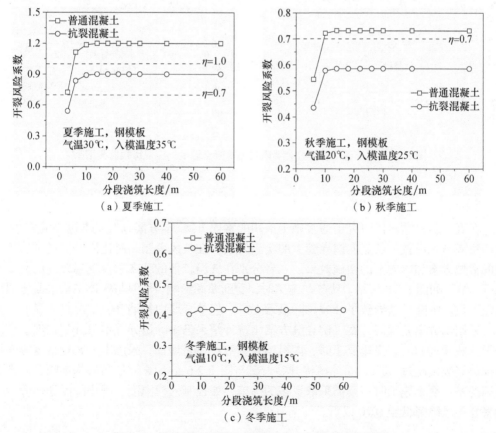

（a）夏季施工 （b）秋季施工 （c）冬季施工

图 8.2.6 应用抗裂混凝土降低叠合墙内衬墙开裂风险

8.2.3.3　实体结构混凝土温度、应变历程监测

选择轨道交通 14 号线真新新村站和 15 号线长风公园站作为裂缝控制技术方案的试点应用车站。其中真新新村站为地下二层岛式单柱双跨带配线车站，主体结构长 590.68m，宽 20.14m，标准段基坑深 16.70m，采用明挖顺作法施工。围护结构为 800mm 厚地下连续墙，主体结构采用叠合墙体系，内衬墙厚度 400mm，端头井处 600mm。长风公园站为地下二层一岛一侧式车站，主体结构长 465.645m，宽 27.225m，底板埋深约 18m，采用与真新新村站相同的叠合墙体系，内衬墙厚度也相同。

以真新新村站为例，对比监测了未采用本方案的基准段与采用本方案的试验段叠合墙内衬墙混凝土的温度、应变历程，结果如图 8.2.7 所示。因内衬墙厚度只有 0.4m，且采用钢模板，冬季施工时实体结构最大温升不足 8℃，在入模温度相近的情况下，采用本方案时内衬墙混凝土最大温升降低了约 1.8℃，降幅超过 20%；对比应变监测结果发现，采用本方案时的内衬墙混凝土温升阶段最大膨胀变形增加了约 1 倍，而温降阶段的收缩变形则减小了约 20%。

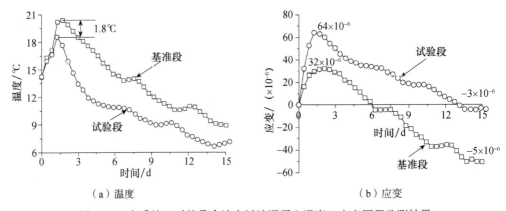

（a）温度　　　　　　　　　　　　　　　（b）应变

图 8.2.7　冬季施工时的叠合墙内衬墙混凝土温度、应变历程监测结果

8.2.3.4　裂缝控制效果

在真新新村站对比研究了通常施工采用的常规方案、本方案以及日本诱导缝方案（内衬墙每隔 5m 设置一条竖向诱导缝）的实施效果，在长风公园站对比研究了通常施工采用的常规方案和本方案的实施效果，二者分别在气温较低的秋冬季及气温较高的夏季时进行，结果如图 8.2.8 所示。秋冬季施工时，受到寒潮影响，气温与实体结构混凝土温度出现了数次突降，这导致了开裂风险显著上升。但叠合墙内衬墙开裂情况仍明显好于夏季，采用本方案较常规方案、诱导缝方案（统计结果已去除诱导缝本身开裂情况）可减少裂缝数量近 90%；夏季施工时，内衬墙裂缝数量显著增加，采用本方案较常规方案可减少裂缝数量超过 60%，实体结构开裂情况与图 8.2.6 的计算评估结果基本吻合。需要强调的是，夏季施工时，尚需采取更多的措施，如控制入模温度、减小降温速率等，方能将开裂风险降低至 0.70 以下。

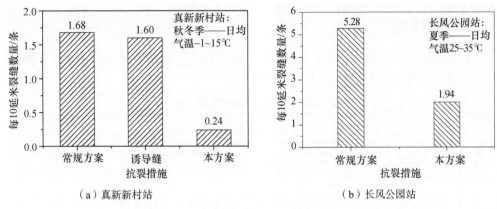

（a）真新新村站   （b）长风公园站

图 8.2.8　上海地铁地下车站叠合墙内衬墙收缩裂缝数量统计（浇筑完成半年后）

8.3　超长现浇隧道主体结构

8.3.1　苏锡常南部高速公路太湖隧道

8.3.1.1　工程概况

苏锡常南部高速公路太湖隧道全长 10.79km，在太湖梅梁湖水域"一隧穿湖"，串联苏锡常三地，是国内在建最长的水下隧道工程（图 8.3.1）。该项目既是国家发改委和交通运输部确定的支撑"三大战略"发展的地方高速公路项目，也是江苏省"十五射六纵十横"高速公路网规划中"十五射"的组成部分。隧道暗埋段横断面采用折板拱两孔一管廊形式，两侧行车孔单孔净宽 17.45m、净高 7.25m，中间为管廊，主体结构厚 1.2～1.5m，混凝土设计强度等级为 C40P8。这种超长、大体积、分步浇筑的现浇隧道混凝土极易在施工期就产生贯穿性收缩裂缝，导致严重的渗漏问题，影响使用功能和服役寿命。

图 8.3.1　苏锡常南部高速公路太湖隧道工程

8.3.1.2　裂缝控制成套技术方案

基于工程实际工况条件，采用"水化-温度-湿度-约束"多场耦合方法，定量评估隧道主体结构底板、侧墙和顶板混凝土开裂风险，以开裂风险系数不高于 0.70 为目标，制订裂缝控制成套技术方案。

1. 混凝土原材料

在满足国家相应标准规范要求的基础上,原材料控制指标如表 8.3.1 所示,实际选取的满足要求的混凝土原材料如表 8.3.2 所示。

表 8.3.1　混凝土原材料控制指标

项目	控制指标
水泥	比表面积 300~350m^2/kg,碱含量≤0.6%,C$_3$A 含量不宜超过 8%,C$_3$S 含量不宜超过 50%
粉煤灰	Ⅱ级及以上,需水量比宜≤100%,流动度比≥95%
矿渣粉	S95 级及以上,比表面积宜≤450m^2/kg
细骨料	细度模数 2.4~2.9,颗粒级配符合Ⅱ区要求,砂中含泥量≤2.0%,泥块含量≤0.5%,不得使用海砂、山砂及风化严重的多孔砂
粗骨料	粒径 5~25mm 连续级配,含泥量≤0.7%,泥块含量≤0.3%,针片状含量≤7%,压碎值≤10%,空隙率宜≤45%
减水剂	聚羧酸高性能减水剂,收缩率比≤100%
抗裂剂	具有温升抑制、微膨胀功能的高效抗裂剂,限制膨胀率水中 7d≥0.050%、转空气中 21d≥−0.010%,且 60 ℃水中 28d 和 3d 差值≥0.020%;24h 水泥水化热降低率≥50%、7d 水泥水化热降低率≤15%
水	氯离子含量不超过 250mg/L

表 8.3.2　太湖隧道主体结构混凝土原材料

材料	标段	
	CX-WX2	CX-WX3
水泥	张家港海螺低碱 P·O 42.5 水泥	
粉煤灰	常熟电厂粉煤灰	江阴利港粉煤灰
矿渣粉	苏州日益升矿渣粉	江苏沙钢矿渣粉
减水剂	江苏苏博特新材料股份有限公司 PCA®-Ⅳ聚羧酸减缩、抗裂减水剂	
抗裂剂	江苏苏博特新材料股份有限公司 HME®-V 混凝土(温控、防渗)高效抗裂剂	
细骨料	江西赣江砂	
粗骨料	重庆绿岛源	
水	饮用水	

2. 混凝土配合比

在抗裂性评估基础上,结合太湖隧道具体工况特点,隧道主体结构混凝土配合比及抗裂性能相关指标如表 8.3.3 所示。

表 8.3.3　主体结构混凝土配合比设计及抗裂性能相关指标

项目	控制指标
配合比	水胶比≤0.45,胶凝材料用量 350~420kg/m^3,侧墙、顶板混凝土宜单掺 25%~30%粉煤灰,不掺或少掺矿渣粉;其余部位可双掺粉煤灰和矿渣粉,掺量宜为 25%~40%
绝热温升	侧墙、顶板混凝土绝热温升宜小于 40℃,不应高于 45℃,初凝后 24h 绝热温升值不大于 7d 的 50%
体积变形	侧墙、顶板混凝土膨胀性能应符合《补偿收缩混凝土应用技术规程》(JGJ/T 178)的要求,水中 14d 限制膨胀率≥0.025%,水中 14d 转空气 28d≥−0.015%。绝湿条件下 28d 自由膨胀率≥0.010%

在原材料调研及优选的基础上，针对太湖隧道两个标段 CX-WX2、CX-WX3 的实际情况，结合上述控制指标，通过系统配合比试验，形成该工程主体结构混凝土配合比如表 8.3.4 所示。

表 8.3.4　主体结构混凝土配合比　　　　　　　　　（kg/m³）

季节	结构部位	标段	水	水泥	粉煤灰	矿渣粉	抗裂剂	砂	石	减水剂
春夏秋季	侧墙、顶板	CX-WX2	144	255	113	0	32	753	1083	4
		CX-WX3	143	216	110	40	32	745	1074	3.98
	底板	CX-WX2	144	280	120	0	0	753	1083	4
			143	238	60	100	0	745	1074	3.98
		CX-WX3	144	280	120	0	0	753	1083	4
			148	234	78	78	0	747	1075	3.9
冬季	侧墙、顶板	CX-WX2	151	275	112	0	33	742	1067	4.2
		CX-WX3	151	235	110	42	33	742	1067	4.2
	底板	CX-WX2	151	300	120	0	0	742	1067	4.2
			151	258	62	100	0	742	1067	4.2
		CX-WX3	151	300	120	0	0	742	1067	4.2
			151	258	81	81	0	742	1067	4.2

3.　施工措施

太湖隧道主体结构分段浇筑长度以 20m 为主。结合实际工况特点，在抗裂性评估基础上，不同结构部位混凝土温控要求如表 8.3.5 所示。

表 8.3.5　太湖隧道主体结构混凝土温控要求（分段浇筑长度≤20m）

项目		控制指标		
		侧墙（含折板）	顶板	底板
入模温度	日均气温>25℃	≤28℃	≤32℃	≤32℃
	日均气温<10℃	5~18℃		≥5℃
	日均气温 10~25℃	≤日均气温+8℃且≤28℃		5~32℃
里表温差		混凝土中心温度与表面温度（距离外表 5cm 处）之差≤20℃		
拆模（拆除外保温措施）温差		混凝土表面温度与环境温度之差≤15℃		
养护水温		养护水温与混凝土表面温度（距离外表 5cm 处）之差≤15℃		

施工措施中着重强调了混凝土的拆模时间及拆模后的养护措施，要求如下：

（1）主体结构浇筑无顶板的敞开段，及有顶板（光格栅）但顶板（光格栅）与侧墙分开浇筑的过渡段、暗埋段时，侧墙结构拆模时间根据温度历程监测结果确定，通常情况下，应在温峰过后 24h 内拆除模板（此时混凝土强度能够满足承载力要求）。模板拆除后，立即在墙体暴露于空气中的外立面贴覆保温、保湿养护材料，使得墙体结构降温速率≤2℃/d，养护时间不少于 14d。

（2）主体结构使用模板台车浇筑有顶板、且顶板与侧墙整体施工的暗埋段时，拆模时间以顶板混凝土强度控制，同条件养护试块强度应≥32MPa。必要时在模板台车表面喷涂厚度不少于1cm的发泡聚氨酯或在隧洞内使用电热鼓风机进行保温，且拆模后，同样进行贴覆保温、保湿养护，养护时间不少于7d。

（3）板式结构（含大体积侧墙顶部）混凝土浇筑完成后，在初凝前宜喷雾或喷水分蒸发抑制剂养护，不应直接进行洒水、蓄水养护。混凝土终凝后可采取覆盖、蓄水等养护措施（冬季施工时不能直接蓄水），控制混凝土里表温差≤20℃，养护水温与混凝土表面温度之差≤15℃，养护时间不少于14d。

8.3.1.3　实体结构混凝土温度、应变监测

垂直支护条件下太湖隧道主体结构采取先浇筑底板、后浇筑侧墙、再浇筑顶板的工艺，某分段浇筑长度20m，主体结构侧墙高约3.7m，厚约1.5m的主体结构侧墙采用表8.3.4中单掺粉煤灰的配合比。

对该段侧墙结构混凝土温度、应变历程进行监测，结果如图8.3.2所示。由图可知，秋季（日均气温约10℃）施工时，混凝土入模温度约16～17℃，中心测点最大温升29.8℃，出现时间约3d；采用特制的保温保湿养护材料后，结构平均降温速率不超过2.0℃/d，满足控制要求。

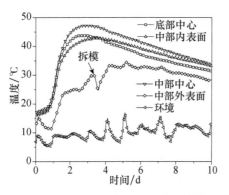 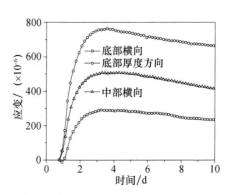

图8.3.2　侧墙结构混凝土温度、应变监测结果

因约束程度存在差异，底部测点在长度方向、厚度方向，中部测点在长度方向的单位温升膨胀变形分别为 $11.62×10^{-6}/℃$、$29.81×10^{-6}/℃$ 和 $18.74×10^{-6}/℃$，表明混凝土在温升阶段产生的膨胀变形可有效转化存储为膨胀预压应力；在开裂风险较高的温降阶段，不同测点混凝土单位温降收缩变形约 $4.47～7.69×10^{-6}/℃$，均远小于 $10×10^{-6}/℃$，表明实体结构混凝土温降收缩得到了有效补偿。

8.3.1.4　裂缝控制效果

隧道主体结构侧墙混凝土达到温峰后的24h内拆模，之后采取张贴一种新型自粘式混凝土保温保湿养护材料，该养护材料由自粘、保湿、保温、防火等结构层组成，可重复利用，保温效果可根据具体结构特点定制，如图8.3.3（a）所示。在满足里表温差及降温速率等养护要求条件下，部分侧墙还采取覆盖带塑料内膜的土工布进行养护。炎热

气候板类结构浇筑时,在其四周进行喷雾来提高仓面湿度、降低仓面温度,避免出现结壳或塑性裂缝,必要时喷洒水分蒸发抑制剂,如图 8.3.3(b)所示,板类结构二次抹面后及时覆盖 1~2 层带塑料内膜的土工布进行保温保湿养护,如图 8.3.3(c)所示。

图 8.3.3 混凝土养护

(a:侧墙张贴保温保湿养护材料,b:板类结构施工时四周喷雾提湿降温,
c:板类结构二次抹面后覆带塑料内膜的土工布)

截止目前,按方案施工的底板、侧墙、顶板分别超过 7700m、6900m、5770m,首件底板、侧墙、顶板混凝土施工时间分别超过 26 个月、22 个月、20 个月,已回水区域超过 3000m,混凝土未出现贯穿性收缩裂缝及其引起的渗漏,裂缝控制效果良好,达到预期目标,有力保障了太湖湖底隧道的行车安全和结构耐久性。

8.3.2 渭武高速甘江头隧道

8.3.2.1 工程概况

该隧道属于山体隧道,其衬砌早期开裂问题时有发生。调研了渭武高速公路全线 24 个标段(陇南段 13 个,定西段 11 个)的山体隧道二次衬砌结构开裂情况,总结发现如下与混凝土早期收缩变形相关的裂缝形式:

(1)环向裂缝。近似于地下室墙体上的竖向裂缝,但隧道整体为拱形,故称环向缝。

(2)纵向裂缝。沿隧道长度方向延伸的裂缝,也可称水平或横向缝。

(3)洞口处裂缝。预留设备孔、人孔拐角处的裂缝,多为斜向。

(4)无规则龟裂。衬砌表面出现的"Y"型网状裂缝。

在建设单位与施工单位的支持与推动下,提出了针对工程特点的二次衬砌混凝土早期裂缝控制技术方案,并在 WW-15 标甘江头隧道得到应用。

该隧道纵向全长约 1100m,V 级围岩,单向两车道,路面宽度约 10m,环向全长约 20m,台车长度 12m(即分段浇筑长度)。一衬为 26cm 厚 C20 喷射混凝土,二衬为 50cm 厚 C30 混凝土,双层配筋。

8.3.2.2 混凝土裂缝控制技术方案及应用效果

结合工程实际工况特点,在二次衬砌结构混凝土抗裂性评估基础上,从混凝土原材料控制、配合比优化（表 8.3.6、表 8.3.7）、施工措施改进（表 8.3.8）等角度提出了裂缝控制成套技术方案。

表 8.3.6　甘江头隧道二次衬砌结构 C30 混凝土配合比　　　　　（kg/m³）

材料	水泥	粉煤灰	砂	石子	抗裂剂	水	减水剂
	祁连山 P·O 42.5	锦鑫 II 级	中河砂	5~25mm 连续级配碎石	苏博特 HME®-V	饮用水	苏博特 PCA-I
用量	288	43	792	1093	29	155	3.6

表 8.3.7　混凝土抗裂性控制指标

检测项目		《补偿收缩混凝土应用技术规程》（JTG/T178）	控制指标
限制膨胀率/%	水中 14d	≥0.015	≥0.025
	水中 14d 转空气中 28d	≥-0.030	≥-0.015
自生体积变形/%	7d	/	≥0.020
	28d	/	≥0.010
绝热温升	7d 值/℃	/	≤45
	初凝后 1d 值占 7d 值比例/%	/	≤50

表 8.3.8　二次衬砌主要施工措施

项目	指标
混凝土运输时间	≤45min
混凝土浇筑时间	夜间或清晨浇筑，避开高温时段
混凝土坍落度	180±20mm
混凝土入模温度	5~35℃且非冬季时不高于日均气温 8℃以上，冬季时 5~18℃
混凝土带模养护时间	≥24h
拆模后养护措施	喷涂保水率不低于 85% 的混凝土养护剂
配筋	边墙洞口处加配 45°平行于主应力方向构造钢筋，表面设置钢筋网片

应用该技术方案施工的渭武高速公路 WW-15 标甘江头隧道二次衬砌结构，经持续观测近 2 年，均未出现肉眼可见裂缝，取得了良好效果。

8.4　大型桥梁超高主塔结构

8.4.1　沪苏通长江大桥

8.4.1.1　工程概况

沪苏通铁路全线长 137.308km，是我国沿海通道和长三角地区快速轨道交通网的重要组成部分。沪苏通长江大桥是沪通铁路建设的关键性节点工程，是我国乃至世界首座千米级（主跨 1092m）公铁两用大型斜拉桥，工程建设难度突出，意义重大。

既有研究与工程实践表明，裂缝问题是桥梁大体积混凝土结构的一大顽疾。对于沪苏通长江大桥而言，因体量巨大，330 米高主塔规模空前，其裂缝控制更是工程实施的重中之重，尤其是施工期混凝土的收缩裂缝控制。从该工程具体工况条件来看，主要存在以下难点：

（1）塔柱壁厚超过 1.5m，最厚处达 4.2m，为典型的大体积混凝土结构，胶凝材料水化热量不断积累而散热困难，且布筋密集，浇筑时振捣难度大，需要混凝土具有良好的超高程泵送及流动性能，因此主塔混凝土使用了较多的胶凝材料，从而导致结构温升、温降以及内外温差大，温度开裂风险突出；

（2）主塔混凝土设计标号为 C60，随着强度等级的提高，混凝土自收缩显著增加，湿热耦合变形，进一步增加了结构的收缩开裂风险；

（3）主塔塔柱分节浇筑，下部节段混凝土强度与弹模发展较快，导致上部结构收缩变形受到的外约束大；

（4）主塔地处长江之上，周边空旷，风速高、施工环境受周边气候影响大，混凝土拆模后塔壁立面养护困难，无法有效养护更进一步加剧了主塔高强、强约束、大体积结构混凝土的早期开裂风险。

综上所述，采取行之有效的措施，降低主塔高强大体积混凝土收缩开裂风险，做到少裂甚至不裂，是工程实践中亟待解决的关键问题。

8.4.1.2　裂缝控制成套技术方案

采用基于"水化-温度-湿度-约束"多场耦合机制的结构混凝土抗裂性评估模型与方法，结合沪苏通长江大桥主塔具体工况条件，对不同结构部位混凝土的开裂风险进行计算分析，明晰各因素的影响规律。在此基础上，结合工程现有条件，兼顾技术、经济效益的平衡及施工的便利性，提出以控制结构混凝土表面开裂风险系数<0.7、中心开裂风险系数<1.0 为目标的裂缝控制成套技术方案如表 8.4.1 所示。

表 8.4.1　主塔高强大体积混凝土裂缝控制成套技术方案

结构部位	开裂风险控制目标	主要技术方案			
		混凝土配合比	冷却水管主要参数	入模温度 T_0 控制	保温养护
塔柱表面	<0.7	双重调控技术	≥32mm 直径铸铁管，≤1.0m 间距，升温阶段≥1m/s 流速	$T_a≥25℃$，$T_0≤28℃$；$10℃≤T_a<25℃$，$T_0≤T_a+5℃$ 且 $≤28℃$；$T_a<10℃$，$T_0=5~18℃$	表面散热系数≤150kJ/（m²·d·℃）
塔柱中心	<1.0				

注：T_a 为日均气温。

分别采用如表 8.4.2 所示普通混凝土与抗裂混凝土配合比浇筑缩尺构件并监测其温度、应变历程，结果如图 8.4.1 所示。与普通混凝土相比，采用抗裂混凝土后，相同入模温度下，构件混凝土温升值明显降低（最大温升降低 6.4℃），且温峰出现时间延

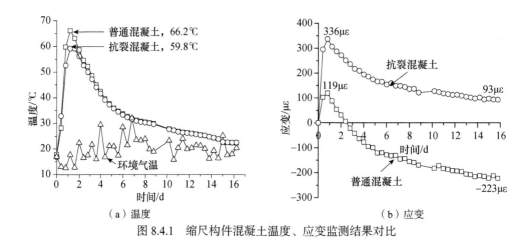

图 8.4.1　缩尺构件混凝土温度、应变监测结果对比

后，同时，混凝土单位温升膨胀变形增大 1 倍以上，单位温降收缩变形减小超过 20%。通过这种温度场和膨胀历程双重调控效应，可显著提升结构混凝土的抗裂性能。

表 8.4.2　塔柱 C60 混凝土配合比　　　　　（kg/m³）

材料	水泥	粉煤灰	矿渣粉	混凝土抗裂剂	砂	大石	小石	水	减水剂
规格	张家港海螺 P·Ⅱ 52.5（低碱）	镇江谏壁Ⅰ级	沙钢 S95	苏博特 HME®-V	中河砂	碎石 5～20mm 连续级配		长江水	苏博特 PCA-I
普通	270	152	68	0	745	690	297	152	6.37
抗裂	270	112	68	40	745	690	297	152	6.37

8.4.1.3　实体结构混凝土温度、应变监测

对采用本技术方案前后的塔柱实体结构混凝土自浇筑成型开始的温度、应变历程进行监测，典型节段的对比结果如图 8.4.2 所示。由图可见，以入模温度为零点，采

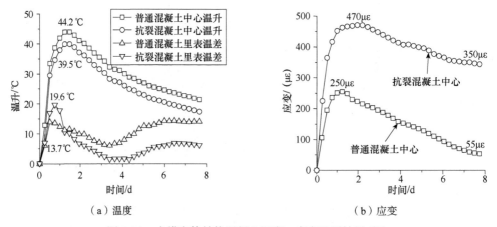

图 8.4.2　主塔实体结构混凝土温度、应变监测结果对比

用低温升、高抗裂混凝土后，主塔实体结构中心最大温升及里表温差分别降低了约4.7℃和5.9℃，温升阶段混凝土膨胀变形增大了近1倍，在变形受到较强外约束（如下部先浇筑的节段）的情况下可有效存储膨胀预压应力；更重要的是，实体结构混凝土降温阶段收缩变形大幅减小，单位温降收缩变形降低率约35%，此时混凝土强度与弹性模量较高，因此显著降低了收缩引起的拉应力与开裂风险，提升了主塔高强大体积混凝土的抗裂性能。

8.4.1.4　裂缝控制效果

如图8.4.3所示，塔柱拆模后整体外观良好。同时，对实体结构混凝土开裂情况进行了持续观测和统计，浇筑后半年时间内，采用本方案的塔柱实体结构混凝土裂缝数量平均降低率近80%，可以做到少裂甚至部分节段不裂。

图 8.4.3　沪苏通长江大桥主塔塔柱拆模后外观

8.4.2　平塘特大桥

8.4.2.1　工程概况

贵州平罗高速公路平塘特大桥为550m跨径三塔斜拉桥，主塔高328m，在塔柱中部设置一个7m高实心过渡段，16#墩过渡段尺寸为：27.5m×13.2m×7m，采用C50混凝土浇筑，属大体积混凝土结构。

塔柱混凝土裂缝控制是该工程质量保障的难点。由于需进行超长距离泵送施工，且采用机制砂，同时粉煤灰掺入比例受限，导致塔柱混凝土胶凝材料与水泥用量大、早期强度高。试验测试结果表明，塔柱混凝土绝热温升超过50℃，28d自收缩超过200×10^{-6}，二者叠加导致开裂风险突出，尤其是主塔的实心过渡段。

8.4.2.2　裂缝控制成套技术方案

针对开裂风险突出的主塔实心过渡段大体积混凝土，在抗裂性定量评估基础上，结合工程现有条件，提出混凝土裂缝控制主要技术措施如表8.4.3所示。

表 8.4.3 裂缝控制主要技术措施

项目		技术措施	开裂风险系数
温控指标	入模温度	夏季施工时 ≤28℃	控制中心 ≤1.0 表层 ≤0.7
	最大温升	入模温度基础上温升 ≤45℃	
	里表温差	≤25℃	
	降温速率	≤2℃/d	
混凝土配合比及其主要性能	胶凝材料总量	≤480kg/m³	
	粉煤灰掺量	≤20%	
	抗裂剂掺量	8%	
	水胶比	≤0.35	
	绝热温升	≤50℃且初凝后 1d 值占 7d 值比例 ≤50%	
	自生体积变形	7d 值 ≥0.020%，28d 值 ≥0.010%	
主要温控工艺措施	外保温	侧壁包覆厚度 ≥1cm 的棉絮或同类材料保温，顶面蓄水（水温 ≈30℃）深度 ≥15cm	控制中心 ≤1.0 表层 ≤0.7
	冷却水管间距	≤1m，底部 1m 强约束区加密至约 0.7m	
	通水时间	混凝土浇筑时即开始通水，内部温度趋于稳定且和环境温度差值在 ≤20℃时停止通水	
	水温与流速控制	进出口水温差 ≤10℃；水和混凝土温差 ≤25℃；流速 ≥1m/s；根据监测结果实时调节水温及流速	
	保温拆除时间	中心和环境温差 ≤20℃且 ≥5d	
	分层厚度	2m+3m+2m	
	层间浇筑时间间隔	应 ≤7d，宜 ≤5d	

　　研究确定的塔柱实心段大体积混凝土配合比如表 8.4.4 所示。为控制炎热气候（日均气温 >25℃）施工时混凝土入模温度，综合采取了提前储存水泥等胶凝材料、制备片冰替代部分拌合水、向拌合水中投入冰块降低水温、骨料仓遮阳、罐车表面包裹及选择气温较低时段浇筑等措施。

表 8.4.4 塔柱实心段大体积混凝土配合比 （kg/m³）

材料	水泥	粉煤灰	砂	小石	大石	抗裂剂	水	减水剂
规格	海螺 P·O 42.5	安顺 II 级	机制砂	5~10mm	10~25mm	苏博特 HME®-V	河水	苏博特 PCA-I
用量	335	93	806	308	719	37	153	6.98

8.4.2.3 实体结构混凝土温度、应变历程监测

　　实际施工过程中，混凝土出机温度约 24.3~25.1℃，入泵温度约 25.8~26.7℃，泵送后入模温度约 27.4~28.5℃，即混凝土出机经过运输及泵送后，温度上升了约 3℃。浇筑时四周模板上贴合了 1.5cm 厚的养护毯，顶面混凝土终凝凿毛后蓄水养护，蓄水高度约 25cm。

　　对第一、二层塔柱实心段混凝土温度、应变历程进行了监测，结果如图 8.4.4 所示，

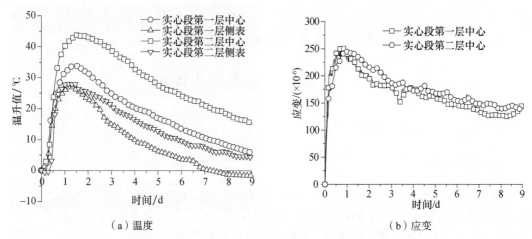

（a）温度 （b）应变

图 8.4.4 16#墩塔柱实心段混凝土温度、应变历程监测结果

实体结构混凝土最大温升不超过 45℃，侧表与中心最大温差不超过 20℃，满足设定的温控要求；第一、二层实心段混凝土温升阶段膨胀变形约 $250×10^{-6}$，温度降低了约 25℃时的收缩变形约 $120×10^{-6}$，掺加抗裂剂后，在温升阶段产生的附加膨胀变形可储存转化为一定的膨胀预压应力，在温降阶段产生的补偿收缩变形可有效降低混凝土开裂风险。

8.4.2.4 裂缝控制效果

该工程 16#墩塔柱实心段于 2017 年 8～9 月间浇筑完成，拆模后表面光滑，无蜂窝麻面，裂缝控制效果良好。施工期内持续跟踪观察已逾 1 年，塔柱实心段混凝土表面未见裂缝（图 8.4.5）。

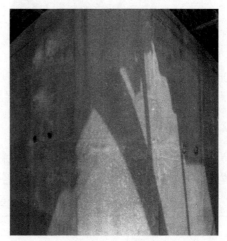

（a）长侧边无裂缝 （b）棱角处无裂缝

图 8.4.5 塔柱实心段混凝土裂缝控制效果

8.5　无收缩充填混凝土

8.5.1　瀑布沟、向家坝水电站

8.5.1.1　瀑布沟水电站

1. 工程概况

瀑布沟水电站是国电大渡河流域水电开发有限公司实施大渡河"流域、梯级、滚动、综合"开发战略的第一个能源建设项目，位于四川省汉源县及甘洛县境内的大渡河中游，装机容量为 3600MW，是大渡河 17 个规划梯级中装机规模最大的电站，也是四川负荷中心规模最大的电站（图 8.5.1）。工程 1、2 号导流洞均布置在河道左岸，导流洞轴线距离为 45.0m，2 条导流洞按等高程、等断面设计，断面尺寸为 13.0m×16.5m，进出口高程分别为 673.00m 和 668.00m（图 8.5.2）。

导流洞封堵混凝土工程量共计 17290m³，堵头分两段施工，第一段长 25m，第二段

图 8.5.1　瀑布沟水电站工程概貌

图 8.5.2　瀑布沟水电站导流洞概貌

长 20m。考虑堵头温控要求，混凝土分 9 层浇筑，其中下部 4 层层厚 1.5m，顶部层厚 2.5m，其余层厚均为 2m。封堵工程具有混凝土方量大、工期紧以及封堵高度大等难点。

2. 关键技术难题

为了确保导流洞封堵效果，设计要求采用外掺 MgO 混凝土，其硬化稳定后对周边的基岩形成一定的膨胀预压应力，不得脱空，封堵混凝土的设计指标如表 8.5.1 所示。

表 8.5.1　瀑布沟水电站导流洞封堵混凝土设计指标

设计强度等级	抗冻等级	抗渗等级	稳定后对基岩压应力
C20	F100	W10	≥0.3MPa

封堵混凝土在浇筑成型和硬化过程中，极易因自身收缩变形与周围基岩脱开，给工程质量带来隐患。因此提高封堵混凝土的体积稳定性是导流洞封堵成功的关键。MgO 的

延迟膨胀特性有利于控制混凝土的收缩变形，但其膨胀性能、膨胀起始和终止时间受工程具体条件如原材料、配合比、环境温湿度以及约束条件等因素的影响，且膨胀过度膨胀可能会导致安定性问题。因此，需要结合不同工程的具体工况特点进行 MgO 混凝土应用技术研究，实现膨胀作用的有效与可控。

3. 导流洞封堵混凝土制备及其体积稳定性控制

针对工程存在的难题，在满足施工性、强度和耐久性指标的前提下，采用工程原材料，重点开展了外掺 MgO 封堵混凝土体积稳定性的试验研究，以此为 MgO 类型选择及封堵混凝土配合比设计提供依据。

根据导流洞封堵混凝土设计要求，体积稳定性有两层含义：首先，混凝土在浇筑成型和硬化的过程中，必须产生适度的膨胀以补偿自身的自收缩和温度收缩，且稳定以后仍然具有一定的微膨胀，对基岩的膨胀压应力不小于 0.3MPa；其次，膨胀率不能过大，因为过度的膨胀不仅会引起混凝土自身的损伤，还会危害到结构的稳定性，即所谓的安定性不良。因此，在采用膨胀剂补偿硬化混凝土收缩的时候，其基本原则是首先根据安定性试验结果确定膨胀剂掺量的上限，再在安定掺量范围内，研究不同类型膨胀剂的膨胀特性，使其膨胀历程与混凝土收缩历程匹配，以配制早期和中期微膨胀，后期膨胀稳定的封堵混凝土。

1）满足安定性要求的膨胀剂确定

从工程应用角度考虑，依据《水泥标准稠度用水量、凝结时间、安定性检验方法》（GBT 1346-2011），采用与现场混凝土配合比一致的水泥净浆来评定 MgO 混凝土的安定性，水胶比 0.48，粉煤灰掺量 25%。结合中热水泥化学组成中氧化镁的含量，外掺 MgO 的掺量选择 2%、3% 和 5% 三种，测定了掺两种活性 MgO 膨胀剂的水泥净浆的压蒸膨胀率，试验结果如表 8.5.2 所示。由表可见，对于活性反应时间为 50s 的氧化镁 M1，掺量为 5% 时，压蒸安定性仍然合格，表明这种活性反应时间低的氧化镁膨胀剂安定掺量相对较高。而活性反应时间为 189s 的氧化镁 M2，掺量为 2% 时，试件完好，压蒸膨胀率在标准规定的范围以内；当氧化镁 M2 掺量为 3% 时，压蒸膨胀率接近了标准值；M2 掺量为 5% 时的试件钉头松动，无法测得压蒸膨胀率。因此根据现行标准，M2 的安定掺量不宜大于 3%。膨胀剂的掺量是决定其膨胀效能的关键因素。将两种活性的氧化镁进行复配，可以在满足安定性的前提下，提高氧化镁的掺量，以获取所需的膨胀性能。

表 8.5.2 不同种类与掺量下氧化镁膨胀剂安定性试验结果

MgO 掺量	水胶比	压蒸膨胀率/%	试件状态	安定性判定
3% M1	0.26	0.121	完好	合格
5% M1	0.26	0.203	完好	合格
2% M2	0.48	0.146	完好	合格
3% M2	0.48	0.497	完好	合格
5% M2	0.48	/	试块膨胀变形、裂缝、钉头松动	不合格
2% M1+1% M2	0.48	0.188	完好	合格

2）不同活性氧化镁膨胀剂的复配

将活性反应时间为 50s 的 M1 和活性反应时间为 189s 的 M2 等量取代水泥，掺入水泥净浆中，水胶比为 0.35，研究不同活性反应时间的氧化镁膨胀剂对水泥净浆膨胀性能的影响，试验结果如图 8.5.3 和图 8.5.4 所示。由图 8.5.3 可见，掺活性反应时间低的 M1 的水泥净浆从养护开始就表现出显著的膨胀，膨胀在早期发展较快，以早期和中期膨胀为主；掺活性反应时间高的 M2 的水泥净浆与基准试件相比在养护初期并没有表现出明显膨胀，膨胀效能发挥较慢，在长龄期膨胀加速，膨胀稳定时间很长，以后期膨胀为主。在同掺量下，虽然掺 M2 的试件早期膨胀小，60d 以前的膨胀值均小于掺 M1 试件的同期膨胀率，但 120d 龄期的膨胀值则超过了掺 M1 的试件，膨胀效能高于 M1。由图 8.5.4 可见，温度的升高均加速了两种活性氧化镁膨胀剂的膨胀效能的发挥，膨胀稳定时间提前。但是两种活性反应时间的氧化镁膨胀剂的膨胀效能表现出不同的温度敏感性，掺活性反应时间高的 M2 的试件在 40℃水养条件下的膨胀值是 20℃同期膨胀值的数倍，譬如掺量为 5%时，掺 M2 的试件 40℃的最终膨胀值几乎为 20℃时同龄期的 10 倍，表现出很强的温度敏感性。而掺活性反应时间低的 M1 的试件在两种养护温度下膨胀终值相差较小。上述试验研究结果表明，不同活性反应时间的氧化镁膨胀剂，其膨胀特性有着较大的差异。活性反应时间低的氧化镁水化反应迅速，以早期和中期膨胀为主，可以用来补偿封堵混凝土早期和中期的收缩。活性反应时间高的氧化镁膨胀剂以后期膨胀为主，其膨胀效能受温度影响大，可以用来补偿长龄期的自收缩和温降收缩。

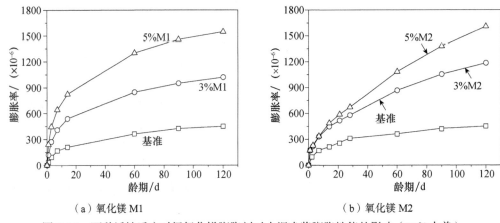

（a）氧化镁 M1　　　　　　　　　（b）氧化镁 M2

图 8.5.3　两种活性反应时间氧化镁膨胀剂对水泥净浆膨胀性能的影响（20℃水养）

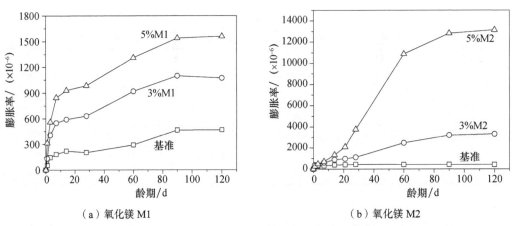

（a）氧化镁 M1　　　　　　　　　（b）氧化镁 M2

图 8.5.4　两种活性反应时间氧化镁膨胀剂对水泥净浆膨胀性能的影响（40℃水养）

综合上述的试验研究结果可知，对于硬化混凝土，活性反应时间低的氧化镁膨胀剂的膨胀主要在早中期，而活性反应时间高的氧化镁膨胀剂的水化及其膨胀相对缓慢，主要发生在后期，对两者进行适当的配伍，不仅膨胀效能增强，而且在膨胀的历程上相互补充，膨胀速率可以调控。氧化镁膨胀剂的膨胀特性主要取决于其活性反应时间，活性反应时间高的氧化镁以后期膨胀为主，膨胀对温度具有较高敏感性，适合于补偿温度收缩和长龄期的自收缩，但是安定掺量非常有限，为了取得更好的早期补偿效果，需要适当地复合活性反应时间低的氧化镁膨胀剂。通过对上述不同膨胀特性的膨胀剂进行复配，可以对封堵混凝土的膨胀率和膨胀速率实现调控，分阶段、全过程地补偿不同阶段的自收缩和温度收缩，提高其体积稳定性。

3）封堵混凝土配合比及主要性能

在上述试验研究的基础之上，依据有效、可控与安全的原则，设计研发了用于导流洞封堵混凝土的复合氧化镁膨胀剂，并结合导流洞封堵混凝土工作和力学性能要求，从水胶比、胶凝材料用量、骨料级配与砂率、膨胀剂掺量等几个方面，对其配合比进行了优化，得到最终用于导流洞下部的泵送混凝土和用于顶部的自密实混凝土配合比见表8.5.3，其主要工作和力学性能见表8.5.4。

表 8.5.3　导流洞封堵 $C_{90}20$ 混凝土配合比　　　　（kg/m³）

混凝土类型	水泥	粉煤灰	砂	大石	小石	水	膨胀剂
泵送	164	85	723	706	472	124	27
自密实	230	124	698	628	419	142	36

表 8.5.4　导流洞封堵 $C_{90}20$ 混凝土工作及力学性能

混凝土类型	坍落度/mm		含气量/%	扩展度/mm	凝结时间/h		抗压强度/MPa		
	初始	1h 后			初凝	终凝	7d	28d	90d
泵送	180	142	4.8	/	22.03	25.17	15.2	25.6	32.2
自密实	245	220	4.9	600	24.08	27.17	18.0	29.2	40.9

泵送混凝土 28d 的绝热温升为 31.3℃，28d 龄期的抗渗等级大于 W12，经过 150 次冻融循环后混凝土的相对动弹性模量为 93.1%，重量损失率为 0.16%，抗冻等级大于 F100，满足设计要求。参照《水工混凝土试验规程》（SL 352），测得的标准条件下泵送混凝土的自生体积变形随时间发展的曲线如图 8.5.5 所示，结果表明，混凝土在早期开始膨胀，14d 后膨胀速率变缓并逐渐稳定。

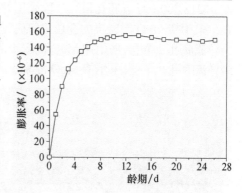

图 8.5.5　泵送混凝土的自生体积变形

进一步采用圆环试验考察了所配制的混凝土在约束条件下的膨胀应力，测得的圆环膨胀应变曲线如图 8.5.6 所示，结果表明，20℃环境下，混凝土变形稳定后，圆环的膨胀应变约为 $40×10^{-6}$，由此计算出的混凝土膨胀压应力约为 0.3MPa。

考虑到膨胀剂的温度敏感性，结合导流洞混凝土所处的实际环境及水化热温升，采用智能环境模拟试验箱，模拟实体结构的变温环境，通过埋设应变计的方法测量混凝土在变温条件下的体积变形，试验结果如图 8.5.7 所示。泵送混凝土在变温条件下膨胀稳定后的膨胀值约为 230×10^{-6}，是常温时的 1.5 倍。

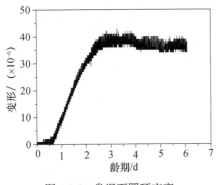

图 8.5.6　常温下圆环应变

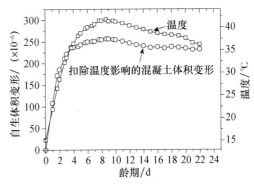

图 8.5.7　混凝土在变温条件下的体积变形

4. 实际应用效果

采用基于上述配合比和外加剂制备的混凝土，对 1#导流洞和 2#导流洞进行了封堵施工，整个浇筑过程中混凝土无泌水、离析现象发生。浇筑完的封堵混凝土质量完好，承受了水库蓄水之后的净水压力，未发生渗漏现象。

8.5.1.2　向家坝水电站

1. 工程概况

向家坝水电站在进行主体二期工程施工时由于渡汛需要，在左岸主体工程预留了 6 个导流底孔（图 8.5.8、图 8.5.9），1#（坝左 0+298.400）、3#（坝左 0+258.400）和 5#（坝左 0+218.400）导流底孔最后一段采用外掺 MgO 混凝土进行封堵，其中 1#导流底孔 3 个仓，采用掺 MgO 混凝土的仓位浇筑高程分别为 262~266m、266~272m 和 272~274m；3#导流底孔 2 个仓，采用掺 MgO 混凝土的仓位浇筑高程分别为 268~272m 和 272~274m；5#导流底孔 2 个仓，采用掺 MgO 混凝土的仓位浇筑高程分别为 268~272m 和 272~274m。

图 8.5.8　向家坝水电站工程概貌

图 8.5.9　向家坝水电站导流洞概貌

2. 外掺 MgO 混凝土变形性能室内试验研究

向家坝水电站 1#和 3#导流底孔混凝土设计强度等级 C25，MgO 掺量 4%；5#导流底孔混凝土设计强度等级 C20，MgO 掺量 5%。经试验研究确定的 MgO 活性反应时间为 115s。

左岸 1#导流底孔封堵第 5 段混凝土（4% MgO 掺量）和左岸 5#导流底孔封堵第 8 段混凝土（0% MgO 掺量、5% MgO 掺量）自生体积变形测试结果如图 8.5.10 所示。从图中可以看出，掺 MgO 膨胀剂混凝土自生体积变形为微膨胀型，不掺 MgO 混凝土自生体积变形为收缩型。420d 时，以不掺 MgO 泵送混凝土为基准，掺 4%MgO 混凝土自生体积变形增量为 $9×10^{-6}$，掺 5%MgO 混凝土自生体积变形增量为 $42×10^{-6}$。

左岸 5#导流底孔外掺 MgO 混凝土干缩检测结果见图 8.5.11。从干缩检测结果看，掺 MgO 膨胀剂的混凝土各龄期干缩值均略小于不掺 MgO 混凝土，180d 龄期时，未掺 MgO 的混凝土干缩率为 $305×10^{-6}$，MgO 掺量为 5%的混凝土干缩率为 $285×10^{-6}$。

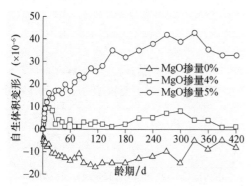

图 8.5.10 导流洞封堵混凝土自生体积变形

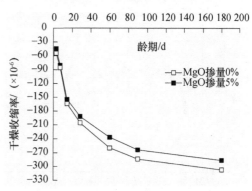

图 8.5.11 导流洞封堵混凝土干燥收缩

3. 实体结构混凝土性能监测

为充分了解导流底孔封堵试验段外掺 MgO 混凝土的温度、应变历程，评估技术方案实施效果，北京中水科水电科技开发有限公司对工程实体结构混凝土性能进行了监测。在导流底孔各仓位中部分别沿上/下游方向布置 2 套五向应变计组，并配套埋设相应的无应力计；于上游侧封堵段老混凝土交界面埋设 2 支测缝计，高程较低的部位左/右边墙各布设一支，高程较高的部位在左/右拱肩各布设一支，在顶拱部位布设一支；在每一仓内同一水平面分别布置 3 支温度计；在未外掺 MgO 的导流底孔第一段、第二段均布置有针对新老混凝土间缝开合度监测的测缝计，与试验段缝开合度形成对比分析。

1）无应力计监测结果

无应力计的测值过程线见图 8.5.12。从图中可以看出，截至 2014 年 12 月 21 日，1#导流底孔无应力计应变在 $-1.57×10^{-6} \sim 40.6×10^{-6}$ 之间，平均应变为 $26.3×10^{-6}$；3#导流底孔无应力计应变在 $-5.18×10^{-6} \sim 18.86×10^{-6}$ 之间，平均应变为 $7.7×10^{-6}$；5#导流底孔无应力计应变在 $32.38×10^{-6} \sim 60.95×10^{-6}$ 之间，平均应变为 $48.12×10^{-6}$。各导流底孔混凝土体积变形呈膨胀状态，主要发生在混凝土浇筑前期，其中 5#导流底孔混凝土膨胀量最大。

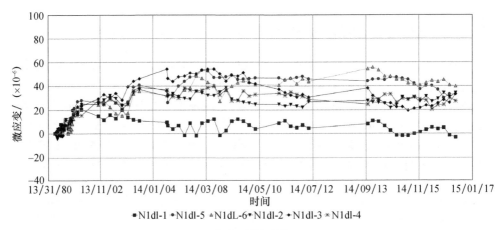

（a）1#导流底孔

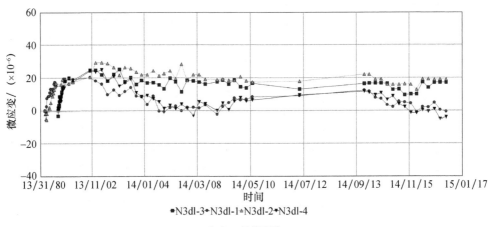

（b）3#导流底孔

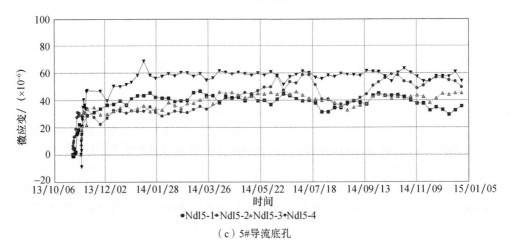

（c）5#导流底孔

图 8.5.12　导流底孔无应力计应变-时间过程线（中国长江三峡集团公司研究报告，2015）

2）五向应变计组监测结果

将五向应变计组测值按弹性力学初步计算得出轴向应变（未考虑徐变影响），1#和3#导流底孔的弹性模量取 31.8GPa，5#导流底孔的弹性模量取 29.1GPa，计算成果如表 8.5.5 所示。从表中可以看出：

（1）1#导流底孔的底层应力最小，第二层应力较大，上层应力次之，各测点各向均处于受压状态，在三个部位中，1#孔压应力最大；

（2）3#导流底孔下层混凝土压应力最大，上层混凝土压应力次之，各测点各向均处于受压状态；

（3）5#导流底孔各测点各向应力均处于微小拉应力状态；

（4）从各导流底孔横向比较来看，1#导流底孔压应力最大，3#次之，5#基本处于受拉状态。与 1#和 3#导流底孔不同，5#导流底孔产生拉应力可能与现场结构形态有关，在5#导流底孔与 6#导流底孔之间有一个预留缝，受该预留缝影响，老混凝土无法对新浇筑的外掺 MgO 混凝土产生较强的约束，由于 5#导流底孔外掺 MgO 含量高于另外两个部位，混凝土产生的膨胀量也略高。

表 8.5.5　混凝土应力计算成果（中国长江三峡集团公司研究报告，2015）

测点编号	σ_x		σ_y		σ_z	
	测值/MPa	平均值/MPa	测值/MPa	平均值/MPa	测值/MPa	平均值/MPa
S51dl-2	−0.75		−1.39		−0.52	
S51dl-3	−4.60		−6.60		−4.13	
S51dl-4	−4.97	−3.42	−5.55	−4.79	−6.34	−3.94
S51dl-5	−3.49		−4.92		−2.87	
S51dl-6	−3.28		−5.51		−5.86	
S53dl-1	−4.00		−4.75		−4.44	
S53dl-2	−3.43	−2.63	−3.56	−3.13	−3.66	−2.89
S53dl-3	−0.78		−1.07		−1.73	
S53dl-4	−2.30		−3.13		−1.73	
S5dl5-1	0.91	0.62	1.23	0.72	0.78	0.53
S5dl5-2	0.33		0.22		0.27	

注："-"表示受压。

3）测缝计监测结果

永久测缝计位于 3#和 6#导流底孔靠近上游侧的三个断面上，试验段测缝计位于 1#、3#和 5#导流底孔的靠近下游侧位置。监测结果见表 8.5.6，永久测缝计和试验段测缝计监测数据过程线见图 8.5.13，其中埋设时间较早的测值较大的为永久测缝计测点，测值较小的为试验段测点。从图 8.5.16 可以看出，各部位测缝计测值已基本趋于稳定。试验段缝开合度比永久测缝计测值小 0.47 ~ 0.66mm，5#导流底孔的缝开合度（0.08 ~ 0.28mm）比 1#和 3#导流底孔的缝开合度也要小。从监测结果来看，混凝土中外掺 MgO 后产生膨胀，使得与老混凝土之间的缝开合度减小，且掺量为 5%的部位比掺量为 4%的部位的缝开合度小。

表 8.5.6　导流底孔封堵永久监测仪器和试验段监测仪器结果对比
（截至 2014 年 12 月 21 日）（中国长江三峡集团公司研究报告，2015）

永久测点			外掺 MgO 试验段测点					
仪器编号	开合度/mm	温度/℃	仪器编号	开合度/mm	温度/℃	仪器编号	开合度/mm	温度/℃
Jd3-1	1.24	18.9	J3dl-1	−0.04	13.4	Jdl5-1	0.20	23.4
Jd3-2	1.14	18.2	J3dl-2	0.43	21.9	Jdl5-2	0.10	23.1
Jd3-3	0.73	18.8	J3dl-3	0.67	22.4	Jdl5-3	0.08	23.7
Jd3-4	1.14	20.2	J3dl-4	0.13	22.2	Jdl5-4	0.28	22.9
Jd3-5	1.40	17.7	J3dl-5	0.29	22.7	/	/	/
Jd3-6	0.77	20.3	J3dl-6	0.21	21.8	/	/	/
Jd3-7	1.33	21.5	J3dl-7	0.25	20.6	/	/	/
Jd3-8	0.83	22.1	/	/	/	/	/	/
Jd3-9	0.55	18.3	/	/	/	/	/	/
Jd3-10	1.16	19.6	/	/	/	/	/	/
最大值	1.33	/	/	0.67	/	/	0.28	/
最小值	0.55	/	/	-0.04	/	/	0.08	/
平均值	1.03	/	/	0.28	/	/	0.17	/

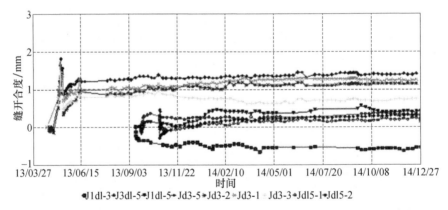

图 8.5.13　部分永久监测仪器和试验段监测仪器过程线（中国长江三峡集团公司研究报告，2015）

8.5.2　马滩红水河特大桥、六景郁江特大桥

8.5.2.1　马滩红水河特大桥

1. 工程概况

马滩红水河特大桥是柳州至南宁高速公路改扩建工程中来宾绕城线上一座特大桥，位于来宾市兴宾区来宾铁路二桥及湘桂铁路红水河双线特大桥下游约 4.3km 处（图 8.5.14）。全桥钢管拱计算跨径 320m，采用变高度四管桁式截面，拱顶截面高 7.0m，拱脚截面高 12m。上、下弦管直径 1200mm，壁厚 22～32mm，管内灌注 C55 自密实无收缩混凝土。

大桥分为左右两幅, 每幅 8 根主弦管, 共 16 根主弦管, 每根主弦管需灌注约 400m³ 混凝土。

管内混凝土灌注质量的保障是整个钢管混凝土拱桥工程建设成功的关键之一, 该工程管内混凝土制备与施工难度较大, 主要表现为: ①管内混凝土工作性能受原材料、气温、时间、施工等波动影响大, 敏感性高, 稳健性差, 在泵送顶升施工过程中叠加管壁、法兰、剪力钉等的阻碍作用, 容易造成灌注不密实; ②由于低水胶比和高胶凝材料用量, 管内混凝土强度等级高、水化温

图 8.5.14 马滩红水河特大桥

升与收缩变形大, 严重影响其体积稳定性, 使收缩脱粘乃至脱空风险急剧上升。

2. 管内无收缩混凝土制备

针对上述问题, 如表 8.5.7 所示, 研究提出在大直径钢管内应用自密实、无收缩混凝土, 从工作性能与体积稳定性能两方面对管内混凝土性能进行调控优化, 使得核心混凝土灌注密实且与钢管壁紧密贴合、协同受力。基于这些性能要求, 设计如表 8.5.8 所示的管内自密实、无收缩混凝土配合比, 其中膨胀剂采用塑性膨胀组分、轻烧氧化钙、不同活性反应时间氧化镁复合, 通过复配比例的调整, 匹配钢管混凝土实体结构的温度与收缩历程, 分阶段、全过程补偿其收缩变形, 实现无收缩。

表 8.5.7 管内自密实、无收缩混凝土性能要求及其测试方法

项目		指标要求	检测方法
工作性能	坍落扩展度/mm	初始 650±50, 4h 后 ≥500	JGJ/T 283-2012
	扩展时间 T_{50}/s	2 ~ 5	
	J 环扩展度/mm	0 ~ 25	
	含气量/%	≤2.5	
	终凝时间/h	≥20	
体积稳定性能	终凝前自生体积变形 (竖向膨胀率) /%	0 ~ 0.1	GB/T 50448-2008
	自生体积变形 (自终凝开始测试) /% 3d	≥0.015	SL352-2006
	56d	≥0	
	水中 14d 限制膨胀率/%	≥0.030	JGJ/T 178-2009
	水中 14d 转空气中 28d 限制膨胀率/%	≥-0.010	

表 8.5.8 马滩红水河大桥 C55 管内混凝土配合比 （kg/m³）

材料	水泥	粉煤灰	矿渣粉	硅粉	膨胀剂	砂	大石	小石	水	减水剂
规格	柳州鱼峰 P·II 42.5	来宾电厂 I 级	S95 级	重庆	苏博特 HME®-II	中河砂	5 ~ 10mm	10 ~ 20mm	饮用水	苏博特 PCA-I
用量	400	45	25	10	50	711	736	316	157	12.72

在室内试验研究基础上,开展管内自密实、无收缩混凝土缩尺模型试验。模型采用直径 0.6m、高 1.5m、壁厚 12mm 的小型钢管,对比是否掺加混凝土膨胀剂以及是否外保温(整体包覆 15mm 厚干棉絮)对构件混凝土温度、应变历程的影响。

采用预埋应变计的方式对缩尺模型混凝土温度、应变进行监测,结果如图 8.5.15 所示,结果表明:

(1)膨胀剂对管内混凝土温升值及达到温峰的时间影响不大,但保温措施显著增大了其早期温升,减小了温降速率;

(2)膨胀剂掺入增大了管内混凝土温升阶段的膨胀变形,但因外侧钢管壁强约束作用的存在,膨胀变形明显小于试验室无约束试件;同时,膨胀剂掺入降低了管内混凝土温降阶段的收缩变形,保温措施有利于膨胀剂中镁质组分效能的进一步发挥,使得减缩效果进一步提升;

(3)因管内混凝土入模温度高于试验日平均气温约 7℃,而其最终温度降至气温,由于入模温度高于气温带来的混凝土温降收缩约 $70×10^{-6}$。扣除这一影响后,掺加钙镁复合膨胀剂并采取外保温的混凝土在测试龄期内可以做到无收缩(管内混凝土入模温度与气温相同时,最终膨胀变形约 $40×10^{-6}$)。但是,这也对管内混凝土的入模温度提出要求,应不高于日平均气温 4℃以上,且不因阳光暴晒等原因在终凝前显著升温。

基于模型试验结果,实桥结构混凝土所用原材料应尽量降温使用(水泥储存一段时间后再使用,砂石料仓、拌合水池覆盖遮阳),并尽可能采取保温措施,有利于膨胀剂效能的有效发挥。

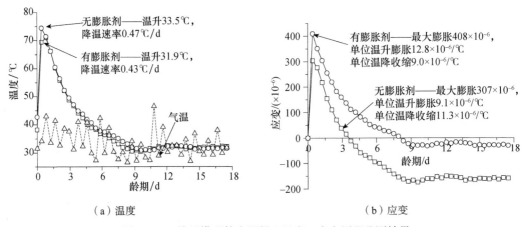

（a）温度　　　　　　　　　　　　　　　　（b）应变

图 8.5.15　缩尺模型管内混凝土温度、应变历程监测结果

3. 工程应用及其效果监测

采用研究制备的自密实、无收缩混凝土,结合真空辅助灌注技术进行实桥管内混凝土的灌注施工,同时对其温度、应变历程进行监测,典型结果如图 8.5.16 所示。在此基础上,采用超声波法对管内混凝土施工质量情况进行检测,结果如图 8.5.17 所示。结果表明:

(1)管内混凝土灌注完成后,经过短时间的缓凝,随后温度急剧上升,在 25~30h 间达到温峰,中心处温升近 40℃(与结构尺寸有关,管径越大,这一时间越长,温升也

越大），显著高于管壁处；

（2）管内混凝土温升阶段发生显著的体积膨胀，在有外侧钢管壁强约束的情况下，膨胀变形的峰值约 $480×10^{-6}$，单位温升膨胀变形显著高于混凝土自身线膨胀系数，可对外侧管壁产生一定膨胀预压应力；

（3）管内混凝土温降阶段发生显著的体积收缩，但温度降低至气温时，残余变形仍然为正；

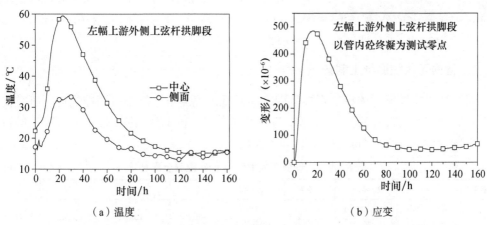

（a）温度   （b）应变

图 8.5.16 马滩红水河大桥管内混凝土早期温度、应变历程监测结果

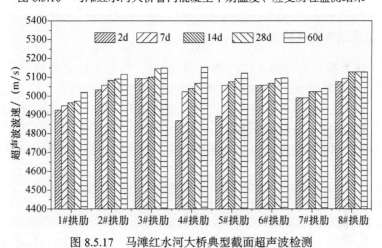

图 8.5.17 马滩红水河大桥典型截面超声波检测

（4）不同龄期时实桥混凝土全拱肋的超声波速的检测结果合格率均为 100%，优良率为 85%，其中有 3 根拱肋优秀率达到 100%，2 根拱肋优秀率达 98%。

总体而言，马滩红水河特大桥全桥管内混凝土密实度高，施工质量优良。

8.5.2.2 六景郁江特大桥

1. 工程概况

六景郁江特大桥是位于柳州至南宁高速公路改扩建工程中六景工业园区的一座主跨

图 8.5.18　六景郁江特大桥

为 265m 的下承式钢管混凝土拱桥，矢高 58.9m，矢跨比为 1/4.5，拱轴系数为 1.35。全桥分为 2 个拱肋，每肋为上下各 2 根 Φ1000mm×（20、22、24、28）mm 变厚度、内灌 C50 自密实、无收缩混凝土的钢管混凝土弦杆。其中第 1 节段上、下弦杆采用 Φ1000mm×28mm 钢管；第 2 节段上弦杆采用 Φ1000mm×22mm 钢管，下弦杆采用 Φ1000mm×24mm 钢管；其余节段上、下弦杆均采用 Φ1000mm×20mm 钢管（图 8.5.18）。

2. 管内无收缩混凝土制备

同样从工作性能与体积稳定性能两方面对管内混凝土性能进行调控优化，研究提出如表 8.5.9 所示的管内混凝土配合比，与马滩红水河大桥工程相同，掺入了占胶凝材料总量 10%的复合膨胀剂，性能满足表 8.5.8 要求。

表 8.5.9　六景郁江大桥管内 C50 混凝土配合比　　　　　　　　　　　（kg/m³）

材料	水泥	粉煤灰	矿渣粉	膨胀剂	砂	大石	小石	水
规格	柳州鱼峰 P·II 42.5	来宾电厂 I 级	S95 级	苏博特 HME®-II	中河砂	5～10mm	10～20mm	饮用水
用量	360	59	58	53	777	746	195	154

3. 工程应用及其效果检测

六景郁江特大桥钢管混凝土灌注数量为 8 根，每根上弦管的混凝土灌注方量为 204m³，每根下弦管为 210m³，每次灌注两根弦管，灌注顺序依照先上后下先外后内的原则对称进行。全桥共分为 4 次灌注，每次灌注按顺序先完成一根，紧接着灌注另一根，每个半拱一次灌注完成，不进行分级。

采用超声波法对灌注完成混凝土后的拱肋密实性进行检测，结果如图 8.5.19 所示。

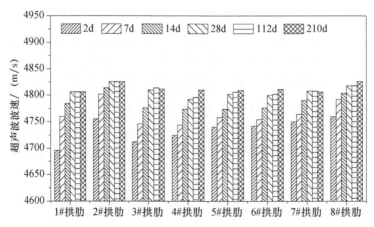

图 8.5.19　六景郁江大桥典型截面超声波检测

由图可见，管内混凝土 28d 龄期时的超声波速检测结果优秀率为 85%，优良率为 98%，合格率为 100%；随着龄期延长至半年以上，混凝土强度进一步增长，超声波速也同步逐渐提高，表明全桥管内混凝土密实度高，未出现脱空。

8.5.3　南京青奥双塔楼

1. 工程概况

南京青奥中心项目由办公酒店塔楼及会议中心组成，总建筑面积 286985.17m²，地上部分 286985.17m²，地下部分 34018.67m²。地上结构由 2 栋塔楼及裙房构成，其中塔楼 A 地下 3 层，地上 58 层，建筑总高度 249.500m；塔楼 B 地下 3 层，地上 68 层，建筑总高度 314.50m。

塔楼为钢筋混凝土（局部劲性梁柱）核心筒-钢管混凝土密柱外框筒结构，其中框架与核心筒抗震等级均为特一级。塔楼 A 外框筒共计 26 根钢管混凝土柱，塔楼 B 外框筒共计 28 根钢管混凝土柱，断面尺寸有 1600cm×1600cm×50cm、1400cm×1400cm×50cm、1300cm×1300cm×45cm、1200cm×1200cm×35cm 及 900cm×900cm×30cm 等多种，采用 C60 混凝土灌注填充。

2. 管内无收缩混凝土制备

通过掺入胶凝材料总量 10%的复合膨胀剂实现管内混凝土无收缩，研究提出的混凝土配合比如表 8.5.10 所示。

表 8.5.10　南京青奥双塔楼管内 C60 混凝土配合比　　　　　　　（kg/m³）

材料	水泥	粉煤灰	矿渣粉	膨胀剂	砂	石子	水	减水剂
规格	中联 P·Ⅱ 52.5	华能 I 级	南钢 S95	苏博特 HME®-II	中河砂	5~20mm连续级配	饮用水	苏博特 PCA-IV
用量	366	71	38	53	720	994	158	6.34

采用上述配合比，进行实体结构浇筑前的工艺试验。采用的试验柱为 8.7m 长、900mm×900mm~1000mm×1000mm 变截面矩形钢管柱，钢柱内横隔板与栓钉设置同实体结构设计要求，其它节点按照标准层的节点设置。试验柱基础为 3.5m×3.5m×1.2m 的现浇 C35 混凝土块体，配 Φ18@200（二级钢）双层双向钢筋，地脚螺栓预埋，定位准确。

试验测得管内 C60 混凝土主要工作与力学性能如表 8.5.11 所示，满足设计与施工要求。

表 8.5.11　试验柱混凝土工作与力学性能

测试项目	坍落扩展度/mm		含气量/%	抗压强度/MPa			
	初始	2h		7d	28d	60d	90d
测试结果	660	650	2.1	54.2	67.4	73.1	76.5

钢管混凝土试验柱自密实混凝土浇筑采用泵送高抛的方式，不振捣。待混凝土浇筑完成 28d 后，将钢管柱放倒，采用金刚石绳锯从钢管柱中间切割展开，观测混凝土密实程度以及焊接高温对其影响。

现场观测结果表明，试验柱切割面混凝土观感较好，整体密实性佳，无离析，钢柱内环板周边混凝土与环板结合紧密，钢柱外焊接部位混凝土未被焊接高温灼伤（图 8.5.20）。管内混凝土实体回弹强度符合设计要求。

　（a）柱底混凝土无离析　　　　　（b）内环板周边混凝土密实　　　　（c）钢柱外焊接对混凝土无损伤
图 8.5.20　试验柱管内混凝土密实性检测

3. 工程应用

在试验研究基础上，自密实无收缩混凝土成功应用于南京青奥中心项目 2 个塔楼的钢管柱中，施工过程顺利，保障了工程质量。

8.5.4　高速铁路 CRTS Ⅲ 型板式无砟轨道

1. 工程概况

高速铁路 CRTS Ⅲ 型板式无砟轨道是由钢轨扣件、有挡肩预制混凝土轨道板、自密实混凝土充填层（厚度一般 9～11cm）、铺有土工布的混凝土底座或水硬性支承层等构成的轨道结构，其中充填层是整个无砟轨道结构中关键组成部分，起到支撑、承力与传力以及调节高度等重要功能。充填层自密实混凝土材料与轨道板形成一个整体的复合结构，在其服役期间，共同经受持续疲劳荷载、温度应力以及环境因素作用破坏，因此，要求充填层自密实混凝土与基础及轨道板间结合良好，不应出现脱空与开裂现象。为保障优异的工作性能，自密实混凝土通常具有高粉体用量、高砂率、低水胶比、低骨料用量的配合比特征，这决定了其早期收缩较大，特别是早期的自收缩。对于 CRTS Ⅲ 型板式无砟轨道结构而言，这一方面可能会带来充填层与钢筋混凝土底座、轨道板之间的脱空问题，另一方面由于基础等的限制作用，也显著增加了充填层收缩开裂的风险，影响整个轨道结构平顺性、安全性及耐久性。因此，采取必要措施补偿充填层自密实混凝土收缩至关重要。

2. 自密实混凝土分阶段、全过程补偿收缩技术

为解决 CRTS Ⅲ 型板式无砟轨道自密实混凝土材料早期塑性阶段沉降收缩大，影响

轨道精调控制；后期结构形成后封闭环境下自干燥收缩大，容易产生离缝和裂缝，影响结构整体使用寿命的问题，以研制出自密实、无收缩的混凝土，保障轨道板与自密实混凝土充填层紧密接合、共同受力，并降低充填层收缩开裂风险为目标，提出了如表 8.5.12所示的 CRTS Ⅲ型板式无砟轨道自密实混凝土收缩变形全过程控制关键指标，为充填层混凝土的良好体积稳定性提供保障。

表 8.5.12　自密实混凝土体积变形技术要求与检测方法

项目		指标要求	检测方法
终凝前自生体积变形（竖向膨胀率）/%		0 ~ 0.1	GB/T 50448-2008
自生体积变形（自终凝开始）/%	7d	≥0.020	SL352-2006
	56d	≥0.010	
56d 干燥收缩率/%		≤0.035	GB/T 50082-2009

基于如表 8.5.12 所示的性能要求及 CRTS Ⅲ型板式无砟轨道自密实混凝土层结构特点，采用塑性膨胀组分与轻烧氧化钙复合，通过复配比例的优化调整（表 8.5.13），匹配实体结构的收缩历程，分阶段、全过程补偿其收缩变形，典型的试验结果如图 8.5.21所示。

表 8.5.13　郑徐客专 CRTS Ⅲ型板式无砟轨道自密实混凝土配合比　（kg/m³）

编号	水泥	粉煤灰	矿渣粉	膨胀剂	黏度改性剂	砂	石子	水
1	272	94	81	46	33	852	820	176
2	265	102	84	46	33	886	785	180
3	264	100	105	46	31	844	810	179

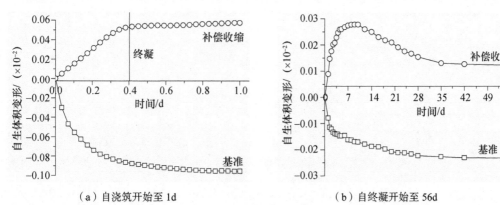

（a）自浇筑开始至 1d　　　　　（b）自终凝开始至 56d

图 8.5.21　CRTS Ⅲ型板式无砟轨道自密实混凝土分阶段、全过程收缩补偿

3. 工程应用

在前期试验研究基础上，将制备的具有分阶段、全过程补偿收缩效能的高效膨胀组分应用于郑徐客运专线，部分标段自密实混凝土配合比如表 8.5.13 所示。

根据高速铁路 CRTS Ⅲ型板式无砟轨道自密实混凝土关于体积变形的要求及各标

段自密实混凝土原材料与配合比的差异性，在 C40 自密实混凝土中掺入约占胶凝材料总量 8% ~ 9%的高效膨胀组分，混凝土限制膨胀率、自生体积变形及干燥收缩率的试验结果满足研究提出的收缩变形控制指标要求，取得了良好的应用效果。

该技术还应用于沈丹客专、京沈客专、商合杭客专等多项高速铁路工程，有力保障了 CRTS Ⅲ 型板式无砟轨道自密实混凝土的体积稳定性与施工质量。

参 考 文 献

巴恒静，邓洪卫，高小建．2000．高性能混凝土微裂缝与显微结构的研究［J］．混凝土，（1）：14-17．

常州市轨道交通发展有限公司，江苏苏博特新材料股份有限公司，等．2017．城市轨道交通地下工程结构混凝土抗裂防水成套技术研究鉴定报告［R］．

陈刚，刘教民，谭东杰．2007．基于光纤光栅传感器的智能电器温度场监测［J］．低压电器，（7）：1-3．

陈艳，王海燕，张朋，等．2008．简述光纤温度传感器的原理及应用［J］．传感器世界，（12）：23-27．

崔正刚，Clint J H，Binks B P．2004．薄层毛细渗透技术测定多孔性固体颗粒的接触角［J］．日用化学工业，34（2）：71-74．

岡田青，六車熙．コンクリート工学ハンドブック（改訂新版）［M］．東京：朝倉書店，1981．

高小建，巴恒静．2001．混凝土结构耐久性与裂缝控制中值得探讨的几个问题［J］．混凝土，（11）：12-13．

高小建．2003．高性能混凝土早期开裂机理与评价方法［D］．哈尔滨：哈尔滨工业大学．

耿飞，钱春香．2003．图像分析技术在混凝土塑性收缩裂缝定量测试与评价中的应用研究［J］．东南大学学报（自然科学版），33（6）：773-776．

龚剑，房霆宸，夏巨伟．2018．我国超高建筑工程施工关键技术发展［J］．施工技术，（6）：19-25．

贵州省水利水电勘测设计研究院．2016．氧化镁混凝土拱坝筑坝关键技术研究及工程实践［M］．北京：中国水利水电出版社：5

郭飞，刘加平，田倩，等．2010．采用温度应力试验机研究补偿收缩混凝土的开裂敏感性［A］//赵顺增，刘立．第五届全国混凝土膨胀剂学术交流会论文集［M］．北京：中国建材工业出版社：65-70．

韩方晖，王栋民，阎培渝．2014．含不同掺量矿渣或粉煤灰的复合胶凝材料的水化动力学［J］．硅酸盐学报，42（5）：613-620．

韩建国，杨富民．2001．混凝土减缩剂的作用机理及其应用效果［J］．混凝土，（4）：25-29．

洪开荣．2017．我国隧道及地下工程近两年的发展与展望［J］．隧道建设，（2）：14-25．

江晨晖，杨杨，李鹏，等．2013．水泥砂浆的早龄期热膨胀系数的时变特征［J］．硅酸盐学报，41（5）：605-611．

蒋子铎，邝生鲁，杨诗兰．1987．动态法测定粉末—液体体系的接触角［J］．化学通报，6（7）：17-21．

李华，王育江，徐文，等．2017．地铁车站高性能混凝土研究与应用［A］//2017年江苏省城市轨道交通建设学术年会论文集［C］．南京：江苏省土木建筑学会城市轨道交通建设专业委员会：597-603．

李进辉，李阳，刘可心，等．2014．超大断面预制沉管混凝土裂缝控制技术［J］．混凝土，（4）：146-151．

李磊，刘加平，田倩，等．2011．高性能养护剂的开发及其应用［J］．混凝土，（6）：134-136．

李路，李志全，耿敏，等．2018．侧墙结构混凝土早龄期开裂风险影响因素定量研究［J］．混凝土与水泥制品，2018，（269）：70-76．

李世华．2012．外加剂对混凝土收缩开裂性能的影响［D］．郑州：郑州大学．

林晖，高培伟，刘加平，等．2007．混凝土早期开裂试验方法评述［J］．工业建筑，37（zl）：926-930

林琳，王丽珍．1996．基于边缘强度的图像分割［J］．云南大学学报（自然科学版），18（1）：53-56．

林志海．2002．混凝土早期开裂试验评价研究［D］．北京：清华大学土木工程系建筑材料研究所．

刘红飞，蒋元海，叶蓓红．2006．建筑外加剂［M］．北京：中国建筑工业出版社：224-226．

刘加平，田倩，等．2007．早龄期混凝土变形与监控技术的研究鉴定报告［R］．南京：江苏省建筑科学研究院．

刘加平，田倩，缪昌文，等．2010．二元超双亲自组装成膜材料的制备与应用［J］．建筑材料学报，（13）：334-340．

刘加平，田倩，唐明述．2006．膨胀剂和减缩剂对于高性能混凝土收缩开裂的影响［J］．东南大学学报（自然科学版），31（11）：195-199．

刘加平，田倩，王育江，等．国家杰出青年基金项目——水泥基材料服役特性与提升的关键科学问题结题报告［R］．南京：江苏省建筑科学研究院有限公司．

刘加平，田倩，张守治，等．2009．氧化镁复合膨胀剂在高性能混凝土中应用技术的研究鉴定报告［R］．南京：江苏省建筑科学研究院有限公司．

刘加平，张守治，田倩，等．2010．氧化镁复合膨胀剂对高性能混凝土变形特性的影响［J］．东南大学学报，40（II）：208-213．

刘加平，张守治，田倩，等．2011．民用建筑用轻烧 MgO 膨胀剂的制备与性能［J］．建筑材料学报，（5）：664-668．

刘加平．2008．水泥基材料塑性变形与塑性开裂的性能及机理［D］．南京：南京工业大学．

陆安群，李华，夏强，等．2016．温度历程对掺 MgO 水工混凝土膨胀效能的影响分析［A］//贾金生，谢小平，等．中国大坝工程学会 2016 学术年会论文集［C］：99-104．

陆安群，田倩，李华，等．2017．煅烧制度对 MgO 膨胀剂组成结构及膨胀性能的影响［J］．混凝土与水泥制品，（4）：8-13．

鹿永久，王瑞，王伟，等．2018．水分蒸发抑制剂对乌东德水电站混凝土强度的影响研究［J］．新型建筑材料，（10）：8-11．

罗居刚．2018．微波法检测混凝土内部湿度的试验研究［J］．研究探索，36（3）：45-48，55．

吕志锋，于诚，佘维娜，等．2016．淀粉基水泥水化热调控材料的制备及作用机理［J］．建筑材料学报，（4）：625-630．

马冬花，尚建丽．2003．高性能混凝土的自收缩［J］．西安建筑科技大学学报，35（1）：82-84．

马一平，仇建刚．2005．防裂抗渗水泥基材料的研究［J］．建筑材料学报，8（1）：11-16．

马一平，朱蓓蓉，谈慕华．2003．水泥砂浆塑性抗拉强度与收缩开裂的关系［J］．建筑材料学报，6（1）：20-24．

缪昌文，刘加平，田倩，等．2004．化学外加剂对混凝土收缩性能的影响［A］//韩素芳，耿维恕．钢筋混凝土结构裂缝控制指南［M］．北京，化学工业出版社：81-94．

缪昌文，田倩，刘加平，等．2007．基于毛细管负压技术测试混凝土最早期的自干燥效应［J］．硅酸盐学报，（4）：509-516．

莫样银，卢都友，梅来宝，等．2000．国外延迟性钙矾石反应研究进展及评述［J］．混凝土，（1）：6-10．

钱春香，朱晨峰．2009．掺和料及引气剂对水泥混凝土热膨胀系数的影响［J］．建筑材料学报，12（3）：310-314．

钱文勋，张燕迟．2010．大坝混凝土早期热膨胀系数的研究［J］．水利水运工程学报，（3）：71-74．

秦耀东．2003．土壤物理学［M］．北京：高等教育出版社．

孙其诚，王光谦．2008．颗粒物质力学导论［M］．北京：科学出版社．

孙伟，缪昌文．2012．现代混凝土理论与技术［M］．北京：科学出版社．

覃维祖．2001．混凝土的收缩、开裂及其评价与防治［J］．混凝土，（7）：3-7．

唐明述．2001．提高重大混凝土工程耐久性对节约资源能源、保护环境意义重大［A］//周光召，朱光亚．共同走向科学——百名院士科技系列报告集［C］，北京：新华出版社．

田培．2000．我国混凝土外加剂现状和展望［J］．混凝土，（3）：3-8

田倩，刘加平，缪昌文．2006．超塑化剂对混凝土收缩开裂性能的影响［A］//高性能混凝土和矿物掺合料的研究与工程应用技术交流会论文集［C］：486-491．

田倩，孙伟，缪昌文，等．2005．高性能混凝土自收缩测试方法探讨［J］．建筑材料学报，（2）：82-89．

田倩，王育江，等．2010．高性能混凝土早期养护关键技术的研究鉴定报告［R］．南京：江苏省建筑科学研究院有限公司．

田倩，王育江，李磊，等．2013．一种基于孔隙负压测试的混凝土早期养护方法［J］．建筑材料学报，16（4）：587-591，613．

田倩，王育江，张守治，等．2014．基于温度场和膨胀历程双重调控的侧墙结构防裂技术［J］．混凝土与水泥制品，（5）：20-24．

田倩．2006．低水胶比大掺量矿物掺合料水泥基材料的收缩及机理研究［D］．南京：东南大学材料科学与工程学院．

王立忠，李玲玲．2006．结构性软土非线性弹性模型中泊松比的取值［J］．水利学报，37（2）：150-159．

王铁梦．1997．工程结构裂缝控制［M］．北京：中国建筑工业出版社．

王伟，李明，李磊，等．2016．水分蒸发抑制剂对水工混凝土分层浇筑时性能的影响［A］//水利水电工程建设与运行管理技术新进展——中国大坝工程学会 2016 学术年会论文集［C］：462-469．

王武勤．2018．桥梁工程技术发展与展望［J］．施工技术，（6）：103-108．

王学水，张冉冉．2017．几种接触式测温方法的比较［J］．电子世界，（23）：19-20．

王有发，杨熙，庞瑾．2018．2017 年中国城市轨道交通运营线路统计和分析——中国城市轨道交通"年报快递"之五［J］．城市轨道交通研究，（1）：1-6．

王育江，刘加平，田倩，等．2014．水泥基材料的塑性抗拉强度［J］．东南大学学报（自然科学版），44（2）：369-374．

王育江，田倩，姚婷，等．2017．轨道交通地下车站侧墙结构混凝土裂缝控制技术［J］．隧道与轨道交通，2017，（S1）：17-21．

王育江，田倩．2013．高性能混凝土湿养龄期研究［J］．混凝土与水泥制品，（3）：11-14．

王智，郑洪伟，韦迎春．2001．钙矾石形成与稳定及对材料性能影响的综述［J］．混凝土，（6）：44-48．

吴学礼，陈孟，朱蓓蓉．2002．粉煤灰火山灰反应动力学的研究［J］．建筑材料学报，5（2）：120-125．

吴中伟，廉慧珍．1999．高性能混凝土［M］．北京：中国铁道出版社：263-281．

席耀忠．2003．二次钙矾石形成和膨胀混凝土的耐久性［J］．混凝土与水泥制品，（2）：5-9．

夏强，李华，陆安群，等．2016．掺膨胀剂水泥砂浆的早期约束应力及徐变性能［J］．硅酸盐学报，44（11）：1602-1608．

肖建庄，宋志文，张枫．2010．混凝土导热系数试验与分析［J］．建筑材料学报，13（1）：17-21．

徐文，王育江，姚婷，等．2016．轨道交通地下车站结构混凝土的裂缝与控制［C］//第一届江苏省城市轨道交通建设工程质量学术会议论文集［C］：163-182.

徐文，杨勇，刘金芝，等．2015．高稳健性减水剂在高速铁路 CRTS Ⅲ型板式无砟轨道自密实混凝土中的应用［J］．混凝土，（12）：55-58.

徐州市城市轨道交通有限责任公司，江苏苏博特新材料股份有限公司，等．2017．徐州市城市轨道交通工程高性能混凝土研究与应用鉴定报告［R］．

薛君玕．2007．水化硫硫酸钙的稳定性［J］．膨胀剂与膨胀混凝土，（1）：4-7.

阎培渝，郑峰．2006．水泥基材料的水化动力学模型［J］．硅酸盐学报，34（5）：555-559.

杨利民，尚建丽．2006．高效减水剂对水泥胶砂收缩性能的影响［J］．混凝土，（2）：53-56.

杨长辉，王川，吴芳．2002．混凝土塑性收缩裂缝成因及防裂措施研究综述［J］．混凝土，151（5）：33-37.

杨长辉，王海阳．2005．环境因素变化对高强混凝土塑性开裂的影响［J］．混凝土，187（5）：27-32.

游宝坤．2003．我国混凝土膨胀剂的发展近况和展望［J］．混凝土，（4）：3-6.

禹鹏．2014．桥梁监测中应变测试技术研究［D］．重庆：重庆交通大学.

袁军，蒋子铎，刘启哲．1999．二氧化硅粉末的润湿性能与浸湿功［J］．武汉化工学院学报，21（3）：10-12.

袁勇．2004．混凝土结构早期裂缝控制［M］．北京：科学出版社.

张坚，张士山．2018．地下车站侧墙抗裂配合比设计及裂缝控制［J］．江苏建筑，（3）：72-74.

张坚，张士山．2018．某轨道交通地下车站叠合墙结构的裂缝控制技术研究［J］．江苏建筑，（2）：38-41.

张娟，沙爱民，高怀钢，等．2004．基于数字图像处理的路面裂缝自动识别与评价系统［J］．长安大学学报（自然科学版），24（2）：18-22.

张忍德，吕学伟，黄小波，等．2012．铁矿粉接触角的测试及影响因素分析［J］．钢铁研究学报，24（12）：57-62.

张士攀，邰洪生．2017．微波法在屋面板内部湿度检测中的应用研究［J］．安徽建筑，（3）：250-252.

张士萍．2010．有害介质在裂缝中的传输及其对混凝土耐久性的影响（博士后研究工作报告）［R］．南京：江苏省建筑科学研究院有限公司，东南大学.

张守治，刘加平，田倩，等．2014．膨胀剂在不同强度等级混凝土中的膨胀及收缩补偿性能［A］//2014年工程防水技术交流会论文集［C］：189-194.

张守治，刘加平，田倩，等．2016．氧化镁膨胀剂中 MgO 含量的测定［J］．硅酸盐学报，44（8）：1220-1225.

张守治，刘加平，田倩．2010．制备工艺参数对轻烧氧化镁膨胀剂性能的影响［J］．膨胀剂与膨胀混凝土，（1）：24-27.

张守治，陆海梅，闫战彪．2017．颗粒细度对轻烧 MgO 膨胀剂性能的影响［J］．新型建筑材料，（1）：30-33.

张守治，田倩，郭飞．2013．补偿收缩混凝土在导流洞封堵工程中的应用［J］．施工技术，42（24）：45-47，70.

张守治，田倩．2012．新型膨胀剂对水泥基材料干燥收缩的补偿［J］．混凝土与水泥制品，（3）：5-9.

张守治．2014．轻烧氧化镁膨胀剂对水泥浆体自收缩的影响［A］//第六届全国混凝土膨胀剂学术交流会议论文集［C］：270-274.

赵顺增，游宝坤．2010．补偿收缩混凝土裂渗控制技术及其应用［M］．北京：中国建筑工业出版社.

赵振国．2000．接触角及其在表面化学研究中的应用［J］．化学研究与应用，4（12）：370-374.

郑少河，金剑亮，姚海林，等．2006．地表蒸发条件下的膨胀土初始开裂分析［J］．岩土力学，27（12）：2229-2223.

郑忠，李宁．1995．分子力与胶体的稳定和聚沉［M］．北京：高等教育出版社.

中国工程建设标准化协会标准．2004．纤维混凝土结构技术规程（CECS 38：2004）［S］．北京：中国计划出版社.

中国工程院土木水利与建筑学部．2004．混凝土结构耐久性设计与施工指南［M］．北京：中国建筑工业出版社.

中国土木工程学会标准．2004．混凝土结构耐久性设计与施工指南（CCES 01-2004）［S］．北京：中国建筑工业出版社.

中国长江三峡集团公司．2015．MgO 膨胀剂和低收缩高镁水泥的制备及其在大型水电工程中的应用［R］.

中华人民共和国国家标准．2009．大体积混凝土施工规范（GB 50496-2009）［S］．北京：中国计划出版社.

中华人民共和国国家标准．2010．混凝土结构设计规范（GB 50010-2010）［S］．北京：中国建筑工业出版社.

钟佩华．2015．高吸水性树脂（SAP）对高强混凝土自收缩性能的影响及作用机理［D］．重庆：重庆大学.

周世华，董云，杨华全．2008．混凝土收缩开裂测试技术的研究现状与评述［J］．水力发电，34（3）：40-43.

朱伯芳．1999．大体积混凝土温度应力与温度控制［M］．北京：中国电力出版社.

朱金铨，覃维祖．2001．高性能混凝土的自收缩问题［J］．建筑材料学报，4（2）：159-166.

朱先发，叶铁民，刘德顺，等．2017．城市轨道交通地下车站主体结构混凝土裂缝控制试验研究［J］．江苏建筑，（186）：9-12.

朱翳佳．2006．减水剂对水泥混凝土干燥收缩作用机理的研究［D］．北京：中国建筑材料科学研究总院.

AASHTO Standard. 1999. Standard practice for estimating the cracking tendency of concrete (AASHTO PP34- 1999) [S]. American

Association of State Highway and Transportation Officials

Abu-Hejleh A N, Znidarcic D. 1995. Desiccation theory for soft cohesive soils [J]. Journal of Geotechnical Engineering, ASCE, 121 (6): 493-502.

ACI Committee 207. 2007. Report on thermal and volume change effects on cracking of mass concrete (ACI 207.2R-07) [R]. American Concrete Institute, Farmington Hills, USA.

ACI Committee 224. 2001. Control of Cracking in Concrete Structures (ACI 224R-01) [R]. American Concrete Institute, Farmington Hills, USA.

ACI Committee 305. 1999. Hot Weather Concreting (ACI 305R-99) [R]. American Concrete Institute, Farmington Hills, USA.

ACI Committee 308. 2001. Guide to curing concrete (ACI 308R-01) [R]. American Concrete Institute, Farmington Hills, USA.

Acker P. 2001. Micromechanical analysis of creep and shrinkage mechanisms [A] //Ulm F J, Bažant Z P, Wittmann F H, eds., Proceeding of the 6th International Conference on Creep, Shrinkage and Durability Mechanics of Concrete and Other Quasi-Brittle materials [C]. Cambridge, MA: Elsevier Science Ltd.: 15-26.

Adamson A M. 1963. The Physical Chemistry of Surfaces [M]. New York: Interscience: 127.

Al-Fadhala M, Hover K C. 2001. Rapid evaporation from freshly cast concrete and the gulf environment [J]. Construction and Building Materials, 15 (1): 1-7.

Altoubat S A, Lange D A. 2001. Creep, shrinkage and cracking of restrained concrete at early age [J]. ACI Materials Journal, 98 (4): 323-331.

Archer R J, La M V K. 1955. The Rate of Evaporation of Water through Fatty Acid Monolayers [J]. The Journal of Physical Chemistry, (59): 200-208.

Arshad K. Granular matter: Sticky sand. Nature materials, 2008, 7: 174-174.

ASTM International Standard. 2004. Standard test method for determining age at cracking and induced tensile stress characteristics of mortar and concrete under restrained shrinkage (ASTM C 1581-04) [S]. American Society for Testing Materials, United States.

ASTM International Standard. 2006. Standard test method for evaluating plastic shrinkage cracking of restrained fiber reinforced concrete (ASTM C 1579-06) [S]. American Society for Testing Materials, United States.

ASTM International Standard. 2011. Standard test method for water loss from a mortar specimen through liquid membrane-forming curing compounds for concrete (ASTM C156-11.) [S]. American Society for Testing Materials, United States.

ASTM International Standard.. 2018. Standard test method for determining age at cracking and induced tensile stress characteristics of mortar and concrete under restrained shrinkage (ASTM C 1581/C1581M-18a) [S]. American Society for Testing Materials, United States.

Bangham D H, Fakhoury M. 1931. The swelling of charcoal. I: preliminary experiments with water vapor, carbon dioxide, and sulfur dioxide [J]. Proceeding of Royal Society of London, A, 120: 81-90.

Banthia N, Yan C, Mindess S. 1996. Restrained shrinkage cracking in fiber reinforced concrete: a novel test technique [J]. Cement and Concrete Research, 26 (1): 9-14.

Barcelo L, Boivin S, Rigaud S, et al. 1997. Linear vs. volumetric autogenous shrinkage measurement: Material behaviour or experimental artefact? [A//Proceedings of the second International Research Seminar on Self-desiccation and its Importance in Concrete Technology [C]. Lund: Lund Institute of Technology: 109-125.

Barnes G T. 1986. The effects of monolayers on the evaporation of liquids [J]. Advances in Colloid and Interface Science, 25: 89-200.

Barnes G T. 1993. Optimum conditions for evaporation control by monolayers [J] , Journal of Hydrology, 145 (1-2): 165-173.

Barnes G T. 1997. Permeation through monolayers [J]. Colloid and Surfaces, 126: 149 -158.

Barnes G T. 2005. Interfacial Science: An introduction [M]. Oxford: Oxford University Press.

Baroghel-Bouny V, Mainguy M, Lassabatere T, et al. 1999. Characterization and identification of equilibrium and transfer moisture properties for ordinary and high-performance cementitious materials [J]. Cement and Concrete Research, 29: 1225-1238.

Bažant Z P, Chern J C. 1985. Triple power law for concrete creep [J]. Journal of Engineering Materials, 4 (4): 63-83.

Bažant Z P, Hauggaard A B, Baweja S, et al. 1997. Microprestress-solidification theory for concrete creep. I: aging and drying effects [J]. Journal of Engineering Mechanics (ASCE) , 123 (11): 1188-1194.

Bažant Z P, Hauggaard A B, Baweja S, et al. 1997. Microprestress-solidification theory for concrete creep. II: algorithm and verification [J]. Journal of Engineering Mechanics (ASCE) , 123 (11): 1195-1201.

Bažant Z P, Kaplan M F. 1996. Concrete at high temperatures: material properties and mathematical models [M]. London: Longman Addison-Wesley.

Bažant Z P, Kim J K, Jeon S E. 2003. Cohesive fracturing and stresses caused by hydration heat in massive concrete wall [J]. Journal of Engineering Mechanics (ASCE) , 129 (1): 21-30.

Bažant Z P, Najjar L J. 1972. Nonlinear water diffusion in nonsaturated concrete [J]. Materials and Structure, 5 (25): 3-20.

Bažant Z P, Prasannan S. 1989. Solidification theory for concrete creep. I: Formulation. II: Verification and application [J]. Journal of Engineering Mechanics (ASCE) , 115: 1691-1725.

Bažant Z P. 1970. Constitutive equation for concrete creep and shrinkage based on thermodynamics of multiphase systems [J]. Materials and Structures, 3 (13): 3-36.

Bažant Z P. 1982. Mathematical modelling of creep and shrinkage of concrete (RILEM Series) [M]. London: John Wiley & Sons.

Bažant Z P. 1988. Mathematical modeling of creep and shrinkage of concrete [M]. Wiley: Chichester.

Beltzung F, Wittmann F H. 2001. Early chemical shrinkage due to dissolution and hydration of cement [J]. Materials and Structures, 34: 279-283.

Beltzung F, Wittmann F H. 2005. Role of disjoining pressure in cement based materials [J]. Cement and Concrete research, 35: 2364-2370.

Bennett D. 2002. Innovations in Concrete [M]. London: Thomas Telford.

Bensted J, Barnes P. 2002. Structure and Performance of Cements [M] (2nd). London: Spon Press: 57-96.

Bentur A, Igarashi S, Kovler K. 1999. Control of autogenous shrinkage stresses and cracking in high strength concretes [A] //Proceeding of the 5th International Symposium on Utilization of High Strength/High Performance Concrete [C]. Sandefjord: 1017-1026.

Bentur A. 2002. Terminologys and definitions [A] //International RILEM Conference on Early Age Cracking in Cementitious Systems- EAC'01 [C]. Haifa: RILEM TC 181-EAS: 13-15.

Bentz D P, Garboczi E J, Quenard D A. 1998. Modelling drying shrinkage in reconstructed porous materials: application to porous Vycor glass [J]. Modelling and Simulation in Material Science and Engineering, 6 (3): 211-236.

Bentz D P, Garboczi E J. 1991. Percolation of phases in a three-dimensional cement paste microstructural model [J]. Cement and Concrete Research, 21 (2/3): 325-344.

Bentz D P, Jesen O M, Hansen K K, et al. 2001. Influence of cement particle-size distribution on the early age autogenous strains and stresses in cement-based materials [J]. Journal of the America Ceramic Society, 84 (1): 129-135.

Bentz D P, Lura P, Roberts J W. 2005. Mixture proportioning for internal curing [J]. Concrete International, 27 (2): 35-40.

Bentz D P, Schlangen E, Garboczi E J. 1995. Computer simulation of interfacial zone microstructure and its effect on the properties of cement-based composites [J]. Materials Science of Concrete: 155-200.

Bentz D P, Snyder K A. 1999. Protected paste volume in concrete: Extension to internal curing using saturated lightweight fine aggregate [J]. Cement and Concrete Research, 29 (11): 1863-1867.

Bentz D P, Stutzman P E. 1994. SEM analysis and computer modelling of hydration of Portland cement particles [A] //De Hayes S M, Stark D, eds. Petrography of cementitious materials ASTM STP 1215 [C]. Philadelphia: ASTM.

Bentz D P, Waller V, De Larrard F. 1998. Prediction of adiabatic temperature rise in conventional and high-performance concretes using a 3D microstructural model [J]. Cement and Concrete Research, 28 (2): 285-297.

Bentz D P. 1997. Three-dimensional computer simulation of Portland cement hydration and microstructure development [J]. Journal of the American Ceramic Society, 80: 3-21.

Bentz D P. 1999. Modelling cement microstructure: pixels, particles, and property prediction [J]. Materials and Structures, 32: 187-195.

Bentz D P. 2005. CEMHYD3D: a three-dimensional cement hydration and microstructure development modeling package (Version 3. 0) [R]. National Institute of Standards and Technology Interagency Report 7232, Technology Administration, U. S. Department of Commerce.

Bentz D P. 2006. Influence of shrinkage-reducing admixtures on early-age properties of cement pastes [J]. Journal of Advanced Concrete Technology, 4 (3): 423-429.

Bentz D P. 2007. Internal curing of high-performance blended cement mortars [J]. ACI Materials Journal, 104 (4): 408.

Bentz D, Geiker M R, Hansen K K. 2001. Shrinkage-reducing admixtures and early-age desiccation in cement pastes and mortars [J]. Cement and Concrete Research, 31 (7): 1075-1085.

Bentz D, Snyder K, Peltz M. 2010. Doubling the service life of concrete structures. II: Performance of nanoscale viscosity modifiers in mortars [J]. Cement and Concrete Composites, 32 (3): 187-193.

Berke N S, Dalliare M P. 1994. The effect of low addition rate of polypropylene fiber on plastic shrinkage cracking and mechanical properties of concrete [A] //Fiber reinforced concrete: development and innovations [C]. ACI SP-142-2: 19-41.

Biot M A. 1941. General theory of three-dimensional consolidation [J]. Journal of applied physics, 1941, 12 (2): 155-164.

Bishnoi S, Scrivener K L. 2009. μic: A new platform for modelling the hydration of cements [J]. Cement and Concrete Research, 39 (4): 266-274.

Bishop A W, Blight G. 1963. Some aspects of effective stress in saturated and partly saturated soils [J]. Geo technique, 13 (3): 177-197.

Bissonnette B, Marchand J, Martel C, et al. 2011. Influence of Superplasticizer on the Volume Stability of Hydrating Cement Pastes at an Early Age [J]. ACI SP206-11: 167-188.

Bjontegaard Ø. 1999. Thermal dilation and autogenous deformation as driving forces to self-induced stresses in high performance concrete [D]. Norway, Trondheim: NTNU Division of Structural Engineering.

Bloom R, Bentur A. 1995. Free and restrained shrinkage of normal and high- strength concrete [J]. ACI Materials Journal, 92 (2): 211-217.

Books J. 1999. How admixtures affect shrinkage and creep [J]. Concrete International, (4): 35-44.

Boulfiza M, Sakai K, Banthia N, et al. 2003. Prediction of chloride ions ingress in uncracked and cracked concrete [J]. ACI materials Journal, 100 (1): 38-48.

Boumiz A, Vernet C, Tenoudji F C. 1996. Mechanical Properties of Cement Pastes and Mortars at Early Ages - Evolution with Time and Degree of Hydration [J]. Journal of Advanced Cement-Based Materials, (3): 94-106.

Brady G P, Kalli K, Webb D J, et al. 1997. Simultaneous measurement of strain and temperature using the first- and second-order diffraction wavelengths of Bragg gratings [J]. IEE Proceeding of Optoelectronics, 144 (3): 156-161.

Bryant A H, Vadhanavikkit C. 1987. Creep, shrinkage-size, and age at loading effects [J]. ACI Materials Journal, 84 (2): 117-123.

Buckley L, Carter M, Wilson M, et al. 2007. Methods of obtaining pore solution from cement pastes and mortars for chloride analysis [J]. Cement and Concrete Research, 37 (11): 1544-1550.

Butto-Lacarrière L, Sellier A, Escadeillas G, et al. 2007. Multiphasic finite element modeling of concrete hydration [J]. Cement and Concrete Research, 37: 131-138.

Buil M. 1979. Contribution a l'etude du retrait de la pâte de ciment durcissante [R], Rapport de recherche des Laboratoire des Ponts et Chaussées (LPC): 92.

Burrows R W. 1998. The visible and invisible cracking of concrete [M], American Concrete Institute Monograph, Farmington Hills, Michigan.

Campbell-allen D, Thorne C P. 1963. The thermal conductivity of concrete [J]. Magazine of Concrete Research, 15 (43): 39-48.

Carlson R W, Reading T J. 1988. Model study of shrinkage cracking in concrete building walls [J]. ACI Structural Journal, 85 (4): 395- 404.

Casson R B J, Domone P I J. 1982. Ultrasonic monitoring of the early-age properties of concrete [A] //International conference on concrete at early-ages [C]. RILEM, Paris: 12-136

Cervera M, Oliver J, Prato T. 1999. Thermo-chemo-mechanical model for concrete I: hydration and aging [J]. Journal of Mechanical Engineering, 125 (9): 1018-1027.

Charron J P, Marchand J, Bissonnette B. 2001. Early-age deformations of hydrating cement systems, systematic comparison of linear and volumetric shrinkage measurements [J]. Concrete Science and Engineering, (3): 168-173.

Chen D, Mahadevan S. 2007. Cracking analysis of plain concrete under coupled heat transfer and moisture transport processes [J]. Journal of Structural Engineering (ASCE) , 133 (3): 400-410.

Chen H S, Ye G, Stroeven P. 2004. Computer simulation of structure of hydrated cement paste enclosed by interfacial transition zones in concrete [A]. Setzer M J, Palecki S, eds. Proceedings of International Conference on Durability of High Performance Concrete and Final Workshop of CONLIFE [C] , Freiburg: AEDIFICATIO Publishers: 133-144.

Chen H, Wyrzykowski M, Scrivener K, et al. 2013. Prediction of self-desiccation in low water-to-cement ratio pastes based on pore structure evolution [J]. Cement and concrete research, 49: 38-47.

Chibowski E, Caballero F G. 1993. Theory and practice of thin-layer wicking [J]. Langmuir, 9: 330-340.

Chu I, Kwon S H, Amin M N, et al. 2012. Estimation of temperature effects on autogenous shrinkage of concrete by a new prediction model [J]. Construction and Building Materials, 35: 171-182.

Cohen M D, Olek J, Doleh W L. 1990. Mechanism of plastic shrinkage cracking in Portland cement and Portland cement silica fume paste and mortar [J]. Cement and Concrete Research, 20 (1): 103-119.

Costanzo P M, Wu. W, Giese. R. F, et al. 1996. Comparison between direct contact angle measurements and thin layer wicking on synthetic monosized cuboid hematite particles [J]. Langmuir, 11: 1827-1830.

D'Ambrosia M D, Altoubat S A, Park C, et al. 2001. Early age tensile creep and shrinkage of concrete with shrinkage reducing admixtures [A] //Ulm F, Bazant Z, Wittman F H. eds, Creep, Shrinkage and Durability Mechanics of Concrete and other Quasi-Brittle Materials [C]: 685-690.

Dabić P , Krstulović R, Rusic D. 2000. A new approach in mathematical modeling of cement hydration development [J] . Cement and Concrete Research, 30 (7): 1017-1021.

Dao V T N, Dux P F, Morris P H. 2009. Tensile properties of early-age concrete [J]. ACI Materials Journal, 106 (6): 483-492.

David M A, Ludwig J G. 2009. Capillary Forces Between Two Solid Spheres Linked by a Concave Liquid Bridge: Regions of Existence and Forces Mapping [J]. American Institute of Chemical Engineers, 55 (5): 1103-1109.

De Schutter G, Taerwe L. 1995. General hydration model for Portland cement and blast furnace slag cement [J]. Cement and Concrete Research, 25: 593-604.

De Schutter G, Taerwe L. 1996. Degree of hydration-based description of mechanical properties of early age concrete [J]. Materials and Structures, 29: 335-344.

De Schutter G, Yuan Y, Liu X, et al. 2015. Degree of hydration-based creep modeling of concrete with blended binders: from concept to real applications [J]. Journal of Sustainable Cement-Based Materials, 4 (1): 1-14.

De Schutter G. 1999. Degree of hydration based Kelvin model for the basic creep of early age concrete [J]. Materials and Structure, 32 (4): 260-265.

Diamond S. 1996. Delayed Ettringite Formation Processes and Problems [J]. Cement and Concrete Research, 18: 205-215.

Emborg M. Development of mechanical behaviour at early ages including mathematical models [R]. State-of-the-art report (draft) , RILEM TC 119, Munich.

Emil Chibowski, Lucyna Holysz. 1992. Use of the washburn equation for surface free energy determination [J]. Langmuir, 8 (6): 710-716.

Engineered concrete solutions (ECS) 3: Crack control. Report by Anchor Dairy Factory, Te Rapa, 1999.

Esteves L P. 2011. Superabsorbent polymers: On their interaction with water and pore fluid [J]. Cement and Concrete Composites, 33 (7): 717-724.

Esteves L P. 2015. Recommended method for measurement of absorbency of superabsorbent polymers in cement-based materials [J]. Materials and Structures, 48 (8): 2397-2401.

Feldman R F. 1972. Mechanism of creep of hydrated Portland cement paste [J]. Cement and Concrete Research, 2 (5): 521-540.

Feng P, Miao C, Bullard J W. 2016. Factors influencing the stability of AFm and AFt in the Ca–Al–S–O–H system at 25℃ [J]. Journal of the American Ceramic Society, 99 (3): 1031-1041.

Ferreira L A, Araujo F M, Santos J L, et al. 2000. Simultaneous measurement of strain and temperature using intererometrically interrogated fiber Bragg grating sensors [J]. Optical Engineering, 39 (8): 2226-2234.

Filho R D T, Silva E F, Lopes A N M, et al. 2012. Effect of Superabsorbent Polymers on the Workability of Concrete and Mortar [A] //Mechtcherine V, Reinhardt H-W, eds. Application of Super Absorbent Polymers (SAP) in Concrete Construction: State-of-the-Art Report Prepared by Technical Committee 225-SAP. Dordrecht, Springer Netherlands: 39-50.

Flatt R, Schober I. 2012. Superplasticizers and the rheology of concrete [M]. Understanding the rheology of concrete. Elsevier: 144-208.

Folliard K J, Berke N S. 1997. Properties of high-performance concrete containing shrinkage-reducing admixture [J]. Cement and Concrete Research, 27 (9): 1357-1364.

Fredlund D G, Rahardjo H. 1997. 非饱和土力学（中译本）[M]. 张仲颐，张在明，等译. 北京：中国建筑工业出版社.

Garbozci E J, Bentz D P. 2001. The effect of statistical fluctuation, finite size error, and digital resolution on the phase percolation and transport properties of the NIST cement hydration model [J]. Cement and concrete research, 31 (10): 1501-1514.

Garbozci E J. 1993. Computational materials science of cement-based materials [J]. Materials and Structures, 26: 191-195.

Gawin D, Pesavento F, Schrefler B A. 2006. Hygro-thermo-chemo-mechanical modelling of concrete at early ages and beyond. Part I: Hydration and hygro-thermal phenomena, Part Ⅱ: Shrinkage and creep of concrete [J]. International Journal for Numerical Methods in Engineering, 67: 299-363.

Gérard B, Marchand J. 2000. Influence of cracking on the diffusion properties of cement-based materials—Part I : influence of continuous cracks on the steady-state regime [J]. Cement and Concrete Research, 30(1): 37-43.

Gilbert R I. 1988. Time effects in concrete structures [M]. Series: Developments in civil engineering, Elsevier.

Glasser F P. 1991. Chemical, mineralogical, and microstructural changes occurring in hydrated slag-cement Blends [A] //Mindess S, Skalny J P, eds. , Materials Science of Concrete [M] , American Ceramic Society, Westerville, OH.

Gray W G, Schrefler B A. 2001. Thermodynamic approach to effective stress in partially saturated porous media [J]. European Journal of Mechanics A/Solids, 20: 521-538.

Grysbowskim, Shan S P. 1990. Shrinkage cracking of fiber reinforced concrete [J]. ACI Materials Journal, 87 (2): 395-404.

Guenot I, Torrenti J M, Laplante P. 1996. Stresses in early-age concrete: comparison of different creep models [J]. ACI Materials Journal, 93 (3): 246-253.

Hammer T A, Fossa K T, Bjøntegaard. 2007. Cracking tendency of HSC: tensile strength and self generated stress in the period of setting and early hardening [J]. Materials and Structures, 40: 319-324.

Hammer T A, Fossa K T. 2006. Influence of Entrained Air Voids on Pore Water Pressure and Volume Change of Concrete Before and During Setting [J]. Materials and Structures, 39 (9): 801-808.

Hammer T A. 1998. Test methods for linear measurement of autogenous shrinkage before setting [A] //Tazawa E, eds. , Autoshrink'98-Proc. Int. Workshop on autogenous shrinkage of concrete [C]. Japan Concrete Institute, Hirishima, Japan: 141-152.

Hammer T A. 2000. Effect of silica fume on the plastic shrinkage and pore water pressure of high-strength concretes [A] //Baroghel-Bouny V, Aïtcin P C, eds. International RILEM Workshop on Shrinkage of Concrete - 'Shrinkage 2000' [C]. Paris: The Publishing Company of RILEM.

Hanehara S, Hirao H, Uchikawa H. 1998. Relationship between autogenous shrinkage and the microstructure and humidity changes at inner part of hardened cement pastes at early ages [A] //Proc. Autoshrink '98, Int. Workshop on Autogenous Shrinkage of Concrete [C]. Hiroshima, London: E&FN: 89-100.

Hasholt M T, Jensen O M, Kovler K, et al. 2012. Can superabsorent polymers mitigate autogenous shrinkage of internally cured concrete without compromising the strength? [J]. Construction and Building Materials, 31: 226-230.

Hasholt M T, Jespersen M H S, Jensen O M. 2010. Mechanical properties of Concrete with SAP. Part I: Development of compressive strength [A] //International RILEM Conference on Use of Superabsorbent Polymers and Other New Additives in Concrete [C].

Henkensiefken R, Bentz D, Nantung T, et al. 2009. Volume change and cracking in internally cured mixtures made with saturated lightweight aggregate under sealed and unsealed conditions [J]. Cement and Concrete Composites, 31 (7): 427-37.

Henkensiefken R, Castro J, Bentz D, et al. 2009. Water absorption in internally cured mortar made with water-filled lightweight aggregate [J]. Cement and Concrete Research, 39 (10): 883-92.

Hill K O, Fujii Y, Johnson D C, et al. 1978. Photosensitivity in optical fiber wave guides: application to reflection filter fabrication [J]. Applied Physics Letters, 32 (10): 647-649.

Hilsdorf H K. 1995. Criteria for the duration of curing [A] //Proceedings of the Adam Neville Symposium on Concrete Technology: 129-146.

Holt E E, Leivo M T. 1999. Autogenous shrinkage at very early ages [A] //Tazawa E I ed, Proc. Int. Workshop Autoshrink'98 [C]. London: E & FN SPON: 133-140.

Holt EE. 2001. Early Age Autogenous Shrinkage of Concrete [M]. Finland: VTT Publications, Technical Research Centre of Finland: 77-79.

Hossain A B, Pease B, Weiss J. 2003. Quantifying early-age stress development and cracking in low water-to-cement concrete: restrained-ring test with acoustic emission [J]. Transportation Research Record, 1834 (1): 24-32.

Hossain A B, Weiss J. 2004. Assessing residual stress development and stress relaxation in restrained concrete ring specimens [J]. Cement and Concrete Composites, 26 (5): 531-540.

Hossain A B, Weiss J. 2006. The role of specimen geometry and boundary conditions on stress development and cracking in the restrained ring test [J]. Cement and Concrete Research, 36 (1): 189-199.

Hot J, Bessaies-bey H, Brumaud C, et al. 2014. Adsorbing polymers and viscosity of cement pastes [J]. Cement and concrete research, 63: 12-19.

Houk I E, Borge O, Houghton D R. 1969. Studies of autogenous volume change in concrete for Dvorshak Dam. ACI Journal, 66(45): 560-568.

Hua C, Acker P, Ehrlacher A. 1995. Analyses and models of the autogenous shrinkage of hardening cement paste: I. Modelling at macroscopic scale [J]. Cement and Concrete Research, 25 (7): 1457-1468.

Hua C, Acker P, Ehrlacher A. 1997. Analyses and models of the autogenous shrinkage of hardening cement paste: II. Modelling at scale of hydrating grains [J]. Cement and Concrete Research, 27 (2): 245-258.

Hwang S-D, Khayat K H. 2010. Effect of mix design on restrained shrinkage of self-consolidating concrete [J]. Materials and structures, 2010, 43 (3): 367-380.

Igarashi S-I, Aragane N, Koike Y. 2010. Effects of spatial structure of superabsorbent polymer particles on autogenous shrinkage behavior of cement paste [A] //Proceedings of the International RILEM Conference on Use of Superabsorbent Polymers and Other New Additives [C].

Igarashi S-I, Watanabe A A. 2006. Experimental study on prevention of autogenous deformation by internal curing using super-absorbent polymer particles [A] //International RILEM Conference on Volume Changes of Hardening Concrete: Testing and Mitigation [C]: 77-86.

Ishida T, Chaube R, Kishi T, et al. 1998. Micro-physical approach to coupled autogenous and drying shrinkage of concrete [A] //Tazawa E, eds. Proceedings of International workshop on Autogenous Shrinkage of Concrete [C]. Hirishima, Japan, June 13-14: 271-280.

Ishida T, Maekawa K, Kishi T. 2007. Enhanced modeling of moisture equilibrium and transport in cementitious materials under arbitrary temperature and relative humidity history [J]. Cement and Concrete Research, (4): 565-78.

Iveson S M, Litster J D, Hapgood K, et al. 2001. Nucleation, growth and breakage phenomena in agitated wet granulation processes: a review [J]. Powder Technology, 117 (1): 3-39.

Jensen O M, BJ Ntegaard Ø, Hammer T A, et al. 2007. Mechanisms of internal water curing [A] //Kovler K, Jensen O M. Internal Curing of Concrete - State-of-the-Art Report of RILEM Technical Committee 196-ICC [C].

Jensen O M, Hansen P F. 1995. A dilatometer for measuring autogenous deformation in hardening Portland cement paste [J]. Materials and Structures, 28 (181): 406-409.

Jensen O M, Hansen P F. 2001. Autogenous deformation and RH-change in perspective [J]. Cement and Concrete Research, 31 (12): 1859-1865.

Jensen O M, Hansen P F. 2001. Water-entrained cement-based materials: I. Principles and theoretical background [J]. Cement and Concrete Research, 31 (4): 647-654.

Jensen O M, Hansen P F. 2002. Water-entrained cement-based materials: II. Experimental observations [J]. Cement and Concrete Research, 32 (6): 973-978.

Jensen O M, Hasholt M T, Laustsen S. 2010. Use of superabsorbent polymers and other new additives in concrete [M]. RILEM.

Jensen O M. 1997. HETEK-Control of early age cracking in concrete-Phase 2: Shrinkage of mortar and concrete [R]. Report No. 110, Danish Road Directorate, Demark.

Jensen O M. 2007. Internal Curing of Concrete-State-of-the-Art Report of RILEM Technical Committee 196-ICC [R]. RILEM publications.

Jensen O M. 2011. Water absorption of superabsorbent polymers in a cementitious environment [A] //International RILEM Conference on Advances in Construction Materials Through Science and Engineering [C].

Jiang W, De Schutter G, Yuan Y. 2014. Degree of hydration based prediction of early age basic creep and creep recovery of blended concrete [J]. Cement and Concrete Composites, 48: 83-90.

Johansen N A, Millard M J, Mezencevova A, et al. 2009. New method for determination of absorption capacity of internal curing agents [J]. Cement and Concrete Research, 39 (1): 65-68.

Johansen R, Dahl P A, Skjolvold O. 1994. Control of plastic shrinkage in concrete at very early ages [A] //18th conference on our world in concrete and structures. Singapore: 149-154.

Jooss M, Reinhardt H W. 2002. Permeability and diffusivity of concrete as function of temperature [J]. Cement and Concrete Research, 32: 1497-1504.

Justnes H, et al.. 1997. Influence of measuring method on bleeding and chemical shrinkage values of cement pastes [A] //Proceedings of the 10th international congress on the chemistry of cement [C]. Vol. 2: 2069.

Justnes H, Wuyts F, Gemert D V. 2008. Hardening retarders for massive concrete [A] //Proceedings of the International CANMET/ACI Conference on High Performance Concrete [C].

Kada H, Lachemi M, Petrov N, et al. 2002. Determination of the coefficient of thermal expansion of high performance concrete from initial setting [J]. Materials and Structures, 35: 35-41.

Karagüzel C. 2005. Effect of electrolyte on surface free energy components of feldspar minerals using thin-layer wicking method [J]. Journal of Colloid and Interface Science, 285: 192-200.

Kayir H, Weiss W J. 2002. A fundamental look at settlement in fresh systems: role of mixing time and high range water reducers [A] // First North American Conference on the Design and Use of Self-Consolidating Concrete [C]. Chicago: 27-32.

Khan M I, Bhattacharjee B. 1995. Relationship between thermal conductivities of aggregate and concrete [A] //Civil Engineering Materials and Structures [M] , Osmania: Osmania University Hyderabad.

Kim J H J, Park C G, Lee S W, et al. 2007. Effect of the Geometry of Recyled PET Fiber Reinforcement on Shrinkage Cracking of Cement-Based Composites [J]. Composites Part B: Engineering.

Kjellman O, Olofesson J. 2001. 3D structural analysis of crack risk in hardening concrete [R]. IPACS Report BE96-3843. Sweden: Luleå University of Technology.

Klug P, Wittmann F. 1969. Activation energy of creep of hardened cement paste [J]. Materials and Structures, 2 (7): 11-16.

Kolani B, Buffo-Lacarrière L, Sellier A, et al. 2012. Hydration of slag-blended cements [J]. Cement and Concrete Composites, 34: 1009-1018.

Konrad JM, Ayad R. 1997. An ideal framework for the analysis of cohesive soils undergoing desiccation [J]. Canadian Geotechnical Journal, 34 (4): 477-488.

Kovler K, Zhutovsky S. 2006. Overview and future trends of shrinkage research [J]. Materials and Structures, 39 (9): 827.

Kovler K. 1994. Testing system for determining the mechanical behaviour of early age concrete under restrained and free uniaxial shrinkage [J]. Materials and Structure, 27 (3): 324 -330.

Kronlof A, Leivo M, Sipari P. 1995. Experimental study on the basic phenomena of shrinkage and cracking of fresh mortar [J]. Cement and Concrete Research, 25 (8): 1747-1754.

Kuhl D, Bangert F, Meschke G. 2004. Coupled chemo-mechanical deterioration of cementitious material. Part Ⅰ: Modeling, Part Ⅱ: Numerical methods and simulations [J]. International Journal of Solids and Structure, 41: 15-67.

LaMer A K, Healy T W. 1965. Evaporation of water: its retardation by monolayers [J]. Science, 148: 36.

Langmuir I. 1917. The constitution and fundamental properties of solids and liquids II. Liquids [J]. Journal of the American Chemical Society, (39): 1848-1906.

Le Chatelier H. 1900. Sur les changements de volume qui accompagnent le durcissement des ciments, Bulletin de la Societe d'Encouragement pour l'Industrie Nationale: 54-57.

Li H, Liu J, Wang Y, er al. 2015. Deformation and cracking modeling for early-age sidewall concrete based on the multi-field coupling mechanism [J]. Construction and building materials, 88 (30): 84-93.

Li L, Liu J, Tian Q, et al. 2014. Effects of emulsifier on monolayer structure and evaporation resistance [J]. Journal of the Chemical Society of Pakistan, 36 (1): 68-72.

Li M, Liu J, Tian Q, et al. 2017. Efficacy of internal curing combined with expansive agent in mitigating shrinkage deformation of concrete under variable temperature condition [J]. Construction and Building Materials, 145: 354-360.

Li M, Wang Y J, Wang W B, et al. 2016. Quantitative characterisation of absorption capacity and dosage of SAP in cement paste [J]. Advances in Cement Research, 28 (8): 518-528.

Liu J, Li L, Miao C. 2010. Characterization of the monolayers prepared from emulsions and its effect on retardation of water evaporation on the plastic concrete surface [J]. Colloids and Surfaces A: Physicochemical and Engineering Aspects, 366 (1): 208-212.

Liu J, Li L, Tian Q, et al. 2012. Effect of early curing on concrete duration by evaporation reducer [A] // 2nd International Conference on Microstructural-related Durability of Cementitious Composites [C].

Liu J, Tian Q, Miao C. 2012. Investigation on the plastic shrinkage of cementitious materials under drying conditions: mechanism and theoretical model [J]. Magazine of Concrete Research, 64 (6) , 551-561.

Lokhorst S J. 1998. Deformational behaviour of concrete influenced by hydration related changes of the microstructure [R]. Research report, Delft: Delft University of Technology, The Netherlands.

Loser R, Münch B, Lura P. 2010. A volumetric technique for measuring the coefficient of thermal expansion of hardening cement paste and mortar [J]. Cement and Concrete Research, 40: 1138-1147.

Loukili A, Chopin A, Khelidj A, et al. 2000. A new approach to determine autogenous shrinkage of mortar at an early age considering temperature history [J]. Cement and Concrete Research, 30: 915-922.

Lu B, Torquato S. 1992. Nearest Surface Distribution Functions for Polydispersed Particle Systems [J]. Physical Review A, 45 (8):

5530-5544.

Lura P, Breugel K V, Maruyama I. 2001. Effect of curing temperature and type of cement on early-age shrinkage of high-performance concrete [J]. Cement and Concrete Research, 31: 1867-1872.

Lura P, Jensen O M, Van Breugel K. 2003. Autogenous shrinkage in high-performance cement paste: an evaluation of basic mechanisms [J]. Cement and Concrete Research, 33: 223-232.

Lura P, Pease B, Mazzotta G, Rajabipour F, et al. 2007. Influence of shrinkage-reducing admixtures on development of plastic shrinkage cracks [J]. ACI Materials Journal, 104 (2): 187-194.

Luzio G D, Cusatis G. 2009. Hygro-thermo-chemical modeling of high performance concrete. I: Theory [J]. Cement and Composites, 31: 301-308.

Lynam C G. 1934. Growth and movement in Portland cement concrete [M]. London: Oxford Univ. Press: 26-27.

Ma B, Wang X, Li X. 2007. Influence of superplasticizers on strength and shrinkage cracking of cement motar under drying conditions [J]. Journal of Wuhan University of Technology, 22 (2): 358-361.

Mackenzie J K. 1950. The elastic constants of a solid containing spherical holes [J]. Proc. Phys. Soc. , 683: 2-11.

Maekawa K, Chaube R, Kishi T. 1999. Modelling of concrete performance [M]. E& FN spon, 1999.

Maekawa K, Ishida T, Kishi T. 2009. Multi-scale modeling of structural concrete [M]. London and New York: Taylor & Francis, 2009.

Marshall A L. 1972. The thermal properties of concrete [J]. Building Science, (7): 167-174.

Maruyama I, Teramoto A. 2011. Impact of time-dependant thermal expansion coefficient on the early-age volume changes in cement pastes [J]. Cement and Concrete Research, 41: 380-391.

McDonald D B, Krauss P D, Rogalla E A. 1995. Early- age transverse deck cracking [J]. Concrete International, 17 (5): 49-51.

Measures R M, Alavie A T, Maaskant R, et al. 1994. Bragg grating structural sensing system for bridge monitoring [A] //Proceeding of SPIE-The International Society for Optical Engineering [C]: 53-59.

Mechtcherine V, Reinhardt H-W. 2012. Application of super absorbent polymers (SAP) in concrete construction: state-of-the-art report prepared by Technical Committee 225-SAP [M]. Springer Science & Business Media.

Mehta P K, Burrows R W. 2001. Building Durable Structures in The 21st Century [J]. Concrete International, 23 (3): 57-63.

Mehta P K. 2002. Greening of the concrete industry for sustainable development [J]. Concrete International, 24 (7): 22-38.

Mehta P K. 1991. 混凝土的结构、性能与材料 [M]. 祝永年, 等译. 上海: 同济大学出版社.

Meltz G, Morey W W, Glenn W H. 1989. Formation of Bragg gratings in optical fibers by a transverse holographic method [J]. Optics Letters, 14 (15): 823-825.

Mendah M S, Suzuki M, Sato R. 2011. Influence of a combination of expansive and shrinkage-reducing admixture on autogenous deformation and self-stress of silica fume high-performance concrete [J]. Construction and Building Materials, 25 (1): 239-250.

Merzouki T, Bouasker M, Khalifa N, et al. 2013. Contribution to the modeling of hydration and chemical shrinkage of slag-blended cement at early age [J]. Construction and Building Materials, 44: 368-380.

Miao B. 2000. A new method to measure the early-age deformation of cement based materials [A] //Proc. Shrinkage 2000-Int. RILEM Workshop on Shrinkage of Concrete [C]. Paris: RILEM Publications S. A. R. L.: 381-386.

Miao C W, Tian Q, Sun W, et al. 2007. Water consumption of the early-age paste and the determination of "time-zero" of self-desiccation shrinkage [J]. Cement and Concrete Research, 37 (11): 1496-1501.

Mills R H. 1966. Factors influencing cessation of hydration in water-cured cement pastes [A] // Proceeding of the symposium on the structure of Portland cement paste and concrete [C]. Washington (DC): Highway research board: 406-24.

Mindess S, Skalny J P. 1991. Materials Science of Concrete II [M]. American Ceramic Society, Westerville, OH.

Mindess S, Young J F, Darwin D. 2003. Concrete [M] (2nd). Pearson Education, Inc.

Moon J H, Weiss J. 2006. Estimating residual stress in the restrained ring test under circumferential drying [J]. Cement and Concrete Composites, 28 (5): 486-496.

Mora-Ruacho J, Gettu R, Aguado A. 2009. Influence of shrinkage-reducing admixtures on the reduction of plastic shrinkage cracking in concrete [J]. Cement and Concrete Research, 39 (3): 141-146.

Mora-Ruacho J, Gettu R, Olazábal C, et al. 2000. Effect of the incorporation of fibers on the plastic shrinkage of concrete [A] //Rossi P Chanvillard G. Fiber-Reinforced Concretes [M]. Lyon, France: BEFIB: 705-714.

Morioka M, Hori A, Hagiwara, et al. 1999. Measurement of autogenous length changes by laser sensors equipped with digital computer systems [A] //Tazawa E I ed, Proc. Int. Workshop Autoshrink'98 [C] London: E & FN SPON: 191-200.

Morris P H, Dux P F. 2005. A Review of ACI Recommendations for Prevention of Plastic Cracking [J]. ACI Materials Journal, 102 (5): 307-314.

Morris P H, Graham J, Williams D J. 1992. Cracking in drying soils [J]. Canadian Geotechnical Journal, 29 (2): 263-277.

Nanni A, Ludwig D A, Mcgillis M T. 1991. Plastic shrinkage cracking of restrained fiber reinforced concrete [J]. Transportation Research Record, 1382: 69-72.

Nataliya Hearn. 1999. Effect of Shrinkage and Load-Induced Cracking on Water Permeability of Concrete [J]. ACI Materials Journal, 96 (2): 234-241.

Neubauer C M, Bergstrom T B, Sujata K, et al. 1997. Drying shrinkage of cement paste as measured in an ESEM and comparison to microstructural models [J]. Journal of Materials Science, 32: 6415-6427.

Neubauer C M, Jennings H M, Garboczi E J. 1997. Mapping drying shrinkage deformations in cement-based materials [J]. Cement and Concrete Research, 27: 1603-1612.

Neville A M, Dilger W H, Brooks J J. 1983. Creep of Plain and Structural Concrete [M]. Construction Press.

Neville A M. 1997. Properties of concrete [M]. New York: John Wiley and Sons.

Okamura H, Ouchi M. 2003. Self-compacting concrete [J]. Journal of Advanced Concrete Technology, 1 (1): 5-15.

Olken P, Rostasy F S. 1995. A practical planning tool for the simulation of thermal stresses and for the prediction of early thermal cracks in massive concrete structures [A] //Springenschmid eds. Proceedings of the International RILEM Symposium on Thermal Cracking in Concrete at Early Ages [C]. London: 289-296.

Ozawa M, Morimoto H. 2006. Estimation method for thermal expansion coefficient of concrete at early ages [A] //Jensen O M, ed. , International RILEM Conference on Volume Changes of Hardening Concrete: Testing and Mitigation [C] DTU, Lyngby, Denmark: 331-341.

Ozturk T, Rapoport J, Popovics J S, et al. 1999. Monitoring the setting and hardening of cement based materials with ultrasound [J]. Concrete Science and Engineering, (1): 83-91.

Padron I, Zollo D R. 1990. Effect of synthetic fibers on volume stability and cracking of Portland cement concrete and mortar [J]. ACI Materials Journal, 87 (4): 327-332.

Pantazopoulo S J, Mills R H. 1995. Microstructural aspects of mechanical response of plain concrete [J]. ACI Materials Journal, 92 (6): 605-616.

Parrott L J. 1988. Moisture profiles in drying concrete [J]. Advances in Cement Research, 1 (3): 164-170.

Paul J U. 1998. Plastic Shrinkage Cracking and Evaporation Formulas [J]. ACI Materials Journal, 95 (4): 365-375.

Peron H, Laloui L, Hueckel T. 2009. Desiccation cracking of soils [J]. European Journal of Civil and Environmental Engineering, 13 (7-8): 869-888.

Peschard A, Govin A, Pourchez J, et al. 2006. Effect of polysaccharides on the hydration of cement suspension [J]. Journal of the European Ceramic Society, 26 (8): 1439-45.

Philleo R E. 1991. Concrete Science and Reality [A] // Skalny J, Mindess S, eds. Materials Science of Concrete [C] , American Ceramic Society, Westerville: 1-8.

Piérard J, Pollet V, Cauberg N. 2006. Mitigating autogenous shrinkage in HPC by internal curing using superabsorbent polymers [A] //Proceedings of the International RILEM Conference on Volume Changes of Hardening Concrete: Testing and Mitigation [C]. RILEM Publications SARL.

Pierrat P, Caram H S. 1997. Tensile strength of wet granular materials [J]. Powder Technology, 91 (2): 83-93.

Poole J L, Riding K A, Folliard K J, et al. 2007. Methods for calculating activation energy for Portland cement [J]. ACI Materials Journal, 104 (1): 303-311.

Pourchez J, Peschard A, Grosseau P, et al. 2006. HPMC and HEMC influence on cement hydration [J]. Cement and Concrete Research, 36 (2): 288-94.

Powers T C, Brownyard T L. 1948. Studies of the physical properties of hardened Portland cement paste [R]. Research Laboratories of the Portland Cement Association, PCA Bulletin: 22.

Powers T C, Copeland L E, Mann H M. 1959. Capillary continuity or discontinuity in cement pastes [J]. Journal of the PCA Research and Development Laboratories, 1 (2): 38-48.

Powers T C. 1969. The properties of fresh concrete [M]. New York: John Wiley and Sons Inc.

Prez-Pena M, Roy D M, Tamas F D. 1989. Influence on chemical composition and inorganic admixtures on the electrical conductivity of hydrating cement pastes [J]. Journal of Materials Research, 4 (1): 245-256.

Qi C, Weiss J, Olek J. 2003. Characterization of Plastic Shrinkage Cracking in Fiber Reinforced Concrete Using Image Analysis and a Modified Weibull function [J]. Materials and Structures, 36 (6): 386-395.

Qi C. 2004. Quantitative Assessment of Plastic Shrinkage Cracking and its Impact on the Corrosion of Steel Reinforcement [D]. West Lafayette: Purdue University.

Radocea A. 1992. A study of the mechanism of plastic shrinkage of cement-based materials [D]. Chamlers University of Technology, Sweden.

Rajabipour F, Sant G, Weiss J. 2008. Interactions between shrinkage reducing admixtures (SRA) and cement paste's pore solution [J]. Cement and Concrete Research, 38 (5): 606-615.

Ramakrishnan V. 2001. Concrete plastic shrinkage reduction potential of synergy fibers [A] //Symposium of the 80th Annual Transportation Research Board Meeting [C]. Washington D C.

Ran Q, Gao N, Liu J, et al. 2013. Shrinkage action mechanism of shrinkage-reducing admixtures based on the pore solution [J]. Magazine of Concrete Research, 65 (18): 1092-1100.

Ran Q, Miao C, Liu J, et al. 2006. Performance and mechanism of a multi-functional superplasticizer for concrete [J]. Materials transactions, 47 (6): 1599-1604.

Raoufi K, Pour-Ghaz M, Poursaee A, et al. 2011. Restrained shrinkage cracking in concrete elements: role of substrate bond on crack development [J]. Journal of Materials in Civil Engineering, 23 (6): 895-902.

Ravina D, Shalon R. 1968. Plastic shrinkage cracking [J]. Journal of American Concrete Institute, 65 (4): 282-291.

Ravindra K, Andrew W. 1984. Superplasticizer flowing concrete: strength and deformation properties [J]. Magazine of Concrete Research, (6): 203-215.

Report of RILEM TC 181-EAS.

Ribeiro A, Goncalves A, Carrajola A. 2006. Effect of shrinkage reduction admixtures on the pore structure properties of mortars [J]. Materials and structures, 39 (2): 179-187.

RILEM TC 119-TCE. 1997. Recommendations of TC 119-TCE: Avoidanceof thermal cracking in concrete at early ages [J]. Materials and Structures, 30 (202) : 461–464.

Rongbing B, Jian S. 2005. Synthesis and evaluation of shrinkage-reducing admixture for cementitious materials [J]. Cement and Concrete Research, 35 (3): 445-448.

Saliba J, Rozire E, Grondin F, et al. 2011. Influence of shrinkage-reducing admixtures on plastic and long-term shrinkage [J]. Cement and Concrete Composites, 33 (2): 209-217.

Sanjuan M A. 1990. Plastic Shrinkage and Permeability in Polypropylene Reinforced Mortar [J]. ACI Special Publication, 124: 125-136.

Sant G, Dehadrai M, Bentz D, et al. 2009. Detecting the fluid-to-solid transition in cement pastes [J]. Concrete international, 31 (06): 53-58.

Sant G, Lothenbach B, Juilland P, et al. 2011. The origin of early age expansions induced in cementitious materials containing shrinkage reducing admixtures [J]. Cement and concrete research, 41 (3): 218-229.

Sant G, Lura P, Weiss J. 2006. Analysis Approaches for Determining 'Time-Zero' in Cement Systems [A] //Jensen O M ed., International RILEM Conference on Volume Changes of Hardening Concrete: Testing and Mitigation [C]. DTU, Lyngby, Denmark: 375-384

Sant G, Rajabipour F, Lura P, et al. 2006. Examining time-zero and early age expansion in pastes containing shrinkage reducing admixtures (SRA's) [A] //Proceedings of the 2nd international RILEM symposium on advances in concrete through science and engineering [C]. RILEM Publications SARL.

Scherer G W. 1999. Crystallization in pores [J]. Cement and Concrete research, 29 (8): 1347-1358.

Scherer G W. 2004. Stress from crystallization of salt [J]. Cement and concrete research, 34 (9): 1613-1624.

Schiele E, Berens L W. 1976. La calce: calcare, calce viva, idrato di calcio, fabbricazione, caratteristiche, impieghi [J]. Milano: Edizioni Tecniche ET.

Schindler A K, Folliard K J. 2005. Heat of hydration models for cementitious materials [J]. Materials Journal, 102 (1): 24-33.

Schindler A K. 2004. Effect of temperature on the hydration of cementitious materials [J]. ACI Materials Journal, 101 (1): 72-81.

Schlitter J L, Bentz D P, Weiss J. 2013. Quantifying stress development and remaining stress capacity in restrained, internally cured mortars [J]. ACI Materials Journal, 110 (1): 3-11.

Schlitter J L, Senter A H, Bentz D P, et al. 2010. Development of a dual ring test for evaluating residual stress development of restrained volume change [J]. Journal of ASTM International, 7 (9): 1-13.

Schrefler B A. 2002. Mechanics and thermodynamics of saturated–unsaturated porous materials and quantitative solutions. Applied Mechanics Review (ASME) , 55 (4): 351-388.

Schroefl C, Mechtcherine V, Vontobel P, et al. 2015. Sorption kinetics of superabsorbent polymers (SAPs) in fresh Portland cement-based pastes visualized and quantified by neutron radiography and correlated to the progress of cement hydration [J]. Cement and Concrete Research, 75: 1-13.

Schröfl C, Mechtcherine V, Gorges M. 2012. Relation between the molecular structure and the efficiency of superabsorbent polymers (SAP) as concrete admixture to mitigate autogenous shrinkage [J]. Cement and Concrete Research, 42 (6): 865-873.

Schubert H. 1984. Capillary forces-modeling and application in particulate technology [J]. Powder Technology, 37 (6): 105-116.

See H T, Attiogbe E K, Miltenberger M A. 2003. Shrinkage cracking characteristics of concrete using ring specimens [J]. ACI Materials Journal, 100 (3): 239-245.

Sellevold E J. 1994. High Performance Concrete: early age cracking, pore structure, and durability [A] //Paul Zia. International Workshop on High Performance Concrete [C]. ACI SP-159-13:. 193-208.

Setter N, Roy D M. 1979. Mechanical features of chemical shrinkage of cement paste [J]. Cement and Concrete Research, 8 (5): 623-634.

Shaeles C A, Hover K C. 1988. Influence of Mix Proportions on Plastic Shrinkage Cracking in Thin Slabs [J]. ACI Material Journal, 85 (6): 495-504.

Shah S P, Wang K. 2004. Concrete Cracking and Durability [A] //International Conference on Advances in concrete and Structures [C].

Shimomura T, Maekawa K. 1997. Analysis of the drying shrinkage behaviour of concrete using a micromechanical model based on the micropore structure of concrete [J]. Magazine of Concrete Research, 49 (181): 303-322.

Sivakumara A, SanthanamM A. 2007. Quantitative Study on the Plastic Shrinkage Cracking in High Strength Hybrid Fiber Reinforced Concrete [J]. Cement and Concrete Composites, 29 (7): 575-581.

Smith B J, Rawal A, Funkhouser G P, et al. 2011. Origins of saccharide-dependent hydration at aluminate, silicate, and aluminosilicate surfaces [J]. Proceedings of the National Academy of Sciences, 108 (22): 8949-54.

Smith B J, Roberts L R, Funkhouser G P, et al. 2012. Reactions and surface interactions of saccharides in cement slurries [J]. Langmuir, 28 (40): 14202-17.

Snoeck D, Pel L, De Belie N. 2017. The water kinetics of superabsorbent polymers during cement hydration and internal curing visualized and studied by NMR [J]. Scientific Reports, 7 (1): 9514.

Snyder V A, Miller R D. 1985. Tensile strength of unsaturated soils [J]. Soil Science Society of America Journal, 49: 58-65.

Springenschmid R, Breitenbücher R, Mangold M. 1994. Development of the cracking frame and the temperature-stress testing machine [A] //Springenschmid R ed. Thermal Cracking in Concrete at Early Ages. London: E&FN Spon: 37-144.

Springenschmid R. 1994. Thermal cracking in concrete at early ages [M]. London: E & FN Spon.

Springenschmid R. 1997. Avoidance of thermal cracking in concrete at early ages [J]. Materials and Structures: 451- 464.

Springenschmid R. 1998. RILEM Report 15-Prevention of thermal cracking in concrete at early ages [R]. London: E& FN Spon.

Sugamata T, Kinoshita T, Yaguchi M, et al. 2006. Characteristics of concrete containing a shrinkage-reducing superplasticizer for Ultra-High-Strength Concrete [J]. Special Publication, 239: 51-66.

Sugiyama T, Ohta A, Tanaka Y. 1998. Shrinkage reduction type of advanced superplasticizer [J]. Special Publication, 179: 189-200.

Sule M, Van Breugel K. 2001. Cracking behavior of reinforced concrete subjected to early-age shrinkage [J]. Materials and structures, 34 (7): 284-292.

Sun Z, Scherer G W. 2010. Effect of air voids on salt scaling and internal freezing [J]. Cement and Concrete Research, 40 (2): 260-270.

Swaddiwudhipong S, Wu H, Zhang MH. 2003. Numerical simulation of temperature rise of high-strength concrete incorporating silica fume and superplasticizer [J]. Advances in Cement Research, 15 (4): 161-169.

Tazawa E, Matsuoka Y, Miyazawa S et al. 1995. Effect of autogenous shrinkage on self-stress in hardening concrete [A] //Proc. Int. RILEM Symp. Thermal Cracking in Concrete at early Ages [M] , London: E&FN: 221-228.

Tazawa E, Miyazawa S. 1995. Influence of cement and admixture on autogenous shrinkage of cement past [J]. Cement and Concrete Research, 25 (2): 281-287.

Tazawa E. 1992. Autogenous shrinkage by self-desiccation in cementitious material [A] //Proceedings of 9th international conference on chemistry of cement [C].

Tazawa et al.. 1999. Autogenous shrinkage of concrete [M]. London: Taylor & Francis Books Ltd: 1-67.

Tian Q, Qang Y J, Guo F, et al. 2010. A smart initial curing procedure based on pore water under pressure measurement [A] //International RILEM Conference on Use of Superabsorbent Polymers and Other New Additives in Concrete [C]: 273-284.

Tian Q, Wang Y, Liu J, et al. 2011. A closed-loop controlled automatic Fogging curing system based on pore water pressure measurement [A] //International Conference on Advances in Construction Materials through Science and Engineering [C].

Tian Q, Zhang H, Wang Y, et al. 2012. In-situ monitoring of initial setting of concrete based on pore water under pressure measurement [A] //Microstructural-related Durability of Cementitious Composites [C].

Todd M D, Johnson G A, Chang C C. 2000. Real-time girder deflection reconstruction using a fiber bragg grating system [A] //Proceedings of SPIE-The International Society for Optical Engineering [C]. 4062: 1313-1319.

Tomasel F G, Cortázar, O D, Laura P A A. 2002. Health monitoring of steel cables by interrogation of optical fiber grating sensors [J]. Journal of Sound and Vibration, 252 (3): 573-576.

Torquato S. 2002. Random heterogeneous materials: microstructure and macroscopic proper- ties [M]. New York: Springer-Verlag.

Trtik P, Muench B, Weiss J, et al. 2010. Neutron tomography measurements of water release from superabsorbent polymers in cement paste [A] // Brameshuber W. International RILEM Conference on Material Science: 175-85.

Trtik P, Munch B, Weiss J, et al. 2011. Release of internal curing water from lightweight aggregates in cement paste investigated by neutron and X-ray tomography [J]. Nuclear Instruments & Methods in Physics Research Section a-Accelerators Spectrometers Detectors and Associated Equipment, 651 (1): 244-9.

Ulm F J, Coussy O. 1995. Modeling of thermo-chemo-mechanical couplings of concrete at early ages [J]. Journal of Engineering Mechanics (ASCE), 121 (7): 785–94.

Ulm F J, Coussy O. 1996. Strength growth as chemo-plastic hardening in early age concrete [J]. Journal of Engineering Mechanics (ASCE), 122 (12): 1123-1132.

Ulm F J, Coussy O. 1998. Couplings in early-age concrete: from material modeling to structural design [J]. International Journal of Solids and Structures, 35: 4295-4311.

USBR. 1940. Thermal properties of concrete (Bulletin No 1, Part VII) [R]. Colorado.

Valic M I. 2000. Hydration of cementitious materials by pulse echo USWR Method, apparatus and application examples [J]. Cement and Concrete Research, 30: 1-8.

Van Breugel K. 1980. Relaxation of young concrete [R]. Res. Report 5-80-D8, Faculty Civil Engineering & Geosciences, Delft University of Technology.

Van Breugel K. 1991. Simulation of hydration and formation of structure in hardening cement-based materials [D]. Delft: Delft University of Technology, The Netherlands.

Van Breugel K. 1995. Numerical simulation of hydration and microstructural development in hardening cement-based materials: II applications [J]. Cement and Concrete Research, 25 (3): 522-530.

Van Breugel K. 2001. Numerical modeling of volume changes at early ages-potential, pitfalls and challenges [J]. Materials and Structure, 34 (239): 293-301.

Vigil G, XU Z, Steinberg S, et al. 1994. Interactions of silica surfaces [J]. Journal of colloid and interface science, 165 (2): 367.

Vlahinic I, Jennings H M, Thomas J J. 2009. A constitutive model for drying of a partially saturated porous material [J]. Mechanics of Materials, 41 (3): 319-328.

Volker S, Markus S, Roberto F. 2008. Capillary pressure in fresh cement-based materials and identification of the air entry value [J]. Cement and Concrete Composites, 30 (7): 557- 565.

Wang F Z, Zhou Y F, Peng B, et al. 2009. Autogenous shrinkage of concrete with Super-absorbent polymer [J]. ACI Materials Journal, 106 (2): 123-127.

Wang K J, Shan S P, Phuaksuk P. 2001. Plastic shrinkage cracking in concrete materials: influence of fly ash and fibers [J]. ACI Materails Journal, 98 (6): 458-464.

Wang R, Li L, Wang H, et al. 2014. The high performance concrete curing agent based on polyacrylic emulsion with hydroxyl monomer HPMA [J]. Applied Mechanics and Materials, 584-586: 1126-1129.

Wang R, Tian Q, Zhang S, et al. 2016. Improving efficiency of calcium oxide expansive additives by polylactic acid film [J]. Magazine of Concrete Research, 20 (68): 1070-1078.

Wang W, Li L, Zhang X, et al. 2017. Effects of chemical structure of superabsorbent polymers on internal curing of cement-based materials [A] //37th Cement and Concrete Science Conference [C]: 455-458.

Wang W, Liu J, Li L, et al. 2016. Novel Admixture Using to Control the Hydration Evolution and Temperature Rise of Concrete [A] //Proceedings of the International Rilem Conference on Microstructure Related Durability of Cementitious Composites [C].

Wang W, Liu J, Tian Q, et al. 2013. Effects of water absorption and size of superabsorbent polymers on internal curing of cement paste [J]. Materials Science Forum, 743-744: 193-197.

Wang X, Lee H. 2010. Modeling the hydration of concrete incorporating fly ash or slag [J]. Cement and Concrete Research, 40: 984-996.

Wang Y, Li M, Tian Q. 2016. Water release process of superabsorbent polymers in cement paste at early age [A] //International RILEM Conference on Materials, Systems and Structures in Civil Engineering Conference segment on service life of cement-based materials and structures [C]. Technical University of Denmark, Lyngby, Denmark.

Wang Y, Tian Q, Liu J. 2013. Effect of Plastic Stage Curing on Long-term Properties of High Performance Concrete [J]. Applied Mechanics and Materials, 357-360: 834-838.

Weiss J, Lura P, Rajabipour F, et al. 2008. Performance of shrinkage-reducing admixtures at different humidities and at early ages [J]. Materials Journal, 105 (5): 478-86.

Weiss J. 1999. Prediction of early-age shrinkage cracking in concrete [D]. Northwestern: Civil Engineering of Northwestern University.

Weiss J. 2001. Experimental determination of the "time zero" t0 (maturity M0) [A] //Kovler. K and Bentur. A. ed. 2001. International RILEM Conference on Early Age Cracking in Cementitious Systems- EAC'01 [C]. Haifa: RILEM TC 181-EAS: 195-206.

Whigham J. 2005. Evaluation of restraint stresses and cracking in early-age concrete with the rigid cracking frame [D]. AL: Auburn University.

Wiegrink K, Marikunte S. 1996. Shrinkage cracking of high strength concrete [J]. ACI Materials Journal, 93 (5): 410- 415.

Wiittmann F H. 1976. On the action of capillary pressure in fresh concrete [J]. Cement and Concrete Research, 6 (1): 49-56.

Wittmann F H. 2001. Mechanism and mechanics of shrinkage [A] //Ulm F J, Bazant Z P, Wittmann F H, ed. , Proceeding of 6th International Conference on Creep, Shrinkage and Durability mechnics of Concrete and Other Quasi-Brittle Materials [C] , Cambridge, MA: Elsevier Science Ltd: 3-12.

Xia Q, Li H, Yao T, er al. 2017. Cracking behaviour of restrained cementitious materials with expansive agent by comprehensive analysis of residual stress and acoustic emission signals [J]. Advances in Cement Research, 29 (2): 81-90.

Xu G, Tian Q, Miao J, et al. 2017. Early-age hydration and mechanical properties of high volume slag and fly ash concrete at different curing temperatures [J]. Construction and Building Materials, 149: 367-377.

Yamazaki Y, Monji T, Sugiura K. 1974. Early age expanding behaviour of mortars and concretes using expansive additives of CaO-CaSO4-4CaO·3Al2O3·SO3 system [A] //6th International Conference On the Chemistry of Cement [C]. Moscow Ⅲ-5: 192-195.

Yan P, Qin X, Yang W, et al. 2001. The semiquantitative determination and morphology of ettringite in pastes containing expansive agent cured in elevated temperature [J]. Cement and Concrete Research, 31: 1285-1290.

Yan P, Zheng F, Peng J, et al. 2004. Relationship between delayed ettringite formation and delayed expansion in massive shrinkage-compensating concrete [J]. Cement and Concrete Composites, 26: 867-693.

Yeon J H, Choi S, Won M C. 2013. In situ measurement of coefficient of thermal expansion in hardening concrete and its effect on thermal stress development [J]. Construction and Building Materials, 38: 306-315.

Zhang H, Li L, Feng P, et al. 2018. Impact of Temperature Rising Inhibitor on hydration kinetics of cement paste and its mechanism [J]. Cement and Concrete Composites, 93: 289-300.

Zhang H, Wang W, Li L, et al. 2018. Starch-Assisted Synthesis and Characterization of Layered Calcium Hydroxide Particles [J]. Journal of Inorganic and Organometallic Polymers and Materials, 28 (6): 2399-406.

Zhang Y M, Pichler C, Yuan Y, et al. 2013. Micromechanics-based multifield framework for early-age concrete [J]. Engineering Structures, 47: 16-24.

Zhou Q, Lachowski E E, Glasser E P. 2004. Metaettringite, a decomposition product of ettringite [J]. Cement and Concrete Research, 34: 703-710.

Zou D H, Weiss J. 2014. Early age cracking behavior of internally cured mortar restrained by dual rings with different thickness [J]. Construction and Building Materials, 66 (15): 146-153.

Zuo W, Feng P, Zhong P, et al. 2017. Effects of novel polymer-type shrinkage- reducing admixture on early age autogenous deformation of cement pastes [J]. Cement and Concrete Research, 100: 413-422.